"十二五"普通高等教育本科国家级规划教材

电工电子技术

（第三版）

主　编　史仪凯　袁小庆

副主编　王文东　赵敏玲

科 学 出 版 社

北 京

内 容 简 介

本书是在第二版的基础上总结、提高、精选和修订而成,共12章。主要内容有电路概念与分析方法、电路的瞬态分析、正弦交流电路、半导体器件、基本放大电路、集成运算放大器与应用、直流稳压电源、门电路与组合逻辑电路、触发器与时序逻辑电路、模拟量与数字量的转换、变压器与电动机、电气自动控制技术等。

本书为中国大学 MOOC"电工学"配套教材,书中包含有部分讲义、习题讲解、动画、视频、附录、课后习题参考答案分别制作的二维码,供读者扫描阅读。本书可作为高等学校非电类专业少学时"电工学"课程的教材,也可供通过 MOOC 学习"电工学"课程的学生和读者参考。

图书在版编目(CIP)数据

电工电子技术 / 史仪凯,袁小庆主编.—3 版 .—北京:科学出版社,2021.8

"十二五"普通高等教育本科国家级规划教材

ISBN 978-7-03-069559-8

Ⅰ.①电… Ⅱ.①史…②袁… Ⅲ.①电工技术-高等学校-教材②电子技术-高等学校-教材 Ⅳ.①TM②TN

中国版本图书馆 CIP 数据核字(2021)第 158535 号

责任编辑:余 江 / 责任校对:王 瑞
责任印制:赵 博 / 封面设计:迷底书装

科 学 出 版 社 出版

北京东黄城根北街16号
邮政编码:100717
http://www.sciencep.com

保定市中画美凯印刷有限公司印刷

科学出版社发行 各地新华书店经销

*

2009 年 8 月第 一 版 开本:787×1092 1/16
2014 年 8 月第 二 版 印张:21 1/4
2021 年 8 月第 三 版 字数:504 000
2025 年 1 月第 26 次印刷

定价:59.80 元

(如有印装质量问题,我社负责调换)

主 编 简 介

史仪凯　国家级教学名师,西北工业大学教授(二级)、博士生导师。先后(兼)任西北工业大学国家精品课程和国家级教学团队负责人、本科教学委员会委员、电工理论与新技术学科负责人、全国高等学校教学研究会电气工程及其自动化专业委员会委员、陕西省学位委员会委员、中国高等学校电工学研究会副理事长。

　　长期从事电气工程、机械电子工程、电工学课程教学与科学研究工作。主讲本科生和研究生课程 10 余门。先后主持国家自然基金课题、省部级基金课题 10 余项;主持国家级、省部级教学改革课题 10 余项;培养博士和硕士研究生 110 余人。主编(著、译)出版教材和著作 20 余部,其中 4 部教材先后分别获普通高等教育"十一五"国家级规划教材、"十二五"普通高等教育本科国家级规划教材。在国内外学术刊物发表论文 400 余篇;获授权国家发明专利 20 余项。率领西北工业大学"电工学"课程教学团队,获评国家级教学团队、国家精品课程,获国家级教学成果二等奖 1 项,省部级教学成果和科技奖 10 余项,宝钢优秀教师奖 2 项。

联系地址:西安市友谊西路 127 号　西北工业大学 403 信箱

邮编:710072

电话:029-88494893

传真:029-88494893

E-mail:ykshi@nwpu.edu.cn

前　言

本书是普通高等教育"十一五"国家级规划教材,也是"十二五"普通高等教育本科国家级规划教材,2011 年获陕西省普通高等学校优秀教材一等奖,2013 年获陕西省高等教育教学成果奖一等奖。本书是编者根据教育部高等学校电工电子基础课程教学指导分委员会修订的"电工学"课程教学基本要求,以及高等学校非电类专业少学时"电工学"课程的特点、作用和任务,总结多年从事教学和教改的经验体会,在第二版的基础上不断提高和修订完善而成的。参考学时为 60～80 学时。

本次修订指导原则是:①强化基础性,精选课程的基础内容,叙述上既要简明扼要,又要符合学生认识规律,使学生通过基础内容的学习掌握基本理论、知识和技能,不断提高自学能力和创新意识,为后续课程学习和今后从事工程技术工作打好电工电子技术的理论基础;②突出应用性,电工电子技术是一门实践性和应用性很强的技术基础课,教材不仅涉及知识面广,而且有着广阔的工程背景,化解难教、难学的被动教学局面,关键在于突出"应用",使学生"会学"和"会用",教材内容的安排上力求与工程实践紧密结合,通过教学提高学生运用理论知识分析和解决问题的能力;③体现先进性,随着电工电子技术的快速发展,新知识、新技术和新器件不断涌现,教材内容必须不断更新,力求在结构体系上与教学要求相吻合,内容阐述上要体现一个"新"字,以新理论、新方法和新内容激发学生的学习兴趣,拓宽学生的知识面,培养学生的科学思维和创新能力。

本书主要作以下修订:

(1)结构体系上进行了优化。新增加绪论部分,讲述电工技术和电子技术的发展概况,旨在解决为何学、学什么和如何学的问题;将部分章节如现代通信技术、安全用电和电子设计自动化(EDA)等作为附录用二维码形式给出,供读者扫描选学。

(2)内容处理上进行了精简。如"电路瞬态过程分析"简要介绍经典法,并对重点介绍的三要素分析方法内容进行改写;简化各种双稳态触发器的内部状态翻转分析,侧重介绍其工作特性和具体应用。另外,将场效应管放大电路、差分放大电路和数据采集系统改为选讲内容。

(3)部分内容上进行了拓展。改写"寄存器"、"计数器"和"555 定时器和应用"等内容,新增加集成寄存器、集成计数器和 555 定时器的应用内容,以训练学生使用集成器件的能力。

(4)图文符号上进行了修改。依据国家标准和实验设备的标定,修改部分图形符号和文字符号。

(5)教学资源上进行了更新。将文字教材与上线的 MOOC 相结合;课程中的部分难点重点和拓展内容用讲义、动画、视频的形式呈现,生成 170 多个二维码资源,供读者扫描阅读。目的是使学生掌握电工学的理论知识和思想方法、电工电子技术所学知识,拓宽读者的知识面,培养分析和解决复杂问题的能力。

书中带标号"＊"的章节属于加深、拓宽内容,教师可根据专业特点和学时取舍。

本书由史仪凯、袁小庆担任主编,王文东、赵敏玲担任副主编。其中,史仪凯编写绪论和第1、9、11、12章,附录A、B,并负责部分章节改写以及全书统稿;袁小庆编写第2、3章;邓瑶编写第4章;赵敏玲编写第5章;王文东编写第6章;刘雁编写第7章;向平编写第8章;李志宇编写第10章;赵妮编写附录C。

西安交通大学马西奎教授对本书进行了细致的审阅,提出了宝贵意见和修改建议;本书先后得到了许多教师和读者的支持,并提出了不少建设性意见;尤其是得到了科学出版社、西北工业大学的支持和关心。在此编者一并致以诚挚的谢意。

由于编者水平有限,书中难免存在疏漏和不妥之处,恳请使用本书的教师、同学和广大读者提出宝贵的批评意见。

史仪凯

2020 年 12 月于西北工业大学

目　录

绪 论

党的二十大报告指出："教育、科技、人才是全面建设社会主义现代化国家的基础性、战略性支撑。"电工电子技术是高等学校非电类专业学生必修的一门工程技术基础课程。学习本课程前必须清楚以下三个问题：为何学，就是要了解电工电子技术课程的性质和目的，即要求了解电工电子的发展概况，掌握基本理论、知识和技能；学什么，就是要清楚电工电子技术课程的研究对象和内容，即要求理解课程是以研究电能在工程技术中的应用为对象，以电路分析、变压器和电动机、电气控制技术、电子技术等为主要内容；如何学，就是要掌握课程的正确学习方法，即要求树立正确的学习态度和方法，正确的态度和方法可使同学们在有限的学习时间内，达到事半功倍的学习效果。

1. 为何学——电工电子的发展概况

电工电子技术是研究电磁现象和规律在工程技术领域中应用的学科，也是研究电能的产生、传输、控制和应用的一门学科。随着现代科学技术的迅速发展，电工电子与新的科学技术有着十分密切的关系。

电磁现象是自然界物质普遍存在的一种基本物理属性。中国古代人们应用磁石指示南北的特性制成了指南工具——司南，在 11 世纪发明了指南针，北宋时期我国就将指南针用于"航海"，约 190 年后，指南针才被阿拉伯人引入欧洲。1492 年，意大利航海家克里斯托弗·哥伦布（C. Colón）用指南针发现美洲新大陆。1521 年，葡萄牙航海探险家斐迪南·麦哲伦（F. Magalhães）用指南针完成了环球航行。中国的指南针发明，改变了人类历史进程。

我国商朝的甲骨文（距今 3600 多年）中就有"电"字的记载，东汉文字学家许慎在其著作《说文解字》（距今约 1900 年）中对"电"字解释为："电，阴阳激耀也，从雨从申"。就是说"电"的本字为申，像闪电时云层间出现的曲折的光。1600 年，英国物理学家威廉·吉尔伯特（W. Gilbert）首次提出"electric"一词。

在 18 世纪末和 19 世纪初，随着生产力的进步使得电磁现象研究得以快速发展。1785 年，法国物理学家查利·奥古斯丁·库仑（C. A. Coulomb）在实验中发现了电荷间的相互作用力，提出了电荷定量计算的基本定律。1820 年，丹麦物理学家汉斯·克里斯蒂安·奥斯特（H. C. Oersted）在实验中发现雷闪电流对磁针有力的作用，不久，法国物理学家安德烈·玛丽·安培（A. M. Ampère）发现了电流间的相互作用规律，并提出磁通连续性原理和安培环路定理。1826 年，德国物理学家乔治·西蒙·欧姆（G. S. Ohm）提出了经典电磁理论中最著名的欧姆定律和电流在导体中的运动规律。1831 年，英国物理学家迈克尔·法拉第（M. Faeaday）首次发现电磁感应现象，并根据电磁转换原理发明了第一台发电机,为未来电力工业奠定了坚实基础。1834年,俄国物理学家海因里希·楞次(Э. Х. Ленц)提出了判断感应电流方向的规律(楞次定律),将电与磁现象紧密结合在一起。在楞次理论与应用研究的基础上,俄国物理学家鲍里斯·谢苗诺维奇·雅可比(Б. С. Якоби)1834年发明和制造了世界上第一台直流电动机,实现了将电能转换为机械能。1844年,楞次与英国物理学家詹姆斯·普雷斯科特·焦耳(J. P. Joule)提出了电流热效应定律(焦耳-楞次定律)。1845年,德国物理学家古斯塔夫·罗伯特·基尔霍夫(G. R. Kirchhoff)提出了稳恒电路网络中电流、电压、电阻关系的两个基本定律,即基尔霍夫电流定律(KCL)和基尔霍夫电压定律(KVL),不仅解决了电器设计中电路方面的难题,也从而确立了电工技术。1886年,美国物理学家尼古拉·特斯拉(Nikola Tesla)研制出二相异步电动机。1889年,俄国籍电气工程师多利沃-多勃罗沃利斯基(М. О. Доливо-Добровольский)提出了三相交流电可以产生旋转磁场,并研制出三相感应电动机和三相变压器。交流电机的研制和发展,特别是三相交流电机的研制成功为远距离输电创造了条件,也为各种一次能源(如水力、火力、核能、太阳能和风力等)转换为电能(二次能源)奠定了基础。

人类社会和科学技术的不断进步,使电子技术得到了迅速发展。1864年,英国物理学家詹姆斯·克拉克·麦克斯韦(J. C. Maxwell)在研究法拉第电磁感应现象后提出了电磁波理论。1887年,德国物理学家海因里希·鲁道夫·赫兹(H. R. Hertz)用实验证明了麦克斯韦的电磁波的理论。1895年,俄国物理学家阿·斯·波波夫(А. С. Попов)将电磁波理论应用于无线电通信实验,从此人类开始了无线电通信的新时代。

1897年,英国物理学家约瑟夫·约翰·汤姆逊(J. J. Thomson)进行了稀薄气体放电实验,证明了电子的存在。随后,英国物理学家约翰·安布罗斯·弗莱明(J. A. Fleming)发明了具有单向导电性的真空二极管(即电子二极管),并用于无线电检波和整流。1906年,美国李·德福雷斯特(L. De Forest)在弗莱明的二极管中放入了第三个电极(栅极)而发明了电子三极管,发现电子三极管对微弱电信号具有放大作用。

1948年,美国贝尔实验室的物理学家沃尔特·布拉顿(W. H. Brattain)、约翰·巴丁(J. Bardeen)和威廉·肖克利(W. B. Shockley)发明了半导体三极管。由于三极管具有体积小、性能稳定和功耗低等特点,在通信、电视和计算机等领域得到广泛应用。从此,人类从电子管时代进入了电子技术新时代,而且电子技术成为一门新兴学科。

1958年,美国德州仪器公司技术专家杰克·基尔比(J. S. Kilby)提出了固体电路(Solid Circuit)的理论,又称集成电路(Integrated Circuit)。集成电路是指采用一定的半导体制造工艺,按电路要求将所需的半导体二极管、三极管、电阻等元件通过布线制作在一小块半导体硅片上,封装在一个管壳内的电子器件。集成电路并不是用一个个电路元器件连接成的电路,而是将具有某种功能的电路"埋"半导体里的器件。由于其易于小型化和减少引线端,具有可靠性高的优点。1960年研制出小规模集成电路(SSI),每个芯片上不到100个元器件。随着集成电路工艺进步,集成度越来越高,相继又研制出中规模集成电路(MSI,100~1000个元器件/片)、大规模集成电路(LSI,1000~10万个元器件/片)、超大规模集成电路(VLSI,大于10万个元器件/片)。目前,已有特大规模集成电路(ULSIC)和巨大规模集成电路(GSIC),即可在约每平方厘米的硅片上集成几百万~几千万个元器件。

集成电路的快速发展,加快了人类进入计算机时代的步伐。1946年,美国宾夕法尼亚大学的约翰·威廉·莫克利(J. W. Mauchly)和约翰·普雷斯伯·埃克特(J. P. Eckert)研制出第一台用于导弹轨道计算的电子管计算机 ENIAC(Electronic Numerical Integrator and Calculator),该计算机重约30t,占地170m²,价格48万美元,加法运算速度为5000次/秒。1954年,美国贝尔实验室研制的第二代晶体管计算机不仅提高了性能,运算速度可达到几万~几十万次/秒。随着电子技术的快速发展,20世纪60年代,诞生了第三代计算机,其运算速度提高到几十万次/秒。1971年,第四代计算机(大规模集成电路计算机)诞生以来,计算机的基本元件用大规模集成电路,和超大规模集成电路,用集成度较高的半导体存储器替代了磁芯存储器,运算速度可达几百万~千万亿次/秒,甚至几亿亿~几十亿亿次/秒。

我国计算机研制工作起步较晚,1958年研制出第一台计算机,其运行速度仅1800次/秒。2013年,我国自主研制的超级计算机(天河二号)创造了当时世界最快运算记录,其运算速度达到33.86千万亿次/秒。2015年,我国研制的"天河二号"超级计算机速度达到5.49亿亿次/秒,而2017年研制的"神威·太湖之光"超级计算机速度已达到12.5亿亿次/秒。目前,我国超级计算机的研发已经处于世界先进国家行列。

电工电子技术的快速发展和电能的广泛应用,使人类从蒸汽、电气和信息时代迈入了绿色时代,极大地丰富了人们的物质和文化生活;人类社会物质文明和精神文明的高度发展,也促进了电工电子技术的快速发展。电工电子技术不仅与人们日常生活和各个领域(5G通信、人工智能、智能楼宇等)息息相关,而且相继派生出不少新兴交叉学科。如机械电子技术(Mechatronics)又称机电一体化,将机械与电子、自动控制、信息变换、计算机和传感技术等有机地融合在一起,以提高系统高度的集成化和智能化,促使产品(如数控机床、机器人)朝着人工智能的方向发展。又如,微电子技术(Microelectronic technology)是电子技术的分支学科,也是以集成电路设计、制造与应用为代表的学科。集成电路(芯片)的超小型化和微型化水平,既是发展国家信息技术和高新技术的基础,也是国家走向强盛的"核心技术"。除此之外,还有利用生成纳米电子材料器件和系统,探索提高电子器件集成度和性能的纳米电子技术(Nano electronic technology);集电力学、电子学和控制理论于一体,探索电能变换和控制规律的电力电子技术(Power Electronic technology);将光通信、半导体、光电显示、光存储、激光等技术与电子技术相结合,研究光与物质中电子相互作用和能量转换的光电子技术(Optoelectronic technology)等。

电工电子技术不仅直接影响着人们的物质和文化生活,也直接影响着工业、农业、科学技术和国防建设等各个领域。尤其是在数字化、网络化、智能化和信息化相互融合的"绿色时代"今天,电工电子技术水准已成为实现中华民族伟大复兴和国家现代化的重要标志。

2. 学什么——电工电子技术课程的主要任务和内容

电工电子技术作为高等学校非电类专业必修的一门技术基础课,具有承前启后的重要作用。通过本课程的学习,可搭起基础课和专业课、在校学习和毕业后从事工程技术工作的桥梁。电工电子技术课程也具有一定的基础性、应用性和先进性。基础性是指通过本课程的学习获得电工技术和电子技术必要的基本理论、基本知识和基本技能,为其他课程学习和今后从工程技术工作奠定扎实的基本功;应用性是指本课程也是一门实践性很强的技术基础课,通过本课程学习使学生获得各种实验技能和提高创新意识,为培养分析解决复杂工程问题和科技创新积蓄才能;先进性是指课程内容随着科学技术的发展在不断更新,学会用电工电子新理论、新技术解决自己所从事技术领域的新问题。

本课程内容包括电工技术和电子技术两个方面。电工技术内容中重点掌握各种电路分析方法,能够灵活用于各种复杂电路的分析和计算;理解变压器和电动机工作原理与使用方法;掌握电动机的继电接触器和 PLC 控制技术,该内容也是机器人和机床控制的基础。电子技术内容中理解基本放大电路、集成运放电路的工作原理,掌握电路的分析和计算方法;现代电力电子技术主要讨论电能转换电路原理和应用,理解可控整流电路的工作原理和掌握电压平均值与控制角的关系;数字电子技术重点介绍组合和时序逻辑电路,但掌握门电路和触发器的逻辑功能、逻辑符号、真值表和逻辑表达式等,这是数字电路分析和设计的基础,重点应掌握集成时序电路的设计方法。

3. 如何学——电工电子技术课程的学习方法

为了学好电工电子技术课程,首先要有明确的学习目的和科学的学习态度。现代国际间的相互竞争主要表现在综合国力的竞争,提高国家的综合国力,实现中华民族的复兴,我们每个人都肩负重要的责任和光荣的使命。其次,随着人工智能、智能制造、智慧工厂、智慧城市和智慧小区等的蓬勃兴起,各个领域对机械电子创新型人才的渴求与日俱增,学好电工电子技术课程可为同学们创新创业提供良好条件。最后,电工电子技术课程的特点是学习内容较多,学时安排紧凑;理论知识与工程技术结合密切,实践性强。如何在有限学习时间内获得事半功倍的学习效果,在本课程学习中应注意以下几点。

(1)做好课前预习,培养自学能力。本课程配套有"电工学"MOOC,已在"中国大学 MOOC"上线运行,其中每章有学习要求、学习指导、电子教案、讲授视频,以及学习难点重点、例题与部分习题解答等内容,在开始每章学习前可在线上对相关内容进行预习,可以通过课程网站和教学参考书对课堂讲授内容有所了解;以便加深对课堂讲授内容的理解和掌握。

(2)课堂认真听讲,积极提出问题。课堂讲授是解决教学重点和难点内容的有效途径之一。认真听讲可帮助同学们理解和掌握基本理论与分析方法。随着课堂教学方式的改革,同学们应充分发挥主观能动性,提出课程学习中遇到的疑难问题,大家一起讨论、共同解决。建议适当地做好课堂笔记,课后结合教学内容写好"本讲小结",不断提高自己的总结归纳能力。

(3)作业认真严谨,提高学习效率。按时、独立、认真地完成课程作业,解题前先复习所学相关内容;解题过程中要分析题意,选择合理的解题方法,切忌套公式和拼凑答案。作业过程中要认真书写,电路图和单位应标绘清晰。这些良好习惯是学好本门课程、提高学习效率的前提。

（4）独立做好实验，培养实践能力。电工电子技术课程也是一门实践性很强的技术基础课，实验不仅是培养理论联系实际、实践动手能力、科技创新意识和科学研究能力的重要环节，而且是培养分析解决问题、启发科技创新思维和能力的主要途径。实验前应认真预习，对实验内容、任务、方法、使用仪器设备和电源做到心中有数；对电路连接、仪器仪表读数应一丝不苟。善于发现和解决实验中遇到的问题，认真写好实验总结报告。这是提高实践动手能力和创新能力，以及后续继续深造和从事科技创新工作必备的基本素养，千万不可等闲视之。

第 1 章　电路概念与分析方法

　　电路元件和基本定律是电路分析计算的基础。本章首先讨论电路的组成和各量的参考方向;然后扼要介绍电路无源和有源元件,以及电路基本定律;最后重点介绍几种常用的电路分析方法,如支路电流法、结点电压法、叠加原理和戴维南定理等。

1.1　电路和电路模型

1.1.1　电路组成和作用

1. 电路组成

　　电路是电流所通过的路径,由实际电气设备和电路元件按一定方式连接而成。电路种类虽多,但其主要由电源、负载和中间环节三部分组成。电源是提供电能的装置,作用是将非电能(核能、水能、风能、太阳能等)经发电机转换为电能。除发电机外,各种电池也是电源。负载是取用电能的装置,其作用是将电能转换为非能量,如电动机、电炉和照明灯等。中间环节是连接电源和负载的部分,其作用是传输和分配电能。

2. 电路作用

1)电能的传输和转换

　　用于电能传输和转换的电路称为电力电路。发电机产生的电能通过升降压变压器、输电线等中间环节,输送给各种负载(电动机、电热、电解、照明等)。由于这类电路中电压较高,电流和功率较大,也称为"强电"电路(系统)。通常在电力电路中要求能量损耗尽可能小,效率尽可能高。

2)信号的传递和处理

　　用于传递和处理信号的电路称为信号电路。信号传递和处理电路的种类很多,如扩音机和电视机,就是将语音或图像通过电路的中间环节,还原为语音或图像。信号电路相对于电力电路电流和功率均较小,故信号电路也称为"弱电"电路(系统)。对于弱电系统要求所传递信号不失真,且具有较高的稳定性。

1.1.2　电路模型

　　实际电路是由实际电气装置或电路元件(如发电机、变压器、电动机、电池,以及电阻、电感和电容等)组成,这些电路元器件所表现出的电磁现象和能量转换特征较为复杂。例如,图 1.1.1(a)所示为电池与小灯泡连接的电路,接通电路时不仅会消耗电能

（具有电阻性质），还会产生磁场（具有电感性质），若导线间存在分布电容，则还有电容性质。各种性质交织在一起，其表现程度也就不相同。因此，为研究电路的普遍规律，可由抽象的理想元件及其组合近似代替实际元件，构成与实际电路相对应的模型，将这种由理想电路元件组成的电路称为电路模型。图 1.1.1(a)所示实际电路的电路模型如图 1.1.1(b)所示。

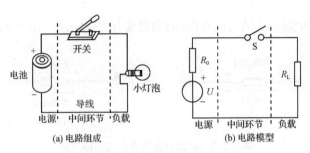

图 1.1.1　电路的组成和电路模型

这里应注意以下几点：

(1)所谓的理想元件及其组合，就是指在一定条件下突出主要的电磁性质，忽略其次要因素，将实际的元件抽象为仅含有一种参数的电路元件。例如由导线绕制的线圈，在直流条件下，忽略其电感和分布电容，将其用电阻元件表征；在交流条件下，电路实际元件则用电阻元件和电感元件串联表征。

(2)后续所讨论的电路均指电路模型（也称为电路），而不是实际电路。

(3)电路中的负载、中间环节构成的电流通路称为外电路；电源或信号源内部的电流通路称为内电路。在电路理论中将电源（或信号源）提供给电路的输入信号（电压、电流）称为"激励"；将由激励在电路中产生的电压、电流称为"响应"。所谓的电路分析，就是分析激励在已知电路中产生的响应，或在给定响应的情况下确定激励。

1.2　电流和电压的参考方向

无论是电能的转换和传输，还是信号的传递和处理，都体现在电路的电流、电压和电动势的大小与它们之间的关系上。但是，在电路分析中电压、电流的实际方向是未知的，或者是随时间变化的。因此，在分析计算电路时必须在电路图上用箭标或"＋"、"－"标出各量的参考方向或极性，才能正确列出电路方程。

1.2.1　电流的参考方向

电路中电压和电流的方向有实际方向和参考方向之分。通常规定正电荷运动的方向或负电荷运动的相反方向为电流的实际方向。对于较复杂的直流电路，分析时往往较难判定电路中某一支路中电流的实际方向；对于交流电路，其电压和电流的方向随时间而变，在电路上也无法用一个箭标表示其实际方向。因此，分析计算电路时可任意假定某一方向作为电流的参考方向(也称正方向)。参考方向是任意假定的,并不一定与电流的实际方向一致。通常规定,若电流参考方向与实际方向一致,则电流为正值($I>0$),如图 1.2.1(a)所示;若电流参考方向与实际方向相反,则电流为负值($I<0$),如图 1.2.1(b)所示。图中实线箭标($\rightarrow$)表示电流的参考方向,虚线箭标($-\rightarrow$)表示电流的实际方向。由此可知,分析和计算电路时只有选定了参考方向,电流值才有正负之分。

电流的单位为安[培](A)、毫安(mA)和微安(μA),$1\mathrm{mA}=10^{-3}\mathrm{A}$,$1\mu\mathrm{A}=10^{-6}\mathrm{A}$。

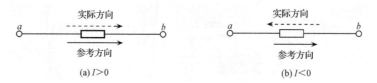

图 1.2.1　电流的参考方向与实际方向

1.2.2　电压的参考方向

电压和电动势都是标量,但在分析和计算电路时,它们和电流一样也具有方向。通常规定电压的方向从高电位("+"极性)端指向低电位("-"极性)端,即电位降低的方向。电源电动势的方向规定在电源内部由低电位("-"极性)端指向高电位("+"极性)端,即为电位升高的方向。

在电路的分析和计算时,所标的电流、电压和电动势的方向,通常都是指参考方向,至于它们是正值还是负值,要根据选定的参考方向而定。例如在图 1.2.2所示电路中,如果 a、b 两点间电压 U 的参考方向与实际方向一致,则为正值,即 $U>0$;如果 b、a 两点间电压 U' 的参考方向与实际方向相反,则为负值,即 $U'<0$。两者间关系为 $U=-U'$。

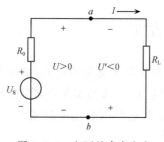

图 1.2.2　电压的参考方向

电压的参考方向也可用双下标表示。如 a、b 间的电压可表示为 U_{ab},说明电压的参考方向是由 a 指向 b;a 点的参考极性为"+",b 点的参考极性为"-",即 $U_{ab}=U$。反之,电压可表示为 U_{ba},说明电压的参考方向由 b 指向 a,即 $U_{ba}=U'$。同样电流的参考方向也可双下标表示。

电压和电动势的单位为伏[特](V)、毫伏(mV)和微伏(μV)。$1\mathrm{mV}=10^{-3}\mathrm{V}$,$1\mu\mathrm{V}=10^{-6}\mathrm{V}$;计算高电压时,则用千伏(kV)为单位。

1.2.3　电功率

根据物理学中功率的定义,电路中某元件的电功率(简称功率)为

$$p=ui \tag{1.2.1}$$

式中，u 为电路元件的端电压；i 为流经电路元件中的电流。

在正弦交流电路（AC）中，由于电压 u 和电流 i 随时间变化，则功率 p 也随时间变化，则在一个周期内的平均功率为

$$P = \frac{1}{T}\int_0^T p\,\mathrm{d}t = \frac{1}{T}\int_0^T u\,i\,\mathrm{d}t \tag{1.2.2}$$

式中，T 为电压、电流的变化周期。

在直流电路（DC）中，由于电压 U 和电流 I 不随时间变化，则功率为

$$P = UI \tag{1.2.3}$$

功率的单位为瓦［特］（W）和毫瓦（mW），较大功率的单位用千瓦（kW）。

在分析计算电路中，不仅要计算功率的大小，有时还要判断功率的性质，即根据电压和电流的实际方向可确定电路元件是电源还是负载。在电路中电流、电压实际方向未知的情况下，通常均以电压、电流的参考方向为准。

若电路元件上的端电压 U 和电流 I 的参考方向一致（关联），则电路元件上的功率为

$$P = UI \tag{1.2.4}$$

若电路元件上的端电压 U 和电流 I 的参考方向相反（非关联），则电路元件上的功率为

$$P = -UI \tag{1.2.5}$$

在上述两种情况下，如果计算出的功率为正值，则表示该元件消耗功率，并表示该元件在电路中的作用为负载；如果计算出的功率为负值，则表示该元件输出功率，并表示该元件在电路中的作用为电源。

需要特别注意的是：电路中电流、电压的参考方向可任意选取，一旦选取了恰当的参考方向，应在电路的分析计算中始终遵守，相对于参考方向所得的结果不受电流和电压实际方向的影响；无论采用哪一种形式表示功率，在判定元件功率的性质时，其实质都是依据电流和电压的实际方向进行判定的；上述的分析不仅适用于电路中某一电路元件，而且适用于电路中的某一部分电路。

例 1.2.1　在图 1.2.3 所示的电路中，已知 $U=12\mathrm{V}$，$I=-2\mathrm{A}$，试判断元件 1 在电路中的作用性质（是电源还是负载）。

解　（1）在图 1.2.3（a）所示电路中 U 和 I 参考方向相反，则有

$$P = -UI = -12 \times (-2) = 24(\mathrm{W})$$

则电路元件 1 为负载。

（2）在图 1.2.3（b）所示电路中 U 和 I 参考方向相同，则有

$$P = UI = 12 \times (-2) = -24(\mathrm{W})$$

则电路元件 1 为电源。

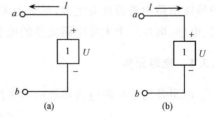

图 1.2.3　例 1.2.1 电路

练习与思考

1.2.1　何谓电压、电流的参考方向？参考方向与实际方向有什么区别和联系？为什么要引入参考方向？

1.2.2　在图 1.2.4 所示各电路中，已知电压 $U=10\text{V}$，电流 $I=6\text{A}$，试确定哪个装置是电源？哪个装置是负载？

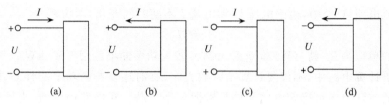

图 1.2.4　练习与思考 1.2.2 图

1.2.3　试确定图 1.2.5 所示哪些电路元件（方框部分）是电源？哪些是负载？

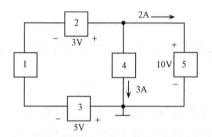

图 1.2.5　练习与思考 1.2.3 图

1.3　无源电路元件

理想电路元件简称电路元件，其是组成电路的基本要素。在电路分析计算中，可由电路元件两端的电压和流过的电流间关系，判断元件在电路中的性质。根据电路元件的等效电路中是否含有电源，可分为无源电路元件和有源电路元件。本节主要讨论电阻、电感、电容三个无源电路元件的概念和伏安特性。

1.3.1　电阻元件

电阻是用于反映电流热效应的电路元件。实际电路中的白炽灯、电阻炉、电烙铁等均可视为电阻元件。依据电阻的伏安特性 $u=f(i)$ 或 $i=f(u)$ 呈线性还是非线性，可将电阻分为线性电阻和非线性电阻两类。线性电阻的端电压和电流间关系遵循欧姆定律，即电压与电流间的关系成正比。

当电阻端电压 u 与经过电流 i 方向一致（即关联参考方向）时，如图 1.3.1 所示。流经电阻的电流

讲义：电阻元件

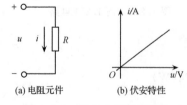

(a) 电阻元件　　　(b) 伏安特性

图 1.3.1　线性电阻伏安特性

与端电压成正比。在交流电路中,其伏安特性为

$$u = Ri \tag{1.3.1}$$

而在直流电路中其伏安特性为

$$U = RI \tag{1.3.2}$$

式(1.3.1)和式(1.3.2)就是我们熟悉的欧姆定律。电阻的单位为欧[姆](Ω),常用的单位还有千欧(kΩ)和兆欧(MΩ)等。

当电流流经电阻时会将电能转换为热能,在交流电路中电阻消耗的功率为

$$p = ui = Ri^2 = \frac{u^2}{R} \tag{1.3.3}$$

在直流电路中电阻消耗的功率为

$$P = UI = RI^2 = \frac{U^2}{R} \tag{1.3.4}$$

从能量的角度看,电阻只消耗电能而不储存或提供电能,故称耗能元件。电阻消耗的电能为

$$W = \int_0^t p\,\mathrm{d}t = \int_0^t ui\,\mathrm{d}t \tag{1.3.5}$$

在直流电路中电阻消耗的电能为

$$W = UIt = Pt \tag{1.3.6}$$

电能的单位为千瓦时(kW·h)。我们经常将 1kW·h 称为 1 度电。

1.3.2　电感元件

电感是用于反映电流周围存在的磁场,也是一种能够储存和释放磁场能量的电路元件。理想电感是指电阻为零的线圈绕制而成的。如果线圈中无铁磁性物质(即空心),称为线性线圈,如图 1.3.2 所示。

当在有 N 匝线圈的电感中通过电流 i 时,在电感周围产生磁场。如果用磁通 Φ 表示磁场的强弱,则磁通 Φ 和电流 i 的线性关系为

$$N\Phi = Li \tag{1.3.7}$$

式中,N 为电感的线圈匝数;L 为电感量,单位为亨[利](H)和毫亨(mH),$1\mathrm{H} = 10^3\,\mathrm{mH}$;$\Phi$ 为磁通,单位为韦伯(Wb);i 为通过电感的电流,单位为安(A)。

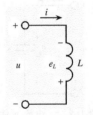

图 1.3.2　电感元件

当电感中的电流 i 发生变化时,将在电感线圈中产生自感应电动势 e_L,以及电压 u。当规定 e_L 与 i 的参考方向一致时,根据电磁感应定律有

$$e_L = -N\frac{\mathrm{d}\Phi}{\mathrm{d}t} = -L\frac{\mathrm{d}i}{\mathrm{d}t} \tag{1.3.8}$$

电感的伏安特性为

$$u = -e_L = L\frac{\mathrm{d}i}{\mathrm{d}t} \tag{1.3.9}$$

可见，电感的端电压 u 与电流 i 的变化率 $\dfrac{\mathrm{d}i}{\mathrm{d}t}$ 成正比，而与电流 i 的大小和方向无关。如果将电感接入直流电路，由于 $\dfrac{\mathrm{d}i}{\mathrm{d}t}=0$，$u=0$。因此，在直流电路中电感相当于短路元件。

理想电感是一储存磁场能元件。其储存的能量 W_L 为

$$W_L=\int_0^t ui\,\mathrm{d}t=\int_0^i Li\,\mathrm{d}i=\frac{1}{2}Li^2 \qquad (1.3.10)$$

式(1.3.10)表明，当通过电感的电流增大时，电感将从电源吸收电能转换为磁场能并储存起来；当电流减小时，电感将释放的磁场能转换为电能并送还给电源。因此，在电感中电流发生变化时，其能够进行电能和磁场能的相互转换，如果忽略电感线圈本身电阻的影响，则电感不消耗电能，但其对电流的变化有阻碍作用。

1.3.3　电容元件

电容是用于反映带电导体周围存在的电场，也是一种能够储存和释放电场能量的电路元件，简称电容器。电容器的种类很多，但从结构上都可由中间加有绝缘材料的两块金属板构成。电容的符号、规定的电压和电流参考方向，如图 1.3.3 所示。在电容两端加上电压 u 时，极板上聚集的电荷 q 与电压 u 的比值 C，即电容为

$$C=\frac{q}{u} \qquad (1.3.11)$$

式中，q 为电荷，单位为库［仑］(C)；u 为电压，单位为伏(V)；C 为电容量，单位为法［拉］(F)，工程上多采用微法(μF)或皮法(pF)，它们的换算关系是 $1\,\mathrm{F}=10^6\,\mu\mathrm{F}=10^{12}\,\mathrm{pF}$。

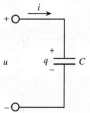

图 1.3.3　电容元件

当电容两端交流电压 u 发生变化时，电荷量 q 也随之变化，电路中出现电荷移动，形成电流 i。如果 u、i 的参考方向一致，如图 1.3.3 所示，则有

$$i=\frac{\mathrm{d}q}{\mathrm{d}t}=C\,\frac{\mathrm{d}u}{\mathrm{d}t} \qquad (1.3.12)$$

式(1.3.12)是在 u 和 i 的参考方向一致情况下得出的。如果 u、i 的参考方向不一致，则等式右边要加负号"—"。如果在电容两端加直流电压，则电流 $i=0$，电容可视为开路。因此，电容具有所谓的"通交"和"隔直"作用。

将式(1.3.12)两边积分，则电容端电压和电流的另一关系为

$$u=\frac{1}{C}\int_{-\infty}^t i\,\mathrm{d}t=\frac{1}{C}\int_{-\infty}^0 i\,\mathrm{d}t+\frac{1}{C}\int_0^t i\,\mathrm{d}t=u_0+\frac{1}{C}\int_0^t i\,\mathrm{d}t \qquad (1.3.13)$$

式中，t 为电容充放电时间；u_0 为初始值，即在 $t=0$ 时电容上的电压。

当 $u_0=0$ 时，则

$$u=\frac{1}{C}\int_0^t i\,\mathrm{d}t \qquad (1.3.14)$$

理想电容是一种储存电场能元件。将式(1.3.12)两边乘上 u 后积分,则电容储存的能量为

$$W_C = \int_0^t u i \, dt = \int_0^u C u \, du = \frac{1}{2} C u^2 \qquad (1.3.15)$$

式(1.3.15)表明,当电容的端电压增加时,电容从电源吸收电能(充电),将其转换为电场能储存在极板间;当电容的端电压减小时,电容将释放的电场能转换为电能并送还给电源(放电)。因此,如果忽略电阻和引线的影响,则电容本身不消耗电能。

值得注意的是,选用电阻、电感和电容元件时应选择合适的标称值、额定电流和额定电压,如果单个元件的标称值不适合时,可将同类几个元件串联或者并联使用。

(1) 两个元件串联时,等效元件值分别为

$$R = R_1 + R_2, \quad L = L_1 + L_2, \quad C = \frac{C_1 C_2}{C_1 + C_2} \qquad (1.3.16)$$

(2) 两个元件并联时,等效元件值分别为

$$R = \frac{R_1 R_2}{R_1 + R_2}, \quad L = \frac{L_1 L_2}{L_1 + L_2}, \quad C = C_1 + C_2 \qquad (1.3.17)$$

在式(1.3.16)和式(1.3.17)中等效电感 L 的计算条件是,仅适用于两个无互感线圈的串联或并联。

1.4　有源电路元件

能够向电路提供电能的元件称为有源电路元件。有源元件分为独立电源与受控电源两大类。所谓独立电源就是能够独立地向电路提供电压和电流,且不受电路中其他支路电压或电流的影响;受控电源向电路提供的电压和电流,则受电路中其他支路电压或电流的控制。本节将主要讨论独立电源的外特性(即伏安特性)和独立电源的等效变换。

1.4.1　独立电源

一个实际的独立电源(如发电机、稳压电源、稳流电源等)可用两种不同的电路模型来表示。以电压形式表示的称为电压源,以电流形式表示的称为电流源。电压源和电流源都是从实际电源元件中抽象出来的理想元件。

1. 电压源模型

能够独立产生稳定电压的电路元件称为电压源模型。一个实际电压源(如发电机、电池和各种信号源等)不仅能够产生电能,且在能量转换时有功率消耗,即存在一定的内阻 R_0,其模型可用一个电动势 U_S 和内阻 R_0 串联表示,如图 1.4.1(a)所示。由图所示电路可得出

$$U = U_S - R_0 I \qquad (1.4.1)$$

式中,U 为电源端的电压;I 为电源向负载提供的电流。

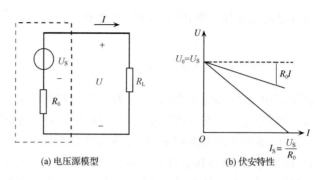

(a) 电压源模型   (b) 伏安特性

图 1.4.1   电压源模型及伏安特性

由式(1.4.1)可作出电压源模型的伏安特性曲线,如图 1.4.1(b)所示。当电压源模型开路($R_L=\infty$)时,$I=0$,$U=U_0=U_S$;当电压源模型短路($R_L=0$)时,电路电流 $I_S=I=\dfrac{U_S}{R_0}$。电压源内阻 R_0 越小,伏安特性曲线越平坦。

当内阻 $R_0=0$ 时,端电压 U 不再随电流 I 的变化而变化,$U=U_S$。这样的电压源模型称为理想电压源或恒压源,理想电压源的伏安特性如图 1.4.1(b)中水平虚线所示。仅是当实际的内阻 $R_0 \ll R_L$(负载电阻)时,内阻压降可忽略不计,这时的电压源才可视为理想电压源。理想电压源具有以下特点:

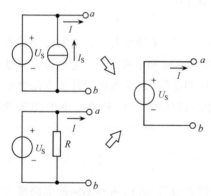

(1) 电源的端电压 U 是定值,即 $U=U_S$,且不受流过的电流的影响;

(2) 流过理想电压源的电流不由它本身所确定,而由与其相关联的外电路来确定;

(3) 与理想电压源并联的支路不会影响理想电压源的输出电压。所以,在电路分析计算时并联支路可视为开路,如图 1.4.2 所示。

图 1.4.2   理想电压源并联支路等效

理想电压源实际上是不存在的,其只有理论上的意义。通常使用的电池和稳压电源,可认为是一个理想电压源。

2. 电流源模型

能够独立产生稳定电流的电路元件称为电流源。一个实际电流源因为存在内阻 R_0,其模型可用一个电流 I_S(恒定值)和内阻 R_0 并联表示,如图 1.4.3 所示。由电路可得

$$I=I_S-\frac{U}{R_0} \tag{1.4.2}$$

式中,I 为负载电流;$I_0=\dfrac{U}{R_0}$ 为内阻上电流。

由式(1.4.2)可作出电流源模型的伏安特性曲线,如图 1.4.3(b)所示。当电流源

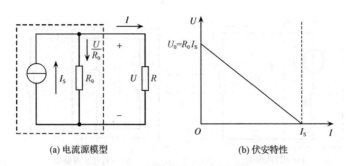

(a) 电流源模型　　　　　　　(b) 伏安特性

图 1.4.3　电流源模型及伏安特性

模型开路($R_L=\infty$)时，$U=R_0 I_S$，$I=0$ 曲线交于纵轴；当电路处于短路($R_L=0$)时，$I=I_S$，$U=0$，曲线交于横轴。电流源模型的内阻 R_0 越大，伏安特性曲线越陡。

当内阻 $R_0=\infty$（相当于并联支路 R_0 断开）时，电流 I 不再随电压 U 的变化而变化，$I=I_S$。而端电压 U 是任意的，其由负载电阻 R_L 及电流 I_S 确定。此时的电流源称为理想电流源或恒流源，其伏安特性曲线是与纵轴平行的一直线，如图 1.4.3(b) 中的垂直虚线所示。理想电流源具有以下特点：

（1）电源输出电流恒定，即 $I=I_S$，且不受端电压的影响；

（2）端电压的大小不是由电压源本身所能确定的，而要由与其相连的外电路来确定；

（3）与理想电流源串联的支路不会影响理想电流源的输出电流。所以，在分析计算时串联支路可视为短路，如图 1.4.4 所示。

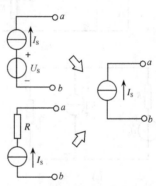

理想电流源实际上是不存在的，同样只有理论上的意义。晶体管可以视为一个理想电流源。因为，在基极电流 I_B 一定，且集电极与发射极电压 U_{CE} 超过一定值时，可近似认为集电极电流 I_C 不再随电压 U_{CE} 的变化而变化。

图 1.4.4　理想电流源串联支路等效

1.4.2　两种电源模型等效变换

一个独立电源既可以表示成电压源模型（U_S 和 R_0 串联），又可以表示成电流源模型（I_S 和 R_0 并联）。对于电源的外电路而言，这两种表示方法是等效的，或者说，在负载端电压 U 和输出电流 I 不变的条件下，电压源模型与电流源模型是可以等效变换的，它们之间的等效变换条件为

$$I_S=\frac{U_S}{R_0} \quad 或 \quad U_S=R_0 I_S \qquad (1.4.3)$$

两种表示形式中的内电阻 R_0 相同，如图 1.4.5 所示。但要注意，不管是电压源模型变换为电流源模型，还是电流源模型变换为电压源模型，U_S 和 I_S 的方向必须一致，以使负载的电流方向保持不变。

例 1.4.1　在图 1.4.6(a) 所示电路中，已知 $U_{S1}=30$V，$U_{S2}=10$V，$I_S=3$A，$R_1=$

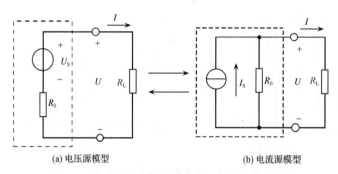

(a) 电压源模型　　　　　　　　(b) 电流源模型

图 1.4.5　电压源模型和电流源模型的等效变换

4Ω，$R_2=2\Omega$，$R_3=3\Omega$，$R_L=1\Omega$。试用电源两种模型等效变换方法计算负载电阻电流 I_L。

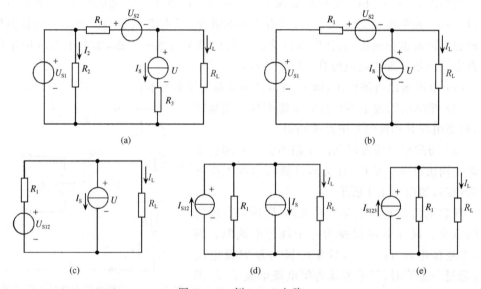

图 1.4.6　例 1.4.1 电路

解　(1) 在图 1.4.6(a)所示电路中电压源 U_{S1} 与电阻 R_2 并联，故 R_2 可视为开路；电流源 I_S 与电阻 R_3 串联，故 R_3 可视为短路。则原电路可以简化图 1.4.6(b)所示电路，由于理想电压源 U_{S1} 与 U_{S2} 串联，故等效后的理想电压源 U_{S12} 为

$$U_{S12}=U_{S1}-U_{S2}=30-10=20(\text{V})$$

$$R_1=4\Omega$$

所以，图 1.4.6(b)所示电路可以等效为图 1.4.6(c)所示电路。

(2) 将图 1.4.6(c)所示电路中电压源模型变换为电流源模型，如图 1.4.6(d)所示。则电流源模型的电流为

$$I_{S12}=\frac{U_{S12}}{R_1}=\frac{20}{4}=5(\text{A})$$

$$R_1=4\Omega$$

（3）将图1.4.6(c)所示电路最终可以等效为如图1.4.6(e)所示电路,负载电流I_L实际为理想电流源I_{S123}在负载电阻R_L上的分流,即

$$I_L = \frac{R_1}{R_1 + R_L} I_{S123} = \frac{4}{4+1} \times 2 = 1.6(A)$$

应用电源等效化简和变换时应注意:

（1）两种电源模型仅对外电路等效,等效前后的电源对外电路的电压U和电流I保持不变;

（2）电流源电流I_S参考方向与电压源电动势U_S参考方向应一致,如图1.4.6(c)所示的电动势U_{S12}极性为上"＋"下"－",则等效后电流源I_{S12}参考方向为箭头方向向上;

（3）理想电压源和理想电流源本身之间不能进行等效变换。因为对理想电压源($R_0=0$)而言,其短路电流I_S为无穷大,对理想电流源($R_0=\infty$)而言,其开路电压U_0为无穷大,都得不到有限的数值。

*1.4.3　受控电源

除上述讨论的独立电源外,在实际电路中还有另一类电源,电压源的电压或电流源的电流是受电路中其他部分的电流或电压控制的,称这种电源为受控电源,简称受控源。受控源的电压或电流都不是给定的时间函数。当控制量(电压或电流)消失或等于零时,受控量(电压或电流)将为零。

受控源有两对端钮。一对为控制端(输入端),一对为受控端(输出端),控制端用来控制受控端的电压或电流。根据控制量和受控量的特征,受控源可分为:电压控制电压源(voltage controlled voltage source,VCVS),电压控制电流源(voltage controlled current source,VCCS),电流控制电压源(current controlled voltage source,CCVS)和电流控制电流源(current controlled current source,CCCS)。

四种理想受控源的模型,如图1.4.7所示。图中菱形符号表示受控电压源或受控电流源,而μ、γ、g、β都是有关的控制系数。当这些系数为常数时,被控制量与控制量成正比。这种受控源为线性受控源。

所谓理想受控源,就是它的控制端和受控端都是理想的。在控制端,对电压控制的受控电源,其输入电阻为无穷大($I_1=0$);对电流控制的受控电源,其输入端电阻为零($U_1=0$)。在受控端,对受控电压源,其输出端电阻为零,输出电压恒定;对受控电流源,其输出端电阻为无穷大,输出电流恒定。

必须注意,受控源与独立电源的区别在于:独立电源在电路中起着"激励"的作用,因为有了它才能在电路中产生电流和电压;而受控源则不同,它的电压或电流受电路中其他电压或电流所控制,当这些控制电压或电流为零时,受控源的电压或电流也就为零。因此,它不过是用来反映电路中某处的电压或电流能控制另一处的电压和电流这一现象而已,它本身不直接起"激励"作用。

例1.4.2　试化简图1.4.8(a)所示电路。

解　对含受控源的电路进行化简时,可以把受控源与独立电源一样对待,进行等效

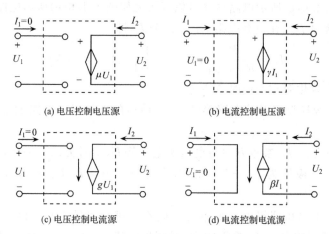

(a) 电压控制电压源　　　　(b) 电流控制电压源

(c) 电压控制电流源　　　　(d) 电流控制电流源

图 1.4.7　理想受控源模型

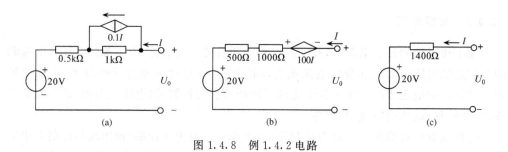

(a)　　　　(b)　　　　(c)

图 1.4.8　例 1.4.2 电路

变换。化简后的等效电路如图 1.4.8(b)所示。值得注意的是,在化简过程中不能把受控源的控制量消除掉。

$$U_0 = 1500I - 100I + 20 = 1400I + 20$$

由此结果可得图 1.4.8(c)所示电路。从本例可见,CCVS 在这里好比是一个"负100Ω"的电阻。

例 1.4.3　图 1.4.9 所示为一晶体管放大器的电路模型。电路各元件的参数为 $\beta = 50, R_1 = 1\text{k}\Omega, R_2 = 4\text{k}\Omega, R_\text{S} = 600\Omega, R_\text{L} = 4\text{k}\Omega, U_\text{S} = 30\text{mV}$。试求负载电阻 R_L 端电压 U_L。

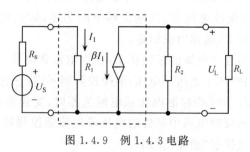

图 1.4.9　例 1.4.3 电路

解　图 1.4.9 中虚线框内的部分为晶体管的简化模型。由输入回路,可得

$$I_1 = \frac{U_S}{R_S + R_1}$$

由输出回路可得

$$U_L = \frac{-R_2 R_L}{R_2 + R_L} \times \beta I_1$$

将 I_1 代入得

$$U_L = -\frac{\beta R_2 R_L}{(R_2 + R_L)(R_S + R_1)} \times U_S$$

$$= -\frac{50 \times 4 \times 10^3 \times 4 \times 10^3}{(4 \times 10^3 + 4 \times 10^3)(600 + 1 \times 10^3)} \times 30 \times 10^{-3}$$

$$= -\frac{50 \times 4 \times 10^3 \times 4 \times 10^3}{8 \times 10^3 \times (1.6 \times 10^3)} \times 30 \times 10^{-3} = -1.875 \, (\text{V})$$

练习与思考

1.4.1 将图 1.4.10 中的电压源变换为电流源,电流源变换为电压源。

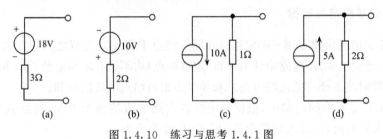

图 1.4.10 练习与思考 1.4.1 图

1.4.2 试用一个理想电压源或理想电流源表示图 1.4.11 所示的各电路。

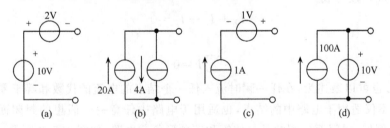

图 1.4.11 练习与思考 1.4.2 图

1.5 基尔霍夫定律

电路分析和计算的基本定律除欧姆定律外,还有基尔霍夫定律(Kirchhoff's law)。欧姆定律描述了线性电阻元件(电路中某一个局部)两端电压、电流之间的关系。而基尔霍夫定律是从电路的全局和整体上,阐明了各部分电压、电流之间所必须遵循的规律,务必熟悉掌握。

先结合图 1.5.1 所示电路,介绍几个有关的名词术语。

支路 电路中流过同一电流的每一条分支称为支路,用符号 b 表示。支路上的电

讲义:基尔霍夫
定律

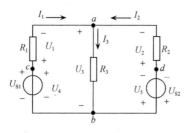

图 1.5.1　有分支电路

流称为支路电流。图 1.5.1 所示电路中包含了三条支路和三个支路电流（I_1、I_2 和 I_3）。

结点　电路中三条或三条以上支路的连接点称为结点,用符号 n 表示。图 1.5.1 所示电路中 a 点和 b 点都是结点。

回路　电路中任意一个闭合路径称为回路,它由一条或若干条支路构成。图 1.5.1 中 $abca$、$abda$、$adbca$ 都是回路。

网孔　内部不另含支路的回路称为网孔,亦称独立回路,用符号 l 表示,$l=b-(n-1)$。图 1.5.1 所示电路中 $abca$、$abda$ 是网孔,$adbca$ 是回路但不是网孔,因其内部含有 R_3 支路。

基尔霍夫定律包括两部分:基尔霍夫电流定律（Kirchhoff's current law,KCL）和基尔霍夫电压定律（Kirchhoff's voltage law,KVL）。

1.5.1　基尔霍夫电流定律

基尔霍夫电流定律是用来确定连接在同一结点上各支路电流之间相互关系的定律,根据电流的连续性原理,电路中任何一点(包括结点)均不能有堆积电荷。故 KCL 可表述为:在任一瞬时流入任一结点的电流总和等于流出该结点电流的总和。

在图 1.5.1 所示的电路中,根据规定的各支路电流的参考方向,对结点 a 来说,I_1 和 I_2 是流入的电流,I_3 是流出的电流,用 KCL 可表示为

$$I_1 + I_2 = I_3 \tag{1.5.1}$$

或将式(1.5.1)改写成

$$I_1 + I_2 - I_3 = 0 \tag{1.5.2}$$

即

$$\sum I = 0 \tag{1.5.3}$$

因此,KCL 也可以表述为:在任一瞬时流入任一个结点的电流的代数和等于零。

KCL 不仅适用于电路中的结点,也适用于电路中任意一个假想的封闭面(亦称广义结点)。例如,封闭面包围的是晶体管和三角形负载电路,如图 1.5.2 所示。

应用 KCL 可列出图 1.5.2 所示电路的电流方程,在图 1.5.2(a)所示电路中有

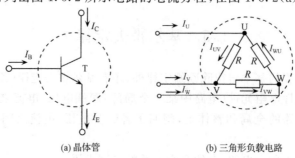

(a) 晶体管　　　　　　　　(b) 三角形负载电路

图 1.5.2　KCL 的推广应用

$$I_C + I_B = I_E$$

或

$$I_C + I_B - I_E = 0$$

在图 1.5.2(b)所示电路中有

$$I_U = I_{UV} - I_{WU}$$
$$I_V = I_{VW} - I_{UV}$$
$$I_W = I_{WU} - I_{VW}$$

将图 1.5.2(b)列写的三式相加,则得

$$I_U + I_V + I_W = 0$$

可见,在任一瞬时通过任意封闭的电流的代数和也等于零。

1.5.2　基尔霍夫电压定律

基尔霍夫电压定律是用来确定任一闭合回路中各部分电压之间的关系。KVL 可表述为:在任一瞬时电路中任一回路沿循行方向的各段电压的代数和等于零,即

$$\sum U = 0 \tag{1.5.4}$$

图 1.5.3 所示的电路中已知各个量的参考方向,如果任选择一循行方向,并用虚线标示于回路中。如选 $abcda$ 的顺序为循行方向,沿该方向回路中各段电压的代数和为

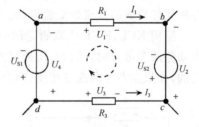

图 1.5.3　单回路电路

$$U_{ab} + U_{bc} + U_{cd} + U_{da} = 0$$

式中,U_{ab}、U_{bc}、U_{cd} 和 U_{da} 分别为沿循行方向回路各段电压。

考虑到各段电压参考方向与循行方向是否关联,两者关联方向一致时,取正值;否则取负值。故回路中各段电压可表示为

$$U_{ab} + U_{bc} + U_{cd} + U_{da} = U_1 - U_2 - U_3 + U_4$$
$$= R_1 I_1 - U_{S2} - R_3 I_3 + U_{S1} = 0$$

故

$$U_{S2} - U_{S1} = R_1 I_1 - R_3 I_3 \tag{1.5.5}$$

式(1.5.5)是 KVL 的另一表示形式,可表述为:在任一瞬时电路中任一回路沿循行方向的电源电动势 U_S 的代数和等于电阻压降 RI 的代数和。其数学表达式为

$$\sum U_S = \sum RI \tag{1.5.6}$$

式中,电动势方向与循行方向一致时运算符号取"＋"号,反之取"－"号;电阻上电流的参考方向与循行方向一致时,电阻压降的运算符号取"＋"号,反之取"－"号。

KVL 不仅适用于闭回路,也可适用于部分开口电路(也称虚拟回路),例如图 1.5.4 所示电路。

对图 1.5.4 所示电路,应用 KVL 列写方程。在如图 1.5.4(a)所示电路中有

$$U_{UV} - U_U + U_V = 0$$

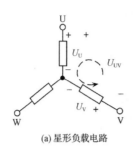 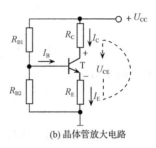

(a) 星形负载电路   (b) 晶体管放大电路

图 1.5.4 KVL 的推广应用

或

$$U_{UV} = U_U - U_V$$

在图 1.5.4(b)所示的电路中有

$$R_C I_C + U_{CE} + R_E I_E - U_{CC} = 0$$

即

$$U_{CE} = U_{CC} - R_C I_C - R_E I_E$$

应该指出,基尔霍夫两个定律具有普遍性,不仅适用于直流电阻电路,也适用于由各种元件构成的直流和交流电路。

应用 KCL、KVL 或欧姆定律列写电路方程时,先要在电路图上标出电流、电压和电动势的参考方向。因为,所列写方程中各项前的"+"、"−"号是由它们的参考方向决定的,如果参考方向选得相反,则会相差一个"−"号。

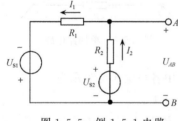

图 1.5.5 例 1.5.1 电路

例 1.5.1 图 1.5.5 所示电路中,已知 $R_1 = 12\text{k}\Omega$, $R_2 = 20\text{k}\Omega$, $U_{S1} = 22\text{V}$, $U_{S2} = 10\text{V}$。试求:

(1)电路中电流 I_1、I_2;

(2)电路中电压 U_{AB}。

解 (1)电路右侧 A、B 间开路,即不是闭合电路,无电流。电路左侧为闭合回路,且 $I_1 = I_2$。

根据 KVL 可得

$$R_1 I_1 + R_2 I_2 - U_{S1} - U_{S2} = 0$$

故

$$I_1 = I_2 = \frac{U_{S1} + U_{S2}}{R_1 + R_2} = \frac{22 + 10}{12 + 20} = 1(\text{mA})$$

(2)由于电路右侧为开口(回路),同样可用 KVL 列开口电路电压方程。则有

$$U_{S2} - U_{AB} - R_2 I_2 = 0$$

即

$$U_{AB} = U_{S2} - R_2 I_2 = 10 - 20 \times 1 = -10(\text{V})$$

可见,虽开口处无电流,但存在电压,其电压的大小和方向由与其连接的电路决定。

例 1.5.2 图 1.5.6 所示电路中,已知 $U_{S1}=30\text{V},U_{S2}=18\text{V},R_1=10\Omega,R_2=5\Omega,$ $R_3=10\Omega,R_4=12\Omega,R_5=8\Omega,R_6=6\Omega,R_7=4\Omega$。试求电压 U_{AB}。

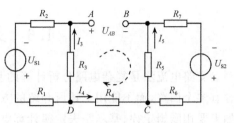

图 1.5.6　例 1.5.2 电路

解 应用 KVL 对 $ABCDA$ 回路列出

$$U_{AB}-R_5I_5-R_4I_4+R_3I_3=0$$

$$U_{AB}=R_4I_4+R_5I_5-R_3I_3$$

根据 KCL 有 $I_4=0$,则

$$U_{AB}=R_5I_5-R_3I_3$$

$$=\frac{U_{S2}}{R_5+R_6+R_7}R_5-\frac{U_{S1}}{R_1+R_2+R_3}R_3$$

$$=\frac{18}{8+6+4}\times8-\frac{30}{10+5+10}\times10$$

$$=8-12=-4(\text{V})$$

值得注意的是:应用 KCL 列方程时,可能会遇到两套正负号,一个是方程式中电流前的正负号,它们取决于电流参考方向对结点的相对关系;另一个是各电流本身数值的正负号,则取决于参考方向与实际方向的关系,方程式中的变量是代数值。

应用 KCL 列写方程时,若假定流出结点的电流为正,流入结点的电流为负,仍不失 KCL 的正确性,也会得到同样的结果。

练习与思考

1.5.1　根据图 1.5.7 所示的电流 I,电压 U 和电动势 U_S 的参考方向,写出表示三者的关系式。

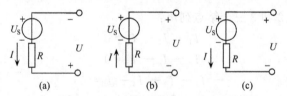

图 1.5.7　练习与思考 1.5.1 图

1.5.2　试求图 1.5.8 所示两个电路中电流 I。

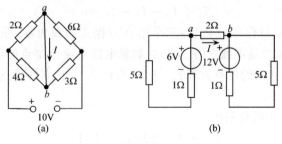

图 1.5.8　练习与思考 1.5.2 图

1.6 支路电流法

支路电流法是复杂电路分析计算的基本方法之一。所谓的复杂电路,是指电路中含有多个回路,而不能用上述所介绍的方法将其化简为单回路的电路。对于复杂电路如果要用欧姆定律、基尔霍夫定律计算电路中的电压、电流较为复杂,为了避免这些复杂分析计算,从本节开始给大家介绍几种常用的基本方法。

支路电流法是以支路电流为未知量,根据 KCL 和 KVL 列出结点电流和网孔电压方程,然后联立求解,获得各支路电流。一旦求出各支路电流,电路中的电压和功率也就很容易求出。

两台发电机并联向负载供电的电路,如图 1.6.1 所示。列方程时,先在电路上选定未知支路电流、电压或电动势的参考方向,然后按照基尔霍夫定律列出电路的结点电流和回路电压独立方程。

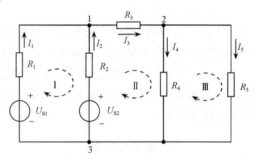

图 1.6.1   两台发电机并联电路

应用 KCL 对 1、2 和 3 三个结点列出:

结点 1	$I_1 + I_2 - I_3 = 0$	(1.6.1)
结点 2	$I_3 - I_4 - I_5 = 0$	(1.6.2)
结点 3	$-I_1 - I_2 + I_4 + I_5 = 0$	(1.6.3)

可见,三个方程式中只有两个独立方程,式(1.6.3)可由式(1.6.1)和式(1.6.2)相加得到,即

$$(I_1 + I_2 - I_3) + (I_3 - I_4 - I_5) = 0$$
$$I_1 + I_2 - I_4 - I_5 = 0 \qquad (1.6.4)$$

式(1.6.3)与式(1.6.4)仅差一负号,三个结点方程式的和为零。因此,式(1.6.3)对式(1.6.1)和式(1.6.2)是不独立的。通常,如果电路有 n 个结点的话,那么按 KCL 只能列出 $N = n-1$ 个独立的结点方程式。即只能有 N 个独立的结点,至于选哪个结点列出方程,则是任意的。

应用 KVL 对三个网孔列出:

回路Ⅰ	$U_{S1} - U_{S2} = R_1 I_1 - R_2 I_2$	(1.6.5)
回路Ⅱ	$U_{S2} = R_2 I_2 + R_3 I_3 + R_4 I_4$	(1.6.6)
回路Ⅲ	$R_5 I_5 - R_4 I_4 = 0$	(1.6.7)

除方程式(1.6.5)、式(1.6.6)和式(1.6.7)外,再任取一回路所列的电压方程式,都可由以上三式导出。可见,上述三个电压方程式是独立的,因为任一个方程中至少含有一项是其他两个方程式中所没有的。

在所列回路电压方程式中,要保证所列的方程式都是独立方程,就需要适当地选取回路。对于平面回路(即电路图上不出现不连续的交叉的电路),可以选取网孔作为列方程的回路。对于具有 n 个结点和 b 条支路的电路,应用 KCL 列出的独立电压方程数只有 $b-(n-1)$,一般来说,这就是平面电路的网孔数。

应用 KCL 和 KVL 所列写的图 1.6.1 所示电路的独立方程为

$$\begin{cases} I_1 + I_2 - I_3 = 0 \\ I_3 - I_4 - I_5 = 0 \\ U_{S1} - U_{S2} = R_1 I_1 - R_2 I_2 \\ U_{S2} = R_2 I_2 + R_3 I_3 + R_4 I_4 \\ R_5 I_5 - R_4 I_4 = 0 \end{cases} \tag{1.6.8}$$

最后,联立求解式(1.6.8),即可得各支路电流 I_1、I_2、I_3、I_4 和 I_5。如果求出的数值为正,表示电流的实际方向与所设的参考方向一致;否则,电流的实际方向与所设的参考方向相反。对于支路数目多的电路,因为未知数多,求解方程的数目也就相应增加。所以,遇到具体问题时要具体分析,还可以寻找其他的分析方法。

例 1.6.1　在图 1.6.1 所示电路中,已知 $U_{S1}=30\text{V}$,$U_{S2}=50\text{V}$,$R_1=2\Omega$,$R_2=R_3=5\Omega$,$R_4=R_5=10\Omega$。试求:

(1) 各支路电流;

(2) 电路中各元件的功率。

解　(1) 求各支路电流。

将已知数据代入下列各方程组,则有

$$\begin{cases} I_1 + I_2 - I_3 = 0 \\ I_3 - I_4 - I_5 = 0 \\ 30 - 50 = 2I_1 - 5I_2 \\ 50 = 5I_2 + 5I_3 + 10I_4 \\ 10I_5 - 10I_4 = 0 \end{cases} \tag{1.6.9}$$

联立求解,得

$$I_1 = -0.625\text{ A}, \quad I_2 = 3.75\text{ A}, \quad I_3 = 3.125\text{ A}, \quad I_4 = I_5 = 1.5625\text{ A}$$

计算结果 I_1 的实际方向与图中所标参考方向相反,即发电机 1 为充电状态。

(2) 元件的功率。

将 U_{S1}、U_{S2} 视为理想电压源,发出的功率分别为

$$P_{US1} = U_{S1} I_1 = 30 \times (-0.625) = -18.75(\text{W})$$

$$P_{US2} = U_{S2} I_2 = 50 \times 3.75 = 187.5(\text{W})$$

P_{US1} 为负值,表示 U_{S1} 并不输出功率,而是消耗功率,作电动机运行,也是发电机 2 的负载。

各电阻消耗的功率分别为

$$P_1 = R_1 I_1^2 = 2 \times (-0.625)^2 = 0.78(\text{W})$$

$$P_2 = R_{21} I_2^2 = 5 \times (3.75)^2 = 70.3(\text{W})$$

$$P_3 = R_{31} I_3^2 = 5 \times (3.125)^2 = 48.828(\text{W})$$

$$P_4 = R_{41} I_4^2 = 10 \times (1.5625)^2 = 24.414(\text{W})$$

$$P_5 = R_{51} I_5^2 = 10 \times (1.5625)^2 = 24.414(\text{W})$$

电源发出的功率应与电阻消耗的功率平衡,则有

$$P_{S1} + P_{S2} = -18.75 + 187.5 = 168.8(\text{W})$$

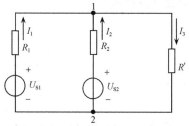

图1.6.2   图1.6.1简化电路

$$P_1 + P_2 + P_3 + P_4 + P_5$$
$$= 0.78 + 70.3 + 48.828 + 24.414 \times 2$$
$$= 168.8(\text{W})$$

值得注意的是,图1.6.1所示电路R_3、R_4和R_5可用电阻$R' = R_3 + R_4 \mathbin{/\mkern-5mu/} R_5$等效。则图1.6.1所示电路可简化为图1.6.2所示。这时电路中仅有三个未知量,可节省许多计算工作量。

练习与思考

1.6.1   试对图1.6.3所示电路列出求解个支路电流所需的方程组(电流的参考方向可自行选定)。

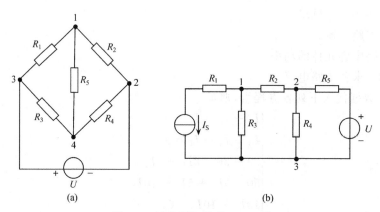

(a)   (b)

图1.6.3   练习与思考1.6.1图

1.6.2   在列写KVL方程时,如果电路中含有理想电流源支路应该如何处理?

1.7 叠 加 原 理

讲义:叠加原理

叠加原理指出,在多个独立电源(电流源或电压源)共同作用的线性电路中,任何一条支路中的电流或电压等于各个独立电源单独作用时在该支路所产生电流或电压的代数和。

如以图1.7.1(a)所示电路的支路电流I_1为例,则有

$$I_1 = I_1' + I_1'' \tag{1.7.1}$$

式中,I_1' 为电路中 U_{S1} 单独作用时($U_{S2}=0$),在支路上产生的电流,如图 1.7.1(b)所示;I_1'' 为电路中 U_{S2} 单独作用时($U_{S1}=0$),在支路上产生的电流,如图 1.7.1(c)所示。

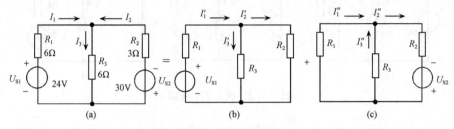

图 1.7.1　叠加原理

同理

$$I_2 = -I_2' - I_2'' \tag{1.7.2}$$

$$I_3 = I_3' - I_3'' \tag{1.7.3}$$

应用叠加原理分析计算复杂电路,就是将一个多电源共同作用的复杂电路化简为几个单电源电路进行分析计算。

例 1.7.1　试用叠加原理计算图 1.7.1(a)所示电路中各支路电流。

解　(1) U_{S1} 单独作用时电路如图 1.7.1(b)所示。各支路电流分量 I_1'、I_2'、I_3' 分别为

$$I_1' = \frac{U_{S1}}{R_1 + R_2 \mathbin{/\!/} R_3} = \frac{24}{6+2} = 3 \text{ (A)}$$

$$I_2' = \frac{R_3}{R_2 + R_3} I_1' = \frac{6}{3+6} \times 3 = 2 \text{ (A)}$$

$$I_3' = \frac{R_2}{R_2 + R_3} I_1' = \frac{3}{3+6} \times 3 = 1 \text{ (A)}$$

(2) U_{S2} 单独作用时电路如图 1.7.1(c)所示。各支路电流为

$$I_2'' = \frac{U_{S2}}{R_2 + R_1 \mathbin{/\!/} R_3} = \frac{30}{3+3} = 5 \text{(A)}$$

$$I_1'' = I_3'' = \frac{I_2''}{2} = \frac{5}{2} = 2.5 \text{ (A)}$$

(3) 各支路电流分量的代数和为

$$I_1 = I_1' + I_1'' = 3 + 2.5 = 5.5 \text{ (A)}$$

$$I_2 = -I_2' - I_2'' = -2 - 5 = -7 \text{ (A)}$$

$$I_3 = I_3' - I_3'' = 1 - 2.5 = -1.5 \text{(A)}$$

在上述例题中当各电流的参考方向与题中参考方向一致时,取"+"号,反之为"—"号。而各电流 I_1'、I_2'、I_3' 和 I_1''、I_2''、I_3'' 的参考方向任意设定,均为代数值。加、减运算符号不可与代数值的正、负号相混淆。

例 1.7.2　用叠加原理试求图 1.7.2 所示电路中的电流 I_1、I_2、I_3 和电流源的端压 U_{S}。

解　(1) U_{S1} 单独作用时电路如图 1.7.2(b)所示。R_3 支路开路,$I_3'=0$,则有

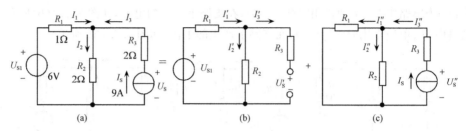

图 1.7.2   例 1.7.2 电路

$$I_1' = I_2' = \frac{U_{S1}}{R_1 + R_2} = \frac{6}{1+2} = 2 \text{ (A)}$$

因为 $I_3' = 0$，故 R_3 上无电压，所以

$$U_S' = R_2 I_2' = 2 \times 2 = 4(\text{V})$$

（2）恒流源 I_S 单独作用时电路如图 1.7.2(c) 所示，则有

$$I_3'' = I_S = 9\text{A}$$

$$I_1'' = \frac{R_2}{R_1 + R_2} I_3'' = \frac{2}{1+2} \times 9 = 6 \text{ (A)}$$

$$I_2'' = \frac{R_1}{R_1 + R_2} I_3'' = \frac{1}{1+2} \times 9 = 3 \text{ (A)}$$

根据 KVL 知

$$R_2 I_2'' + R_3 I_3'' - U_S'' = 0$$

$$U_S'' = R_2 I_2'' + R_3 I_3'' = 2 \times 3 + 2 \times 9 = 24(\text{V})$$

（3）叠加结果为

$$I_1 = I_1' - I_1'' = 2 - 6 = -4(\text{A})$$

$$I_2 = I_2' + I_2'' = 2 + 3 = 5 \text{ (A)}$$

$$I_3 = -I_3' + I_3'' = 0 + 9 = 9(\text{A})$$

$$U_S = U_S' + U_S'' = 4 + 24 = 28 \text{ (V)}$$

综上所述，用叠加原理分析计算电路时，应注意以下几点：

（1）当考虑某一独立电源单独作用时，其他理想电源均按零值（$I_S = 0, U_S = 0$）处理：理想电压源相当于"短路"；理想电流源相当于"开路"。

（2）要注意电流、电压的参考方向。若所求电流或电压的参考方向与原电流或电压的参考方向一致取正号，否则取负号。

（3）叠加原理只能用于计算线性电路中的电流或电压，而不能用于功率和能量的计算。因为功率、能量与电流、电压不是线性关系，而是平方关系。

练习与思考

1.7.1   在图 1.7.3 所示的电路中，已知 $U_S = 4\text{V}, I_S = 3\text{A}, R = 4\Omega$。试求电路中电压 U。

1.7.2   应用叠加原理分析计算电路时，应注意哪些事项？

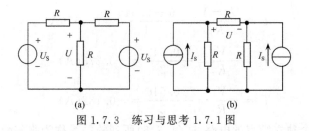

图 1.7.3 练习与思考 1.7.1 图

1.8 结点电压法

电路各结点间的电压称为结点电压。以结点电压为未知量的电路分析方法称为结点电压法。如果在电路中任选一结点为参考点,则其他结点与参考点间的电压即为各结点电位。因此,结点电压法也称结点电位法。结点电压法是分析计算复杂电路常用基本方法之一。下面以例题为例说明结点电压法的具体应用。

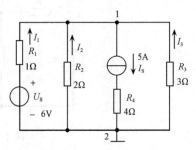

图 1.8.1 例 1.8.1 电路

例 1.8.1 各元件参数如图 1.8.1 所示,试用结点电压法求各支路电流。

解 选取结点 2 为参考点,结点 1 的电位为 V_1,各支路的电流可应用欧姆定律求得

$$V_1 = U_s - R_1 I_1, \quad I_1 = \frac{U_s - V_1}{R_1} \tag{1.8.1}$$

$$V_1 = -R_2 I_2, \quad I_2 = -\frac{V_1}{R_2} \tag{1.8.2}$$

$$V_1 = -R_3 I_3, \quad I_3 = -\frac{V_1}{R_3} \tag{1.8.3}$$

对结点 1 应用 KCL 可得

$$I_1 + I_2 - I_s + I_3 = 0 \tag{1.8.4}$$

将式(1.8.1)、式(1.8.2)和式(1.8.3)代入式(1.8.4),可得

$$\frac{U_s - V_1}{R_1} + \frac{-V_1}{R_2} - I_s + \frac{-V_1}{R_3} = 0$$

整理后则有

$$V_1 = \frac{\dfrac{U_s}{R_1} - I_s}{\dfrac{1}{R_2} + \dfrac{1}{R_2} + \dfrac{1}{R_3}} = \frac{\sum I_s}{\sum \dfrac{1}{R}} \tag{1.8.5}$$

将电路所示参数代入式(1.8.5)得

$$V_1 = 0.545\text{V}$$

再将 V_1 代入式(1.8.1)、式(1.8.2)和式(1.8.3),则各支路电流为

$$I_1 = \frac{U_S - V_1}{R_1} = \frac{6 - 0.545}{1} = 5.455(A)$$

$$I_2 = -\frac{V_1}{R_2} = -\frac{0.545}{2} = -0.273(A)$$

$$I_3 = -\frac{V_1}{R_3} = -\frac{0.546}{3} = -0.182(A)$$

对于仅有一个独立结点的电路,式(1.8.5)所列的关系称为弥尔曼定理。它是结点电压法的一种特例。

例 1.8.2 图 1.8.2 所示电路,已知 $U_{S1} = 15V$,$U_{S2} = 65V$,$R_1 = R_3 = 5\Omega$,$R_2 = R_4 = 10\Omega$,$R_5 = 15\Omega$。试用结点电压法求通过电阻 R_2 的电流。

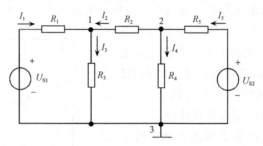

图 1.8.2   例 1.8.2 电路

解   因为电路有 1、2 两个独立结点,其电位分别为 V_1 和 V_2,应用 KCL 对结点 1 和结点 2 列方程,则有

$$I_1 + I_2 - I_3 = 0 \tag{1.8.6}$$

$$-I_2 - I_4 + I_5 = 0 \tag{1.8.7}$$

应用欧姆定律写出各支路电流,并代入式(1.8.6)和式(1.8.7),可得

$$\left(\frac{1}{R_1} + \frac{1}{R_2} + \frac{1}{R_3}\right)V_1 - \frac{1}{R_2}V_2 = \frac{U_{S1}}{R_1} \tag{1.8.8}$$

$$\left(\frac{1}{R_2} + \frac{1}{R_4} + \frac{1}{R_5}\right)V_2 - \frac{1}{R_2}V_1 = \frac{U_{S2}}{R_5} \tag{1.8.9}$$

将电路参数代入式(1.8.8)和式(1.8.9),整理得

$$5V_1 - V_2 = 30$$
$$-3V_1 + 8V_2 = 130$$

求解得

$$V_1 = 10V, \quad V_2 = 20V$$

所以

$$I_2 = \frac{V_2 - V_1}{R_2} = \frac{20 - 10}{10} = 1(A)$$

1.9   戴维南定理

在复杂电路分析计算中,往往只需要求解电路中某一支路的电流或电压,可先将待求支路划出,再将其余部分看作一个有源二端网络。所谓有源二端网络,就是一个含有

电源和两个引出端的部分电路,用 A 表示。

戴维南定理指出:任何一个线性有源二端网络,对外电路而言,可以用一个理想电压源 U_S 和内阻 R_0 串联的电压源等效代替。理想电压源 U_S 等于有源二端网络的开路电压 U_{OC},内阻 R_0 等于有源二端网络除源(二端网络中电源均为零值,亦称无源二端网络,用 P 表示)后,由二端口看进去的等效电阻。求 a、b 两端的等效电阻,如图 1.9.1 所示。

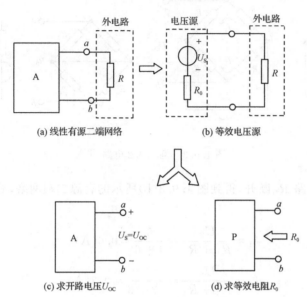

(a) 线性有源二端网络 (b) 等效电压源

(c) 求开路电压 U_{OC} (d) 求等效电阻 R_0

图 1.9.1 戴维南定理

例 1.9.1 试用戴维南定理求图 1.9.2(a)电路中的支路电流 I_2。

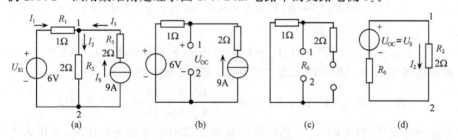

图 1.9.2 例 1.9.1 电路

解 将待求支路从原电路中断开,从断开处(1、2 端口)求二端网络的开路电压 U_{OC},如图 1.9.2(b)所示。

$$U_{OC} = U_{S1} + R_1 I_S = 6 + 1 \times 9 = 15 \text{ (V)}$$

有源二端网络 A 除源后,如图 1.9.2(c)所示。从 1、2 两端看进去的等效电阻为

$$R_0 = R_1 = 1\Omega$$

根据戴维南定理,除电阻 R_2 外的部分电路可等效为电压源。理想电压源 $U_S = U_{OC} = 15V$,内阻 $R_0 = 1\Omega$,于是图 1.9.2(a)所示电路可简化为图 1.9.2(d)所示电路。所以支

路 R_2 的电流为

$$I_2 = \frac{U_S}{R_0 + R_2} = \frac{15}{1+2} = 5(A)$$

例 1.9.2   图 1.9.3(a)所示桥式电路中，已知 $U_S = 6V$，$R_1 = 4\Omega$，$R_2 = 6\Omega$，$R_3 = 12\Omega$，$R_4 = 8\Omega$，$R_G = 16.8\Omega$。试用戴维南定理求检流计电流 I_G。

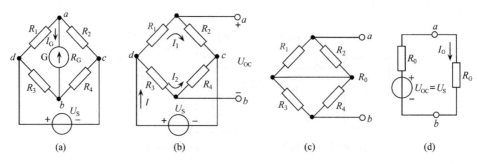

图 1.9.3   例 1.9.2 电路

解   将待求支路 R_G 断开，得到图 1.9.3(b)所示的有源二端网络，故电路中的电流 I_1、I_2 分别为

$$I_1 = \frac{U_S}{R_1 + R_2} = \frac{6}{4+6} = 0.6(A)$$

$$I_2 = \frac{U_S}{R_3 + R_4} = \frac{6}{12+8} = 0.3(A)$$

根据图 1.9.3(b)所示的有源二端网络，求解等效开路电压 U_{OC}，其为 R_1 和 R_3（或 R_2 和 R_4）上电压降的代数和，则有

$$U_{OC} = R_2 I_1 - R_4 I_2 = 6 \times 0.6 - 8 \times 0.3 = 1.2 \text{ (V)}$$

或

$$U_{OC} = R_1(-I_1) + R_3 I_2 = 4 \times (-0.6) + 12 \times 0.3 = 1.2 \text{ (V)}$$

再根据图 1.9.3(c)所示的无源二端网络，求解等效开路电阻

$$R_0 = (R_1 /\!/ R_2) + (R_3 /\!/ R_4) = \frac{4 \times 6}{4+6} + \frac{12 \times 8}{12+8} = 7.2 \text{ (}\Omega\text{)}$$

由戴维南定理，将电阻 R_G 支路以外的有源二端网络等效为电压源，并接入待求支路 R_G，如图 1.9.3(d)所示。故待求支路电流为

$$I_G = \frac{U_{OC}}{R_0 + R_G} = \frac{1.2}{7.2 + 16.8} = 0.05 \text{ (A)}$$

1.10   电路中电位的计算

在电路的分析计算中，经常需要知道电路中某点的电位的大小，电位是电路中某点相对于参考点的电压。例如电子电路中的二极管阳极电位高于阴极时，二极管才导通，否则就截止；晶体管各电极电位高低可以决定其工作状态(饱和、放大或截止)。应用电

位的概念,还可以简化电路的画法,便于分析计算。

下面,通过例题说明电路中电位的分析计算。

例 1.10.1 图 1.10.1 所示的电路中,设 b 点的电位为零。试求电路各点的电位。

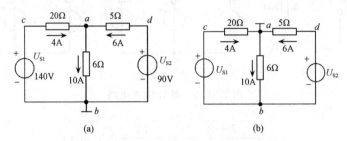

图 1.10.1 例 1.10.1 电路

解 图 1.10.1(a)所示电路中选 b 点为参考点,即 $V_b=0$,根据电位定义,则有

$$V_a = U_{ab} = 6 \times 10 = 60(\text{V})$$

$$V_c = U_{S1} = 140\text{V}, \quad V_d = U_{S2} = 90\text{V}$$

$$U_{cd} = V_c - V_d = 140 - 90 = 50(\text{V})$$

如果选电路中 a 点为参考点,即 $V_a=0$,则可得

$$V_b = 6 \times (-10) = -60(\text{V})$$

$$V_c = 20 \times 4 = 80(\text{V}), \quad V_d = 5 \times 6 = 30(\text{V})$$

$$U_{cd} = V_c - V_d = 80 - 30 = 50(\text{V})$$

通过上述结果可见:

(1) 电路中某点的电位等于该点与参考点(电位为零)间的电压,其与选择路径无关。

(2) 电路中参考点选择不同,各点电位随之改变,但是电路中任两点间电压(即电位差)是不变的,所以电位值是相对的,而电压值是绝对的。

(3) 在电力系统中常选大地作为参考点,电子线路中常选机壳或电路的公共线作为参考点等,机壳和公共线均用符号"⊥"表示,简称"接地",但并非真与大地相接。

在电子电路中为了绘制简便,习惯上不画出电源符号,而将电源的一端"接地",其电位为零,在电源的另一端标出电位极性与数值。例如,图 1.10.1(a)的简化电路,如图 1.10.2所示。

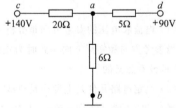

图 1.10.2 图 1.10.1(a)简化电路

例 1.10.2 图 1.10.3(a)所示的电路中,试求:

(1) 开关 S 断开时 a 点的电位;

(2) 开关 S 闭合后 a 点的电位。

解 (1) 为计算方便可将原电路绘出,如图 1.10.3(b)、(c)所示,当 S 断开时,电路中的电流为

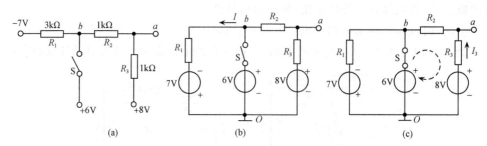

图 1.10.3　例 1.10.2 电路

$$I = \frac{7+8}{R_1 + R_2 + R_3} = \frac{15}{5 \times 10^3} = 3(\text{mA})$$

所以,a 点的电位

$$V_a = U_{aO} = 8 - R_3 I = 8 - 3 \times 1 = 5(\text{V})$$

或

$$V_a = U_{ab} + U_{bO} = R_2 I + R_1 I - 7 = 3 + 9 - 7 = 5(\text{V})$$

（2）当 S 闭合后,电路如图 1.10.3(c)所示,bO 支路只包含一个 6V 理想电源,即 $V_b = 6\text{V}$。根据 KVL 可列出

$$U_{bO} + (R_2 + R_3) I_3 = 8$$

$$I_3 = \frac{8 - U_{bO}}{R_2 + R_3} = \frac{8 - 6}{1 + 1} = 1(\text{mA})$$

所以,可得

$$V_a = V_b + R_2 I_3 = 6 + 1 \times 10^{-3} \times 1 \times 10^3 = 7(\text{V})$$

或

$$V_a = U_{aO} = 8 - R_3 I_3 = 8 - 1 \times 10^{-3} \times 1 \times 10^3 = 7(\text{V})$$

计算结果表明,当参考点选定后,电路得各点电位都有明确的意义,而与计算的路径无关。

本 章 小 结

（1）电流和电压的参考方向是分析电路时任意假定的。标定了参考方向后,电流电压均为代数值。当参考方向和实际方向一致时为正值,反之为负值。在未标定参考反方向的情况下,各电量的正、负是没有意义的。

（2）判定电路元件是电源还是负载,可通过计算其消耗或吸收功率来确定。

当 U 和 I 的参考方向一致时,用 $P = UI$ 计算;$P < 0$ 时,元件为电源;$P > 0$ 时,元件为负载。

当 U 和 I 的参考方向相反时,用 $P = -UI$ 计算;$P < 0$ 时,元件为电源;$P > 0$ 时,元件为负载。

（3）任何一个实际电源既可用电压源表示,也可用电流源表示。电压源与电流源分别对外电路作用时,它们可以相互进行等效变换,但这种变换对电源内部不等效。理想电压源与理想电流源之间不存在等效变换关系,要注意的是与理想电压源并联的任一支路,都不会影响其端电压的大小。同样与理想电流源串联的任一支路,都不会影响其向外电路所提供电流的大小。理想电压源的电流与理想电流源的端电压分别由外电路来确定,而不是由它们各自本身确定。

（4）无源电路元件的伏安特性（即电流与电压的关系）分别为 $u=Ri$，$u=L\dfrac{\mathrm{d}i}{\mathrm{d}t}$，$i=C\dfrac{\mathrm{d}u}{\mathrm{d}t}$。

（5）基尔霍夫定律是分析计算电路的基本定律，其包括 KCL（$\sum I=0$）和 KVL（$\sum U=0$，或 $\sum U_\mathrm{S}=\sum RI$）。

（6）支路电流法是求解电路的最基本的方法。它以支路电流为待求未知量。其主要是应用 KCL 和 KVL 列出电路方程，当电路支路较多时，解方程的工作量比较大。因此，该方法适用于支路数少的电路。

（7）叠加原理反映了线性电路的基本属性。运用叠加原理解题，要注意某个电源作用时，其余电源的处理方法；且叠加时要注意各个分量为代数和。如果电路中的电源数目太多，或某个电源单独作用时电路仍不是简单电路，用该方法计算也比较困难。因此，叠加原理适合于电源数不多且每个电源单独作用时又为简单电路的电路。

（8）戴维南定理是分析线性电路的一种重要方法。尤其是要求计算电路中某一支路的电流或电压时，采用这种方法相当简单。要注意的是求开路电压时，断开所求支路后的电路已不是原来的电路，可根据新的电路确定求开路电压的适当方法。

习　　题

1.1　题图 1.1 所示的电路中，$R_1=2.6\Omega$，$R_2=5.5\Omega$。当开关 S_1 闭合后，安培计读数为 2A；开关 S_1 断开，S_2 闭合后，读数为 1A。试求 U_S 和 R_0。

1.2　写出题图 1.2 所示各电路电压 U 与电流 I 的表示式（伏安特性）。

1.3　试求题图 1.3 所示电路中的电压 U_{ab}。

1.4　题图 1.4 所示的电路中，已知白炽灯额定电压、电流分别为 12V 和 0.3A。试问电源电压多大时，才能使灯泡工作在额定值？

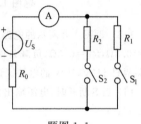

题图 1.1

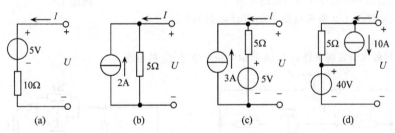

| (a) | (b) | (c) | (d) |

题图 1.2

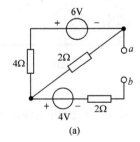

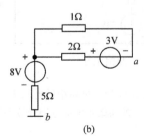

| (a) | (b) |

题图 1.3

1.5 试求题图 1.5 所示电路中的电阻 R_1 和 R_2。

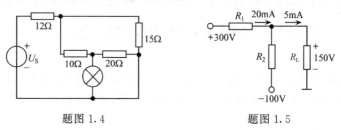

题图 1.4   题图 1.5

1.6 试求题图 1.6 所示电路中流过电阻 R_L 的电流 I_L。

1.7 题图 1.7 所示的电路中的电流 I。

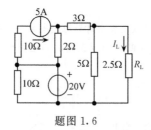
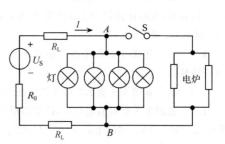

题图 1.6   题图 1.7

1.8 题图 1.8 所示的电路中，已知 $U_S=110\text{V}$，$R_0=0.3\Omega$，$R_L=0.2\Omega$，负载是四只 110V，25W 的灯泡和两只 110V，1kW 的电炉。试求：

(1) 当 S 断开时，电源输出的电流 I 和电灯两端电压 U_{AB}；

(2) S 闭合后电流 I 和电压 U_{AB}，并说明接入电炉后对电灯工作状态的影响；

(3) S 闭合后一只电灯实际消耗的功率。

题图 1.8

1.9 试求题图 1.9 所示电路中的 20Ω 电阻的端电压 U_{AB}。

1.10 用戴维南定理求题图 1.10 所示电路中通过 R_L 的电流 I_L。

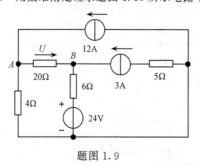
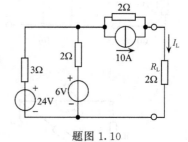

题图 1.9   题图 1.10

1.11 试求题图 1.11 所示电路中的电流 I。

1.12 用戴维南定理和诺顿定理分别计算题图 1.12 所示桥式电路中电阻 R_1 的电流 I_L。

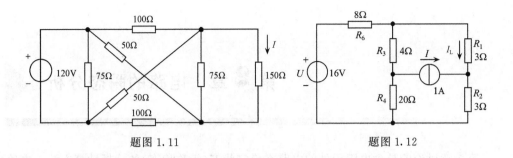

题图 1.11　　　　　　　　　　题图 1.12

1.13　用戴维南定理求题图 1.13 所示电路中的电流 I。

1.14　用戴维南定理求题图 1.14 所示电路中 R 支路的电流 I。

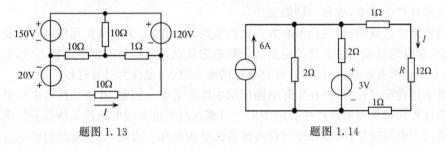

题图 1.13　　　　　　　　　　题图 1.14

1.15　试用结点电压法求题图 1.15 所示电路中的各支路电流。

1.16　试求题图 1.16 所示电路中的各支路电流。

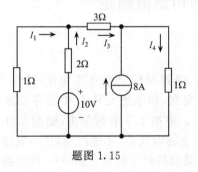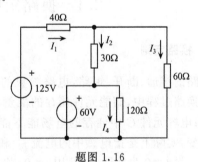

题图 1.15　　　　　　　　　　题图 1.16

第 2 章   电路的瞬态分析

第 1 章讨论的是含电阻元件的电路在稳定状态(简称稳态)的分析计算方法。电路在稳定状态时,其中的电压、电流均不随时间发生变化。实际电路中除电阻元件外,往往还含有电容元件和电感元件,而电感和电容元件能将电源提供的能量转换为其他形式的能量并储存起来,故称为储能元件。

当电路接通或断开,电路的参数或电路结构等变化时,由于储能元件储存的能量不能突变,含有电容或电感元件的电路从一种稳定状态过渡到另一种稳定状态时,电路中电压、电流必然有渐变的过程,这就是电路的瞬态过程,也称为过渡过程。

瞬态过程虽然短暂,但在实际电路应用中极为重要。例如,在电子技术中常利用电路瞬态过程来改善波形或产生特定波形。但瞬态过程也会使电路的某些部分呈现过高电压或过大电流现象,而导致电气设备或器件受到损坏。因此,研究电路的瞬态过程具有十分重要的意义。

2.1   换路定则和初始值确定

2.1.1   换路定则

电路的接通、断开、短路,电路参数的改变、电路结构及激励的变化,均称为换路。电路在换路过程中,储能元件储存的能量不能突变,即电感元件 L 中储存的磁场能不能跃变;电容元件 C 中储存的电场能不能跃变。根据 1.3 节的分析,储能元件中能量不能突变,实际上是指电感中的电流 i_L 和电容上的电压 u_C 不能跃变,这一规律称为换路定则。设 $t=0$ 为换路瞬间,用 $t=0_-$ 表示换路前的终了时刻,用 $t=0_+$ 表示换路后的初始瞬间,则换路定则可表示为

$$\begin{cases} u_C(0_-)=u_C(0_+) \\ i_L(0_-)=i_L(0_+) \end{cases} \tag{2.1.1}$$

换路定则仅适用于换路瞬间。使用式(2.1.1)应注意:

(1) 0_+ 和 0_- 在数值上都等于 0,但 0_+ 是指 t 从正值趋于 0,而 0_- 是指从负值趋于 0;

(2)换路定则仅仅是指电感中的电流 i_L 和电容上的电压 u_C 不能跃变,而其他电压、电流,如电感上的电压、电容中的电流、电阻中的电压和电流均可跃变。

2.1.2   初始值确定

电路中 $t=0_+$ 时的电压和电流值称为初始值。下面举例说明如何确定电路中各初

始值。

例 2.1.1　在图 2.1.1 所示的电路中,设开关 S 闭合前电路已处于稳态。试求开关 S 闭合后的电压 u_C、u_L 和电流 i_L、i_C、i_R、i_S 的初始值。

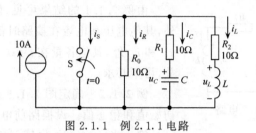

讲义:电路瞬态
初始值的确定

图 2.1.1　例 2.1.1 电路

解　换路前(S 闭合前)的电路如图 2.1.2(a) 所示。由于电路已处于稳态,故电容元件可视为开路,电感元件视为短路,故图 2.1.2(a)所示电路称为 $t=0_-$ 时的等效电路。所以

$$i_L(0_-)=i_R(0_-)=\frac{R_0}{R_0+R_2}\times I_S=\frac{10}{10+10}\times 10=5(\mathrm{A})$$

$$i_C(0_-)=i_S(0_-)=0$$

$$u_C(0_-)=R_0 i_R(0_-)=5\times 10=50(\mathrm{V})$$

$$u_L(0_-)=0$$

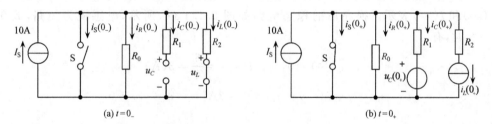

图 2.1.2　例 2.1.1 等效电路

作出 $t=0_+$ 时的等效电路,如图 2.1.2(b)所示。由换路定则知 $u_C(0_+)=u_C(0_-)=50\mathrm{V}$,$i_L(0_+)=i_L(0_-)=5\mathrm{A}$。其他量的初始值可由图 2.1.2(b)所示电路求得

$$u_C(0_+)+R_1 i_C(0_+)=0$$

故有

$$i_C(0_+)=-\frac{u_C(0_+)}{R_1}=-\frac{50}{10}=-5\ (\mathrm{A})$$

因开关 S 闭合后,电阻 R_0 被短接,则

$$i_R(0_+)=0$$

$$u_L(0_+)+R_2 i_L(0_+)=0$$

电感支路的电压为

$$u_L(0_+)=-R_2 i_L(0_+)=-10\times 5=-50(\mathrm{V})$$

根据 KCL,则有

$$i_S(0_+) + i_R(0_+) + i_C(0_+) + i_L(0_+) = I_S$$

则电路中电流 $i_S(0_+)$ 为

$$i_S(0_+) = I_S - i_R(0_+) - i_C(0_+) - i_L(0_+) = 10 - 0 + 5 - 5 = 10(A)$$

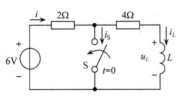

图 2.1.3   例 2.1.2 电路

由例 2.1.1 的结果可见,除 u_C 和 i_L 不能跃变外,其他电压和电流在换路时都发生了变化,因而除 u_C 和 i_L 外,其他各量在 $t=0_-$ 时的值都与初始值无关,可不必求。

例 2.1.2   确定图 2.1.3 所示电路中各电流的初始值和稳态值。设换路前电路已处于稳态。

解   当 $t=0_-$ 时,电感元件视为短路,等效电路如图 2.1.4(a)所示。则有

$$i_L(0_-) = \frac{6}{2+4} = 1\ (A)$$

当 $t=0_+$ 时,$i_L(0_+) = i_L(0_-) = 1A$,由图 2.1.4(b)电路,可得

$$u_L(0_+) = -i_L(0_+) \times 4 = -1 \times 4 = -4(V)$$

$$i(0_+) = \frac{6}{2} = 3(A)$$

$$i_S(0_+) = i(0_+) - i_L(0_+) = 3 - 1 = 2(A)$$

电压和电流的稳态值是指瞬态过程结束,电路达到新的稳定状态后的数值,用 $u(\infty)$ 和 $i(\infty)$ 表示。换路后的稳态电路如图 2.1.4(c)所示,电感视为短路,故在 $t=\infty$ 时,有

$$i_L(\infty) = 0, \qquad i(\infty) = \frac{6}{2} = 3(A)$$

$$i_S(\infty) = i(\infty) - i_L(\infty) = 3A, \qquad u_L(\infty) = 0$$

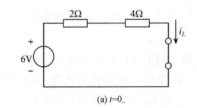

(a) $t=0_-$

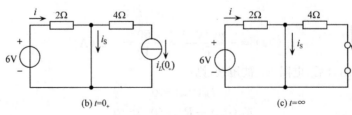

(b) $t=0_+$ (c) $t=\infty$

图 2.1.4   例 2.1.2 等效电路

2.2　一阶电路瞬态过程分析方法

电路中仅含有一个储能元件或者可等效为一个储能元件的线性电路,数学上用一阶微分方程描述,称为一阶线性电路。本节在对 RC 一阶电路瞬态过程分析的基础上,重点介绍一阶线性电路的三要素分析方法。

2.2.1　经典法

所谓的经典法分析是指根据激励(电源电压或电流),通过求解电路的微分方程得出电路的响应(电压或电流)的变化过程。

例如,图 2.2.1 所示电路换路前开关 S 断开,在 $t = 0$ 时刻将开关 S 闭合。现在分析开关 S 闭合后电路中电压 u_C 和电流 i_C 的变化过程,即电路的瞬态过程。

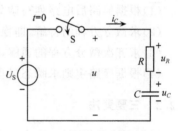

图 2.2.1　RC 电路

在 $t \geqslant 0$ 时,根据 KVL 可得电路的微分方程为

$$Ri_C + u_C = U_s$$

将 $i_C = C \dfrac{\mathrm{d}u_C}{\mathrm{d}t}$ 代入上式,则有

$$RC \frac{\mathrm{d}u_C}{\mathrm{d}t} + u_C = U_s \tag{2.2.1}$$

由此可知,式(2.2.1)为一阶线性常系数非齐次微分方程,其通解 u_C 是该方程的特解 u'_C 和对应齐次微分方程的通解(也称补函数)u''_C 两部分之和,即

$$u_C = u'_C + u''_C$$

首先确定特解 u'_C。u'_C 可以是满足式(2.2.1)的任何一个解,假设换路后 $t \to \infty$ 时,电路已达到稳定,电容 C 的电压为稳态分量 $u_C(\infty)$ 就是满足方程的一个解。则有

$$u'_C = u_C(\infty) = U_s$$

其次,确定齐次微分方程的通解。式(3.2.1)的齐次微分方程为

$$RC \frac{\mathrm{d}u_C}{\mathrm{d}t} + u_C = 0$$

其通解为

$$u''_C = A\,\mathrm{e}^{pt} \tag{2.2.2}$$

式中,A 为积分常数;p 为特征方程 $RCp + 1 = 0$ 的根。

特征方程的根为

$$p = -\frac{1}{RC} = -\frac{1}{\tau}$$

式中,$\tau = RC$ 具有时间的量纲,当 C 的单位为法[拉](F),R 的单位为欧[姆](Ω)时,则 τ 的单位为秒(s),称为电路的时间常数。

齐次微分方程的通解 u''_C 为

$$u''_C = A e^{-\frac{1}{\tau}t} \tag{2.2.3}$$

式(2.2.1)的通解为

$$u_C = u'_C + u''_C = u_C(\infty) + A e^{-\frac{1}{\tau}t} \tag{2.2.4}$$

最后,确定积分常数 A。根据初始条件,$t = 0_+$ 时可得

$$A = u_C(0_+) - u_C(\infty)$$

将 A 代入式(2.2.4),则有

$$u_C = u'_C + u''_C = u_C(\infty) + [u_C(0_+) - u_C(\infty)]e^{-\frac{1}{\tau}t} \tag{2.2.5}$$

综上所述,可将一阶 RC 或 RL 电路的瞬态分析方法可归如下:

(1)根据换路后电路列写微分方程;

(2)求微分方程的特解,即稳态分量;

(3)求齐次微分方程的通解,瞬态分量;

(4)根据换路定则求瞬态过程的初始值,确定积分常数。

2.2.2 三要素法

讲义:一阶瞬态电路三要素法分析和举例

根据上述分析可知,含有一个等效储能元件的一阶线性电路,按换路后电路列出线性微分方程,则线性微分方程解的一般表达式为

$$f(t) = f'(t) + f''(t) = f(\infty) + A e^{-\frac{t}{\tau}} \tag{2.2.6}$$

式中,$f(t)$ 为电压或电流;$f'(t) = f(\infty)$ 为稳态分量(即稳态值);$f''(t) = A e^{-\frac{t}{\tau}}$ 为暂态分量。

设初始值为 $f(0_+)$,积分常数 $A = f(0_+) - f(\infty)$,则求解一阶线性电路瞬态过程的电压或电流一般式为

$$f(t) = f(\infty) + [f(0_+) - f(\infty)]e^{-\frac{1}{\tau}t} \tag{2.2.7}$$

可见,对于一阶线性电路的求解,只需求出电路的初始值 $f(0_+)$、稳态值 $f(\infty)$ 和电路换路后的时间常数 τ 三个要素。将三要素代入一般式即可直接写出电压或电流的通解。故由式(2.2.7)直接求解一阶线性电路微分方程的方法,称为三要素法。

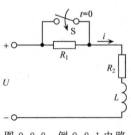

图 2.2.2 例 2.2.1 电路

需要注意的是求电路时间常数 τ 的方法:除去储能元件和电源(将理想电压源看成短路,理想电流源看成开路),得到一个无源二端网络。从除去储能元件断开两端看进去,求该无源二端网络的等效电阻 R(即戴维南等效电阻 R),则 RC 电路的时间常数为 $\tau = RC$;RL 电路的时间常数为 $\tau = \dfrac{L}{R}$。

例 2.2.1 图 2.2.2 所示电路中,已知 $U = 24V$,$R_1 = 4\Omega$,$R_2 = 6\Omega$,$L = 150mH$,开关 S 闭合前电路已处于稳态。设 $t = 0$ 时闭合 S,试求:

(1)电流 i 的变化规律;

（2）经过多长时间，i 才能增加到 3.2A？

解　（1）用三要素法求电流 i。

$$i(0_+)=\frac{U}{R_1+R_2}=\frac{24}{4+6}=2.4(\text{A})$$

$$i(\infty)=\frac{U}{R_2}=\frac{24}{6}=4(\text{A})$$

$$\tau=\frac{L}{R_2}=\frac{150\times10^{-3}}{6}=0.025(\text{s})$$

$$i=i(\infty)+[i(0_+)-i(\infty)]\mathrm{e}^{-\frac{t}{\tau}}=4+(2.4-4)\mathrm{e}^{-40t}=4-1.6\mathrm{e}^{-40t}(\text{A})$$

（2）当电流达到 3.2A 时，即

$$3.2=4-1.6\mathrm{e}^{-40t}$$

所经过的时间为

$$t=17.3\text{ms}$$

2.2.3　一阶电路瞬态过程的三种响应

通常将电路中电源（电压源或电流源）称为激励，将电源在电路中产生的电压或电流称为响应。一阶电路的瞬态过程可分为以下三种类型。

1. 零输入响应

在图 2.2.3 所示的电路中，换路前开关 S 合在位置 2 上，电源对电容充电，设电容两端已充有电压 U_0（若换路前电路已处于稳态，则 $U_0=U_S$），换路后开关 S 合到位置 1，RC 电路从电源断开而自成回路，于是电容 C 通过电阻 R 放电，电路进入新的稳定状态。设 U_0、R、C 均已知，在 $t=0$ 时将 S 从 2 合到 1。试求换路后电路中的 u_C、u_R 和 i。

由于电路中没有外加激励，电路中的响应仅由储能元件的初始储能引起，故称为零输入响应。

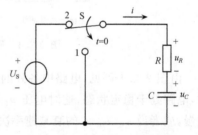

图 2.2.3　RC 零输入响应电路

当 $t=0_+$ 时，根据换路定则，初始值 $u_C(0_+)$ 为

$$u_C(0_+)=u_C(0_-)=U_0$$

初始值 $u_R(0_+)$、$i(0_+)$ 分别为

$$u_R(0_+)=-u_C(0_+)=-U_0$$

$$i(0_+)=\frac{u_R(0_+)}{R}=-\frac{U_0}{R}$$

当 $t=\infty$ 时，各稳态值均为零，即有

$$u_C(\infty)=0$$

$$u_R(\infty)=0$$

$$i(\infty)=0$$

换路后的时间常数为

$$\tau = RC$$

将 $u_C(0_+)$、$u_C(\infty)$、τ 三要素代入式(2.2.7),则有

$$u_C = u_C(\infty) + [u_C(0_+) - u_C(\infty)] e^{-\frac{t}{\tau}} = U_0 e^{-\frac{t}{RC}} \qquad (2.2.8)$$

同理,可得

$$u_R = -U_0 e^{-\frac{t}{\tau}} \qquad (2.2.9)$$

$$i = -\frac{U_0}{R} e^{-\frac{t}{\tau}} \qquad (2.2.10)$$

当然,也可以先求出 u_C,根据 $i = C\dfrac{\mathrm{d}u_C}{\mathrm{d}t}$ 和 $u_R = Ri$ 分析 u_R 和 i,就更加简捷。

电容电压 u_C 随时间的变化曲线,如图 2.2.4(a)所示。由图可见,其初始值为 U_0,按指数规律衰减而趋于零。因此,RC 电路的零输入响应就是电容的放电过程。式(2.2.9)和式(2.2.10)中的负号,表示放电电流的实际方向与图 2.2.4 所示的参考方向相反。图 2.2.4(b)所示为 u_R、i 随时间变化的曲线。

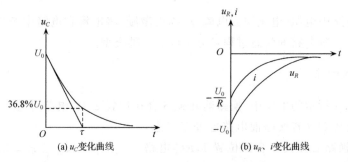

(a) u_C 变化曲线　　　　　　(b) u_R、i 变化曲线

图 2.2.4　RC 电路零输入响应变化曲线

由图 2.2.4 可见,电路中各处的电压和电流均按指数规律变化。当瞬态过程结束时,电路处于稳定状态,这时电压 u_C、u_R 和电流 i 的稳态值均为零。瞬态过程结束的快慢,或者说 u_C、u_R、i 的衰减速率决定于电路参数 R 和 C 的乘积。

当 $t = \tau$ 时,则

$$u_C = U_0 e^{-1} = \frac{U_0}{2.718} = 0.368 U_0$$

即时间常数 τ 等于电压 u_C 从 U_0 衰减到 $0.368U_0$ 所需的时间。也可以算出其他时刻 u_C 的数值,如表 2.2.1 所示。从理论上讲,u_C 从 U_0 过渡到新的稳定状态($u_C = 0$)需要的时间无穷长,而实际上只需经过 $t(=4\tau \sim 5\tau)$ 时间后,u_C 与稳态值的差别已在 2% 以下,因此工程上可认为此时瞬态过程已经结束。

表 2.2.1　u_C 与 τ 的关系

t	0	τ	2τ	3τ	4τ	5τ
u_C	U_0	$0.368U_0$	$0.135U_0$	$0.050U_0$	$0.018U_0$	$0.007U_0$

时间常数 τ 是描述电路瞬态过程进行快慢的物理量。τ 越大,电路的瞬态时间越长(图 2.2.5)。$\tau = RC$ 仅由电路参数决定,而与换路情况和外加电压无关。在一定的初始电压下,电阻 R 越大,放电电流越小,放电的过程进行得越长;电容 C 越大,储存的电荷越多,放电过程也随之增长。

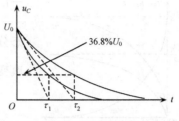

图 2.2.5   不同 τ 值对放电曲线的影响

2. 零状态响应

图 2.2.6 是一 RL 串联电路。在 $t=0$ 时将开关 S 闭合,将 RL 电路与一恒定电压为 U_S 的恒定电压源接通。试求换路后电路中的 u_L、u_R 和 i_L。

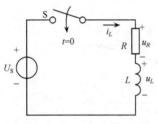

图 2.2.6 RL 零状态响应电路

由于换路前电路中的电感没有储存能量,则其初始值为零,电路中的响应由电源激励产生,故称为零状态响应。

当 $t=0_+$ 时,根据换路定则,初始值 $i_L(0_+)$ 为

$$i_L(0_+) = i_L(0_-) = 0$$

初始值 $u_R(0_+)$、$u_L(0_+)$ 分别为

$$u_R(0_+) = Ri_L(0_+) = 0$$

$$u_L(0_+) = U_S - u_R(0_+) = U_S$$

当 $t=\infty$ 时,各稳态值为

$$u_L(\infty) = 0$$

$$u_R(\infty) = U_S$$

$$i_L(\infty) = \frac{u_R(\infty)}{R} = \frac{U_S}{R}$$

换路后的时间常数为

$$\tau = \frac{L}{R}$$

将 $i_L(0_+)$、$i_L(\infty)$、τ 三要素代入式(2.2.7),则有

$$i_L = i_L(\infty) + [i_L(0_+) - i_L(\infty)]e^{-\frac{t}{\tau}} = \frac{U_S}{R} + \left(0 - \frac{U_S}{R}\right)e^{-\frac{t}{L/R}}$$

$$= \frac{U_S}{R} - \frac{U_S}{R}e^{-\frac{t}{L/R}} \tag{2.2.11}$$

同理,可得

$$u_R = U_S(1 - e^{-\frac{t}{L/R}}) \tag{2.2.12}$$

$$u_L = U_S e^{-\frac{t}{L/R}} \tag{2.2.13}$$

电路中电压、电流随时间变化的曲线,如图 2.2.7 所示。电路的时间常数为 $\tau = \frac{L}{R}$,τ 越小瞬态过程则进行得越快。因为 L 越小,则阻碍电流变化的作用也就越小($e_L =$

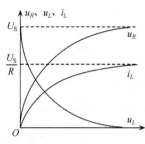

图 2.2.7 u_R、u_L、i_L 变化曲线

$-L\dfrac{\mathrm{d}i_L}{\mathrm{d}t}$）；$R$ 越大,则在同样电压下电流的稳态值或瞬态分量的初始值 $\dfrac{U_S}{R}$ 越小。这促使瞬态过程加快。因此改变电路参数的大小,可以影响瞬态过程的快慢。

3. 电路的全响应

如果电源激励和储能元件的初始储能均不为零,则电路的响应称为全响应。在图 2.2.8 所示电路中,换路前开关 S 处于 1 位置,电路处于稳态,$u_C(0_-)=U_{S1}$。时间 $t=0$ 时,开关 S 接至 2 位置。求电路中的电压 u_C,即全响应。

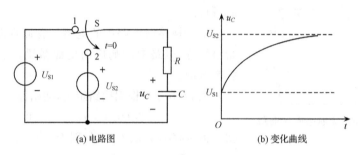

(a) 电路图　　　　　　　　(b) 变化曲线

图 2.2.8 RC 全响应电路

利用三要素法可确定电容电压 u_C 为

$$u_C = U_{S2} + (U_{S1} - U_{S2})\mathrm{e}^{-\frac{t}{RC}} \tag{2.2.14}$$

上式可改写为

$$u_C = U_{S1}\mathrm{e}^{-\frac{t}{RC}} + U_{S2}(1 - \mathrm{e}^{-\frac{t}{RC}}) \tag{2.2.15}$$

由式(2.2.16)可见,等号右侧的第 1 项 $U_{S1}\mathrm{e}^{-\frac{t}{RC}}$ 为电路的零输入响应;第 2 项 $U_{S2}(1-\mathrm{e}^{-\frac{t}{RC}})$ 为零状态响应。故电路的全响应为

全响应=零输入响应+零状态响应

也就是说,一阶瞬态电路的全响应是零输入响应和零状态响应的叠加。

例 2.2.2 图 2.2.9(a)所示电路中,设换路前电路已达稳定,在 $t=0$ 时将开关 S 闭合。试求电路中的电流 i_S、i_L 和电压 u_L。

解 $t=0_+$ 时,根据换路定则,有

$$i_L(0_+) = i_L(0_-) = I_S = 10\text{A}$$

由于开关 S 直接将电流源短路,则

$$u_L(0_+) = -Ri_L(0_+) = -100\text{V}$$

$$i_S(0_+) = I_S - i_L(0_+) = 10 - 10 = 0(\text{A})$$

换路后的稳态的等效电路,如图 2.2.8(b)所示。可得

$$i_S(\infty) = I_S = 10\text{A}$$

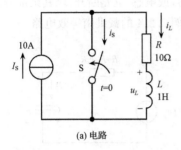 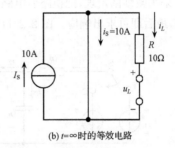

(a) 电路　　　　　　　　(b) $t=\infty$时的等效电路

图 2.2.9　例 2.2.2 电路

$$i_L(\infty)=0$$

$$u_L(\infty)=0$$

电路的时间常数为

$$\tau=\frac{L}{R}=\frac{1}{10}\text{s}$$

$$i_S=i_S(\infty)+[i_S(0_+)-i_S(\infty)]\text{e}^{-\frac{t}{\tau}}=10+[0-10]\text{e}^{-10t}=10-10\text{e}^{-10t}\,(\text{A})$$

同理

$$i_L=10\text{e}^{-10t}\,\text{A}$$

$$u_L=-100\text{e}^{-10t}\,\text{V}$$

例 2.2.3　图 2.2.10 所示的电路中,已知 $C=12\mu\text{F},R_1=80\text{k}\Omega,R_2=40\text{k}\Omega,U_S=12\text{V}$。换路前开关 S 断开,$C$ 未充电,$t=0$ 时 S 闭合。试求换路后 R_2 两端电压和 $t=1.8$s 时 R_2 两端的电压值。

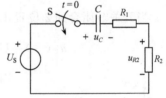

图 2.2.10　例 2.2.3 电路

解　当 $t=0_+$ 时,则有

$$u_C(0_+)=u_C(0_-)=0$$

$$u_{R2}(0_+)=\frac{R_2}{R_1+R_2}[U_S-u_C(0_+)]=\frac{40}{80+40}\times12=4(\text{V})$$

当 $t=\infty$时,稳态值为

$$u_{R2}(\infty)=0$$

电路时间常数为

$$\tau=(R_1+R_2)C=(80+40)\times10^3\times12\times10^{-6}=1.44(\text{s})$$

所以

$$u_{R2}=u_{R2}(0_+)\text{e}^{-\frac{t}{1.44}}=4\text{e}^{-\frac{t}{1.44}}\,\text{V}$$

当 $t=1.8$s 时,则电阻 R_2 上的电压为

$$u_{R2}(1.8)=4\text{e}^{-\frac{1.8}{1.44}}=1.15(\text{V})$$

例 2.2.4　图 2.2.11(a)所示电路中已知,$R_1=1\text{k}\Omega,R_2=2\text{k}\Omega,C=0.5\mu\text{F},U_{S1}=12\text{V},U_{S2}=6\text{V}$。开关 S 长期合在 1 位置,若在 $t=0$ 时将开关 S 换接至 2 位置。试求 $t\geqslant0$时 i_C、u_C,并画出 u_C 的变化曲线。

解 采用戴维南定理,把换路后电路中的电容(或电感)支路断开,求其余部分的等效电源和内阻,最后即可求出响应。图 2.2.11(b)就是例 2.2.4 的戴维南等效电路。

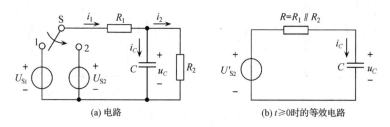

(a) 电路　　　　　　　　　(b) $t \geqslant 0$ 时的等效电路

图 2.2.11　例 2.2.4 电路

当 $t = 0_+$ 时,有

$$u_C(0_+) = u_C(0_-) = \frac{R_2}{R_1 + R_2} \times U_{S1} = \frac{2}{1+2} \times 12 = 8(V)$$

时间常数为

$$\tau = (R_1 /\!/ R_2)C = \frac{2}{3} \times 10^3 \times 0.5 \times 10^{-6} = \frac{1000}{3}(s)$$

当开关 S 闭合到 2 位置,$U_{S2} = 6V$ 时,电容端电压 $u_C(\infty) = U'_{S2}$,为

$$u_C(\infty) = U'_{S2} = \frac{R_2}{R_1 + R_2}U_{S2} = \frac{2}{2+1} \times 6 = 4(V)$$

因此有

$$u_C = u_C(\infty) + [u_C(0_+) - u_C(\infty)]e^{-\frac{t}{\tau}}$$
$$= 4 + (8-4)e^{-3000t} = 4 + 4e^{-3000t}(V)$$
$$i_C = C\frac{\mathrm{d}u_C}{\mathrm{d}t} = 0.5 \times 10^{-6} \times 4 \times (-3000)e^{-3000t}$$
$$= -6e^{-3000t}(\mathrm{mA})$$

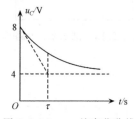

图 2.2.12　u_C 的变化曲线

电容电压 u_C 的变化曲线,如图 2.2.12 所示。从图中可以看出,这是电容放电的一个过程,从 $u_C(0_+) = 8V$ 放至 $u_C(\infty) = 4V$。i_C 表示式中的负号也说明 i_C 的实际方向与参考方向相反,电容处于放电状态。

练习与思考

2.2.1　试求图 2.2.13 所示电路的时间常数。

2.2.2　已知全响应 $u_C = 25 - 5e^{-10t}$,试画出其随时间的变化曲线,并指出稳态分量、暂态分量;试分析 u_C 的零输入响应、零状态响应变化曲线怎么画。

*2.3　一阶电路的脉冲响应

在矩形脉冲激励下,选取 RC 串联电路不同的时间常数而获得的输出电压波形和输入电压波形之间的特定关系——微分关系和积分关系。

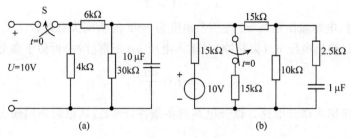

图 2.2.13　练习与思考 2.2.1 图

2.3.1　微分电路

图 2.3.1 所示的 RC 电路,输入信号 u_i 为矩形脉冲电压,如图 2.3.2(a)所示。输出电压 u_o 取自电阻 R 两端电压。当 $t=0$ 时电容开始充电,由于电容元件端电压 u_C 不能跃变,则此刻电容相当于短路($u_C=0$)。假设事先没有充电,且满足 $\tau \ll t_p$,试分析 u_i 与 u_o 的变化关系。

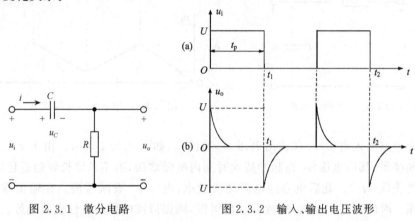

图 2.3.1　微分电路　　　　图 2.3.2　输入、输出电压波形

设 $t=0$ 之前电容未充电。在 $t=0$ 时电路发生换路,输入电压 u_i 由零跃变到 U。电容开始充电,电容电压不能跃变,则有 $u_C(0_+)=u_C(0_-)=0$,输出电压 $u_o(0_+)=U$。电阻上电压为零,即 $u_o(\infty)=0$。则有

$$u_o = u(\infty) + [u_o(0_+) - u(\infty)]\,\mathrm{e}^{-\frac{t}{RC}} = U\mathrm{e}^{-\frac{t}{RC}}$$

可见,输出电压 u_o 很快跃变到 U,随后按指数规律下降为零。因电路的时间常数 τ 很小,故 u_o 是一个幅度为 U 的正向尖脉冲。

当 $t=t_1$ 时,输入电压 u_i 由 U 跃变到零。则有

$$u_C(t_{1+}) = u_C(t_{1-}) = U$$

故

$$u_o(t_{1+}) = u_i(t_{1+}) - u_C(t_{1+}) = 0 - U = -U$$

如果保持输入电压 $u_i = 0$,则输出电压 $u_o(\infty)=0$。可得

$$u_o = -U e^{-\frac{t-t_1}{RC}}$$

即在 $t = t_1$ 时,电路输出电压 u_o 是一个幅度为 $-U$ 的负向尖脉冲。

由此可知,输出电压 u_o(尖脉冲)对输入电压 u_i(矩形脉冲)近似于微分关系,即有

$$u_o \approx RC \frac{\mathrm{d}u_i}{\mathrm{d}t} \tag{2.3.1}$$

因此,这种电路称为微分电路。微分电路具备条件:$\tau \ll t_p$;从电阻两端输出。

2.3.2 积分电路

同样是 RC 电路和输入电压 u_i(矩形脉冲),输出电压 u_o 取自电容 C 两端,如图 2.3.3 所示。当电路的时间常数 $\tau = RC \gg t_p$ 时,则称 RC 电路为积分电路。

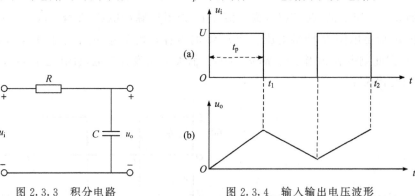

图 2.3.3 积分电路   图 2.3.4 输入输出电压波形

积分电路输入电压 u_i 和输出电压 u_o 的波形,如图 2.3.4 所示。由于 $\tau \gg t_p$,电容充电比较缓慢,其端电压 u_o 在脉冲持续时间内缓慢增加,当还未增长到趋近稳定值时,脉冲已终止($t = t_1$)。此后电容经电阻缓慢放电,电压 u_o 衰减缓慢。在输出端得到锯齿波电压。时间常数 τ 越大,充放电就越缓慢,则锯齿波电压的线性也就越好。

可知输出电压 u_o(锯齿波)对输入电压 u_i(矩形脉冲)近似于积分关系,即有

$$u_o \approx \frac{1}{RC} \int u_i \mathrm{d}t \tag{2.3.2}$$

因此,称这种电路为积分电路。积分电路具备条件:$\tau \gg t_p$;从电容两端输出。

本 章 小 结

(1) 含有储能元件的电路,当从一种稳定状态变为另一种稳定状态时,由于能量不能跃变,必然经历一个瞬态过程。在换路瞬间($t=0$),电感元件中的电流和电容元件两端电压不能跃变,即

$$u_C(0_+) = u_C(0_-), \quad i_L(0_+) = i_L(0_-)$$

(2) 瞬态过程中电压、电流变化的快慢由时间常数 τ 来表征。τ 越小,瞬态过程进行得越快。工程上认为,当 $t = (4 \sim 5)\tau$ 时,瞬态过程结束。

在 RC 电路中,$\tau = RC$;对于 RL 电路,$\tau = \dfrac{L}{R}$。但应注意的是 R、L、C 都是一个等效值。其中 R 是把换路后的电路除源(电压源短路,电流源开路)后从电容(或电感)两端看入的等效电阻。

（3）对于一阶电路的瞬态过程，电压、电流变化规律的一般形式是

$$f(t) = f(\infty) + [f(0_+) - f(\infty)]e^{-\frac{t}{\tau}}$$

只要求出 $f(0_+)$、$f(\infty)$、τ 三个要素，代入上式，即可写出电压、电流的表达式，此法称为三要素法，它只适合于一阶线性电路。

习　　题

2.1　电路如题图 2.1(a)、(b)所示，试求换路后图中各电压和电流的初始值及稳态值（设换路前电路已处于稳定状态）。

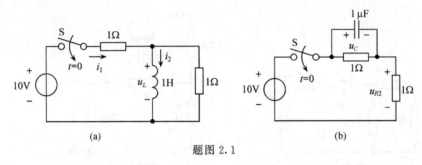

题图 2.1

2.2　题图 2.2 所示电路，$U_S = 20\text{V}$，$R_1 = R_2 = 2\text{k}\Omega$，$R_3 = 8\text{k}\Omega$，$L = 1\text{H}$，$C = 10\mu\text{F}$。电路原来处于稳定状态，$t = 0$ 时闭合开关 S。试求 $i_L(0_+)$，$i_C(0_+)$，$u_L(0_+)$，$u_C(0_+)$。

2.3　电路如题图 2.3 所示，已知开关 S 与端点 a 接通期间已达稳态，若在 $t = 0$ 时将 S 合至端点 b。试求：

（1）写出 u_C 及 i 的表达式，并画出其随时间的变化曲线；

（2）u_C 衰减到 5V、3.68V 时各需多少时间？

（3）S 合至端点 b 的瞬间，电容器的储能是多少？电容放电过程中，电阻耗能又是多少？

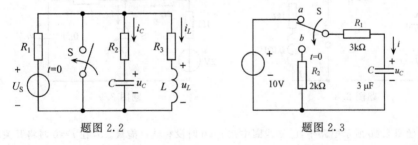

题图 2.2　　　　　　　　　　　题图 2.3

2.4　电路如题图 2.4 所示，在 $t = 0$ 时将开关 S 断开，求 u_C 及 i 随时间的变化规律（设 S 闭合时电路已处于稳态）。

2.5　题图 2.5 所示电路中，$U_S = 20\text{V}$，$R_1 = 12\text{k}\Omega$，$R_2 = 6\text{k}\Omega$，$C_1 = 10\mu\text{F}$，$C_2 = 20\mu\text{F}$。电容元件原先均未储能。试求当开关闭合后，电容元件两端电压 u_C。

2.6　题图 2.6 所示电路中，电容 C 已被充电，端电压 $u_C = 20\text{V}$，$R_1 = R_2 = 400\Omega$，$R_3 = 800\Omega$，$R_4 = 600\Omega$，$C = 50\mu\text{F}$。试求当开关 S 闭合经过多长时间，放电电流下降到 5mA，3mA，1mA？

2.7　电路如题图 2.7 所示，换路前电路处于稳定状态。试求 $t \geqslant 0$ 时电容电压 u_C、A 点电位 v_A 以及 B 点电位 v_B。

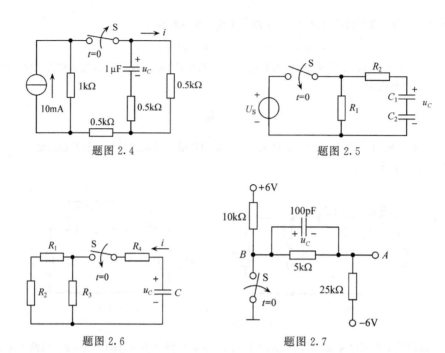

题图 2.4   题图 2.5

题图 2.6   题图 2.7

2.8   在题图 2.8 所示电路中,试求:

(1) 开关 S_1 闭合后各支路电流的变化规律,设 S_1 闭合前电路已处于稳态;

(2) 开关 S_1 闭合,电路稳定后再将 S_2 断开,计算 i_1、i_2 的变化规律。

2.9   电路如题图 2.9 所示,原来电路处于稳态,$t=0$ 时将 S 闭合,试求 u_C、i_L、i 的变化规律。

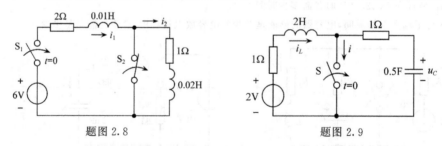

题图 2.8   题图 2.9

2.10   题图 2.10 所示电路中,已知线圈中在 $t<0$ 时没有储存能量。若在 $t=0$ 时将开关 S_1 闭合,经 1s 后再闭合 S_2。要求:

(1) 计算 i_L,并画出其随时间的变化曲线;

(2) 计算 $t=0$,$t=1s$ 和 $t=\infty$ 时电感线圈中电流的大小。

讲义:部分习题
参考答案2

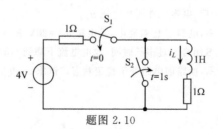

题图 2.10

第 **3** 章　正弦交流电路

所谓正弦交流电路,是指电路中的电动势、电压和电流都是随时间按正弦规律变化的电路,通常简称交流电路。本章首先介绍单相正弦量的相量表示法,并且用相量法研究交流电路中的电阻、电感和电容三种元件上电压、电流的关系及功率问题;然后对三相交流电源的产生、三相负载的连接和三相电路的功率进行阐述;最后介绍非正弦周期电压和电流、安全用电常识。研究上述问题的理论依据仍可运用欧姆定律和基尔霍夫定律,同样直流的电路分析方法也仍适用于正弦交流电路。

3.1　正弦交流电压和电流

按正弦规律变化的交流电动势、电压和电流通称为正弦交流电,它们都是正弦量。为了说明方便起见,以正弦电流为例。正弦电流的数学表达式为

$$i = I_{\mathrm{m}} \sin(\omega t + \varphi) \qquad (3.1.1)$$

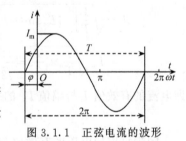

式中,i 表示正弦电流在任一瞬间的值,称为瞬时值;I_{m} 为正弦电流的最大值,又称幅值;ω 为正弦电流的角频率;φ 为正弦电流的初相角。

式(3.1.1)对应的正弦电流的波形如图 3.1.1 所示。幅值、角频率和初相角是确定正弦量的三个量,称为正弦量的三要素,分别说明如下。

图 3.1.1　正弦电流的波形

3.1.1　频率

交流电变化一次所需的时间为周期,用 T 表示(如图 3.1.1 所示),单位为秒(s)。周期的倒数(即每秒变化的次数)称为频率,用 f 表示,单位为赫[兹](Hz)。两者关系为

$$f = \frac{1}{T} \qquad (3.1.2)$$

一个周期若用弧度来表示,则是 2π rad,此值与周期之比值称为角频率,用 ω 表示。即

$$\omega = \frac{2\pi}{T} = 2\pi f \qquad (3.1.3)$$

角频率的单位为弧度每秒(rad/s)。

画正弦交流电的波形图可用时间 t 作横坐标,也可用 ωt 作横坐标。

频率 f 和角频率 ω 的大小反映正弦量变化的快慢。f 和 ω 越大(即周期 T 越小),则变化越快。

我国和大多数国家的电力标准频率为 50Hz,这种频率在工业上应用相当广泛,习惯上简称为工频。而美国和日本等国家采用 60Hz。

3.1.2 有效值

正弦电流和电压的瞬时值,不便于用来衡量它们的大小,工程上通常是采用有效值来表示其大小。

有效值是这样规定的:当一个正弦电流 i 通过某一个电阻 R 时,在一个周期 T 内所消耗的电能和某一直流电流 I 通过同一电阻在相等的时间 T 内消耗的电能相等,则这个直流 I 值就是正弦电流 i 的有效值。

上述两种情况下电能相等,则有

$$\int_0^T i^2 R\,\mathrm{d}t = RI^2 T$$

于是求得正弦电流的有效值为

$$I = \sqrt{\frac{1}{T}\int_0^T i^2\,\mathrm{d}t} \tag{3.1.4}$$

设正弦电流为 $i = I_\mathrm{m}\sin(\omega t + \varphi)$,其有效值为

$$I = \sqrt{\frac{1}{T}\int_0^T [I_\mathrm{m}\sin(\omega t + \varphi)]^2\,\mathrm{d}t} = \sqrt{\frac{I_\mathrm{m}^2}{T}\int_0^T \left[\frac{1 - \cos 2(\omega t + \varphi)}{2}\right]\mathrm{d}t}$$

$$= I_\mathrm{m}\sqrt{\frac{1}{T}\times\frac{T}{2}} = \frac{I_\mathrm{m}}{\sqrt{2}}$$

即电流的有效值 I 与幅值 I_m 的关系为

$$I_\mathrm{m} = \sqrt{2}\,I \tag{3.1.5}$$

同理可推导电压的有效值 U 与最大值 U_m 的关系分别为

$$U_\mathrm{m} = \sqrt{2}\,U \tag{3.1.6}$$

讨论:

(1) 工程上通常所说的交流电压和电流,以及交流电压表和电流表的测量值都是指有效值,有效值均用大写字母表示,如 I、U 和 E 等。

(2) 式(3.1.4)不仅适用于正弦电流,也适用于非正弦周期电流。但式(3.1.5)、式(3.1.6)的 $\sqrt{2}$ 关系仅适用于正弦量。

(3) 引入有效值概念后,正弦电流的数学表达式也可写成

$$i = \sqrt{2}\,I\sin(\omega t + \varphi)$$

3.1.3 初相位

在式(3.1.1)中,$\omega t + \varphi$ 反映了正弦量变化的进程,称其为正弦量的相位角或相位。$t = 0$ 时的相位角 φ 称初相位或初相角。φ 的大小与计时起点的选择有关,由图 3.1.2

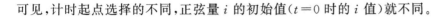

可见,计时起点选择的不同,正弦量 i 的初始值($t=0$ 时的 i 值)就不同。

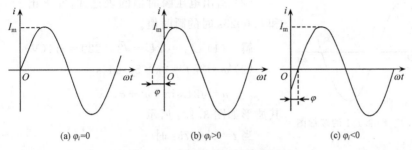

(a) $\varphi_i=0$　　　　　(b) $\varphi_i>0$　　　　　(c) $\varphi_i<0$

图 3.1.2　初相位与计时起点关系

对于两个同频率的正弦量,例如 $i_1=I_{1\mathrm{m}}\sin(\omega t+\varphi_1)$ 和 $i_2=I_{2\mathrm{m}}\sin(\omega t+\varphi_2)$,如图 3.1.3 所示。它们的相位角之差(简称相位差)为

$$(\omega t+\varphi_1)-(\omega t+\varphi_2)=\varphi_1-\varphi_2 \tag{3.1.7}$$

相位差通常用 φ 表示,$\varphi=\varphi_1-\varphi_2$,即相位差就是两个正弦量的初相角之差,它为一定值。

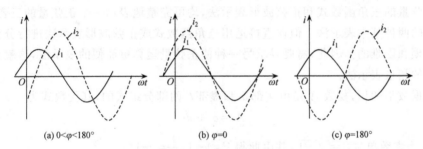

(a) $0<\varphi<180°$　　　　(b) $\varphi=0$　　　　(c) $\varphi=180°$

图 3.1.3　两个同频率正弦量之间的相位差

下面讨论两个同频率正弦量之间的相位关系:

当 $\varphi=\varphi_1-\varphi_2>0$ 时(如图 3.1.3(a)所示),称 i_1 比 i_2 超前 φ 角,或者说 i_2 比 i_1 滞后 φ 角。

当 $\varphi=\varphi_1-\varphi_2=0$ 时(如图 3.1.3(b)所示),称 i_1 和 i_2 同相。它们同时过零点,同时到达最大值。

当 $\varphi=\varphi_1-\varphi_2=180°$ 时(如图 3.1.3(c)所示),称两个正弦量 i_1 和 i_2 反相。

根据上述分析,应注意以下几点:

(1) 初相角通常在 $|\varphi|\leqslant180°$ 的范围内取值,相位差 φ 也在该范围内取值。

(2) 凡是同频率的任意两个正弦量,都可以讨论它们的相位关系;频率不同的两个正弦量,因它们没有确定的相位差,因而讨论它们之间的相位差是没有意义的。

(3) 相位差与计时起点的选择无关。因为当两个同频率正弦量的计时起点改变时,它们的初相角也随之改变,但两者的相位差仍保持不变。

例 3.1.1　已知正弦电压的频率 $f=50\mathrm{Hz}$,初相角 $\varphi_\mathrm{e}=\pi/4$,有效值 $U=220\mathrm{V}$。试求:

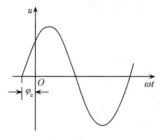

图 3.1.4 例 3.1.1 的波形图

（1）电压的最大值；

（2）写出电压瞬时值的表达式，并求出 $t=0.0075\text{s}$ 和 0.0025s 时的瞬时值。

解 （1）$U_{\text{m}}=\sqrt{2}U=\sqrt{2}\times220=311(\text{V})$

（2）$\omega=2\pi f=2\pi\times50\text{rad/s}$

$$u=\sqrt{2}U\sin(\omega t+\varphi_{\text{e}})\text{V}$$

其波形如图 3.1.4 所示。

当 $t=0.0075\text{s}$ 时

$$u=\sqrt{2}\times220\sin\left(2\pi\times50\times0.0075+\frac{\pi}{4}\right)=311\sin\pi=0$$

当 $t=0.0025\text{s}$ 时

$$u=\sqrt{2}\times220\sin\left(2\pi\times50\times0.0025+\frac{\pi}{4}\right)=311\sin(0.5\pi)=311(\text{V})$$

3.1.4 正弦量的相量表示法

正弦量的三角函数式和正弦波形表示法，均可完整地表示一个正弦量的三要素，是正弦量的两种基本表示法。但在直接运用三角函数式或正弦波形表示法进行分析计算是很烦琐和困难的。因此，需要寻求另一种使正弦量运算更简便的表示法，这就是下面要介绍的相量表示法。

讲义：复数和
相量表示方法

根据数学知识，复数 A 是由实部 a 和虚部 b 两部分组成的，其代数式为

$$A=a+\text{j}b \tag{3.1.8}$$

式中，j 为虚数单位，$\text{j}=\sqrt{-1}$，并由此得 $\text{j}^2=-1$，$\dfrac{1}{\text{j}}=-\text{j}$。

复数可用几何方法表示，如图 3.1.5 所示。根据复数 A 的实部 a、虚部 b、模 r 和辐角 φ 的关系，即

$$\begin{cases} a=r\cos\varphi \\ b=r\sin\varphi \\ r=\sqrt{a^2+b^2} \\ \varphi=\arctan\dfrac{b}{a} \end{cases} \tag{3.1.9}$$

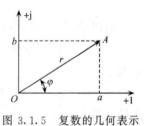

图 3.1.5 复数的几何表示

则复数 A 的三角式为

$$A=r\cos\varphi+\text{j}r\sin\varphi \tag{3.1.10}$$

根据欧拉公式 $\cos\varphi=\dfrac{\text{e}^{\text{j}\varphi}+\text{e}^{-\text{j}\varphi}}{2}$ 和 $\sin\varphi=\dfrac{\text{e}^{\text{j}\varphi}-\text{e}^{-\text{j}\varphi}}{2\text{j}}$，则复数 A 可写成指数形式

$$A=r\text{e}^{\text{j}\varphi} \tag{3.1.11}$$

电工技术常将复数的指数形式写成更简洁的极坐标形式

$$A=r\underline{/\varphi} \tag{3.1.12}$$

因此，一个复数可用代数式、三角式、指数式和极坐标式四种形式来表示，它们之间

可以互相转换。

当两个复数进行相加、相减时,通常用代数形式运算,实部与实部相加减,虚部与虚部相加减。复数相加和相减也可以根据平行四边形法则用作图法在复平面上进行。

两个复数相乘常用极坐标形式,两个复数的模相乘,辐角相加。两个复数相除通常也用极坐标形式,两个复数的模相除,辐角相减。

基于以上所述,一个复数由模和辐角两个特征来确定,而正弦量由初相位、辐角和频率三个特征来确定。在线性电路分析时,正弦激励和响应均为同频率的正弦量,可以不必考虑频率。这样一个正弦量的幅值和初相位就可以确定,即用有向线段的模表示正弦量的幅值(有效值),用有向线段的初始位置与横坐标的夹角表示正弦量的初相位。因此,正弦量可用一有向线段表示,而有向线段可用复数表示,正弦量也可用复数表示。

通常将表示正弦量的复数称为相量,用在大写字母上打上"·"表示。如果某电路中正弦电压为 $u = U_m \sin(\sin\omega t + \varphi_1)$、正弦电流为 $i = I_m \sin(\sin\omega t + \varphi_2)$,则它们的相量分别为

动画:正弦量的相量表示方法

$$\dot{U} = U(\cos\varphi_1 + j\sin\varphi_1) = Ue^{j\varphi_1} = U\,\underline{/\varphi_1} \tag{3.1.13}$$

$$\dot{I} = I(\cos\varphi_2 + j\sin\varphi_2) = Ie^{j\varphi_2} = I\,\underline{/\varphi_2} \tag{3.1.14}$$

按照各个正弦量的大小和相位关系画出各个相量的图形,称为相量图。各个正弦量的大小和相位关系可在相量图上形象地反映出来。如式(3.1.13)和式(3.1.14)中,如果 $\varphi_1 > 0$,$\varphi_2 > 0$,且 $\varphi_1 > \varphi_2$,则用相量表示电压 u 和电流 i 两个正弦量,如图 3.1.6 所示。可见,电压相量 $\dot{U}$ 比电流相量 $\dot{I}$ 超前 φ 角,也就是正弦电压 u 比正弦电流 i 超前 φ 角。

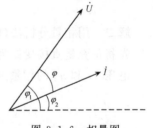

图 3.1.6　相量图

应用相量分析法时,应明确以下几点:

(1) 式(3.1.13)中正弦电压用相量 $\dot{U} = U\,\underline{/\varphi_1}$ 来表示,其中只包含正弦量的幅值与初相角,而无角频率。这是因为在线性电路中,电路各部分的电流和电压都是与电源同频率的正弦量。因此,只要有确定的幅值和初相角两个要素,就可表征一个正弦量。

(2) 正弦量可用相量来表示,因为它们有一一对应的关系。但正弦量是时间的函数,相量是表征正弦量的复数,而不是时间的函数,二者并不相等。为了使相量与普通复数相区别,规定相量用大写字母上方加小圆点"·"表示。但相量的运算与一般复数并无区别。

(3) 正弦量的大小可以用有效值或幅值表示,故相量也可写成幅值形式,幅值与有效值相量间为 $\sqrt{2}$ 倍的关系,如电压幅值相量为 $\dot{U}_m = \dot{U}\sqrt{2} = U_m\,\underline{/\varphi}$。

(4) 相量仅是正弦量的一种表征方法。因为,相量只表征正弦量的大小和初相位两个要素,而舍去了频率要素。但由于相量与正弦量之间的对应关系很明确,故两者之间可以进行变换。例如

$$i = 10\sqrt{2}\,\sin\!\left(\omega t - \frac{\pi}{3}\right) \quad \Leftrightarrow \quad \dot{I} = 10\,\underline{\big/\!-\dfrac{\pi}{3}}\ \text{A}$$

当 $f = 400\text{Hz}$ 时

$$\dot{I} = 10\,\underline{\big/\!-\dfrac{\pi}{3}} \quad \Leftrightarrow \quad i = 10\sqrt{2}\,\sin\!\left(2512t - \frac{\pi}{3}\right)\text{A}$$

例 3.1.2 已知同频率的两个电压为

$$u_1 = 100\sqrt{2}\,\sin(314t + 60°)\,\text{V}$$
$$u_2 = 110\sqrt{2}\,\sin(314t - 30°)\,\text{V}$$

试求 u_1 和 u_2 之和。

解一 用相量图法求解

在复平面上按适当的比例尺做出 $\dot{U}_1$ 和 $\dot{U}_2$ 的相量图,如图 3.1.7 所示。然后用平行四边形法则求出相量和 $\dot{U}$。再由上图测量得有效值 $U = 149\text{V}$ 和初相角 $\varphi = 12°$。

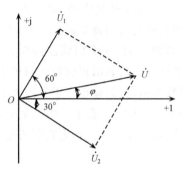

图 3.1.7 例 3.1.2 相量图

则所求电压的瞬时值为

$$u = 149\sqrt{2}\,\sin(\omega t + 12°)\,\text{V}$$

解二 用相量分析法(即复数法)求解

先将正弦量直接变换为对应的相量,作复数运算,计算结果直接变换为正弦量。

电压 u_1 和 u_2 的相量为

$$\dot{U}_1 = 100\ \underline{\big/60°}\ \text{V}$$
$$\dot{U}_2 = 110\ \underline{\big/\!-30°}\ \text{V}$$

用复数计算求和得

$$\begin{aligned}
\dot{U} &= \dot{U}_1 + \dot{U}_2 = 100\ \underline{\big/60°} + 110\ \underline{\big/\!-30°}\\
&= (50 + \text{j}86.6) + (95.26 - \text{j}55)\\
&= 145.26 + \text{j}31.6 = 149\ \underline{\big/12.3°}\ (\text{V})
\end{aligned}$$

则所求电压瞬时值为

$$u = 149\sqrt{2}\,\sin(\omega t + 12.3°)\,\text{V}$$

图解法的相位关系很直观,但作图烦琐,且不易准确,而相量分析法简单。这也是本书主要使用的方法。

练习与思考

3.1.1 设 $i_1 = 210\sin(314t + \pi/2)\text{A}$,$i_2 = 210\sin 377t\ \text{A}$,用交流电流表分别测量它们,读数是多少?

3.1.2 设 $\dot{U} = -8 + \text{j}6\text{V}$。要求:

(1) 写出其极坐标式、指数式和三角函数式;

(2) 写出其正弦量的表达式(设 $f = 50\text{Hz}$),并画出波形图。

3.1.3　请对下列两个相量改错：

(1) $\dot{U} = 20 e^{j(\omega t + \varphi_i)}$ V；

(2) $\dot{I} = 10\sqrt{2} \sin(\omega t + 30°)$ A。

3.2　单一元件正弦交流电路

所谓交流电路的分析计算，就是确定电路中电压和电流之间的关系（即大小和相位），以及讨论电路中能量的转换和功率问题。最简单的交流电路是由电阻、电感、电容单个元件组成的电路。工程实际中的某些电路就可以作为单一元件的电路来处理。复杂交流电路的分析计算可以认为是由单一元件组合而成的。因此只要掌握了单一元件交流电路基本规律，就可以较方便地分析计算出复杂交流电路。

3.2.1　电阻元件交流电路

线性电阻正弦交流电路如图 3.2.1(a) 所示。

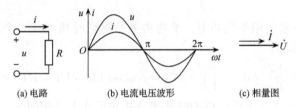

(a) 电路　　(b) 电流电压波形　　(c) 相量图

图 3.2.1　电阻元件交流电路

1. 电压、电流关系

电压 u 和电流 i 的参考方向如图 3.2.1 所示，设电压 i 为参考正弦量，即

$$i = \sqrt{2}\, I \sin\omega t$$

根据欧姆定律，有

$$u = Ri = R\sqrt{2}\, I \sin\omega t = \sqrt{2}\, U \sin\omega t \tag{3.2.1}$$

式中，$U = RI$，或

$$\frac{U}{I} = R \tag{3.2.2}$$

由上述可知，在电阻元件电路中：

(1) 电阻上的电压与电流均为同频率的正弦量，而且初相角相同，即二者同相，如图 3.2.1(b) 所示。

(2) 由式 (3.2.2) 可见，电压和电流的最大值（或有效值）之间符合欧姆定律。

如果将电流与电压的关系用相量来表示，则

$$\dot{U} = R\,\dot{I} \tag{3.2.3}$$

式 (3.2.3) 为电阻元件上电压与电流关系的相量形式，其相量图如图 3.2.1(c) 所示。

2. 电阻功率

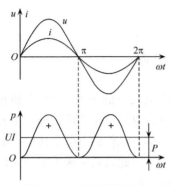

图 3.2.2 电阻元件交流
电路的瞬时功率波形

电路中任一瞬时吸收或发出的功率称为瞬时功率,以小写字母 p 表示。它是瞬时电压 u 和瞬时电流 i 的乘积,即

$$p = ui = \sqrt{2}\,U\sqrt{2}\,I\sin^2\omega t$$
$$= \frac{\sqrt{2}\,U\sqrt{2}\,I}{2}(1 - \cos2\omega t)$$
$$= UI(1 - \cos2\omega t) \tag{3.2.4}$$

图 3.2.2 为瞬时功率随时间变化的曲线。由于电压和电流同相位,故瞬时功率总为正值,即 $p \geqslant 0$。这表明电阻元件总是吸收功率的,即从电源取用电能转换成热能。

3. 平均功率

在工程实际中常使用平均功率。平均功率是指瞬时功率在一个周期内的平均值,以大写字母 P 表示,即

$$P = \frac{1}{T}\int_0^T p\,\mathrm{d}t = \frac{1}{T}\int_0^T UI(1 - \cos2\omega t)\,\mathrm{d}t = UI = RI^2 = \frac{U^2}{R} \tag{3.2.5}$$

可见,平均功率表达式与直流电路中的功率公式在形式上是相同的。

平均功率代表电阻上实际消耗的功率,故又称有功功率。通常所说的灯泡和电烙铁等的功率均是平均功率。

3.2.2 电感元件交流电路

线性电感元件的正弦交流电路如图 3.2.3(a)所示。

1. 电压、电流关系

根据 KVL 可得

$$u + e_L = 0$$

动画:电感元
件交流电路

电感两端电压为

$$u = -e_L = L\frac{\mathrm{d}i}{\mathrm{d}t} \tag{3.2.6}$$

这就是电感元件中的电压与电流的一般关系式,即电感元件中的电压和电流的关系不是简单的正比关系,而是导数关系。

设电流 $i = I_m\sin\omega t$ 为参考正弦量,则电感两端的电压为

$$u = L\frac{\mathrm{d}}{\mathrm{d}t}(I_m\sin\omega t) = \omega L I_m\cos\omega t$$
$$= \omega L I_m\sin\left(\omega t + \frac{\pi}{2}\right) = U_m\sin\left(\omega t + \frac{\pi}{2}\right) \tag{3.2.7}$$

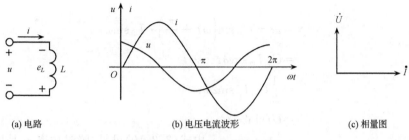

(a) 电路　　　　　　　(b) 电压电流波形　　　　　　　(c) 相量图

图 3.2.3　电感元件交流电路

可见,电压与电流是同频率的正弦量,但 u 比 i 超前 90°,如图 3.2.3(b)所示。

式(3.2.7)中 $U_m = \omega L I_m$,则有

$$\frac{U}{I} = \omega L = X_L \tag{3.2.8}$$

显然,X_L 的单位为欧[姆](Ω)。X_L 对交流电流起阻碍作用,故称为感抗。由 $X_L = \omega L = 2\pi f L$ 可知,感抗随电流频率而变化。

对于直流电流而言,由于频率 $f=0$,$X_L=0$,故电感在直流电路中相当于短路。

如果用相量表示上述电压和电流之间的关系,则分别有

$$\dot{I} = I e^{j0°}, \qquad \dot{U} = U e^{j90°}$$

$$\frac{\dot{U}}{\dot{I}} = \frac{U}{I} e^{j90°} = jX_L$$

或

$$\dot{U} = jX_L \dot{I} = j\omega L \dot{I} \tag{3.2.9}$$

式(3.2.9)即为电感上电压和电流关系的相量形式。式中 j 与 $\dot{I}$ 相乘,表示 $\dot{U}$ 的相位比 $\dot{I}$ 超前 90°,相量图如图 3.2.3(c)所示。

例 3.2.1　设有一空心电感线圈的电感量为 150mH,忽略其中电阻。试求:

(1) 若它接在频率为 400Hz,电压为 100V 的正弦交流电源上,电流是多少?

(2) 如果电源的频率为工频 50Hz,电流是多少?

解　(1) $X_L = 2\pi f L = 2 \times 3.14 \times 400 \times 150 \times 10^{-3} = 376.8(\Omega)$

$$I = \frac{U}{X_L} = \frac{100}{376.8} \approx 265(\text{mA})$$

(2) 如果电源频率为工频 $f=50$Hz,则由于感抗 X_L 随频率的减小而减小,电流将增大。

$$X_L = 2\pi f L = 2 \times 3.14 \times 50 \times 150 \times 10^{-3} = 47.1(\Omega)$$

$$I = \frac{U}{X_L} = \frac{100}{47.1} \approx 2.1(\text{A})$$

2. 电感功率

设电感的端电压与其中电流分别为 u 和 i,如图 3.2.4(a)所示,则电感中的瞬时功

率为

$$p = ui = U_m \sin\left(\omega t + \frac{\pi}{2}\right) \cdot I_m \sin\omega t$$

$$= U_m I_m \sin\omega t \cos\omega t$$

$$= \frac{1}{2} U_m I_m \sin 2\omega t$$

$$= UI \sin 2\omega t \tag{3.2.10}$$

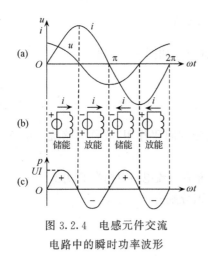

(a)

(b) 储能 放能 储能 放能

(c)

图 3.2.4　电感元件交流
电路中的瞬时功率波形

由式(3.2.10)可见,瞬时功率 p 是以两倍电流角频率作正弦变化的,其变化的幅值为 UI,波形图如图 3.2.4(c)所示。在第一个 1/4 周期内,电感的端电压 u 与电流 i 的实际方向一致,电源将电能送入电感元件,并转化为电感中的磁场能 $\frac{1}{2}Li^2$,这段时间内 $p>0$。第二个 1/4 周期内,u 和 i 的实际方向相反,电感将原先储存的磁场能逐渐向电源释放直至全部放出,这段时间内 $p<0$,以后重复此过程。上述现象说明电感元件在交流电路中只有电源与电感元件间的能量交换,而无能量消耗。

电感元件电路中的平均功率即有功功率为

$$P = \frac{1}{T}\int_0^T p\,\mathrm{d}t = \frac{1}{T}\int_0^T UI \sin 2\omega t\,\mathrm{d}t = 0$$

这说明由于理想电感元件本身没有电阻,电感电路不消耗能量。

3.2.3　电容元件交流电路

线性电容元件的正弦交流电路如图 3.2.5(a)所示。

1. 电压、电流关系

动画:电容元
件交流电路

假定加在电容两端的电压为

$$u = U_m \sin\left(\omega t - \frac{\pi}{2}\right)$$

则在图 3.2.5(a)的情况下,电路中的电流为

$$i = C\frac{\mathrm{d}\left[U_m \sin\left(\omega t - \frac{\pi}{2}\right)\right]}{\mathrm{d}t} = \omega C U_m \cos\left(\omega t - \frac{\pi}{2}\right)$$

$$= \omega C U_m \sin\omega t = I_m \sin\omega t \tag{3.2.11}$$

电压与电流为同频率的正弦量,但 i 的相位比 u 超前 90°,如图 3.2.5(b)所示。

式(3.2.11)中 $I_m = \omega C U_m$,或写成

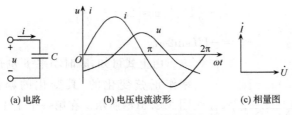

(a) 电路　　　(b) 电压电流波形　　　(c) 相量图

图 3.2.5　电容元件交流电路

$$\frac{U}{I} = \frac{1}{\omega C} = X_C \tag{3.2.12}$$

显然，X_C 的单位也为欧姆（Ω）。X_C 对交流电流起阻碍作用，故称为容抗。由 $X_C = \frac{1}{\omega C} = \frac{1}{2\pi f C}$ 可知，容抗也是随着电流频率而变化的。对于直流电流而言，由于频率 $f = 0$，$X_C \to \infty$，可视作断路，故电容在电路中有隔断直流作用。

如果用相量表示上述电压和电流之间的关系，则有

$$\dot{I} = I\mathrm{e}^{\mathrm{j}0^\circ}, \qquad \dot{U} = U\mathrm{e}^{-\mathrm{j}90^\circ}$$

$$\frac{\dot{U}}{\dot{I}} = \frac{U}{I}\mathrm{e}^{-\mathrm{j}90^\circ} = -\mathrm{j}X_C$$

或

$$\dot{U} = -\mathrm{j}X_C\dot{I} = -\mathrm{j}\frac{1}{\omega C}\dot{I} \tag{3.2.13}$$

式 (3.2.13) 为电容上电压和电流关系的相量形式。式中 $-\mathrm{j}$ 与 $\dot{I}$ 相乘，表示 $\dot{U}$ 的相位比电流 $\dot{I}$ 落后 90°，相量图如图 3.2.5(c) 所示。

例 3.2.2　设有一个 $0.1\mu\mathrm{F}$ 的电容元件接在频率为 $400\mathrm{Hz}$，电压为 $100\mathrm{V}$ 的正弦交流电源上，电流是多少？如果电源的频率为工频 $50\mathrm{Hz}$，电流是多少？

解
$$X_C = \frac{1}{2\pi f C} = \frac{1}{2 \times 3.14 \times 400 \times 0.1 \times 10^{-6}} = 3981\ (\Omega)$$

$$I = \frac{U}{X_C} = \frac{100}{3981} \approx 25\ (\mathrm{mA})$$

如果电源频率为工频 $50\mathrm{Hz}$，则由于容抗 X_C 随频率的减小而增大，电流将减小，则有

$$X_C = \frac{1}{2\pi f C} = \frac{1}{2 \times 3.14 \times 50 \times 0.1 \times 10^{-6}} = 31847\ (\Omega)$$

$$I = \frac{U}{X_C} = \frac{100}{31847} \approx 3\ (\mathrm{mA})$$

2. 电容功率

设电容端电压与电流如图 3.2.6(a) 所示，则电容的瞬时功率为

$$p = ui = U_\mathrm{m}\sin\left(\omega t - \frac{\pi}{2}\right)I_\mathrm{m}\sin\omega t$$

$$= -\frac{1}{2} U_m I_m \cos\left(2\omega t - \frac{\pi}{2}\right)$$

$$= -UI \sin 2\omega t \qquad (3.2.14)$$

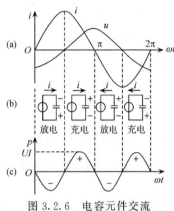

图 3.2.6　电容元件交流

电路中的瞬时功率波形

由上式可知,瞬时功率 p 也是以两倍电流角频率作正弦变化的,其变化的幅值为 UI,波形如图 3.2.6(c)所示。在第一个 1/4 周期内,电容的端电压 u 与电流 i 的实际方向相反,电容放电,将已储存的电场能 $\frac{1}{2} CU^2$ 释放给电源,这段时间内 $p<0$。第二个 1/4 周期内,u 和 i 的实际方向相同,电源向电容器充电,电容器储存电场能,这段时间内 $p>0$。以后重复此过程。上述现象说明电容元件在交流电路中只存在电源与电容元件之间的能量交换,而无能量消耗。

电容在一个周期内所吸收的平均功率为零,即

$$P = \frac{1}{T}\int_0^T p\, dt = \frac{1}{T}\int_0^T (-UI \sin 2\omega t)\, dt = 0$$

3.3　RLC 串联交流电路

实际电路通常是由两个以上元件组成的串联交流电路。为了一般化起见,本节讨论电阻 R、电感 L 和电容 C 串联的交流电路。如图 3.3.1(a)或图 3.3.1(b)所示。

3.3.1　电压和电流的关系

图 3.3.1(a)中,设电流为参考正弦量,即

$$i = I_m \sin\omega t$$

根据 KVL 有

$$u = u_R + u_L + u_C \qquad (3.3.1)$$

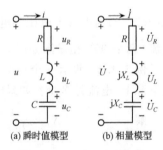

(a) 瞬时值模型　　(b) 相量模型

图 3.3.1　RLC 串联电路

由于各元件上的电压与总电压 u 均为同频率的正弦电压,故式(3.3.1)可用相量表示,即

$$\dot{U} = \dot{U}_R + \dot{U}_L + \dot{U}_C \qquad (3.3.2)$$

在以电流为参考正弦量的情况下,可根据前面所得的单一元件的电压与电流的关系式(3.2.3)、式(3.2.9)和式(3.2.13),将式(3.3.2)写成

$$\dot{U} = \dot{I}R + j\omega L\, \dot{I} - j\frac{1}{\omega C}\dot{I} = R\dot{I} + j\left(\omega L - \frac{1}{\omega C}\right)\dot{I}$$

$$= R\dot{I} + j(X_L - X_C)\dot{I} = (R + jX)\dot{I} = Z\dot{I}$$

或

$$\frac{\dot{U}}{\dot{I}} = Z \tag{3.3.3}$$

式(3.3.3)与直流电路的欧姆定律形式上相似,它是欧姆定律的相量形式(或复数形式)。式中复数为

$$Z = R + j\omega L - j\frac{1}{\omega C} = R + j(X_L - X_C) = R + jX \tag{3.3.4}$$

式中,Z 称为复阻抗;X 称为电抗,它是感抗 X_L 与容抗 X_C 之差($X = X_L - X_C$)。Z 和 X 的单位均为欧[姆](Ω)。

复阻抗 Z 的模和辐角(亦称阻抗角)分别为

$$|Z| = \sqrt{R^2 + X^2} = \sqrt{R^2 + (X_L - X_C)^2} \tag{3.3.5}$$

$$\varphi = \arctan\frac{X}{R} = \arctan\frac{X_L - X_C}{R} \tag{3.3.6}$$

复阻抗也可写成极坐标形式,即

$$Z = |Z| \underline{/\varphi} \tag{3.3.7}$$

如果用三角函数表示,则有

$$Z = |Z|\cos\varphi + j|Z|\sin\varphi \tag{3.3.8}$$

将式(3.3.8)与式(3.3.4)比较,可得

$$\begin{cases} R = |Z|\cos\varphi \\ X = |Z|\sin\varphi \end{cases} \tag{3.3.9}$$

由式(3.3.9)可知,R、X 和 $|Z|$ 三者间关系可用一个直角三角形来表示,如图 3.3.2 所示。这个三角形通常称为阻抗三角形。引入阻抗三角形是为了便于记忆三个参数之间的数学关系。

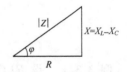

图 3.3.2　阻抗三角形

根据上述分析,总电压的有效值可表示为

$$U = \sqrt{(RI)^2 + [(X_L - X_C)I]^2} = I|Z| \tag{3.3.10}$$

讨论:

(1) $\dot{U} = Z\dot{I}$ 可以写成

$$\dot{U} = U\underline{/\varphi_u} = I\underline{/\varphi_i}|Z|\underline{/\varphi}$$

或

$$\frac{\dot{U}}{\dot{I}} = \frac{U\underline{/\varphi_u}}{I\underline{/\varphi_i}} = \frac{U}{I}\underline{/\varphi_u - \varphi_i} = |Z|\underline{/\varphi}$$

式中

$$\frac{U}{I} = |Z| \tag{3.3.11}$$

$$\varphi = \varphi_u - \varphi_i \tag{3.3.12}$$

式(3.3.11)表示了总电压的有效值与电流有效值之间的数值关系。而式(3.3.12)中的 φ 表示了总电压和电流之间的相位差。由式(3.3.6)可知,φ 就是阻抗角。根据前面单

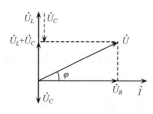

图 3.3.3 *RLC* 串联
电路的相量图

一元件中各电压相对于电流的相位关系,可得 *RLC* 串联电路中电压与电流关系的相量图,如图 3.3.3 所示。前面已假定电流为参考正弦量,即 $\varphi_i = 0$,故 $\varphi = \varphi_u$。由式(3.3.6)可知,φ 与电路参数的关系是:

当 $X = X_L - X_C > 0$ 时,$\varphi > 0$,在相位上电流 $\dot{I}$ 比总电压 $\dot{U}$ 落后 φ 角,串联电路呈现电感性;

当 $X = X_L - X_C < 0$ 时,$\varphi < 0$,在相位上电流 $\dot{I}$ 比总电压 $\dot{U}$ 超前 φ 角,串联电路呈现电容性;

当 $X = X_L - X_C = 0$ 时,$\varphi = 0$,则电流与总电压相位,串联电路呈现电阻性。

因此,电压 $\dot{U}$ 与电流 $\dot{I}$ 之间的相位差 φ 也与电路(负载)参数及工作频率有关。

(2)由图 3.3.3 可知,三个电压相量 $\dot{U}_R$、$\dot{U}_L + \dot{U}_C$ 和 $\dot{U}$ 构成了直角三角形,通常称为电压三角形,如图 3.3.4 所示。电压三角形和阻抗三角形是相似三角形。

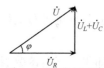

图 3.3.4 电压三角形

(3)由于同频率的正弦量相加的和仍为同频率的正弦量,根据式(3.3.1)可得电源总电压为

$$u = u_R + u_L + u_C = \sqrt{2}\, U\sin(\omega t + \varphi) \qquad (3.3.13)$$

式中,U 和 φ 可利用电压三角形求得,即

$$U = \sqrt{U_R^2 + (U_L - U_C)^2} \qquad (3.3.14)$$

$$\varphi = \arctan\frac{U_L - U_C}{U_R} \qquad (3.3.15)$$

例 3.3.1 设 *RLC* 串联电路中,$R = 20\Omega$,$L = 100\text{mH}$,$C = 30\mu\text{F}$,电源电压 $u = 220\sqrt{2}\sin(314t + 30°)\text{V}$。试求:

(1)电路中电流 i;

(2)各元件上的电压 u_R、u_L 和 u_C。

解 $\dot{U} = 220\ \underline{/30°}\ \text{V}$

$X_L = \omega L = 314 \times 100 \times 10^{-3} = 31.4(\Omega)$

$X_C = \dfrac{1}{\omega C} = \dfrac{1}{314 \times 30 \times 10^{-6}} = 106.2(\Omega)$

$Z = R + \text{j}(X_L - X_C) = 20 + \text{j}(31.4 - 106.2) = 77.4\ \underline{/-75°}\ (\Omega)$

$\dot{I} = \dfrac{\dot{U}}{Z} = \dfrac{220\ \underline{/30°}}{77.4\ \underline{/-75°}} = 2.8\ \underline{/105°}\ (\text{A})$

$\dot{U}_R = R\dot{I} = 20 \times 2.8\ \underline{/105°} = 56\ \underline{/105°}\ (\text{V})$

$\dot{U}_L = \text{j}\omega L\dot{I} = \text{j}31.4 \times 2.8\ \underline{/105°} = 88\ \underline{/195°}\ (\text{V})$

$\dot{U}_C = -\text{j}X_C\dot{I} = -\text{j}106.2 \times 2.8\ \underline{/105°} = 297.4\ \underline{/15°}\ (\text{V})$

相应的电流和各电压的瞬时值表达式为

$$i = 2.8\sqrt{2}\,\sin(314t + 105°)\,A$$

$$u_R = 56\sqrt{2}\,\sin(314t + 105°)\,V$$

$$u_L = 88\sqrt{2}\,\sin(314t + 195°)\,V$$

$$u_C = 297.4\sqrt{2}\,\sin(314t + 15°)\,V$$

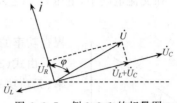

图 3.3.5　例 3.3.1 的相量图

由上述计算结果作相量图,如图 3.3.5 所示。

由式(3.3.12)可求出电压 $\dot{U}$ 与电流 $\dot{I}$ 间的相位差 $\varphi = \varphi_u - \varphi_i = 30° - 105° = -75°$,即 $\dot{I}$ 比 $\dot{U}$ 超前 75°,故该串联电路呈电容性。

3.3.2　功率关系

在图 3.3.1(a)所示的 RLC 串联电路中,电路中总的瞬时功率为各元件上的瞬时功率之和,即

$$p = ui = u_R i + u_L i + u_C i = p_R + p_L + p_C$$

由于电路中有电阻,故瞬时功率的平均值不为零。电路的平均功率为

$$P = \frac{1}{T}\int_0^T p\,dt = \frac{1}{T}\int_0^T ui\,dt = \frac{1}{T}\int_0^T \sqrt{2}U\sin(\omega t + \varphi) \times \sqrt{2}I\sin\omega t\,dt$$

$$= \frac{1}{T}\int_0^T [UI\cos\varphi - UI\sin(2\omega t + \varphi)]dt = UI\cos\varphi \qquad (3.3.16)$$

式中,$\cos\varphi$ 称为功率因数。

由电压三角形图 3.3.4 可知 $U\cos\varphi = U_R = RI$,于是 $P = UI\cos\varphi = U_R I = RI^2$。

可见,在 RLC 串联电路中的平均功率就是电阻上消耗的功率。

电感上和电容上的瞬时功率之和为 $u_L i + u_C i$,写成相量形式则有 $\dot{U}_L\dot{I} + \dot{U}_C\dot{I} = (\dot{U}_L + \dot{U}_C)\dot{I}$。如果只考虑瞬时功率和的大小,并记作 Q,则根据串联电路相量图有

$$Q = (U_L - U_C)I \qquad (3.3.17)$$

式(3.3.17)可写成

$$Q = (U_L - U_C)I = X_L I^2 - X_C I^2 = (X_L - X_C)I^2 \qquad (3.3.18)$$

也可写成

$$Q = (U_L - U_C)I = \frac{U_L - U_C}{U}UI = UI\sin\varphi \qquad (3.3.19)$$

由式(3.3.17)可得

$$Q = U_L I + (-U_C I) = Q_L + Q_C$$

式中

$$Q_L = U_L I = X_L I^2 = \frac{U_L^2}{X_L}$$

$$Q_C = -U_C I = -X_C I^2 = -\frac{U_C^2}{X_C}$$

Q 称为串联电路总的无功功率,Q_L 和 Q_C 分别为电感元件和电容元件上的无功功率。无功功率的单位为乏(var)或千乏(kvar)。

在交流电路中,电压 U 和电流 I 的乘积称为视在功率,记作 S,即

$$S = UI = |Z|I^2 \qquad (3.3.20)$$

视在功率的单位为伏·安(V·A)或千伏·安(kV·A)。

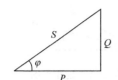

图 3.3.6 功率三角形

由式(3.3.16)、式(3.3.19)及式(3.3.20)可以看出,平均功率、无功功率和视在功率之间有下列关系:

$$S = \sqrt{P^2 + Q^2} \qquad (3.3.21)$$

显然,这三个功率之间也可用一个功率三角形来形象地表示,如图 3.3.6 所示。

例 3.3.2 设 RLC 串联电路中,电源电压和电流分别

$$u = 220\sqrt{2}\sin(\omega t + 30°)\text{V}$$

$$i = 2.8\sqrt{2}\sin(\omega t + 105°)\text{A}$$

试求该电路的平均功率 P、无功功率 Q 和视在功率 S。

解 $P = UI\cos\varphi = 220 \times 2.8 \times \cos(30° - 105°) = 159.4(\text{W})$

$Q = UI\sin\varphi = 220 \times 2.8\sin(30° - 150°) = -595 \text{ (var)}$

$S = UI = 220 \times 2.8 = 616(\text{V·A})$

或

$$S = \sqrt{P^2 + Q^2} = \sqrt{159.4^2 + (-595)^2} = 616 \text{ (V·A)}$$

题中无功功率 Q 为负值,表示该电路呈现电容性。

练习与思考

3.3.1 在串联电路中,下列各式是否正确?

$$\frac{\dot{U}}{\dot{I}} = \frac{U}{I}, \quad \frac{U}{I} = Z, \quad \frac{\dot{U}}{\dot{I}} = |Z|, \quad \frac{u}{i} = |Z|$$

$$U = U_R + U_L + U_C, \quad |Z| = |Z_1| + |Z_2|$$

3.3.2 在图 3.3.7 所示各电路中,电流有效值均为 $I = 1$ A。试求:

(1) 各电路中阻抗 $|Z|$;

(2) 各电路中 U;

(3) 说明各电路的性质(电感性电路还是电容性电路)。

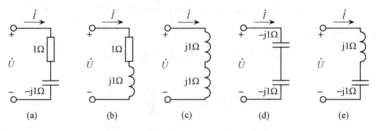

图 3.3.7 练习与思考 3.3.2 图

3.4　阻抗串联和并联

3.4.1　阻抗串联

当两个(或两个以上)复阻抗串联时,如图 3.4.1 所示,则总电压的相量式为

$$\dot{U} = \dot{U}_1 + \dot{U}_2 = (Z_1 + Z_2)\dot{I} \tag{3.4.1}$$

两个串联阻抗可用一个等效阻抗 Z 来替代,则

$$Z = Z_1 + Z_2 = (R_1 + jX_1) + (R_2 + jX_2)$$
$$= (R_1 + R_2) + j(X_1 + X_2) = |Z|\underline{/\varphi} \tag{3.4.2}$$

式中, $|Z|$ 和 φ 分别为

$$|Z| = \sqrt{(R_1 + R_2)^2 + (X_1 + X_2)^2}$$
$$\varphi = \arctan\frac{X_1 + X_2}{R_1 + R_2} \tag{3.4.3}$$

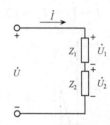

式(3.4.2)表明,串联电路的总阻抗等于各部分阻抗相加,即串联总复阻抗的电阻等于各部分电阻之和,总电抗等于各部分电抗的代数和。

图 3.4.1　复阻抗串联电路

3.4.2　阻抗并联

图 3.4.2 是两个阻抗的并联的电路。根据 KCL,则

$$\dot{I} = \dot{I}_1 + \dot{I}_2 = \frac{\dot{U}}{Z_1} + \frac{\dot{U}}{Z_2} = \dot{U}\left(\frac{1}{Z_1} + \frac{1}{Z_2}\right) \tag{3.4.4}$$

两个并联阻抗可用一个等效阻抗 Z 来替代,则有

$$\dot{I} = \frac{\dot{U}}{Z} \tag{3.4.5}$$

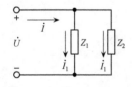

图 3.4.2　复阻抗并联电路

比较式(3.4.4)和式(3.4.5),可得

$$\frac{1}{Z} = \frac{1}{Z_1} + \frac{1}{Z_2}$$

或

$$Z = \frac{Z_1 Z_2}{Z_1 + Z_2} \tag{3.4.6}$$

式(3.4.6)表明,并联电路的总阻抗倒数等于各部分阻抗倒数之和,与直流电路中电阻并联的总电阻的公式在形式上是相似的。

例 3.4.1　在图 3.4.3 所示电路中, $R = 2\Omega$, $L = 18\mu H$, $C = 1\mu F$,电源电压 $U = 10V$, $f = 53kHz$。试求:

(1) 电路中各电流;

(2) 画出电压和电流的相量图。

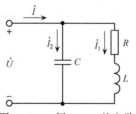

图 3.4.3　例 3.4.1 的电路

解 （1）设电压为参考相量，即

$$\dot{U} = 10 \angle 0° \text{ V}$$

$$Z_1 = R + j\omega L = 2 + j2\pi \times 53 \times 10^3 \times 18 \times 10^{-6} = 2 + j6 = 6.32 \angle 71.6° \ (\Omega)$$

$$\dot{I}_1 = \frac{\dot{U}}{Z_1} = \frac{10 \angle 0°}{6.32 \angle 71.6°} = 1.58 \angle -71.6° = 0.5 - j1.5 \text{(A)}$$

$$Z_2 = -j\frac{1}{\omega C} = -j\frac{1}{2\pi \times 53 \times 10^3 \times 1 \times 10^{-6}} = -j3 = 3 \angle -90° \ (\Omega)$$

$$\dot{I}_2 = \frac{\dot{U}}{Z_2} = \frac{10 \angle 0°}{3 \angle -90°} = 3.33 \angle 90° = j3.33 \text{(A)}$$

$$\dot{I} = \dot{I}_1 + \dot{I}_2 = (0.5 - j1.5) + j3.3 = 0.5 + j1.83 = 1.89 \angle 74.7° \text{ (A)}$$

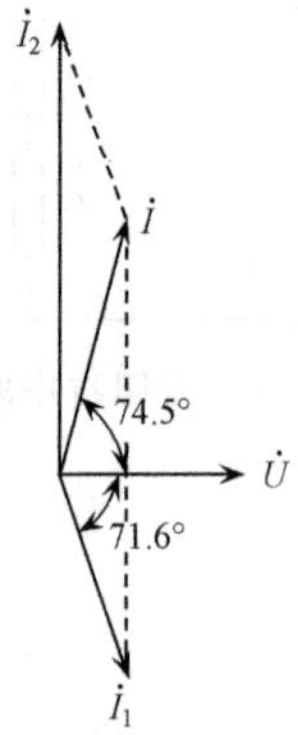

或者用等效阻抗求解总电流 $\dot{I}$ 如下：

$$Z = \frac{Z_1 \times Z_2}{Z_1 + Z_2} = \frac{(2+j6)(-j3)}{(2+j6)+(-j3)} = \frac{18-j6}{2+j3}$$

$$= \frac{19 \angle -18.4°}{3.6 \angle 56.3°} = 5.27 \angle -74.7° \ (\Omega)$$

$$\dot{I} = \frac{\dot{U}}{Z} = \frac{10 \angle 0°}{5.27 \angle -74.7°} = 1.9 \angle 74.7° \text{ (A)}$$

（2）电路的相量图如图 3.4.4 所示。

图 3.4.4　例 3.4.1 的相量图

练习与思考

3.4.1　在图 3.4.5 所示各电路中，各支路电流有效值如图中所示。试求：

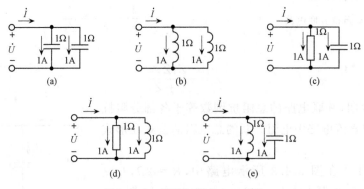

图 3.4.5　练习与思考 3.4.1 图

（1）各电路总电流 I 及总阻抗 Z；

（2）画出相量图。

3.4.2　在图 3.4.6 所示电路中，$X_L = X_C = R = 220\Omega$，$U = 220\text{V}$。试求：

（1）电流表 A_1 的读数是多少？

（2）电流表 A_2 和 A_3 的读数是多少？

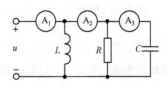

图 3.4.6　练习与思考 3.4.2 图

3.5　电路中的谐振

在交流电路中，电路中的总电压和总电流相位一般情况下是不同的，如果改变电源的频率或改变电路的参数，可使电路中的电压和电流同相位，这种现象称为谐振。

谐振是交流电路中可能发生的一种特殊现象。其广泛应用于通信、无线电工程的选频、滤波和其他技术中；另外，谐振可能使电路中某些元件产生过电压或过电流，造成系统不正常工作。

3.5.1　串联谐振

图 3.3.1 所示的 RLC 串联电路中，其复阻抗为

$$Z = R + \text{j}\left(\omega L - \frac{1}{\omega C}\right) = R + \text{j}(X_L - X_C)$$

式中，X_L 和 X_C 随频率而变化，如图 3.5.1(a) 所示，当 $\omega = \omega_0$ 时，$X_L = X_C$，即

$$\omega_0 L = \frac{1}{\omega_0 C} \tag{3.5.1}$$

而

$$\varphi = \arctan \frac{X_L - X_C}{R} = 0$$

此时电路中的电流和电源电压同相位。RLC 串联电路中的这种工作现象称为串联谐振。发生串联谐振时的角频率为

$$\omega_0 = \frac{1}{\sqrt{LC}} \tag{3.5.2}$$

图 3.5.1　X_L、X_C 和频率的关系

谐振频率为

$$f_0 = \frac{\omega_0}{2\pi} = \frac{1}{2\pi\sqrt{LC}} \tag{3.5.3}$$

由式（3.5.3）可知，谐振频率 f_0 是由电路参数 L、C 决定的。

串联谐振具有以下特征：

（1）电路的阻抗最小，其阻抗 $Z_0 = R + \text{j}(X_L - X_C) = R$；

（2）电路中电流最大，其电流 $I_0 = \dfrac{U}{Z_0} = \dfrac{U}{R}$；

（3）电路中电感电压或电容电压是电源电压的 Q 倍。

谐振时,感抗或容抗与电阻的比值称为电路的品质因数,用 Q 表示,即

$$Q = \frac{\omega_0 L}{R} = \frac{1}{\omega_0 C R}$$

串联谐振时,R、L、C 上电压相量分别为

$$\begin{cases} \dot{U}_R = R \dot{I}_0 = \dot{U} \\ \dot{U}_L = \mathrm{j}X_L \dot{I}_0 = \mathrm{j}Q \dot{U} \\ \dot{U}_C = -\mathrm{j}X_C \dot{I}_0 = -\mathrm{j}Q \dot{U} \end{cases} \qquad (3.5.4)$$

由于电感上电压和电容上电压大小相等,且是电源电压的 Q 倍,即 $U_L = U_C = QU$。因此,常将串联谐振称为电压谐振。

电力工程中一般应避免电压谐振或接近谐振情况的发生,因为发生串联谐振时,电感线圈或电容元件上的高电压有可能击穿电感线圈或电容器的绝缘而损坏设备。

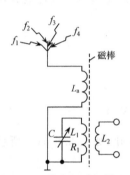

图 3.5.2 收音机的调谐电路

串联谐振在无线电技术中广泛应用。这里以收音机的调谐电路为例,以图 3.5.2 所示来说明。当各个电台的无线电波遇到天线时,就在天线线圈 L_a 中产生对应于各个电台频率的高频电流。于是在 L_1 中就感应出各个不同频率的高频电动势(每个电动势代表一个电台的信号),它们与 L_1、C 组成一个串联电路。R_1 表示调谐电路的高频损耗电阻。调节调谐电容 C,可使电路对某一电动势的频率谐振,在 LC 电路中该频率的电流达到最大。这个电流通过磁棒的耦合作用,使 L_2 中感应出该频率的电动势信号,送到后面的各种放大电路放大,推动扬声器发出该电台的声音,而其他电台频率的信号由于调谐电路的选择性而受到抑制。

例 3.5.1 串联谐振电路中,$L = 30\mathrm{mH}$,$R = 100\Omega$,电源频率 $f_0 = 50\mathrm{kHz}$。试求电路谐振时电容 C、电路品质因数 Q。

解 RLC 串联电路当满足条件 $\omega_0 L = \dfrac{1}{\omega_0 C}$ 时,就发生谐振,所以谐振时的电容为

$$C = \frac{1}{\omega_0^2 L} = \frac{1}{(2\pi f_0)^2 L} = \frac{1}{4\pi^2 \times (50 \times 10^3)^2 \times 30 \times 10^{-3}} = 340(\mathrm{pF})$$

电路的品质因数为

$$Q = \frac{\omega_0 L}{R} = \frac{2\pi f_0 L}{R} = \frac{2\pi \times 50 \times 10^3 \times 30 \times 10^{-3}}{100} = 94$$

3.5.2 并联谐振

图 3.5.3 所示为具有电阻 R 和电感 L 的线圈与电容 C 组成的并联电路,当电源的频率达到某一频率时,电路就会产生谐振,称为并联谐振。

电路中各支路电流和总电流分别为

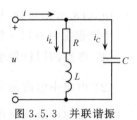

图 3.5.3 并联谐振

$$\dot{I}_L = \frac{\dot{U}}{R + \mathrm{j}\omega L}$$

$$\dot{I}_C = \frac{\dot{U}}{\dfrac{1}{\mathrm{j}\omega C}} = \mathrm{j}\omega C \dot{U}$$

$$\dot{I} = \dot{I}_L + \dot{I}_C = \frac{\dot{U}}{R + \mathrm{j}\omega L} + \mathrm{j}\omega C \dot{U} = \dot{U}\left[\frac{R - \mathrm{j}\omega L}{(R + \mathrm{j}\omega L)(R - \mathrm{j}\omega L)} + \mathrm{j}\omega C\right]$$

$$= \dot{U}\left[\frac{R}{R^2 + \omega^2 L^2} + \mathrm{j}\left(\omega C - \frac{\omega L}{R^2 + \omega^2 L^2}\right)\right] \tag{3.5.5}$$

当电路发生并联谐振时,电路中总电流 $\dot{I}$ 与电压 $\dot{U}$ 同相,即电路呈纯电阻性,式(3.5.5)中的虚部为零,故

$$\omega_0 C = \frac{\omega_0 L}{R^2 + \omega_0^2 L^2} \tag{3.5.6}$$

所以并联谐振频率为

$$f_0 = \frac{1}{2\pi\sqrt{LC}}\sqrt{1 - \frac{CR^2}{L}} \tag{3.5.7}$$

实际电路中,通常线圈的电阻 R 很小,即 $\omega_0 L \gg R$,所以一般在谐振时式(3.5.7)可写成

$$f_0 \approx \frac{1}{2\pi\sqrt{LC}} \tag{3.5.8}$$

并联谐振电路主要有以下特征:

(1) 电路发生并联谐振时阻抗最大,且为电阻性,其大小为

$$Z_0 = R_0 = \frac{R^2 + \omega_0^2 L^2}{R}$$

(2) 总电流最小,其值为

$$I_0 = \frac{U}{Z_0} = \frac{U}{\dfrac{L}{RC}} = \frac{U}{\dfrac{(\omega_0 L)^2}{R}}$$

(3) 各支路电流为总电流 Q 倍。并联谐振电路的品质因数 Q 与串联谐振电路相同,即

$$Q = \frac{\omega_0 L}{R} = \frac{1}{\omega_0 C R}$$

忽略线圈电阻 R,谐振时线圈支路的电流为

$$\dot{I}_L = \frac{\dot{U}}{Z_L} = \frac{|Z_0|\dot{I}_0}{\mathrm{j}\omega_0 L} = \frac{\dfrac{L}{RC}}{\mathrm{j}\omega_0 L}\dot{I}_0 = -\mathrm{j}\frac{1}{\omega_0 C R}\dot{I}_0 = -\mathrm{j}Q\dot{I}_0$$

电容支路的电流为

$$\dot{I}_C = \frac{\dot{U}}{Z_C} = \frac{|Z_0|\dot{I}_0}{\frac{1}{\mathrm{j}\omega_0 C}} = \mathrm{j}\omega_0 C \frac{L}{RC}\dot{I}_0 = \mathrm{j}\frac{\omega_0 L}{R}\dot{I}_0 = \mathrm{j}Q\dot{I}_0$$

上式表明,并联电路谐振时,总阻抗 Z_0 是各支路阻抗 Z_L(或 Z_C)的 Q 倍;支路电流 $\dot{I}_L$(或 $\dot{I}_C$)是总电流 $\dot{I}_0$ 的 Q 倍,故称并联谐振为电流谐振。

由上述可知,发生并联谐振时电路呈现高阻状态。当电路由恒流电源供电时,其谐振电路两端可获得较高的电压,因此利用并联谐振也可以实现选频的目的。如在电子技术的振荡器中,广泛应用并联谐振电路作为选频环节。

练习与思考

3.5.1 L、C 并联电路接于某一交流电源上,若忽略线圈电阻,试问:

(1) 当电源频率等于谐振频率时,电路中总电流为多少?

(2) 电源与电路之间有无能量交换,为什么?

3.5.2 有 R、L 和 R、C 两条支路并联的电路,它们的各项功率分别为 P_1、Q_1、S_1 和 P_2、Q_2、S_2。问该电路的各项总功率是否可分别写作 $P=P_1+P_2$,$Q=Q_1+Q_2$,$S=S_1+S_2$?

3.6 功率因数的提高

3.6.1 提高功率因数的意义

讲义:提高功率因数的意义和方法

在生产实际和日常生活中用电设备多为感性负载,如电动机、日光灯等。这些感性负载的功率因数一般都较低。由正弦交流电路负载消耗的功率

$$P = UI\cos\varphi$$

可见,负载消耗的功率不仅与电压与电流的乘积有关,而且也与功率因素 $\cos\varphi$ 有关。功率因数的高低是由电路参数和负载的性质决定的。对于纯电阻性负载(如电阻炉、白炽灯),电压与电流同相位,功率因数 $\cos\varphi = 1$,此外,其他负载的功率因数 $\cos\varphi < 1$。这样就引起电源与负载之间进行能量互换。下面具体分析功率因数过低的两种情况。

(1) 功率因数过低,使电源设备的容量得不到充分利用。

交流电源提供的功率及功率因数是由用户的用电设备性质和运行情况决定的。视在功率就是电源的额定容量,也就是电源能输出的最大有功功率。但电源最终向负载提供多少有功功率,还取决于负载的性质和大小。

例如,某单位的发电机容量 $S = 10000\mathrm{kV \cdot A}$,在负载功率因数 $\cos\varphi = 0.85$ 时,最大有功功率 $P = S\cos\varphi = 8500\mathrm{kW}$;在负载功率因数 $\cos\varphi = 0.55$ 时,发出最大有功功率仅为 $P = S\cos\varphi = 5500\mathrm{kW}$。可见,负载的功率因数越低,电源设备可输出的最大有功功率越小,无功功率就越大。因而,电源设备的容量得不到充分利用。

(2) 功率因数过低,使发电机和输电线路的功耗增大。

在已知电源电压 U、输出有功功率 P 和功率因数 $\cos\varphi$ 时,功率因数越低,线路中电流越大,在线路中传输的无功功率越大,造成发电机绕组和线路的损耗 $\Delta P = R_0 I^2$

增大。

综上所述,提高供电系统的功率因数,不仅可以提高供电设备的利用率,而且可以减少电能在传输中的损耗。能源是制约国家经济建设规模的重要因素之一,节约电能,提高供电质量对满足人们日益增长的需要有着直接关系。提高功率因数对国民经济的发展有着重要的意义。为此,国家有关职能部门已经颁发了"功率因数调整电费办法"的规定,对于功率因数低于 0.7 的用户,不予供电;对于新通或新建的电力用户的功率因数不应低于 0.9;对于功率因数不合乎要求的用户将增收无功功率电费。

3.6.2　提高功率因数的措施

提高功率因数最通常的办法是在电感性负载上并联电容器,其电路和相量图如图 3.6.1 所示。

电感性负载没有并联电容器前的电流 $\dot{I}=\dot{I}_L$,并联电容器后感性负载的电流 $I_L=\dfrac{U}{\sqrt{R^2+X_L^2}}$ 和功率因数 $\cos\varphi_1=\dfrac{R}{\sqrt{R^2+X_L^2}}$ 均未变化,这是因为电路电压和负载参数没有变化,但电路中电压 u 和电流 i 间的相位差 φ 变小了,即 $\cos\varphi$ 增大了。因而提高了电源或电网的功率因数。这里要指出的是,所谓的提高功率因数不是提高某个电感性负载的功率因数。

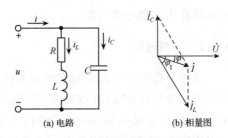

(a) 电路　　　　(b) 相量图

图 3.6.1　并联电容提高功率因数

在电感性负载上并联电容器后,减少了电源与负载间的能量互换,电感性负载所需的无功功率的大部分或全部由电容器供给,能量的互换大部分或全部仅发生在电感性负载和电容器间,因而使得发动机容量得以充分利用。

由图 3.6.1(b)所示可见,并联电容器后线路的总电流 i 也减小了,因而也减少了线路损耗。

例 3.6.1　有一感性负载,接于 380V,50Hz 的电源上。负载的功率 $P=20\text{kW}$,功率因数 $\cos\varphi=0.6$。现欲将功率因数提高到 0.9,求并联电容器的电容值和并联电容器前后线路的电流值。

解　由图 3.6.1(b)可知

$$I_C=I\sin\varphi-I'\sin\varphi'=\frac{P}{U\cos\varphi}\sin\varphi-\frac{P}{U\cos\varphi'}\sin\varphi'=\frac{P}{U}(\tan\varphi-\tan\varphi')$$

而

$$I_C=\frac{U}{X_C}=\omega CU$$

由上述二式可得

$$C=\frac{P}{\omega U^2}(\tan\varphi-\tan\varphi')$$

本例中,当 $\cos\varphi=0.6$ 时,$\varphi=53°$;$\cos\varphi'=0.9$ 时,$\varphi'=25.84°$,代入上式可得

讲义:功率因
数补偿分析

$$C = \frac{20 \times 10^3}{2\pi \times 50 \times 380^2} \times (\tan 53° - \tan 25.84°) = 372(\mu F)$$

并联电容前、后的电源提供电流分别为

$$I = \frac{P}{U\cos\varphi} = \frac{20 \times 10^3}{380 \times 0.6} = 87.7(A)$$

$$I' = \frac{P}{U\cos\varphi'} = \frac{20 \times 10^3}{380 \times 0.9} = 58.5(A)$$

可见功率因数提高后,线路电流减小了。

3.7　三相正弦交流电路

电力工业中电能的产生、传输和分配大多采用三相交流电。由三相交流电源供电的电路称为三相交流电路。

3.7.1　三相电压

三相交流电源是由三相交流发电机产生的。发电机的定子上有三个绕组(三相绕组),三相绕组的各首端(或末端)之间的位置互差 120°。转子上有直流励磁磁极,当转子由原动机(水轮机等)拖动旋转时,定子绕组中就会产生感应电动势。由于定子绕组空间依次差 120°,故三相绕组上得到三相电压 u_U、u_V、u_W 在相位上依次互差 120°。三相电压瞬时值表达式为

$$\begin{cases} u_U = U_m \sin\omega t \\ u_V = U_m \sin(\omega t - 120°) \\ u_W = U_m \sin(\omega t + 120°) \end{cases} \tag{3.7.1}$$

用相量可表示为

$$\begin{cases} \dot{U}_U = U \angle 0° = U \\ \dot{U}_V = U \angle -120° = U\left(-\frac{1}{2} - j\frac{\sqrt{3}}{2}\right) \\ \dot{U}_W = U \angle 120° = U\left(-\frac{1}{2} + j\frac{\sqrt{3}}{2}\right) \end{cases} \tag{3.7.2}$$

它们的瞬时值波形图及相量图分别如图 3.7.1(a)、(b)所示。

三相电动势达到正幅值的先后顺序称为相序。在式(3.7.1)中,三个电动势达到正幅值的顺序为 U→V→W→U,即相序为 U、V、W、U。

由图 3.7.1 可见,任何瞬间三个电动势的代数和都为零,即 $u_U + u_V + u_W = 0$。用相量表示则有 $\dot{U}_U + \dot{U}_V + \dot{U}_W = 0$。

由上可见,这三个正弦电动势具有相同的有效值和角频率,相位互差 120°,故称为对称三相电动势。

将发电机定子绕组的三个首端与尾端分别记作 U、V、W 和 u、v、w。将三个尾端 u、v、w 连接在一起,构成中性点或零点,用 N 表示,并由此引出一根线,称为零线或中

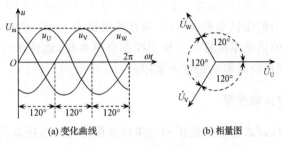

(a) 变化曲线　　　　　　　　(b) 相量图

图 3.7.1　三相电动势

性线。工程上通常将其与大地相接,故也常称为地线。分别由 U、V、W 引出三条输电线,这三条输电线称为相线或端线(俗称火线),如图 3.7.2 所示。这种连接称为星形连接。端线与中性线之间的电压称为相电压,其分别记作 $\dot{U}_U$、$\dot{U}_V$、$\dot{U}_W$。它们的参考方向从首端指向末端,有效值用 U_P 表示。三根端线之间的电压称为线电压,其分别记作 $\dot{U}_{UV}$、$\dot{U}_{VW}$、$\dot{U}_{WU}$。有效值用 U_L 表示。

根据图 3.7.2 所示的参考方向,应用 KVL 可以得出相电压和线电压之间的相量关系为

$$\begin{cases} \dot{U}_{UV} = \dot{U}_U - \dot{U}_V \\ \dot{U}_{VW} = \dot{U}_V - \dot{U}_W \\ \dot{U}_{WU} = \dot{U}_W - \dot{U}_U \end{cases} \tag{3.7.3}$$

若以 $\dot{U}_U$ 为参考相量,可根据式(3.7.3)画出图 3.7.3 所示各相电压和线电压的相量图。从图 3.7.3 中可以看出:

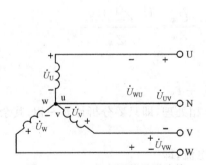

图 3.7.2　三相电源的星形连接

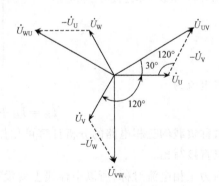

图 3.7.3　星形连接时的相量图

(1) 线电压 $\dot{U}_{UV}$、$\dot{U}_{VW}$、$\dot{U}_{WU}$ 也是对称三相电压,它们分别比相电压 $\dot{U}_U$、$\dot{U}_V$、$\dot{U}_W$ 超前 30°。

(2) 由几何关系可知,各线电压与相电压的有效值之间的数值关系是

$$U_L = \sqrt{3}\, U_P \tag{3.7.4}$$

在星形连接的三相电源中,将三条端线和一条中性线引出的供电系统称为三相四线制供电系统。对于低压供电系统来说,通常线电压为380V,则相电压为220V。

中性线不引出的供电系统称为三相三线制供电系统,这种在供电系统中省去一条中性线,其在大功率长距离输电是普遍使用。

3.7.2　三相电路中负载连接

三相负载的连接方式有星形连接和三角形连接。每种连接方式又分对称和不对称负载。下面主要介绍对称负载连接的三相电路。

1. 对称负载星形连接

对称负载的连接是将三个末端连在一起,三个首端分别接在三相电源上,如图3.7.4所示。所谓的三相对称负载是指三相负载的阻抗相等,即

$$Z_U = Z_V = Z_W = |Z| \underline{/\varphi} \qquad (3.7.5)$$

也就是指三相负载不仅阻抗大小相等,而且阻抗角相等,即

$$|Z_U| = |Z_V| = |Z_W| = |Z|$$

$$\varphi_U = \varphi_V = \varphi_W = \varphi$$

讲义:三相负载的星形连接和举例

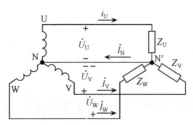

图3.7.4　负载星形连接的三相电路

在图3.7.4所示三相电路中,设电源U相电压为参考相量,则各相负载的相电流(或线电流)为

$$\begin{cases} \dot{I}_U = \dfrac{\dot{U}_U}{Z_U} = \dfrac{U_P \underline{/0°}}{Z_U} \\[2mm] \dot{I}_V = \dfrac{\dot{U}_V}{Z_V} = \dfrac{U_P \underline{/-120°}}{Z_V} \\[2mm] \dot{I}_W = \dfrac{\dot{U}_W}{Z_W} = \dfrac{U_P \underline{/+120°}}{Z_W} \end{cases} \qquad (3.7.6)$$

中性线电流为

$$\dot{I}_N = \dot{I}_U + \dot{I}_V + \dot{I}_W \qquad (3.7.7)$$

对称负载的三相电路的分析计算可化作单相处理,即只要分析计算一相,其余两相就可以直接写出。

因为三相电流对称,所以中性线上就没有电流,即

$$\dot{I}_N = \dot{I}_U + \dot{I}_V + \dot{I}_W = 0$$

由于中性线上没有电流,因此中性线可以省去。所以,对称负载星形连接可采用三相三线制系统供电。去掉中性线后,对称负载的中性点 N′ 与对称电源的中性点 N 等电位,即 $U_{N'N} = 0$。各相负载的电压仍为电源的对称电压。

当负载不对称又无中线时,$U_{N'N} \neq 0$,引起负载的相电压不对称,导致有的负载相电压过低,有的负载相电压过高,造成负载不能正常工作。因此,在三相四线制电路中中

线不允许断开,这样才能保证不对称负载获得对称电压,从而保证正常工作。

2. 对称负载三角形连接

三角形连接是将三相负载依次首尾相连,再将三个连接点分别接到三相电源的三条端线上,如图 3.7.5 所示。三角形连接只能采用三相三线制的供电方式。

在负载为三角形连接时,负载的相电压就是电源的线电压,故各相的相电流可分别为

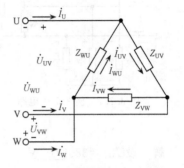

讲义:三相负载的三角形连接和举例

$$\begin{cases} \dot{I}_{\mathrm{UV}} = \dfrac{\dot{U}_{\mathrm{UV}}}{Z_{\mathrm{UV}}} \\[2mm] \dot{I}_{\mathrm{VW}} = \dfrac{\dot{U}_{\mathrm{VW}}}{Z_{\mathrm{VW}}} \\[2mm] \dot{I}_{\mathrm{WU}} = \dfrac{\dot{U}_{\mathrm{WU}}}{Z_{\mathrm{WU}}} \end{cases} \quad (3.7.8)$$

图 3.7.5 三相负载的三角形连接

根据 KCL 可以写出线电流与相电流的关系式,即

$$\begin{cases} \dot{I}_{\mathrm{U}} = \dot{I}_{\mathrm{UV}} - \dot{I}_{\mathrm{WU}} \\ \dot{I}_{\mathrm{V}} = \dot{I}_{\mathrm{VW}} - \dot{I}_{\mathrm{UV}} \\ \dot{I}_{\mathrm{W}} = \dot{I}_{\mathrm{WU}} - \dot{I}_{\mathrm{VW}} \end{cases} \quad (3.7.9)$$

当负载对称(即 $|Z_{\mathrm{U}}| = |Z_{\mathrm{V}}| = |Z_{\mathrm{W}}| = Z$ 和 $\varphi_{\mathrm{U}} = \varphi_{\mathrm{V}} = \varphi_{\mathrm{W}} = \varphi$)时,由图 3.7.5 可求出三个线电流为

$$\begin{cases} \dot{I}_{\mathrm{U}} = \sqrt{3}\ \dot{I}_{\mathrm{UV}} \underline{/-30^\circ} \\ \dot{I}_{\mathrm{V}} = \sqrt{3}\ \dot{I}_{\mathrm{VW}} \underline{/-30^\circ} \\ \dot{I}_{\mathrm{W}} = \sqrt{3}\ \dot{I}_{\mathrm{WU}} \underline{/-30^\circ} \end{cases} \quad (3.7.10)$$

当三相负载对称时,三个相电流和三个线电流均对称,其相量图如图 3.7.6 所示。

若以 I_{L} 和 I_{P} 分别表示线电流和相电流的有效值,则由图 3.7.6 的几何关系,可以得出线电流与相电流的有效值之间的关系为

$$I_{\mathrm{L}} = 2I_{\mathrm{P}}\cos30^\circ = \sqrt{3}\,I_{\mathrm{P}} \quad (3.7.11)$$

对称负载三角形连接的三相电路中,线电流的有效值等于相电流有效值的 $\sqrt{3}$ 倍。另外,各线电流比相应的相电流滞后 30°。

综上所述,分析计算对称负载三角形三相电路时,和对称负载星形三相电路一样,只

图 3.7.6 对称负载三角形连接的相量图

要分析计算其中一相电流,其余两相电流可根据对称关系直接写出。

　　不对称负载三角形连接的三相电路,各相电流间是不存在对称关系的,线电流与相电流间也不存在相应的大小和相位关系。因此,对于不对称负载三角形连接三相电路中的电流,应根据式(3.7.8)逐相分析计算。

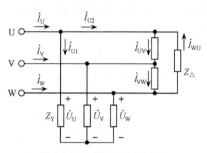

图 3.7.7　例 3.7.1 电路

例 3.7.1　在图 3.7.7 所示三相电路中,电源线电压为 380V,星形连接负载的阻抗 $Z_Y=3+j4(\Omega)$,三角形连接负载的阻抗为 $Z_\triangle=10\Omega$。试求:

　　(1) 星形连接负载的相电压 $\dot U_U$、$\dot U_V$、$\dot U_W$;

　　(2) 三角形连接负载的相电流 $\dot I_{UV}$、$\dot I_{VW}$、$\dot I_{WU}$;

　　(3) 端线的线电流 $\dot I_U$、$\dot I_V$、$\dot I_W$。

解　设 $\dot U_{UV}=380\angle 0° \text{ V}$。

(1) 根据线电压和相电压的关系,星形连接负载各相电压为

$$\dot U_U=\frac{\dot U_{UV}}{\sqrt 3}\angle-30°=220\angle-30° \text{ V}$$

$$\dot U_V=220\angle-150° \text{ V}$$

$$\dot U_W=220\angle 90° \text{ V}$$

(2) 三角形连接负载的相电流为

$$\dot I_{UV}=\frac{\dot U_{UV}}{Z_\triangle}=\frac{380\angle 0°}{10}=38\angle 0° \text{ (A)}$$

$$\dot I_{VW}=38\angle-120° \text{ A}$$

$$\dot I_{WU}=38\angle 120° \text{ A}$$

(3) 端线的线电流(以 A 相为例)应是星形负载线电流 $\dot I_{U1}$ 和三角形负载线电流 $\dot I_{U2}$ 之和。其中

$$\dot I_{U1}=\frac{\dot U_U}{Z_Y}=\frac{220\angle-30°}{3+j4}=\frac{220\angle-30°}{5\angle 53.1°}=44\angle-83.1° \text{ (A)}$$

三角形负载线电流 $\dot I_{U2}$ 是相电流 $\dot I_{UV}$ 的 $\sqrt3$ 倍,相位滞后 30°,则

$$\dot I_{U2}=\sqrt3\ \dot I_{UV}\angle-30°=\sqrt3\times38\angle 0°-30°=38\sqrt3\angle-30° \text{ (A)}$$

所以,由 KCL 得

$$\dot I_U=\dot I_{U1}+\dot I_{U2}=44\angle-83.1°+38\sqrt3\angle-30°$$
$$=5.29-j43.68+57-j32.91=62.29-j76.59$$
$$=98.72\angle-51° \text{ (A)}$$

根据对称关系,则

$$\dot{I}_{\rm V} = 98.72 \underline{\diagup -51° - 120°} = 98.72 \underline{\diagup 171°} \ (\rm A)$$

$$\dot{I}_{\rm W} = 98.72 \underline{\diagup -51° + 120°} = 98.72 \underline{\diagup 69°} \ (\rm A)$$

3.7.3 三相电路的功率

根据功率平衡条件,在三相电路中的负载无论是星形连接还是三角形连接,负载消耗的总有功功率之和为

$$P = P_{\rm U} + P_{\rm V} + P_{\rm W}$$
$$= U_{\rm U} I_{\rm U} \cos\varphi_{\rm U} + U_{\rm V} I_{\rm V} \cos\varphi_{\rm V} + U_{\rm W} I_{\rm W} \cos\varphi_{\rm W} \tag{3.7.12}$$

式中,$U_{\rm U}$、$U_{\rm V}$、$U_{\rm W}$ 为各相相电压的有效值;$I_{\rm U}$、$I_{\rm V}$、$I_{\rm W}$ 为各相相电流的有效值;$\varphi_{\rm U}$、$\varphi_{\rm V}$、$\varphi_{\rm W}$ 为各相相电压比相电流超前的相位角,即各相负载的阻抗角。

若三相负载对称,三相有功功率为一相有功功率的三倍,即

$$P = 3U_{\rm P} I_{\rm P} \cos\varphi \tag{3.7.13}$$

式中,φ 为相电压 $\dot{U}_{\rm P}$ 和相电流 $\dot{I}_{\rm P}$ 之间的相位差;$\cos\varphi$ 是功率因数。

当对称负载是星形连接时,$U_{\rm L} = \sqrt{3}\, U_{\rm P}$,$I_{\rm L} = I_{\rm P}$。

当对称负载是三角形连接时,$U_{\rm L} = U_{\rm P}$,$I_{\rm L} = \sqrt{3}\, I_{\rm P}$。

将上述关系代入式(3.7.13)中,可得

$$P = \sqrt{3}\, U_{\rm L} I_{\rm L} \cos\varphi \tag{3.7.14}$$

三相电路的总无功功率为

$$Q = Q_{\rm U} + Q_{\rm V} + Q_{\rm W}$$
$$= U_{\rm U} I_{\rm U} \sin\varphi_{\rm U} + U_{\rm V} I_{\rm V} \sin\varphi_{\rm V} + U_{\rm W} I_{\rm W} \sin\varphi_{\rm W} \tag{3.7.15}$$

由于各相负载可能是感性,也可能是容性,所以总无功功率为各相无功功率的代数和。

在对称三相电路中,无论是星形或三角形连接,总无功功率为

$$Q = 3U_{\rm P} I_{\rm P} \sin\varphi = \sqrt{3}\, U_{\rm L} I_{\rm L} \sin\varphi \tag{3.7.16}$$

三相电路的总视在功率一般不等于各相视在功率之和,通常用下列各式计算,即

$$S = \sqrt{P^2 + Q^2} \tag{3.7.17}$$

式中,$P = P_{\rm U} + P_{\rm V} + P_{\rm W}$;$Q = Q_{\rm U} + Q_{\rm V} + Q_{\rm W}$。

在对称三相电路中,总视在功率为

$$S = \sqrt{P^2 + Q^2} = \sqrt{(3U_{\rm P} I_{\rm P} \cos\varphi)^2 + (3U_{\rm P} I_{\rm P} \sin\varphi)^2}$$
$$= 3U_{\rm P} I_{\rm P} = \sqrt{3}\, U_{\rm L} I_{\rm L} \tag{3.7.18}$$

练习与思考

3.7.1　为何照明三相总电路中的中性线上不能接入开关或熔断器?中性线起什么作用?

3.7.2　照明电路如图 3.7.8 所示,各灯泡的瓦数均相同,额定电压均为 220V。问当中性线在 P 点处断开后,各个灯泡的亮度将发生什么(亮度用正常、

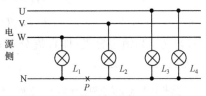

图 3.7.8　练习与思考 3.7.2 图

较亮、较暗、更亮、更暗、不亮等表示)变化?

3.7.3　试判断下列结论是否正确。

(1) 负载三角形连接时,线电流必为相电流的 $\sqrt{3}$ 倍;

(2) 在三相三线制电路中,无论负载是何种连接,也无论三相电流是否对称,三相线电流之和为零;

(3) 三相负载三角形连接时,如果测得三相相电流相等,则三个线电流必然相等。

3.8　非正弦周期交流电路

在实际应用中,特别是在电子、控制和测量等领域,除了正弦交流电外,还经常遇到许多周期性的非正弦电压和电流。例如,二极管桥式整流电路的输出电压,示波器水平扫描使用的锯齿波电压,计算机电路中的数字脉冲信号,以及三角波信号。

任何满足狄利克雷条件[①]的非正弦周期函数都可以展开为傅里叶级数(三角级数),而电工电子技术中所遇到的周期信号通常都满足狄利克雷条件,因此都可以展开成傅里叶级数。

讲义:非正弦
周期交流
电路

设非正弦周期函数为 $f(\omega t)$,其角频率为 ω,周期为 T,则 $f(\omega t)$ 的傅里叶级数表示式为

$$f(\omega t) = A_0 + A_{1m}\sin(\omega t + \varphi_1) + A_{2m}\sin(2\omega t + \varphi_2) + \cdots$$
$$= A_0 + \sum_{k=1}^{\infty} A_{km}\sin(k\omega t + \varphi_k) \tag{3.8.1}$$

式中,A_0 是不随时间而变的常数,称为恒定分量或直流分量,也是一个周期内的平均值;$A_{1m}\sin(\omega t + \varphi_1)$ 的频率与非正弦周期函数的频率相同,称为基波分量或一次谐波分量;$A_{2m}\sin(2\omega t + \varphi_2)$ 的频率是非正弦周期函数频率的二倍,称为二次谐波分量;其余各项的频率为周期函数的频率的整数倍,分别为三次、四次、k 次谐波等。除恒定分量和基波外,其余分量统称为高次谐波。常见的非正弦周期信号的傅里叶级数展开式可以查阅相关手册或书籍。

分析非正弦周期电流的电路,主要是利用傅里叶级数展开方法,将非正弦周期激励电压、电流分解为一系列不同频率的正弦量之和,然后分别计算各频率正弦量单独作用下电路中产生的正弦电流分量和电压分量,最后应用线性电路的叠加原理,将各正弦分量叠加,得到电路非正弦周期激励电压、电流稳态响应。这种分析方法也称为谐波分析法。

前面正弦交流电路中信号的有效值表达式(3.1.4)也同样适用非正弦周期信号,也就是说,任何非正弦周期性信号的有效值等于其直流分量和各次谐波分量有效值平方和的平方根。通过证明可得

$$I = \sqrt{I_0^2 + I_1^2 + I_2^2 + \cdots} \tag{3.8.2}$$

$$U = \sqrt{U_0^2 + U_1^2 + U_2^2 + \cdots} \tag{3.8.3}$$

式中,I_0、U_0 为恒定分量,即直流分量;I_1,I_2,$\cdots$ 和 U_1,U_2,$\cdots$ 分别为基波(一次谐波)、

---

① 狄利克雷条件是指周期函数在一个周期内包括有限个极大值和极小值,有限个第一类间断点,电工技术中的非正弦周期量都满足这个条件。

二次谐波等各次谐波分量的有效值。

例 3.8.1　试计算单相半波整流电压的有效值。

解一　若采用正弦交流电路的有效值表达式计算,则

$$U = \sqrt{\frac{1}{T}\int_0^T u^2 \mathrm{d}t} = \sqrt{\frac{1}{T}\int_0^{\frac{T}{2}} U_\mathrm{m}^2 \sin^2 \omega t \, \mathrm{d}t} = 0.5 U_\mathrm{m}$$

解二　若采用傅里叶级数的前三项近似计算,则

$$U \approx \sqrt{U_0^2 + U_1^2 + U_2^2}$$

$$= \sqrt{\left[\left(\frac{1}{\pi}\right)^2 + \left(\frac{1}{2\sqrt{2}}\right)^2 + \left(\frac{2}{3\sqrt{2}\,\pi}\right)^2\right] U_\mathrm{m}^2} = 0.4983 U_\mathrm{m}$$

本 章 小 结

(1) 在正弦交流电路中激励和响应均是同频率的正弦量,幅值、角频率和初相位三个特征量是确定正弦交流电的三要素。

(2) 正弦量可用三角函数式、正弦波和相量表示。相量表示既反映正弦量的大小,又反映正弦量的相位。相量法只适应于同频率正弦量的分析计算。相量仅是正弦量的一种表示方法,并不等于正弦量。

(3) 正弦交流电路的分析计算通常采用相量法,分析计算时可以直接应用直流电路中介绍的定理、定律和分析方法。如用相量形式表示欧姆定律、KCL、KVL 分别为

$$\dot{I} = \frac{\dot{U}}{Z}, \quad \sum \dot{I} = 0, \quad \sum \dot{U} = 0 (或 \sum \dot{U} = \sum \dot{E})$$

(4) 在含有 R、L、C 元件的正弦交流电路中,如果电路的电压和电流同相位,称为谐振。谐振的实质是电容中电场能和电感中磁场能相互转换、相互补偿,电路呈电阻性质。电路谐振分为串联谐振和并联谐振,两者相同之处是谐振频率接近相等。串联谐振的特点是电路中阻抗最小,电流最大,而电感和电容上的电压可能比电源电压大得多。并联谐振的特点是电路中阻抗较大,电流最小,而电感和电容支路中的电流可能比电源电流大得多。

(5) 对称星形负载可采用三相三线制,则线电流等于相电流,即 $I_\mathrm{L} = I_\mathrm{P}$。不管负载对称或不对称,如果采用三相四线制时 $U_\mathrm{L} = \sqrt{3}\, U_\mathrm{P}$,且线电压超前相电压 30°。

(6) 负载三角形连接时,$U_\mathrm{L} = U_\mathrm{P}$。当负载对称时,$I_\mathrm{L} = \sqrt{3}\, I_\mathrm{P}$,且线电流滞后相电流 30°。当负载不对称时,$I_\mathrm{L} \neq \sqrt{3}\, I_\mathrm{P}$。

(7) 三相电路如果负载对称时,只要分析计算其中一相,其他各相可由对称关系得出。如果不对称时,则应逐相分析计算。

(8) 对称负载的三相电路,不管是星形还是三角形连接,它们的功率分别为

$$P = \sqrt{3}\, U_\mathrm{L} I_\mathrm{L} \cos\varphi = 3 U_\mathrm{P} I_\mathrm{P} \cos\varphi$$

$$Q = \sqrt{3}\, U_\mathrm{L} I_\mathrm{L} \sin\varphi = 3 U_\mathrm{P} I_\mathrm{P} \sin\varphi$$

$$S = \sqrt{3}\, U_\mathrm{L} I_\mathrm{L} = 3 U_\mathrm{P} I_\mathrm{P}$$

式中,$\cos\varphi$ 为功率因数;φ 为功率因数角,即相电压与相电流的相位差。

习　　题

3.1　试将下列正弦电压和电流用复数表示出来。

(1) $i=5\sin(\omega t+30°)\mathrm{A}$, $u=-145\sin(\omega t+15°)\mathrm{V}$

(2) $i=7\sin(\omega t-125°)\mathrm{A}$

3.2 下列表达式中,正确的是哪几个?

(1) $i=5\sin(\omega t-30°)$ (2) $U=10\sqrt{2}\sin(\omega t+30°)$

(3) $I=10\sin\omega t$ (4) $I=40\mathrm{e}^{20°}$

(5) $\dot{U}=20\mathrm{e}^{\mathrm{j}(\omega t+\varphi)}$ (6) $I=20\angle 35°$

(7) $\dot{Z}=|Z|\mathrm{e}^{\mathrm{j}\varphi}$ (8) $U=100\mathrm{e}^{\mathrm{j}60°}$

3.3 题图 3.1 的电路中,设 $i_1=100\sin(\omega t+45°)\mathrm{A}$,$i_2=60\sin(\omega t-30°)\mathrm{A}$。试求总电流 i。

3.4 题图 3.2(a)为无源二端网络,其电压、电流波形如图 3.2(b)所示。要求:

  (1) 该电路是电容性还是电感性?

  (2) 写出 u、i 的表达式(设二者频率相同);

  (3) 计算该电路的 $|Z|$、$\cos\varphi$、R、X_L;

  (4) 计算该电路的各种功率 P、Q 及 S。

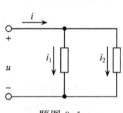

题图 3.1

3.5 题图 3.3 所示的各电路图中,电流表和电压表的度数均为正弦量的有效值。试求电流表 A_0 和电压表 V_0 的读数。

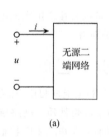 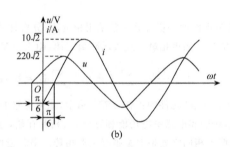

题图 3.2

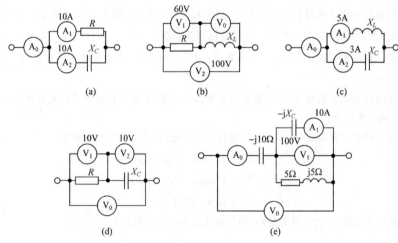

题图 3.3

3.6 求题图 3.4(a)、(b)所示中的电流 $\dot{I}$。

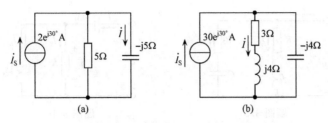

题图 3.4

3.7 题图 3.5 表示阻抗 Z 与电阻 R 的串联电路,电压表的读数分别为 $V=20\text{V}$, $V_1=15\text{V}$, $V_2=12\text{V}$,设 $R=12\Omega$。试求电路中消耗的有功功率(提示:先作相量图)。

3.8 题图 3.6 所示电路中,已知安培计 A_1 和 A_2 的读数分别为 $I_1=3\text{A}$, $I_2=4\text{A}$。试求:

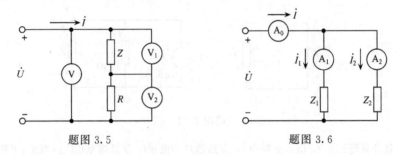

题图 3.5   题图 3.6

(1) 设 $Z_1=R$, $Z_2=-\text{j}X_C$,则安培计 A_0 的读数为多少?

(2) 设 $Z_1=R$,问 Z_2 为何种参数才能使安培计 A_0 的读数最大?此读数应为多少?

(3) 设 $Z_1=\text{j}X_L$,问 Z_2 为何种参数才能使安培计 A_0 的读数最小?此读数应为多少?

3.9 题图 3.7 所示电路中, $I_1=I_2=10\text{A}$, $U=100\text{V}$, u 与 i 同相位。试求 I、R、X_C 及 X_L(提示:用相量图求解)。

3.10 题图 3.8 所示电路为两级 RC 移相电路,其作用是使输出电压 $\dot{U}_\text{O}$ 相对于输入电压 $\dot{U}_\text{S}$ 产生相位移。设 $R=1\text{k}\Omega$, $C=0.01\mu\text{F}$, $\dot{U}_\text{S}=100 \underline{/0°}$ mV,其频率为 $f=6.5\text{kHz}$,求输出电压 $\dot{U}_\text{O}$。

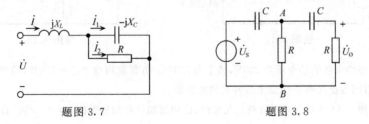

题图 3.7   题图 3.8

3.11 题图 3.9 所示电路中, $u=380\sqrt{2}\sin(314t+30°)\text{V}$, $R_1=30\Omega$, $L=0.127\text{H}$, $R_2=80\Omega$, $C=53\mu\text{F}$。试求 i_1、i_2 和 i。

3.12 题图 3.10 所示电路中,已知电压有效值 $U=U_2=220\text{V}$, $R=22\Omega$, $X_C=10\Omega$。试求 X_L。

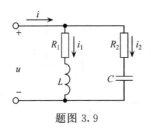

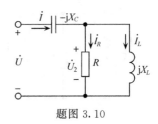

题图 3.9　　　　　　　　　题图 3.10

3.13　题图 3.11 所示电路中,电路参数如图。试求:

(1) 图(a)所示电路中的电流 $\dot{I}$ 和阻抗元件电压 $\dot{U}_1$ 与 $\dot{U}_2$,并作相量图;

(2) 图(b)所示电路中各支路电流 $\dot{I}_1$ 与 $\dot{I}_2$ 和电压 $\dot{U}_S$,并作相量图。

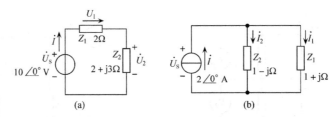

(a)　　　　　　　　　　(b)

题图 3.11

3.14　试计算题图 3.12 所示电路中 ab 支路通过的电流 $\dot{I}_{ab}$ 及其端电压 $\dot{U}_{ab}$(提示:用戴维南定理计算)。

3.15　题图 3.13 所示电路中已知 $\dot{U}_S = 10 \underline{/0°}$ V,$R_1 = R_2 = 5\Omega$,$R_3 = R_4 = 2\Omega$,$X_L = 2\Omega$,$X_C = 5\Omega$。试求电路中的电压 $\dot{U}_{UV}$。

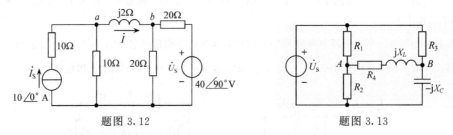

题图 3.12　　　　　　　　　题图 3.13

3.16　一感性负载的端电压为 220V,频率为 50Hz。负载取用功率 $P = 10$kW,功率因数 $\cos\varphi = 0.6$。欲使功率因数提高到 0.9,试求应并联的电容值。

3.17　题图 3.14 所示为对称负载三相电路,已知每相负载的复阻抗 $Z = 20 \underline{/30°}$ Ω,电源线电压 $u_{UV} = 380\sqrt{2}\sin(\omega t + 30°)$ V。试求:

(1) 三相电流 $\dot{I}_U$、$\dot{I}_V$、$\dot{I}_W$、i_U、i_V、i_W;

(2) 画出各电压和电流的相量图。

3.18　题图 3.15 所示三相电路,已知电源电压 $U_L = 380$V,每相负载的阻抗均为 10Ω。试求:

(1) 计算各相相电流和中性线电流;

(2) 设 $\dot{U}_U = 220 \underline{/0°}$ V,画出电路的相量图;

(3) 三相电路的有功功率。

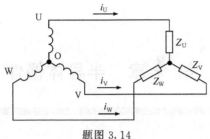
题图 3.14

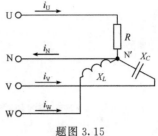
题图 3.15

3.19　三相异步电动机三相绕组每相绕组的额定电压 220V,每相绕组复阻抗 $Z = 29.6 + j20.6\Omega$。试求:

(1) 电动机星形连接于线电压 380V 和三角形连接于线电压 220V 时的线电流和输入功率;

(2) 画出电压和电流的相量图。

3.20　题图 3.16 所示的三相电路中,已知三相电源的线电压 380V,两组电阻性对称负载。试求电路中电流 I。

3.21　某三相电路,采用三相四线制电源系统供电,电源电压为 380V/220V,对称负载为星形连接的白炽灯,每相功率为 180W。此外,在 W 相接有额定电压为 220V,功率为 40W,功率因数 $\cos\varphi = 0.5$ 的日光灯一支。要求:

(1) 画出电路图;

(2) 设 $\dot{U}_U = 220\angle 0° \text{ V}$,计算端线电流 $\dot{I}_U$、$\dot{I}_V$、$\dot{I}_W$ 和中性线电流 $\dot{I}_N$。

3.22　题图 3.17 为非正弦电压 u 的波形,求此电压的平均值和有效值。

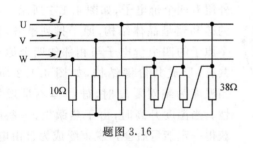
题图 3.16

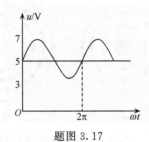
题图 3.17

讲义:部分习题
参考答案 3

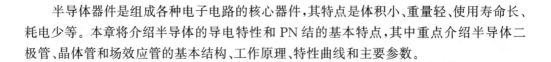

第 4 章 半导体器件

半导体器件是组成各种电子电路的核心器件,其特点是体积小、重量轻、使用寿命长、耗电少等。本章将介绍半导体的导电特性和 PN 结的基本特点,其中重点介绍半导体二极管、晶体管和场效应管的基本结构、工作原理、特性曲线和主要参数。

4.1 半导体基础知识

半导体的导电能力介于导体和绝缘体之间,常用的半导体材料主要有硅、锗、硒、砷化镓和一些氧化物等。

4.1.1 本征半导体和掺杂半导体

本征半导体是指完全纯净的具有晶体结构(即原子按一定规律排列整齐)的半导体。如硅和锗都属于四价元素,其原子的最外层有四个价电子,如图 4.1.1 所示。纯净的硅和锗呈晶体结构,原子排列整齐,且每个原子的四个价电子与相邻的四个原子所共有,形成共价键结构,如图 4.1.2 所示。当温度为绝对零度时,硅晶体不呈现导电性。当温度升高时,由于热激发,一些电子获得一定能量后会挣脱束缚成为自由电子;与此同时,在这些自由电子原有的位置上就留下相对应的空位置,称为空穴。空穴因失去一个电子而带正电,如图 4.1.3 所示。由

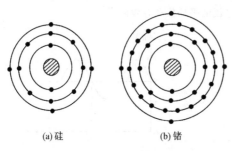

(a)硅   (b)锗

图 4.1.1 硅和锗的原子结构图

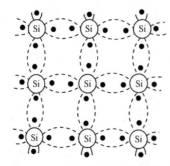

图 4.1.2 硅原子间的共价键结构

图 4.1.3 空穴和自由电子的形成

于正负电相互吸引,空穴附近的电子会填补这个空位置,因而又产生新的空穴,又会有相邻的电子来填补,就好像空穴在移动,这就是所谓的空穴运动。由热激发而产生的自由电子和空穴总是成对出现。自由电子和空穴统称为半导体中的载流子。

半导体材料在外加电场的作用下,自由电子和空穴将按相反方向运动,构成的电流方向一致,所以半导体中的电流是电子流和空穴流之和。这是半导体和金属在导电原理上的本质区别。

本征半导体的导电能力很低,通常采用掺入微量的杂质(如三价或五价元素)的方法提高导电能力,故掺入微量杂质的半导体称为杂质半导体。

如果在纯净半导体硅或锗中掺入三价硼、铝等微量元素,由于这些元素的原子最外层有三个价电子,故在构成的共价键结构中因缺少价电子而形成空穴,这些掺杂后半导体的导电作用主要依靠空穴运动,其中空穴是多数载流子,而热激发形成的自由电子是少数载流子。因此,称这种半导体为空穴半导体或 P 型半导体。

如果在纯净半导体硅或锗中掺入五价磷、砷等微量元素,由于这些元素的原子最外层有五个价电子,故在构成的共价键结构中由存在多余的价电子而产生大自由电子,这种半导体主要依靠自由电子导电,其中自由电子是多数载流子,热激发形成的空穴是少数载流子。因此,称这种半导体为电子半导体或 N 型半导体。

需要指出的是,不论是 P 型半导体还是 N 型半导体,虽然都有一种载流子占多数,但在没有外加电压时,它们对外是不显电性的。

4.1.2　PN 结

采用适当工艺将 P 型半导体和 N 型半导体紧密连接后做在同一基片上,在两种半导体之间形成一个交界面。由于两种半导体中的载流子浓度的差异,将产生载流子的相对扩散运动。P 区的空穴浓度大于 N 区,P 区的空穴要穿过交界面向 N 区扩散;同样 N 区的自由电子浓度大于 P 区,则 N 区的自由电子也要向 P 区扩散,扩散的结果是在交界面的 P 区侧留下带负电的离子,N 区侧留下带正电的离子。这些不能移动的带电离子在交界面两侧形成一个空间电荷区,产生一个由 N 区指向 P 区的电场,称为内电场,如图 4.1.4 所示。内电场一方面阻止多子的继续扩散,即对 P 区的空穴、N 区的自由电子的继续扩散起阻挡作用;另一方面内电场又促进少子的运动,即促进 P 区的自由电子、N 区的空穴的运动。这种少数载流子在内电场作用下的运动称为漂移。显然,多数载流子的扩散运动和少数载流子的漂移运动方向相反。

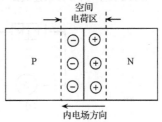

图 4.1.4　PN 结的形成

视频:PN 结及其单向导电性

在空间电荷区开始形成时,扩散运动占优势,空间电荷区逐渐加宽,内电场逐渐加强,内电场的加强又使得漂移运动加强,扩散运动减弱。最后,扩散运动和漂移运动达到动态平衡,在 P 区和 N 区的交界面上形成一个宽度稳定的空间电荷区——PN 结。在 PN 结内,大多是不能移动的正负离子,自由电子和空穴大多复合,载流子极少,所以电阻率极高,又称为耗尽层。

讲义:PN 结与单向导电性

实际工作中,PN 结上总有外加电压,称为偏置。若将 P 区接电源正极,N 区接电源负极,称为正向偏置,简称正偏,如图 4.1.5(a)所示。由图可见,外电场与内电场的方向相反,空间电荷区变薄,多数载流子的扩散运动加强,形成较大的正向电流,电流方向从 P 区到 N 区。在一定范围内,外加电场越强,正向电流越大,此时 PN 结呈低阻导通状态。

动画:PN 结
单向导电性

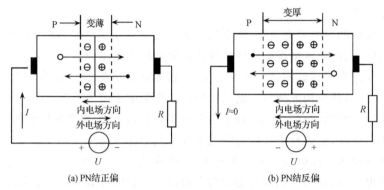

(a) PN结正偏　　　　　(b) PN结反偏

图 4.1.5　PN 结的单向导电性

当 PN 结的 P 区接电源负极,N 区接电源正极时,称为反向偏置,简称反偏,如图 4.1.5(b)所示。此时外电场和内电场方向一致,空间电荷区变宽、使多数载流子的扩散运动难于进行;少数载流子的漂移运动虽加强,但由于少子的浓度较低,形成的反向电流很小,其方向由 N 区到 P 区。可见,PN 结呈反向高阻状态。

综上所述,PN 结具有单向导电性。正偏时,PN 结的电阻很小,正向电流大,PN 结导通;反偏时,PN 结的电阻很大,反向电流很小,PN 结截止。

练习与思考

4.1.1　在半导体中,空穴的移动实质上也是电子的移动。那么,它和自由电子的移动有何区别?

4.1.2　将一个 PN 结连成图 4.1.6 所示。说明三种情况下电流表的读数有什么不同,为什么?

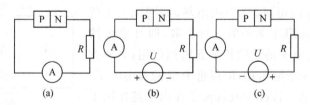

(a)　　　　　(b)　　　　　(c)

图 4.1.6　练习与思考 4.1.2 图

4.2　半导体二极管

4.2.1　基本结构

将一个 PN 结连上电极引线,再封装到管壳中就成为半导体二极管,简称二极管。

图 4.2.1 是常见的几种外形。二极管有两个电极,一为正极(又叫阳极),从 P 区引出;一为负极(又叫阴极),从 N 区引出。图 4.2.2 是二极管的电路符号,箭头表示导通电流的方向。文字符号用 D 表示。

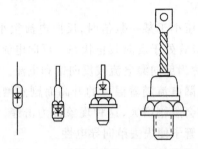
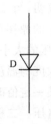

讲义:半导体二极管

图 4.2.1　几种半导体二极管的外形　　　　图 4.2.2　二极管的符号

按内部结构不同,二极管有点接触型和面接触型两类,如图 4.2.3 所示。点接触型二极管的 PN 结面积小,不能通过较大电流(在几十毫安以下),但它的结电容较小,高频性能好,一般适用于高频和小功率的工作,也用作数字电路中的开关元件,通常为锗管。面接触型二极管的 PN 结面积大,能通过较大的电流,但它的结电容大,工作频率低,一般用作整流,通常为硅管。

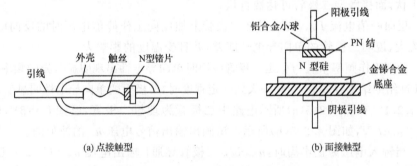

(a) 点接触型　　　　　　　　　　(b) 面接触型

图 4.2.3　半导体二极管的内部结构

4.2.2　伏安特性

二极管伏安特性是指加在其两端的电压和通过它的电流的关系曲线,可通过实验测得。图 4.2.4 所示为典型的二极管伏安特性曲线,由图可见,特性曲线由正向特性(图中第Ⅰ象限)和反向特性(图中第Ⅲ象限)两部分组成。

正向特性表明,当外加正向电压很低,小于某一数值时,外加电场不足以克服内电场的阻挡作用,故正向电流很小,几乎为零。该

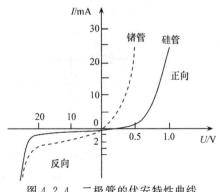

图 4.2.4　二极管的伏安特性曲线

电压称为死区电压,硅管的死区电压约为 0.5V,锗管约为 0.2V。当正向电压超过死区电压后,内电场被大大削弱,二极管正向导通,电流随电压的增加而迅速上升。二极管正向导通时,管子两端的电压称为二极管的正向压降,在正常工作电流范围内,此值基本稳定,硅管约为 0.6V,锗管约为 0.3V。

反向特性表明,当二极管的反向电压小于某一数值时,反向电流很小(因为反向电流由少数载流子的漂移运动形成),二极管处于反向截止状态。反向电流的大小基本恒定,不随外加电压的大小而变化,通常称为反向漏电流或反向饱和电流。由于半导体中少数载流子的浓度与温度有关,故反向漏电流随着温度的升高而剧烈增加。而当外加反向电压大于某一定值时,反向电流也会急剧增大,这种现象称为击穿,该值称为二极管的反向击穿电压。二极管被击穿后,管子便失去单向导电性。

4.2.3 主要参数

除用特性曲线外,二极管的性能还可用参数来说明。二极管的主要参数如下:

(1) 最大整流电流 I_{OM}。I_{OM} 是二极管长时间使用时,允许通过二极管的最大正向平均电流。平均电流超过此值多时,二极管将过热而被烧坏。

(2) 反向工作峰值电压 U_{RWM}。U_{RWM} 是保证二极管不被击穿而给出的反向峰值电压,一般是反向击穿电压的一半或三分之二。点接触型二极管的反向工作峰值电压一般为数十伏,面接触型二极管可达数百伏。

(3) 反向峰值电流 I_{RM}。I_{RM} 是在二极管上加反向工作峰值电压时的反向电流值。反向电流大,说明二极管的单向导电性能差,并且受温度的影响大。

(4) 最高工作频率 f_M。f_M 是二极管应用时单向导电性出现明显差异的频率。由于二极管 PN 结的结电容效应,当频率大到一定程度时,二极管的单向导电性明显变差。

例 4.2.1 在图 4.2.5(a)所示电路中二极管为理想二极管,已知 $U=5V$,输入信号 $u_i=10\sin\omega t$ V,如图 4.2.5(b)所示。试画出输出信号电压 u_o 的波形图。

解 当输入电压为正半周时:$u_i>U$,二极管导通,输出电压 $u_o=U$;$u_i<U$,二极管截止,输出电压 $u_o=u_i$。当输入电压为负半周时,二极管截止,输出电压 $u_o=u_i$。因此输出电压波形,如图 4.2.5(b)所示。

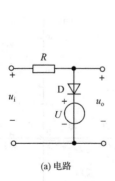

(a) 电路

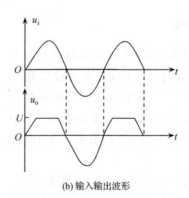

(b) 输入输出波形

图 4.2.5 例 4.2.1 电路与波形

4.2.4　特殊二极管

1. 稳压二极管

稳压二极管是一种特殊的面接触型半导体二极管,其外形和内部结构同普通二极管相似。它与适当数值的电阻配合后,在电路中能起到稳定电压的作用,故简称为稳压管。

稳压管的伏安特性曲线和表示符号,如图4.2.6 所示。稳压管与普通二极管特性曲线相似,只是其反向特性曲线比较陡。

稳压管工作于反向击穿区。当反向击穿电流 I_Z 在较大范围内变化时,其两端电压 U_Z 变化较小,因而可以从它两端获得一个稳定的电压。

稳压管的反向击穿是可逆的。这是因为在制造工艺采取了适当的措施,使得通过 PN 结接触面上各点的电流比较均匀,在使用时把反向电流限制在一定数值内,因此管子虽然工作在击穿状态,但其 PN 结的温度不超过允许的数值,管子也不致损坏。

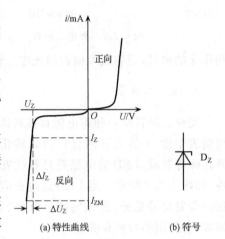

(a) 特性曲线　　(b) 符号

图 4.2.6　稳压管伏安特性与符号

由于硅管的热稳定性比锗管好,因此一般都用硅管作稳压管,例如 2CW 型和 2DW 型都是硅稳压管。

稳压管的主要参数如下:

(1) 稳定电压 U_Z。U_Z 是反向击穿状态下管子两端的稳定工作电压。同一型号的稳压管,其稳定电压分布在一定数值范围内,但就某一个稳压管来说,在温度一定时,其稳定电压是一定值。

(2) 稳定电流 I_Z。I_Z 是稳压管两端电压等于稳定电压 U_Z 时通过稳压管中的电流值,它是稳压管正常工作时的最小电流值,为使稳压管工作在稳压区,稳压管中的工作电流应大于或等于 I_Z。稳压管的工作电流越大,稳定效果越好。

(3) 电压温度系数 α_U。α_U 是稳压管受温度变化影响的系数。例如 2CW18 型硅稳压管的电压温度系数是 $+0.095\%/℃$,表示温度每升高 1℃,稳定电压要增加 0.095%。通常,U_Z 值小于 4V 的稳压管,电压温度系数为负值;U_Z 值大于 7V 的稳压管,电压温度系数为正值;U_Z 值在 6V 左右的稳压管,电压温度系数较小。因此选用 U_Z 值在 6V 左右的稳压管,可得到较好的温度稳定性。

(4) 动态电阻 r_Z。r_Z 是稳压管端电压的变化量与相应的电流变化量的比值,即

$$r_Z = \frac{\Delta U_Z}{\Delta I_Z} \qquad (4.2.1)$$

动态电阻越小,稳压管的反向特性越陡,稳压性能越好。

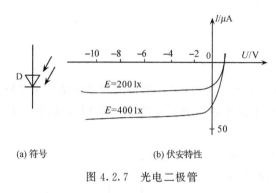

(a) 符号   (b) 伏安特性

图 4.2.7   光电二极管

2. 光电二极管

光电二极管又称光敏二极管,它的管壳上装有玻璃窗口以便接收光照,其电路符号和伏安特性如图 4.2.7 所示。图中 E 是光照强度,其单位是勒[克斯](lx)。由伏安特性曲线[图 4.2.7(b)所示]可见,其主要特点是反向电流与光照度成正比。因此可用作光的测量,当制成大面积的光电二极管时,可当作一种电源,称为光电池。

3. 发光二极管

发光二极管是一种将电能直接转换为光能的固体器件,简称为 LED。通常用元素周期表中Ⅲ、Ⅴ族元素的化合物如砷化镓磷化镓等制成,LED 的电路符号和伏安特性,如图 4.2.8 所示。当 LED 通过正向电流时会发出可见光,发光的颜色有红、黄、绿等,与所用的材料有关。

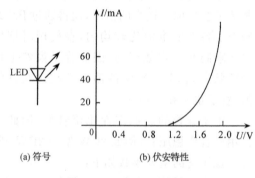

(a) 符号   (b) 伏安特性

图 4.2.8   发光二极管

LED 的驱动电压低、工作电流小,具有较强的抗振动和抗冲击能力,体积小,可靠性高,耗电省和寿命长等优点。LED 可做成多种节能灯,由于其不依靠灯丝发热来发光,因此能量转化效率非常高,理论上可达到白炽灯 10% 的能耗,相比荧光灯,LED 也可达 50% 的节能效果,且寿命是荧光灯的 10 倍,白炽灯的 100 倍。

4.3 晶 体 管

讲义:半导体三极管

晶体管(又称为半导体三极管)是最重要的一种半导体器件。晶体管的种类很多,外形不同,但其基本结构相同,都是通过一定的工艺在一块半导体基片上制成两个 PN 结,再引出三个电极,然后用管壳封装而成,所以又称为三极管。常见的几种晶体管的外形,如图 4.3.1 所示。有的晶体管有两个引线极,另外一个极 C 为管壳,如图 4.3.1(c)所示的 3AD6 型晶体管。

4.3.1 基本结构

晶体管的管芯结构有平面型和合金型两类,如图 4.3.2 所示。硅管主要是平面型,锗管都是合金型。

不论是平面型,还是合金型都是由三层不同的半导体构成。根据结构不同,可分成

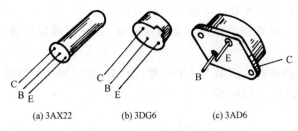

图 4.3.1　几种晶体管外形

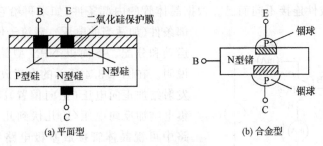

图 4.3.2　晶体管的结构

两种类型：NPN 型和 PNP 型。图 4.3.3 所示为晶体管的结构示意图。NPN 型或 PNP 型晶体管的三层半导体形成三个不同的导电区。中间薄层半导体，厚度约为几微米到几十微米，掺入杂质最少，因而多数载流子浓度最低，称为基区。基区两边为同型半导体，但两者掺入杂质的浓度不同，故多数载流子的浓度不同。多数载流子浓度大的一边是发射多数载流子的，称为发射区。多数载流子浓度较小的另一边是收集载流子的，称为集电区。从发射区、基区和集电区引出的三个电极分别称为发射极、基极和集电极，并分别用字母 E、B、C 表示。发射区与基区交界处的 PN 结称为发射结，集电区与基区交界处的 PN 结称为集电结。集电结面积较大于发射结，其目的在于保证集电区能有效地收集载流子。

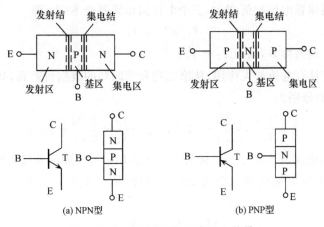

图 4.3.3　晶体管结构示意图和符号

NPN 型和 PNP 型晶体管的电路图形符号,如图 4.3.3 所示。图中发射极的箭头方向表示电流方向。两种管子在符号上的区别是 NPN 型的发射极箭头向外,PNP 型的发射极箭头向内。

目前我国生产的硅管大多数为 NPN 型,如 3DG100、3DD4、3DK4 等;锗管大多数为 PNP 型,如 3AX331、3AD6 等。

4.3.2　放大作用

视频:半导体
三极管结
构与作用

NPN 型和 PNP 型晶体管内部结构虽然有所不同,但它们工作原理是相同的,只是在使用时电源极性连接不同而已。根据晶体管的内部条件,如果再给它提供一定的外部条件(加适当的电压),载流子便会按一定规律运动和分配。下面以 NPN 型晶体管为例进行说明。在图 4.3.4 所示的电流放大实验电路中,发射结加正向电压(正向偏置)U_{BB}($U_{BB}<1V$);集电结加反向电压(约几伏到几十伏)。实验电路中可视晶体管接成基极电路和集电极电路。以发射极为公共端的这种接法称为共发射极接法。改变电路中可变电阻 R_B 的阻值,可使基极

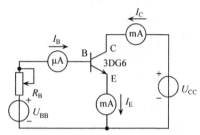

图 4.3.4　晶体管电流放大实验电路

电流 I_B 为不同的值,测得相应的集电极电流 I_C 和发射极电流 I_E。电流方向如图 4.3.4 中所示。测得实验结果如表 4.3.1 所示。

表 4.3.1　晶体管各极电流测量值

I_B/mA	0	0.02	0.04	0.06	0.08	0.10
I_C/mA	<0.001	0.70	1.50	2.30	3.10	3.95
I_E/mA	<0.001	0.72	1.54	2.36	3.18	4.05

比较表中数据,可得出如下结论:

(1) 无论晶体管电流如何变化,三个电流间始终符合 KCL,即

$$I_E = I_B + I_C \tag{4.3.1}$$

且 I_C 和 I_E 均比 I_B 大得多,因而 $I_E \approx I_C$。

(2) 晶体管具有电流放大作用,从第三列和第四列的数据可看到,基极电流 I_B 与集电极电流 I_C 比值分别为

$$\bar{\beta} = \frac{I_C}{I_B} = \frac{1.50}{0.04} = 37.5, \quad \bar{\beta} = \frac{I_C}{I_B} = \frac{2.30}{0.06} = 38.3$$

这就是晶体管的电流放大作用。晶体管的放大作用也可体现为基极电流很小量的变化 ΔI_B,可引起集电极电流的较大变化 ΔI_C。同样,从表 4.3.1 中的第三列和第四列数据,可得出

$$\beta = \frac{\Delta I_C}{\Delta I_B} = \frac{2.30 - 1.50}{0.06 - 0.04} = 40$$

式中，β 为晶体管的动态(交流)电流放大系数，即晶体管的放大能力，或者说电流 I_B 对 I_C 的控制能力。

(3) 要使晶体管具有电流放大作用必须满足两个条件：内部条件，即发射区多数载流子的浓度要远大于基区多数载流子浓度，基区要很薄；外部条件，即发射结上加正向电压(正向偏置)，集电结上加反向电压(反向偏置)，如图 4.3.5 所示。

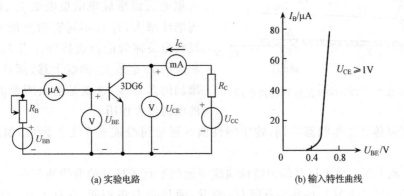

图 4.3.5　电流方向

现在从电位的角度分析发射结正偏和集电结反偏：对于 NPN 型的晶体管发射结正偏是指基极电位大于发射极电位，即 $V_B > V_E$，集电结反偏是指集电极电位大于基极电位，即 $V_C > V_B$；对于 PNP 型的晶体管发射结正偏是指基极电位小于发射极电位，即 $V_B < V_E$，集电结反偏是指集电极电位小于基极电位，即 $V_C < V_B$。

4.3.3　特性曲线

晶体管的特性曲线是指用来表示该晶体管各极电压和电流之间相互关系的曲线，它反映出晶体管的性能，是分析晶体管放大电路的重要依据。最常用的是共发射极接法时的输入特性曲线和输出特性曲线。这些特性曲线可通过实验测量绘制出来。

测量 NPN 型晶体管特性曲线的实验电路，如图 4.3.6(a)所示。U_{BB} 和 U_{CC} 是供给基极和集电极电路的可调直流电源。R_B 和 R_C 是限流电阻，用以防止因电源电压调节过高时晶体管出现过大电流而损坏。

视频：半导体三极管输入输出特性

图 4.3.6　晶体管实验电路与输入特性曲线

1. 输入特性曲线

输入特性曲线是指当集电极与发射极之间的电压 U_{CE} 为常数时，输入电路中基极电流 I_B 与基极-发射极电压 U_{BE} 之间的关系曲线，用函数关系表示为

$$I_B = f(U_{BE})\,|_{U_{CE}=\text{常数}}$$

NPN 型硅管 3DG100D 的输入特性曲线,如图 4.3.6(b)所示。

对于硅管,当 $U_{CE} \geqslant 1V$ 时,集电结已反向偏置,只要 U_{BE} 相同,则从发射区发射到基区的电子数必相同,而集电结所加的反向电压已能把这些电子中的绝大部分拉入集电区,以致 U_{CE} 再增加,I_B 也不再明显减小。就是说,$U_{CE} > 1V$ 后的输入特性基本是重合的。由于实际使用时,$U_{CE} > 1V$,所以通常只画出 $U_{CE} \geqslant 1V$ 的一条输入特性曲线。

由图 4.3.6(b)可见,当 U_{BE} 较小时 $I_B = 0$。该段区域称为死区,表明晶体管的输入特性曲线与二极管的正向伏安特性曲线相似,也有一段死区。只有在发射结外加电压 U_{BE} 大于死区电压时,晶体管才会出现 I_B。硅管死区电压为 0.6V 左右,锗管死区电压为 0.2V 左右。管子正常工作情况下,NPN 型硅管发射结压降 $U_{BE} = 0.6 \sim 0.7V$;PNP 型锗管的 $U_{BE} = -0.3 \sim -0.2V$。

2. 输出特性曲线

输出特性曲线是指在基极电流 I_B 为常数时,晶体管的输出电路(集电极电路)中集电极电流 I_C 与集射极电压 U_{CE} 之间的关系曲线,用函数关系表示为

$$I_C = f(U_{CE}) \mid_{I_B = 常数}$$

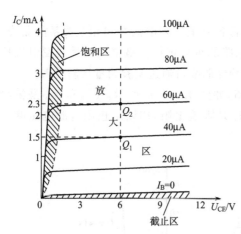

图 4.3.7   3DG100D 晶体管特性曲线

在不同的 I_B 下,可得出不同的曲线,所以晶体管的输出特性曲线是一组曲线,如图 4.3.7 所示。

当基极电流 I_B 一定时,从发射区扩散到基区的电子数大致是一定的。在 $U_{CE} > 1V$ 后,集电结的电场已足够强,能使发射区扩散到基区的电子绝大部分都被拉入集电区而形成集电极电流 I_C,以致 U_{CE} 再继续增大,I_C 也不再有明显的增加。这反映出晶体管的恒流特性。当 I_B 增大时,相应的 I_C 也增大,曲线上移,而且 I_C 比 I_B 增加的多得多,这就是前面所说的晶体管的电流放大作用。

根据晶体管工作状态不同,输出特性曲线通常可分成三个工作区域,如图 4.3.7 所示。

(1) 放大区。放大区是输出特性曲线中近似平行于横轴的曲线族部分。当 U_{CE} 为一定数值(1V 左右)时,I_C 几乎不随 U_{CE} 变化,而只受 I_B 的控制,并且 I_C 的变化量远远大于 I_B 的变化量,这反映出晶体管的电流放大作用。放大区也称为晶体管的线性区,放大区的特点是:发射结处于正向偏置,集电结处于反向偏置。

(2) 截止区。$I_B = 0$ 的这条曲线以下的区域称为截止区。在该区域内,$I_C = I_{CEO} \approx 0$。穿透电流 I_{CEO},其值在常温下很小,$I_B = 0$ 的曲线几乎与横轴重合,所以可认为此时晶体管处于截止状态。NPN 型硅管在 $U_{BE} < 0.5V$ 时,即已开始截止。但是为了使截止可靠,常使 $U_{BE} \leqslant 0$。晶体管在截止区时的特点是:发射结和集电结均处于反向偏置。

（3）饱和区。当 $U_{CE} < U_{BE}$ 时,晶体管输出特性曲线上升部分所对应的区域称为饱和区。在饱和区,集、射极电压 $U_{CE} = U_{CC} - R_C I_C$, I_C 随着 I_B 的增大而增大,U_{CE} 则相应减小。当 I_C 增大到接近于 $\dfrac{U_{CC}}{R_C}$ 时,$U_{CE} \approx 0$,I_B 的变化对 I_C 的影响较小,即 I_C 不再受 I_B 的控制,晶体管进入饱和状态。此时的 I_C 称为集电极饱和电流,用 I_{CS} 表示,集、射极电压称为集、射极饱和电压,用 U_{CES} 表示,一般认为 $U_{CES} \approx 0\text{V}$,集、射极间相当于接通状态。在饱和状态下 $|U_{BE}| > |U_{CES}|$,饱和区特点是:发射结也处于正向偏置。

4.3.4　主要参数

晶体管的特性除用特性曲线表示外,还可用一些主要参数来表征管子性能优劣和适用范围的依据,也是正确选用晶体管的依据。

1. 电流放大系数 $\bar{\beta}$,β

晶体管的静态电流放大系数 $\bar{\beta}$,指无交流信号输入时集电极电流 I_C(输出电流)与基极电流 I_B(输入电流)的比,即

$$\bar{\beta} = \frac{I_C}{I_B}$$

动态电流放大系数 β 是指 U_{CC} 为一常数时,集电极电流的变化量 I_C 与基极电流的变化量 I_B 的比值,即

$$\beta = \frac{\Delta I_C}{\Delta I_B}$$

$\bar{\beta}$ 与 β 虽然含义不同,但在输出特性曲线近于平行、等距并且 I_{CEO} 较小的情况下,两数值较为接近,所以在电路分析估算时,常用 $\bar{\beta} \approx \beta$。

常用晶体管的 β 值为 50~200,选用晶体管时应注意:β 太小的晶体管放大能力差;β 太大的晶体管的热稳定性较差。

2. 集-基极反向截止电流 I_{CBO}

I_{CBO} 是指发射极开路时,集电结在反向偏置电压作用下,集-基极间的反向漏电流。在室温下,小功率硅管的 $I_{CBO} < 1\mu\text{A}$,而小功率锗管的 I_{CBO} 则在 $10\mu\text{A}$ 左右。I_{CBO} 越小,晶体管的工作稳定性越好,通常硅管要好于锗管。

3. 集-射极反向截止电流 I_{CEO}

I_{CEO} 是指基极开路($I_B = 0$)、集电结处于反向偏置和发射结处于正向偏置时的集、射极间电流,也称穿透电流。硅管的 I_{CEO} 约为几微安,锗管约为几十微安,通常 I_{CEO} 越小越好。

4. 集电极最大允许电流 I_{CM}

集电极电流 I_C 超过某一定值时,电流放大系数 β 下降。当 β 下降至正常值的 2/3

时的集电极电流,称为集电极最大允许电流 I_{CM}。使用晶体管时,如果 $I_C > I_{CM}$,并非会使晶体管损坏,但却以降低 β 为代价。

5. 集-射极反向击穿电压 $U_{(BR)CEO}$

$U_{(BR)CEO}$ 是指基极开路时,加在集-射极间的最大允许电压。当晶体管的集-射极电压 $U_{CE} > U_{(BR)CEO}$ 时,I_{CEO} 突然剧增,说明晶体管已被击穿。

6. 集电极最大允许耗散功率 P_{CM}

当集电极电流通过集电结时,要消耗功率而使集电结发热,若集电结温度过高,则会引起晶体管参数变化,甚至烧毁管子。因此,规定集电极最大允许耗散功率 P_{CM}。P_{CM} 与 I_C、U_{CE} 的关系为 $P_{CM} = I_C U_{CE}$。

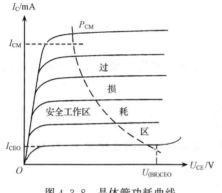

图 4.3.8　晶体管功耗曲线

根据晶体管的 P_{CM} 数值,可在其输出特性曲线上作出一条 P_{CM} 曲线,如图 4.3.8 所示。

以上所介绍的几个主要参数,其中 β、I_{CBO} 和 I_{CEO} 是表示晶体管性能优劣的主要指标;I_{CM}、$U_{(BR)CEO}$ 和 P_{CM} 都是极限参数,说明晶体管的使用限制范围。为了保证晶体管不被损坏,晶体管工作时,不允许同时达到 I_{CM} 和 $U_{(BR)CEO}$。

4.4　场 效 应 管

场效应晶体管(Field Effect Transistor,FET)是一种新型半导体器件,简称场效应管。场效应管与普通晶体管外形相似,但场效应管不具备普通晶体管输入电阻低 $(10^2 \sim 10^4 \Omega)$、体积小、寿命长等优点,其输入电阻高 $(10^7 \sim 10^{12} \Omega)$、噪声低、热稳定性好、辐射能力强、耗电省等优点,因而被广泛应用于各种电子电路之中。

场效应管按结构可分为结型场效应管和绝缘栅型场效应管两大类。由于绝缘栅型场效应管的栅极和其他电极是相互绝缘,栅极与源极的电阻很高(可达 $10^{10} \Omega$),故称为绝缘栅场效应管或金属-氧化物-半导体场效应管(Metal Oxide Semiconductor FET,MOSFET),简称为 MOS 场效应管或 MOS 管。MOS 管的制造工艺简单,在分立元件电路和集成电路中应用较多,本书仅简单介绍绝缘栅型场效应管。

4.4.1　基本结构

MOS 管分为 N 沟道和 P 沟道两类,每一类又分为增强型和耗尽型两种。因此 MOS 管有 4 种类型:N 沟道增强型、N 沟道耗尽型、P 沟道增强型和 P 沟道耗尽型。如果栅极和源极电压(栅源电压)$u_{GS} = 0$ 时,漏极电流 $i_D = 0$,则属于增强型 MOS 管;如果 $u_{GS} = 0$ 时,漏极电流 $i_D \neq 0$,则属于耗尽型 MOS 管。

N 沟道增强型 MOS 管结构如图 4.4.1(a)所示。其以一块掺杂的 P 型硅片作为衬底,利用扩散工艺制作两个高渗透的 N^+ 区,引出源极 S 和漏极 D。在衬底表面制作一层薄薄的二氧化硅(SiO_2)绝缘层。并在 SiO_2 的表面再生长一层金属铝,引出一个电极,称为栅极 G。通常将衬底与栅极接在一起使用,栅极和衬底分别相当于一个极板,中间为绝缘层,形成电容。当栅源电压变化时,将改变衬底靠近绝缘层处感应电荷的多少,以达到控制漏极电流的大小。

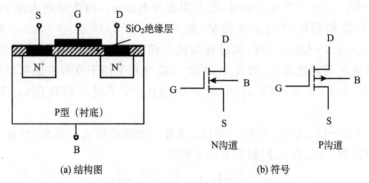

(a) 结构图　　　　　　　　　　(b) 符号

图 4.4.1　场效应管结构示意图和符号

4.4.2　工作原理

N 沟道 MOS 管与 P 沟道 MOS 管的导电机理和电流控制原理极板相同,只是工作电压的极性相反而已。下面以 N 沟道增强型 MOS 管为例讨论场效应管工作原理。

由图 4.4.2(a)所示可见,N^+ 型漏区和 N^+ 型源区中间被 P 型衬底隔开,漏极和源极之间是两个背靠背的 PN 结,当栅源电压 $u_{GS} = 0$ 时,无论漏极和源极电压(漏源电压)u_{DS} 的极性如何,其中总有一个 PN 结因反向偏置而处于截止状态,漏极电流 $i_D \approx 0$。

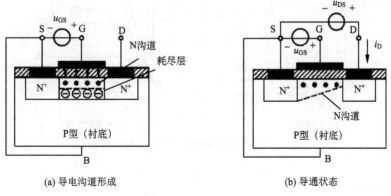

(a) 导电沟道形成　　　　　　　　(b) 导通状态

图 4.4.2　N 沟道增强型 MOS 管工作原理

当 $u_{DS} = 0$,且 $u_{GS} > 0$ 时,如图 4.4.2(a)所示。源极与衬底间就会产生垂直于衬底表面的电场。在电场作用下衬底中的少数自由电子受到电场力而聚集漏极和源极之间,并与该区域空穴复合,形成负离子的耗尽层区域;当 u_{GS} 达到一定值时,与空穴复合后的多余自由电子在栅极和源极间形成自由电子占多数、具有 N 型半导体特征的区域,通常也称反型层,其作用是接通源区和漏区的 N 型导电沟道(与 P 型衬底间被耗尽层绝缘)。使沟道开始形成栅源极电压 u_{GS} 称为开启电压,用 $U_{GS(th)}$ 表示。u_{GS} 值越大,沟道越宽和电阻越小,漏极电流 i_D 也越大,使得管子导通,从而实现电压 u_{GS} 控制漏极电流 i_D 的作用。

当 $u_{GS} > U_{GS(th)}$ 的一个确定值时,随着漏源极电压 u_{DS} 的逐渐增大使 i_D 线性增大。导电沟道沿源极和漏极方向逐渐变窄,如图 4.4.2(b)所示。一旦 u_{DS} 增大到等于 $U_{GS(th)}$(即 $u_{DS} = u_{GS} - U_{GS(th)}$)时,沟道在漏极一侧出现夹断点,称为预夹断。如果 u_{DS} 继续增大,夹断区域随之延长,而且 u_{DS} 的增大部分几乎用于克服夹断区对漏极电流的阻力。从外部看,i_D 几乎不随 u_{DS} 的增大而变化,管子进入恒流区,i_D 几乎仅取决于 u_{GS}。

在 $u_{DS} > u_{GS} - U_{GS(th)}$ 时,对应一个 U_{GS} 就有一个确定的 i_D。因此,可将 i_D 视为电压 u_{GS} 控制的电流源。u_{GS} 对 i_D 控制能力的系数为

$$g_m = \frac{\partial I_D}{\partial U_{GS}}\bigg|_{U_{DS} = 常数} \approx \frac{\Delta I_D}{\Delta U_{GS}} \tag{4.4.1}$$

单位为西门子(S),常用 μA/V 或 mA/V 表示。

4.4.3 特性曲线

场效应管的特性曲线由转移特性和输出特性两部分组成(如图 4.4.3 所示),均可通过实验测得,具体实验电路不再赘述。

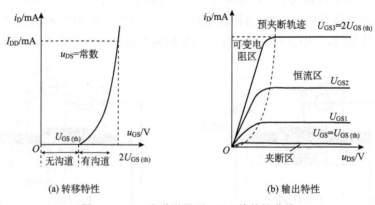

(a) 转移特性   (b) 输出特性

图 4.4.3 N 沟道增强型 MOS 管特性曲线

1)转移特性

所谓的转移特性是指在 u_{DS} 一定情况下,漏极电流 i_D 与栅极电压 u_{GS} 之间的关系 $i_D = f(u_{GS})$,即栅-源极电压 u_{GS} 对漏极电流 i_D 的控制特性,如图 4.4.3(a)所示。i_D 与 u_{GS} 的近视关系为

$$i_D = I_{DD}\left(\frac{u_{GS}}{U_{GS(th)}} - 1\right)^2 \tag{4.4.2}$$

式中，I_{DD} 为 $u_{GS} = 2U_{GS(th)}$ 时的 i_D。

　　2）输出特性

　　输出特性在 u_{GS} 一定时，漏极电流 i_D 与漏极电压 u_{DS} 之间的关系 $i_D = f(u_{DS})$，如图 4.4.3(b)所示。N 沟道增强型 MOS 管有可变电阻区、恒流区和夹断区三个工作区域。

　　可变电阻区也称为非饱和区，如图 4.4.3(b)所示。图中虚线为预夹断轨迹，由各条曲线上使 $u_{DS} = u_{GS} - U_{GS(th)}$ 的点连接而成。u_{GS} 越大预夹断时 u_{DS} 越大。在各该区域可以改变 u_{GS} 的大小，改变漏源极的等效电阻值。

　　恒流区也称为饱和区。当 $u_{DS} > u_{GS} - U_{GS(th)}$ 时，各曲线近似为一簇横轴平行线。当 u_{DS} 增大时 i_D 变化不大，可将 i_D 近似为 u_{GS} 控制的电流源。作为放大用的场效应管，通常工作在饱和区。

　　夹断区也称截止区。当 $u_{GS} < U_{GS(th)}$ 时，导电沟道被夹断，$i_D \approx 0$，即图 4.4.3(b)中靠近横轴的部分。

　　N 沟道耗尽型 MOS 管是制造时在 SiO_2 绝缘薄层掺入了大量正离子。当 $u_{GS} = 0$ 时，在这些正离子下 P 型衬底表层存在反型层导电沟道，只要在漏极和源极间加正向电压，就会产生 i_D。并且 $u_{GS} > 0$ 时，反型层加宽，沟道电阻变小，i_D 增大。反之，当 $U_{GS} < 0$ 时，反型层变窄，沟道电阻变大，i_D 减小。当从零减小到一定值时，反型层消失，导电沟道随之消失，$i_D = 0$。此时的 u_{GS} 称为夹断电压 $U_{GS(off)}$。耗尽型 MOS 管在 $U_{GS(off)} \leqslant u_{GS} \leqslant 0$ 范围内均可实现对 i_D 的控制作用。i_D 与 u_{GS} 的近似关系为

$$i_D = I_{DSS}\left(1 - \frac{u_{GS}}{U_{GS(off)}}\right)^2 \tag{4.4.3}$$

　　为了识别方便，不同类型的 MOS 管符号和特性曲线如表 4.4.1 所示。

4.4.4　主要参数

　　1）开启电压 $U_{GS(th)}$

　　$U_{GS(th)}$ 是增强型 MOS 的参数。其是指在 U_{DS} 为常数时，使 $i_D > 0$ 所需要的最小 $|u_{GS}|$ 值。在手册中给出的是在 i_D 为规定微小电流（约 $5\mu A$）时的 u_{GS}。

　　2）夹断电压 $U_{GS(off)}$

　　$U_{GS(off)}$ 是耗尽型 MOS 的参数。其是指在 u_{DS} 为常数情况下，i_D 为规定微小电流（约 $5\mu A$）时的 u_{GS}。

　　3）饱和漏极电流 I_{DSS}

　　I_{DSS} 是指在 $U_{GS(off)} \leqslant u_{GS} \leqslant 0$ 时，耗尽型 MOS 管所产生预夹断时的漏极电流。

表 4.4.1　场效应管符号、电压极性和特性曲线

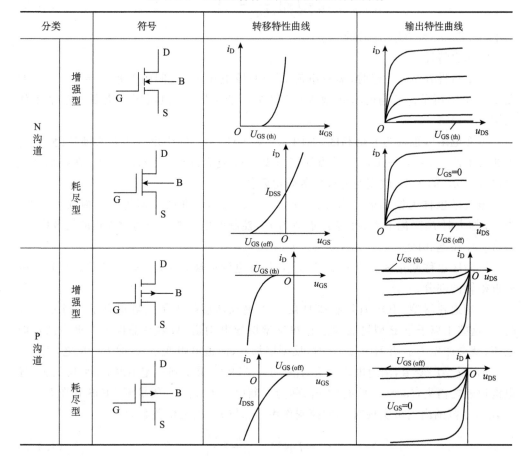

分类		符号	转移特性曲线	输出特性曲线
N 沟道	增强型			
	耗尽型			
P 沟道	增强型			
	耗尽型			

本 章 小 结

（1）纯净的本征半导体中掺入少量的三价或五价元素，可以形成 P 型半导体或 N 型半导体。两种掺杂半导体结合在一起时，交界面附近的多数载流子向对方扩散，形成空间电荷区，建立起内电场。内电场引起少数载流子的漂移。当多子的扩散和少子的漂移达到动态平衡时，空间电荷区的宽度基本稳定，即 PN 结。PN 结具有单向导电性：当正向偏置（P 区电位高于 N 区）时，呈低阻导通状态；当反向偏置时，呈高阻截止状态。

（2）二极管内部只有一个 PN 结。二极管的主要参数是最大整流电流 I_{OM} 和反向工作峰值电压 U_{RWM}，可用作整流、限幅、元件保护、检波、开关等。

（3）稳压二极管和普通二极管不同，它可以长期工作在反向击穿状态下，只要反向电流不超过管子的最大稳定电流，它就不会烧坏。把稳压管和限流电阻配合起来，就可以构成稳压管的稳压电路。

（4）晶体管是一种电流控制元件，它通过基极电流去控制集电极电流和发射极电流。所谓放大作用，实质上是一种控制作用。要使晶体管具有放大作用，管子的发射结必须正向偏置，而集电结必须反向偏置。晶体管的特性曲线也是非线性的，所以它和二极管一样，也是非线性元件。

（5）场效应管是一种电压控制元件，按其导电沟道分 N 型沟道和 P 型沟道两种，它们所加的电源电压极性相反。

习　题

4.1　题图 4.1 所示的电路中已知 $u_i=20\sin\omega t$ V,$U_1=U_2=10$V,$R=1$kΩ。要求：

（1）说明电路的工作情况,绘出 u_i 和 u_o 的波形图；

（2）求 D_1、D_2 的正向最大电流值(D_1、D_2 的正向压降可忽略不计)。

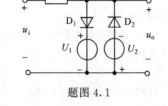

题图 4.1

4.2　题图 4.2 所示各电路中,$U=5$V,$u_i=10\sin\omega t$ V,二极管的向压降可忽略不计,试分别画出输出电压 u_o 的波形。

4.3　题图 4.3 所示各电路中 $U_i=12$V,各二极管的正向压降 $U_D=0.6$V,反向电流为零,求各电路的输出电压 U_o 的值。

4.4　题图 4.4 所示电路中设二极管的正向电阻为零,反向电阻为无穷大。试求以下几种情况下输出端电位 V_F 及各元件中通过的电流：

（1）$V_A=+10$V,$V_B=0$V;

（2）$V_A=+6$V,$V_B=+5.8$V;

（3）$V_A=V_B=+5$V。

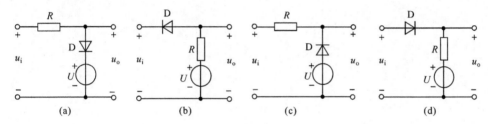

题图 4.2

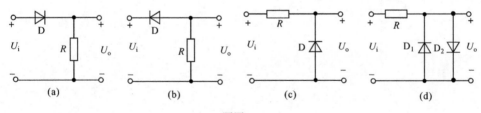

题图 4.3

4.5　题图 4.5 所示的电路中,已知 $U_i=30$V,2CW4 型稳压管的参数为:稳定电压 $U_Z=12$V,最大稳定电流 $I_{ZM}=20$mA。若电压表中的电流可以忽略不计,试求：

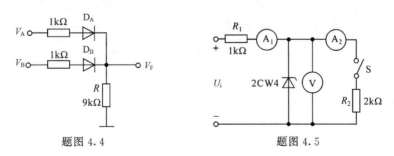

题图 4.4　　　　　　　　题图 4.5

(1) 开关 S 闭合,电压表 V 和电流表 A_1、A_2 的读数各为多少? 流过稳压管的电流又是多少?

(2) 开关 S 闭合,且 U_i 升高 10%,(1)问中各个量又有何变化?

(3) $U_i = 30V$ 时将开关 S 断开,流过稳压管的电流是多少?

(4) U_i 升高 10% 时将 S 断开,稳压管工作状态是否正常?

4.6　测得一晶体管三个管脚的电位分别为 $-9V$、$-6V$、$-6.2V$,试判别该晶体管的类型(NPN 或 PNP)及各电极。

4.7　已知某晶体管的 $P_{CM} = 100mW$,$I_{CM} = 20mA$,$U_{(BR)CEO} = 15V$,试问在下列情况下,哪种是正常工作状态?

(1) $U_{CE} = 6V$,$I_C = 10mA$;

(2) $U_{CE} = 3V$,$I_C = 25mA$;

(3) $U_{CE} = 12V$,$I_C = 10mA$。

讲义:部分习题
参考答案 4

第 **5** 章 基本放大电路

晶体管的主要用途之一是利用其电流放大作用组成放大电路。放大电路的主要作用是对微弱信号进行放大。如收音机、电视机等从天线接收到很微弱的电信号，须经过放大电路进行放大，以推动扬声器和显像管工作。放大电路在信号传输与处理、自动控制、测量仪器和计算机领域应用极为广泛。

本章主要介绍几种分立元件构成的基本放大电路的组成、工作原理和分析方法，以及放大电路的特点和具体应用。

5.1 共发射极放大电路

共发射极放大电路是基本交流放大电路，作用是将微弱电信号（电压、电流）放大到足够的幅度，以推动后级放大电路（功率放大电路）工作。

5.1.1 电路组成和工作原理

图 5.1.1 所示是一个共发射极接法的基本放大电路，所谓的共发射极放大电路是指晶体管的发射极作为输入回路和输出回路的公共电极，简称共射极放大电路。输入端接交流信号源（由电动势 u_S 与内阻 R_S 串联），输入电压为 u_i，负载电阻为 R_L，输出电压为 u_o。电路中各元件的作用如下：

讲义：共发射极放大电路组成和分析指标

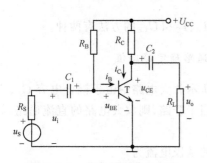

图 5.1.1 共发射极放大电路

（1）晶体管 T。晶体管是电路中的核心元件，利用其电流放大作用，可以在集电极获得放大后电流 i_C。集电极电流 i_C 是受基极电流 i_B 的控制。

（2）集电极电源 U_{CC}。电源电压 U_{CC} 不仅可为输出信号提供能量，还可保证集电结处于反向偏置，以保证晶体管处于放大状态。U_{CC} 一般在几伏到几十伏之间。

（3）集电极负载电阻 R_C。集电极负载电阻简称集电极电阻，它主要是将变化的集电极电流 i_C 转化为变化的电压 $R_C i_C$，以便获得输出电压 u_o，以实现电压的放大作用。R_C 一般取值为几千欧到几十千欧。

（4）基极电阻 R_B。基极电阻的作用是提供大小适当的基极电流 I_B，使放大电路获得较合适的静态工作点，同时保证发射结处于正向偏置。通常 R_B 值较大，一般为几十千欧到几百千欧。

（5）耦合电容 C_1、C_2。一方面起到隔直作用，C_1 隔断放大电路与信号源 U_S 之间的直流通路，C_2 隔断放大电路与负载 R_L 之间的直流通路，使信号源、放大电路、负载三者之间无直流联系，互不影响；另一方面又起到耦合交流作用，使信号源、放大电路和负载间的交流信号畅通无阻。所以，电容 C_1、C_2 称为隔直或耦合电容。C_1、C_2 容量较大，一般为几微法到几十微法，使其对交流分量所呈现的容抗很小，可基本无损失地传输交流分量。C_1、C_2 通常采用有极性的电解电容，使用时正负极性要连接正确。

放大电路分析分静态和动态两种情况。静态是指没有输入信号（$u_i = 0$）时的工作状态；动态是指有输入信号（即 $u_i \neq 0$）时的工作状态。所谓的静态分析，就是放大电路仅在直流电源 U_{CC} 作用时，确定放大电路中电流和电压的直流值 I_B、I_C 和 U_{CE}（也称为静态值），放大电路的放大质量与静态值有着密切的关系。所谓的动态分析是放大电路在交流信号作用时，确定放大电路的电压放大倍数 A_u、输入电阻 r_i 和输出电阻 r_o 等。

为了便于区分放大电路在直流电源、信号源分别作用时的电压和电流，以及直流电源和信号源共同作用时的总电压和总电流，统一列表规定，如表 5.1.1 所示。

表 5.1.1　晶体管放大电路中电压、电流符号

动画：放大电路动态时的电压和电流波形

名　称	静态值	交流分量		总电压或总电流	
		瞬时值	有效值	瞬时值	平均值
基极电流	I_B	i_b	I_b	i_B	$I_{B(AV)}$
集电极电流	I_C	i_c	I_c	i_C	$I_{C(AV)}$
发射极电流	I_E	i_e	I_e	i_E	$I_{E(AV)}$
集-射极电压	U_{CE}	u_{ce}	U_{ce}	u_{CE}	$U_{CE(AV)}$
基-射极电压	U_{BE}	u_{be}	U_{be}	u_{BE}	$U_{BE(AV)}$
直流电源电压	U_{CC}、U_{BB}				

5.1.2　静态分析

放大电路无输入信号（$u_i = 0$）时，确定静态值 I_B、I_C 和 U_{CE} 的方法有两种。

讲义：共发射极放大电路静态分析

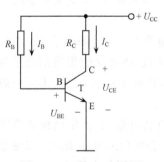

图 5.1.2　图 5.1.1 所示电路的直路通路

1. 用直流通路确定静态值

图 5.1.1 所示放大电路中由于耦合电容 C_1、C_2 对直流信号相当于开路，则放大电路的直流通路，如图 5.1.2 所示。

放大电路的基极电流为

$$I_B = \frac{U_{CC} - U_{BE}}{R_B} \approx \frac{U_{CC}}{R_B} \qquad (5.1.1)$$

式中，U_{BE} 为晶体管发射结的正向压降，硅管 U_{BE} 约为 0.6V。

由 I_B 可得出静态时的集电极电流

$$I_{C} = \beta I_{B} \qquad (5.1.2)$$

静态时晶体管集电极与发射极之间的电压为

$$U_{CE} = U_{CC} - R_{C} I_{C} \qquad (5.1.3)$$

2. 用图解方法确定静态值

图解法是非线性电路的一种分析方法。根据式(5.1.3)，分别有

$$I_{C} = 0 \text{ 时}, U_{CE} = U_{CC}$$

$$U_{CE} = 0 \text{ 时}, I_{C} = \frac{U_{CC}}{R_{C}}$$

依据上述两点，可在晶体管输出特性曲线组上作一直线，该直流称为直流负载线如图 5.1.3 所示。直流负载线与晶体管的某一条(由 I_{B} 确定)输出特性曲线的交点 Q(静态工作点)，称为放大电路的静态工作点。则放大电路的静态值: Q 点在纵坐标的投影为集电极电流 I_{C}; 在横坐标的投影为集射极电压 U_{CE}; 在 Q 点所对应的某条曲线为基极电流 I_{B}。

综上所述，放大电路在静态工作时，静态值 I_{B}、I_{C}、U_{CE} 确定了放大电路的 Q 点。其中，对确定放大电路 Q 点起主导作用的是基极电流 I_{B}，因为只要 I_{B} 确定后，I_{C} 和 U_{CE} 也就确定了。基极电流 I_{B} 称为偏置电流，简称偏流。产生偏流的电路，称为偏置电路，故图 5.1.1 所示放大电路也称为固定偏置放大电路。因此，放大电路合适的 Q 点是保证正常放大的必要条件，为使放大电路有一合适的 Q 点，通常用改变电阻 R_{B} 阻值来调节 I_{B} 的大小。

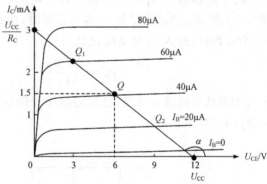

图 5.1.3　用图解法确定静态工作点

例 **5.1.1**　在图 5.1.1 所示放大电路中，已知 $U_{CC} = 12V$，$R_{C} = 4k\Omega$，$R_{B} = 300k\Omega$，$\beta = 37.5$。试求静态工作点 Q 值。

解
$$I_{B} \approx \frac{U_{CC}}{R_{B}} = \frac{12}{300 \times 10^{3}} = 4 \times 10^{-5} = 40(\mu A)$$

$$I_{C} = \beta I_{B} = 37.5 \times 40 = 1.5(mA)$$

$$U_{CE} = U_{CC} - R_{C} I_{C} = 12 - 4 \times 1.5 = 6(V)$$

例 **5.1.2**　在例 5.1.1 中若 $U_{CC} = 24V$，$\beta = 50$，已选定 $I_{C} = 2mA$，$U_{CE} = 8V$。试估算 R_{B}、R_{C} 阻值。

解
$$I_{B} = \frac{I_{C}}{\beta} = \frac{2 \times 10^{3}}{50} = 40(\mu A)$$

$$R_{B} \approx \frac{U_{CC}}{I_{B}} = \frac{24}{40 \times 10^{-6}} = 600(k\Omega)$$

$$R_C = \frac{U_{CC} - U_{CE}}{I_C} = \frac{24 - 8}{2 \times 10^{-3}} = 8(\text{k}\Omega)$$

5.1.3　动态分析

讲义:共发射
极放大电路
动态分析

动态是指有输入信号(即 $u_i \neq 0$)时的工作状态,也就是放大电路在直流电源 U_{CC} 和交流输入信号 u_i 共同作用时,电路中的电流 i_B 和 i_C、电压 u_{CE} 等均包含直流分量和交流分量两部分。放大电路的动态分析方法有微变等效电路法和图解分析法两种。

1. 微变等效电路法

放大电路中的交流分量可以用交流通路(交流输入电压 u_i 单独作用时的电路)进行计算。图 5.1.1 所示电路中由于 C_1、C_2 足够大,容抗近似为零,则其对交流信号相当于短路。直流电源 U_{CC} 不作用(即 $U_{CC} = 0$)时相当于短接,放大电路的交流通路,如图 5.1.4 所示。

由于晶体管 T 的输入与输出特性均为非线性,所以各点切线斜率也不相同,如图 5.1.5 所示。当输入信号 u_i 为小信号时,在 Q 点附近的工作段可认为是直线。但当 U_{CE} 为常数时,则 ΔU_{BE} 与 ΔI_B 之比为

$$r_{be} = \frac{\Delta U_{BE}}{\Delta I_B}\bigg|_{U_{CE}=\text{常数}} = \frac{u_{be}}{i_b}\bigg|_{U_{CE}=\text{常数}} \tag{5.1.4}$$

r_{be} 称为晶体管的输入电阻,也称为晶体管的动态输入电阻。输入电阻的单位 Ω,手册中常用 h_{ie} 表示。

视频:共射极
放大电路的
动态分析(1)

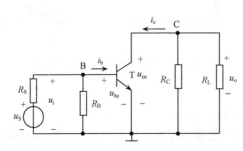

图 5.1.4　图 5.1.1 的交流通路

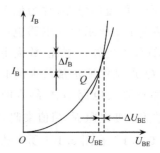

图 5.1.5　从输入特性曲线求 r_{be}

在常温下低频小功率晶体管的输入电阻 r_{be} 可用经验公式计算,则有

$$r_{be} = 200 + (1 + \beta)\frac{26(\text{mV})}{I_E(\text{mA})} \tag{5.1.5}$$

式中,I_E 为发射极电流(静态值)。

晶体管的发射极静态电流 I_E 越大,r_{be} 就越小;晶体管的电流放大系数 β 越高,则 r_{be} 就越大。其实际上不是一个固定不变的数值,而是与 β 和 I_E 密切相关的。r_{be} 一般为几百欧到几千欧。

由式(5.1.5)可见,从晶体管输入端口(基极与发射极之间)看,对微小变化量 u_{be} 和 i_b 而言,相当于一个线性电阻 r_{be}。而对于输出端口(集电极与发射极之间)电流和电压

关系由输出特性曲线而定。假设晶体管工作在放大区时,应用在输出特性的近似水平直线的部分,则集电极电流 ΔI_C,只受基极电流微小变化 ΔI_B 的控制,而与电压 U_{CE} 几乎无关,即 $\Delta I_C = \beta \Delta I_B$。用交流分量表示,则有

$$i_c = \beta \, i_b \tag{5.1.6}$$

因而,从输出端口看进去时,集电极和发射极之间可等效为一个受 i_b 控制的电流源 $\beta \, i_b$。

综上所述,在微小信号的作用下,晶体管 T 的小信号模型电路,如图 5.1.6 所示。习惯上称图 5.1.6(b) 所示电路为晶体管的微变等效电路。

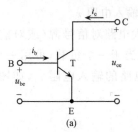
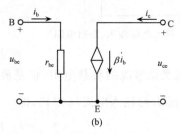

动画:放大电路的微变等效电路

图 5.1.6　晶体管的微变等效电路

这里要注意的是:晶体管的微变等效模型仅适应微变量,不适应大信号作用的电路;受控电流源 $\beta \, i_b$ 的参考方向与控制电流 i_b 的参考方向有关;等效模型既适用于 NPN 型,也适用于 PNP 型晶体管;由于通常设输入的为正弦信号,则微变等效电路中电压和电流可用相量表示。

所谓的微变等效电路法是在晶体管的微变等效电路基础上,将交流通路中电路元件依次连接到相应的位置,以形成放大电路的微变等效电路,借助于微变等效电路求解放大电路的电压放大倍数 A_u、输入电阻 r_i、输出电阻 r_o 等。图 5.1.1 所示放大电路交流通路的微变等效电路,如图 5.1.7 所示。

1) 电压放大倍数 A_u

由图 5.1.7 所示的放大电路的微变等效电路,有

$$\dot{U}_i = r_{be} \dot{I}_b$$

图 5.1.7　图 5.1.1 的微变等效电路

$$\dot{U}_o = -R'_L \dot{I}_c = -\beta R'_L \dot{I}_b$$

式中,R'_L 为等效负载电阻,$R'_L = R_C /\!/ R_L$。

故放大电路的电压放大倍数为

$$A_u = \frac{\dot{U}_o}{\dot{U}_i} = \frac{-R'_L \dot{I}_c}{r_{be} \dot{I}_b} = \frac{-R'_L \beta \dot{I}_b}{r_{be} \dot{I}_b} = -\beta \frac{R'_L}{r_{be}} \tag{5.1.7}$$

式中的负号表明输出电压 $\dot{U}_o$ 与输入电压 $\dot{U}_i$ 的相位反相。

如果将放大电路的负载电阻 R_L 开路,则放大电路的电压放大倍数为

$$A_u = \frac{\dot{U}_o}{\dot{U}_i} = -\beta \frac{R_C}{r_{be}} \qquad (5.1.8)$$

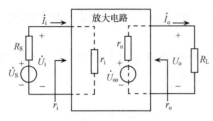

图 5.1.8　放大电路输入、输出电阻

可见,放大电路输出端接入负载电阻 R_L 后,电压放大倍数下降。电压放大倍数不仅与负载电阻 R_L 有关,还与晶体管的 β 和输入电阻 r_{be} 有关。这里要注意的是电阻 r_{be} 的大小与静态工作点 Q 有关。

2) 输入电阻 r_i

放大电路对信号源(或对前级放大电路)而言,相当于一个负载,可用一个电阻来等效代替,这个电阻是信号源的负载电阻,也是放大电路的输入电阻 r_i,如图 5.1.8 所示。它等于输入电压 $\dot{U}_i$ 与输入电流 $\dot{I}_i$ 之比,即

$$r_i = \frac{\dot{U}_i}{\dot{I}_i} \qquad (5.1.9)$$

视频:共射极放大电路的动态分析(2)

由图 5.1.7 所示电路可知,放大电路的输入电阻为

$$r_i = R_B \mathbin{/\mkern-5mu/} r_{be} = \frac{R_B r_{be}}{R_B + r_{be}} \qquad (5.1.10)$$

通常,电阻 R_B 约为数百千欧,而 r_{be} 约为数千欧,则

$$r_i \approx r_{be} \qquad (5.1.11)$$

应该注意的是,r_i 和 r_{be} 是完全不同的两个概念,不能混淆。

输入电阻是放大电路的重要指标。如果输入电阻较小,将从信号源取用较大的电流,从而增加了信号源的负担;经过信号源内阻 R_S 和 r_i 的分压,使实际加到放大电路的输入电压 $\dot{U}_i$ 减小;后级放大电路的输入电阻就是前级放大电路的负载电阻,将降低前级放大电路的电压放大倍数。因此,通常希望放大电路的输入电阻尽可能高一些。

3) 输出电阻 r_o

放大电路对负载 R_L(或对后级放大电路)而言,相当于一个电压源,如图 5.1.8 所示。图中 $\dot{U}_o$ 是负载开路时的输出电压值。等效电压源的内阻 r_o 是从 R_L 端向左看的等效电阻,该电阻 r_o 就是放大电路的输出电阻,则

$$r_o = \frac{\dot{U}_o}{\dot{I}_o} \qquad (5.1.12)$$

对于图 5.1.7 所示的微变等效电路,令 $\dot{U}_S = 0$,则 $\dot{I}_b = 0$,$\dot{I}_c = 0$。故从输出端看进去的等效电阻,即输出电阻为

$$r_o \approx R_C \qquad (5.1.13)$$

如果放大电路的输出电阻较大(相当于信号源的内阻较大),当负载变化时,输出电压的变化较大,也就是放大电路带负载的能力较差。因此,通常希望放大电路的输出电

阻小一些。

值得注意的是，r_i 和 r_o 都是动态电阻，对交流信号而言，不能用它们来进行静态计算。

2. 图解分析法

放大电路动态分析的图解法，也是根据晶体管的输入输出特性曲线在静态分析的基础上，以作图的方法分析放大电路动态时各个电流和电压的相互关系。以图 5.1.1 所示电路为例，讨论其动态工作过程，分析步骤如下。

（1）根据静态分析法，用图解法求出 Q 点（I_B、I_C 和 U_CE），如图 5.1.9(a) 所示。

（2）输入信号 $u_\mathrm{i} \neq 0$，设输入电压为 $u_\mathrm{i} = U_\mathrm{im} \sin\omega t$，如图 5.1.9(b) 所示。电路中的电流、电压均由直流分量和交流分量叠加而成，则有

$$u_\mathrm{BE} = U_\mathrm{BE} + u_\mathrm{be} = U_\mathrm{BE} + U_\mathrm{im}\sin\omega t$$

$$i_\mathrm{B} = I_\mathrm{B} + i_\mathrm{b} = I_\mathrm{B} + I_\mathrm{bm}\sin\omega t$$

$$i_\mathrm{C} = I_\mathrm{B} + i_\mathrm{c} = I_\mathrm{c} + I_\mathrm{cm}\sin\omega t$$

$$u_\mathrm{CE} = U_\mathrm{CE} + u_\mathrm{ce} = U_\mathrm{CE} + U_\mathrm{cem}\sin\omega t$$

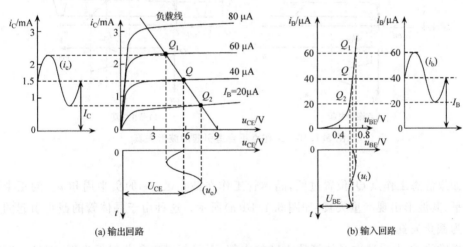

(a) 输出回路　　　　　　　　　　　(b) 输入回路

图 5.1.9　放大电路动态图解分析法

应该注意的是，由于电容 C_2 的隔直作用，u_CE 中的直流分量 U_CE 不能到达输出端，故输出电压只有 u_ce。

（3）作交流负载线。当放大电路输出端接有负载电阻时 R_L 时，直流负载线的斜率为 $-\dfrac{1}{R_\mathrm{C}}$，其与负载电阻 R_L 无关。但在输入信号 u_i 的作用下，交流通路中的等效电阻为 $R_\mathrm{L}' = R_\mathrm{C} /\!/ R_\mathrm{L}$，则斜率为 $-\dfrac{1}{R_\mathrm{L}'}$ 的负载线称为交流负载线。交流负载线同样过 Q 点，且比直流负载线要陡一些。放大电路工作在动态时，工作点 Q 随着 i_B 的变化，在交流负载线的 Q_1 与 Q_2 之间移动，如图 5.1.9(b) 所示。

（4）确定电压放大倍数。

$$|A_u| = \frac{U_{om}}{U_{im}} = \frac{U_{cem}}{U_{im}}$$

式中，U_{cem}、U_{im} 分别为 u_{ce} 和 u_i 波形的幅值。

（5）Q 点对放大性能的影响。通常要求放大电路的输出信号尽可能不失真。所谓失真是指输出信号的波形经放大后与输入信号波形不像。引起失真的原因主要是 Q 点设置的不合适或者信号太大，致使放大电路的工作范围超出了晶体管特性曲线上的线性范围。这种失真通常称为非线性失真。

如果静态工作点 Q_2 位置过高，在输入电压的正半周，晶体管工作在饱和区，尽管 i_B 失真很小，但 u_{CE} 和 i_C 却严重失真，如图 5.1.10(a) 所示。这种由于晶体管的饱和引起的失真称为饱和失真。

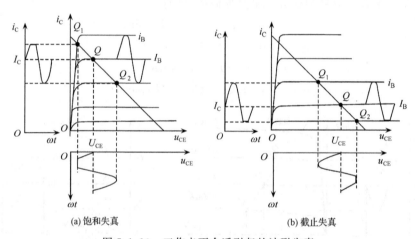

(a) 饱和失真　　　　　　　(b) 截止失真

图 5.1.10　工作点不合适引起的波形失真

如果静态工作点 Q_1 位置过低，晶体管工作在截止区，i_B 的负半周和 u_{CE} 的正半周被削平，其波形出现严重失真，如图 5.1.10(a) 所示。这种由于晶体管的截止引起的失真称为截止失真。

通常将 Q 点设置在晶体管放大区的中部，不仅可以避免非线性失真，而且可以适当地增大输出动态范围。此外，适当限制输入信号 u_i 的大小，也可以避免非线性失真。

5.1.4　静态工作点的稳定

为了使放大电路不产生非线性失真，必须要有一个合适的静态工作点。但由于外界条件（温度、晶体管老化、电源电压）的变化，将使晶体管的静态工作点的位置发生变化。如温度升高时，将使偏流 I_B 增大，从而使集电极电流 I_C 随之增大，使发射结正向压降 U_{BE} 减小，结果导致 Q 点发生漂移，使放大电路不能正常工作。对于图 5.1.1 所示的固定偏置放大电路，偏置电流为

$$I_B = \frac{U_{CC} - U_{BE}}{R_B} \approx \frac{U_{CC}}{R_B}$$

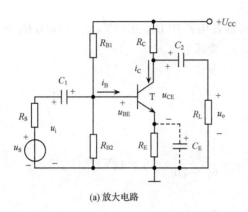
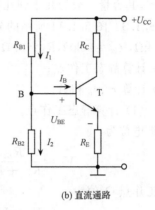

(a) 放大电路　　　　　(b) 直流通路

图 5.1.11　分压式偏置电路

当电阻 R_B 选定后，偏置电流 I_B 也就固定不变。因此，图 5.1.1 所示的固定偏置放大电路不能稳定静态工作点。

图 5.1.11 所示为一分压式偏置电路。R_{B1} 和 R_{B2} 组成分压式偏置电路，使基极电位 V_B 基本固定。发射极电路串接电阻 R_E，其目的在于稳定静态工作点。由图 5.1.11(b)所示的直流通路可知，选择合适的电阻 R_{B1} 和 R_{B2} 使得电流 $I_1 \approx I_2$，则基极的电位为

$$V_B = \frac{R_{B2}}{R_{B1} + R_{B2}} U_{CC} \tag{5.1.14}$$

式(5.1.14)说明，基极电位 V_B 为一定值，其与晶体管的参数无关，且不受环境温度变化的影响。

集电极电流为

$$I_C \approx I_E = \frac{V_B - U_{BE}}{R_E} \tag{5.1.15}$$

通常，由于 $V_B \gg U_{BE}$，可以认为集电极电流 I_C 不受温度的影响。

因此，分压式偏置电路可以稳定静态工作点。其稳定静态工作点的物理过程是，如当温度升高使 I_C 和 I_E 增大时，$V_E = R_E I_E$ 也增大。由于 V_B 为 R_{B1} 和 R_{B2} 的分压电路所固定，则 U_{BE} 减小，从而引起 I_B 减小而使 I_C 自动下降，上移的 Q 点大致可恢复到原来所处的位置。其稳定静态工作点的实质是，将输出电流 I_C 的变化以发射极电阻 R_E 上压降的变化反映出来，再将其引回(反馈)到输入电路与 V_B 比较，用 U_{BE} 发生变化抑制 I_C 的变化。理论上发射极电阻 R_E 越大，稳定性能越好。但 R_E 太大时 V_E 增高，使放大电路输出电压的幅值减小。R_E 在小电流情况下为几百欧到几千欧，在大电流情况下为几欧到几十欧。

应该注意，当接入发射极电阻 R_E 后，发射极电流中的交流分量 i_e 在其中要产生交流压降，使 u_{ce} 减小，从而会使放大电路的电压放大倍数降低。因而可在电阻 R_E 两端并联电容 C_E，如图 5.1.11(a)所示(虚线部分)。只要 C_E 的容量足够大，对交流信号的容抗就会很小，对交流分量可视为短路，而对直流分量并无影响，故 C_E 称为发射极交流

旁路电容,其容量一般为几十到几百微法。

例 5.1.3 图 5.1.11 所示的分压式偏置电路中 $U_{CC}=16V$，$R_C=3k\Omega$，$R_E=2k\Omega$，$R_{B1}=60k\Omega$，$R_{B2}=20k\Omega$，$R_L=3k\Omega$，$\beta=50$。要求：

(1) 计算静态工作点；

(2) 计算 r_i、r_o 和 A_u。

解 (1) 计算静态工作点。

基极电位为

$$V_B=\frac{R_{B2}}{R_{B1}+R_{B2}}U_{CC}=\frac{20}{60+20}\times 16=4(V)$$

故静态工作点 Q 值为

$$I_C\approx I_E=\frac{V_B-U_{BE}}{R_E}=\frac{4-0.6}{2}=1.7(mA)$$

$$I_B=\frac{I_C}{\beta}=\frac{1.7}{50}=0.034(mA)$$

$$U_{CE}=U_{CC}-(R_C+R_E)I_C=16-(3+2)\times 1.7=7.5(V)$$

(2) 计算 r_i、r_o 和 A_u。

图 5.1.11 的微变等效电路,如图 5.1.12 所示。

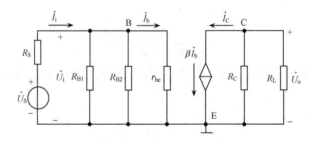

图 5.1.12　图 5.1.11 的微变等效电路

$$r_{be}=200+(1+\beta)\frac{26}{I_E}=200+(1+50)\times\frac{26}{1.7}=980(\Omega)$$

输入电阻 r_i 为 R_{B1}、R_{B2} 和 r_{be} 三者并联,即

$$r_i=R_{B1}\ /\!/\ R_{B2}\ /\!/\ r_{be}=60\ /\!/\ 20\ /\!/\ 0.98=0.92(k\Omega)$$

输出电阻 r_o 等于集电极负载电阻 R_C,即

$$r_o=R_C=3k\Omega$$

电压放大倍数为

$$R_L'=R_C\ /\!/\ R_L=3\ /\!/\ 3=1.5(k\Omega)$$

$$A_u=-\beta\frac{R_L'}{r_{be}}=-50\times\frac{1.5}{0.98}=-76.5$$

注意,当考虑到信号源内阻 R_S 的影响时,放大电路的电压放大倍数为

$$A_{us}=\frac{\dot{U}_o}{\dot{U}_S}=\frac{\dot{U}_o}{\dot{U}_i}\times\frac{\dot{U}_i}{\dot{U}_S}=-\beta\frac{R_L'}{r_{be}}\times\frac{r_i}{R_S+r_i}$$

从上式可见,当 $r_i \gg R_S$ 时,R_S 对 A_u 影响就很小。因此,一般要求放大电路的输入电阻 r_i 值较大。例如,上题中若 $R_S = 60\Omega$,则电压放大倍数为

$$A_{us} = \frac{\dot{U}_o}{\dot{U}_S} = -\beta \frac{R'_L}{r_{be}} \times \frac{r_i}{R_S + r_i} = -76.5 \times \frac{0.92}{0.06 + 0.92} = -76$$

5.2　共集电极放大电路

前面所讨论的放大电路是从集电极输出称为共射极电路。该电路能获得较高的电压放大倍数,但其输入电阻较小,输出电阻较大。因此,常用作多级放大电路的中间级。如果放大电路是从发射极输出,对交流信号而言,输入与输出的公共端是集电极,则称为共集电极电路,亦称为射极输出器,如图 5.2.1 所示。

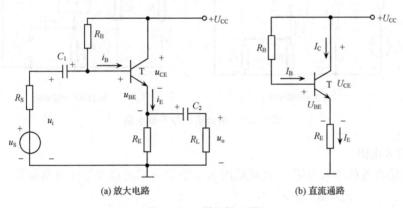

(a) 放大电路　　　　　　　　(b) 直流通路

图 5.2.1　射极输出器

5.2.1　静态分析

从图 5.2.1(a)可见,电路的负载电阻 R_L 经耦合电容 C_2 接在晶体管的发射极上,即输出电压 u_o 由晶体管的发射极取出。

静态时,射极输出器的直流通路如图 5.2.1(b)所示,根据 KVL 可得

$$I_B = \frac{U_{CC} - U_{BE}}{R_B + (1+\beta)R_E} \tag{5.2.1}$$

$$I_E = I_B + I_C = I_B + \beta I_B = (1+\beta)I_B \tag{5.2.2}$$

$$U_{CE} = U_{CC} - R_E I_E \tag{5.2.3}$$

5.2.2　动态分析

动态时,射极输出器的微变等效电路,如图 5.2.2(a)所示。

1) 电压放大倍数

由图 5.2.2(a)所示等效电路可得

$$\dot{U}_o = R'_L \dot{I}_e = R'_L(1+\beta)\dot{I}_b$$

式中,$R_L' = R_E /\!\!/ R_L$。

$$\dot{U}_i = r_{be} \dot{I}_b + R_L' \dot{I}_b = r_{be} \dot{I}_b + R_L'(1+\beta) \dot{I}_b$$

$$A_u = \frac{\dot{U}_o}{\dot{U}_i} = \frac{R_L'(1+\beta) \dot{I}_b}{r_{be} \dot{I}_b + R_L'(1+\beta) \dot{I}_b} = \frac{(1+\beta)R_L'}{r_{be} + (1+\beta)R_L'} \qquad (5.2.4)$$

式(5.2.4)表明:因为 $r_{be} \ll (1+\beta)R_L'$,所以 $A_u \approx 1$,即 $\dot{U}_o \approx \dot{U}_i$,该电路虽然没有电压放大作用,但具有一定的电流放大和功率放大作用;输出电压与输入电压同相,具有跟随作用,亦称射极输出器为射极跟随器。

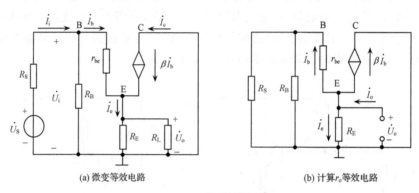

(a) 微变等效电路   (b) 计算r_o等效电路

图 5.2.2 射极输出器等效电路

2) 输入电阻

射极输出器的输入电阻 r_i 也可从图 5.2.2(a)所示的微变等效电路求得

$$r_i = R_B /\!\!/ r_i'$$

$$r_i' = \frac{\dot{U}_i}{\dot{I}_b} = \frac{[r_{be} + R_L'(1+\beta)] \dot{I}_b}{\dot{I}_b} = r_{be} + R_L'(1+\beta)$$

所以

$$r_i = R_B /\!\!/ [r_{be} + (1+\beta)R_L'] \qquad (5.2.5)$$

通常 R_B 的阻值很大(几十千欧到几百千欧),同时 $r_{be} + (1+\beta)R_L'$ 也比上述的共发射极放大电路的输入电阻($r_i \approx r_{be}$)大得多。因此,射极输出器的输入电阻很高,可达几十千欧到几百千欧。

3) 输出电阻

射极输出器的输出电阻 r_o 可由图 5.2.2(b)所示电路求得。

将信号源短路,保留内阻 R_S,R_S 与 R_B 并联后的等效电阻为 R_S',即 $R_S' = R_S /\!\!/ R_B$。在输出端断开电阻 R_L,外加一交流电压$\dot{U}_o$,产生一电流$\dot{I}_o$。对节点 E 列 KCL 方程有

$$\dot{I}_o = \dot{I}_b + \beta \dot{I}_b + \dot{I}_e = \frac{\dot{U}_o}{r_{be} + R_S'} + \beta \frac{\dot{U}_o}{r_{be} + R_S'} + \frac{\dot{U}_o}{R_E}$$

则

$$r_{\mathrm{o}} = \frac{\dot{U}_{\mathrm{o}}}{\dot{I}_{\mathrm{o}}} = \frac{1}{\dfrac{1+\beta}{r_{\mathrm{be}} + R'_{\mathrm{S}}} + \dfrac{1}{R_{\mathrm{E}}}} = \frac{R_{\mathrm{E}}(r_{\mathrm{be}} + R'_{\mathrm{S}})}{(1+\beta)R_{\mathrm{E}} + (r_{\mathrm{be}} + R'_{\mathrm{S}})} \tag{5.2.6}$$

一般情况下，$(1+\beta)R_{\mathrm{E}} \gg (r_{\mathrm{be}} + R'_{\mathrm{S}})$ 且 $\beta \gg 1$，则式(5.2.6)可以简化为

$$r_{\mathrm{o}} \approx \frac{r_{\mathrm{be}} + (R_{\mathrm{S}} /\!/ R_{\mathrm{B}})}{\beta} \tag{5.2.7}$$

若 $R_{\mathrm{S}} = 0$，则 $R'_{\mathrm{S}} = 0$，于是

$$r_{\mathrm{o}} \approx \frac{r_{\mathrm{be}}}{1+\beta} \tag{5.2.8}$$

例如，当 $\beta = 50$，$r_{\mathrm{be}} = 1\mathrm{k}\Omega$ 时，$r_{\mathrm{o}} \approx 20\Omega$。可见，射极输出器的输出电阻是很低的（比共发射极放大电路的输出电阻低得多），约为几欧至几十欧。输出电阻越小，当负载变化时，放大电路的输出电压就越稳定，由此可见它具有恒压输出特性。

5.2.3　共集电极放大电路应用

在多级放大电路中，射极输出器常用作输入级、输出级和中间级，以提高整个放大电路的性能。在电子设备和自动控制系统中，射极输出器也得到了十分广泛的应用。

1）作输入级

射极输出器因其输入电阻高，常作为多级放大电路的输入级。输入级采用射极输出器，可使信号源内阻上的压降相对来说比较小。因此，可以得到较高的输入电压；同时减小信号源提供的信号电流，从而减轻信号源的负担。这样不仅提高了整个放大电路的电压放大倍数，而且减小了放大电路的接入对信号源的影响。在电子测量仪器中，利用射极输出器的这一特点，减小对被测电路的影响，提高了测量精度。

2）作输出级

由于射极输出器输出电阻低，常作为多级放大电路的输出级。当负载电流变动较大时，输出电压的变化就较小，或者说它带负载的能力较强。

3）作中间隔离级

在多级放大电路中，有时将射极输出器接在两级共射极放大电路之间。利用其输入电阻高的特点，以提高前一级的电压放大倍数；利用其输出电阻低的特点，以减小后一级信号源内阻，从而提高了后级的电压放大倍数，隔离了级间的相互影响，这就是射极输出器的阻抗变换作用。这一级射极输出器称为缓冲级或中间隔离级。

例 5.2.1　图 5.2.2 所示的射极输出器中，$U_{\mathrm{CC}} = 20\mathrm{V}$，$\beta = 60$，$R_{\mathrm{B}} = 200\mathrm{k}\Omega$，$R_{\mathrm{E}} = 4\mathrm{k}\Omega$，$R_{\mathrm{L}} = 2\mathrm{k}\Omega$，信号源内阻 $R_{\mathrm{S}} = 100\Omega$。试求：

（1）静态值；

（2）A_{u}、r_{i} 和 r_{o}。

解　（1）静态值分别为

$$I_{\mathrm{B}} = \frac{U_{\mathrm{CC}} - U_{\mathrm{BE}}}{R_{\mathrm{B}} + (1+\beta)R_{\mathrm{E}}} = \frac{20 - 0.6}{200 + (1+60) \times 4} = 0.0437(\mathrm{mA})$$

$$I_{\mathrm{E}} = (1+\beta)I_{\mathrm{B}} = (1+60) \times 0.0437 = 2.665(\mathrm{mA})$$

$$U_{CE} = U_{CC} - R_E I_E = 20 - 4 \times 2.665 = 9.37(V)$$

（2）A_u、r_i 和 r_o 分别为

$$r_{be} = 200 + (1 + \beta)\frac{26}{I_E} = 200 + (1 + 60) \times \frac{26}{2.665} = 0.795(k\Omega)$$

$$A_u = \frac{(1+\beta)R'_L}{r_{be} + (1+\beta)R'_L} = \frac{(1+60) \times 1.33}{0.795 + (1+60) \times 1.33} = \frac{81.13}{81.925} = 0.99$$

式中，$R'_E = R_E /\!/ R_L = 4 /\!/ 2 = 1.33(k\Omega)$。

$$r_i = R_B /\!/ [r_{be} + (1+\beta)R'_L] = \frac{200 \times 81.925}{200 + 81.925} = 58.12(k\Omega)$$

$$r_o = \frac{r_{be} + R'_S}{\beta} = \frac{795 + 100}{60} = 14.92(\Omega)$$

式中，$R'_S = R_S /\!/ R_B = 100 /\!/ (200 \times 10^3) \approx 100(\Omega)$。

*5.3　场效应管放大电路

　　由于场效应管具有输入电阻高的特点，常用作多级放大电路的输入级，尤其对高内阻信号源，采用场效应管才能有效地放大。

　　场效应管放大电路与晶体管放大电路类似：有共源极放大电路和源极输出器等；为了保证放大电路正常工作，场效应管放大电路也必须设置合适的静态工作点，以保证场效应管工作在线性区，否则将造成输出信号的失真。

　　在晶体管放大电路中，当 U_{CC} 和 R_C 确定后，其静态工作点是由基极电流 I_B（偏流）确定的。由于场效应管是电压控制元件，故当放大电路中 U_{DD} 和 R_D 选定后，静态工作点由栅源电压 U_{GS}（偏压）确定。常用的放大电路有自给偏压偏置电路和分压式偏置电路两种，如图 5.3.1 和图 5.3.2 所示。

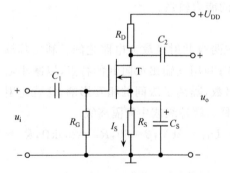

图 5.3.1　耗尽型绝缘栅场效应管的
自给偏压偏置电路

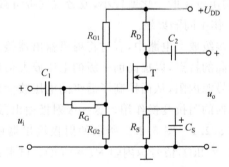

图 5.3.2　分压式偏置电路

5.3.1　静态分析

　　图 5.3.1 所示的自给偏置共源极放大电路，电路中的 C_1、C_2、R_D、R_S 和 C_S 与晶体

管放大电路中相应元件的作用相同。栅极电阻 R_G 构成栅源极间的直流通路, R_G 阻值不能太小, 否则影响放大电路的输入电阻。漏极电阻 R_D 使放大电路具有电压放大功能。放大电路中能量由电源 U_{DD} 提供。

在 U_{DD} 的作用下, 漏极电流 I_D 流经源极电阻 R_S, $V_S = R_S I_D$, 则有

$$U_{GS} = V_G - V_S = -R_S I_D \qquad (5.3.1)$$

式(5.3.1)说明, 栅极电流产生的电压为放大电路提供所需的栅极偏压, 即放大电路的静态工作点是由 U_{GS} 决定的, 这就是自给偏压电路的来由。

图 5.3.2 所示放大电路在静态时, 栅极电位为

$$V_G = \frac{R_{G2}}{R_{G1} + R_{G2}} U_{DD}$$

源极电位为

$$V_S = R_S I_S = R_S I_D$$

则栅源电压为

$$U_{GS} = V_G - V_S = \frac{R_{G2}}{R_{G1} + R_{G2}} U_{DD} - R_S I_D \qquad (5.3.2)$$

5.3.2　动态分析

当有交流信号作用时, 由于隔直电容数值较大对交流信号可视为短路。故图 5.3.2 电路的交流通路, 如图 5.3.3(a) 所示。在小信号输入情况下, 场效应管放大电路也可用微变等效电路法进行分析, 如图 5.3.3(b) 所示。

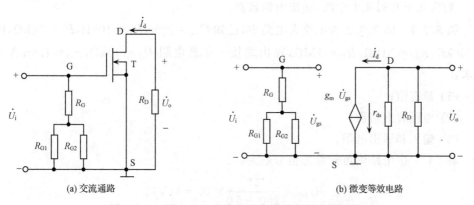

(a) 交流通路　　　　　　　　　　(b) 微变等效电路

图 5.3.3　图 5.3.2 电路的交流通路和微变等电路

由于栅极电阻 R_G 很大, 为 $200\text{k}\Omega \sim 10\text{M}\Omega$。栅极 G 与源极 S 间的动态电阻 r_{GS} 可认为无穷大, 相当于开路。漏极电流 i_d 只受 u_{GS} 控制, 而与电压 u_{DS} 无关。因此, 漏极 D 与源级 S 间相当于一个受 u_{GS} 控制的电流源 $g_m u_{GS}$。

1) 电压放大倍数

输出电压为

$$\dot{U}_o = -R'_L \dot{I}_d = -R'_L g_m \dot{U}_{GS}$$

式中, 等效负载电阻 $R'_L = R_D /\!/ R_L$。

输入电压为

$$\dot{U}_i = \dot{U}_{GS}$$

电压放大倍数为

$$A_u = \frac{\dot{U}_o}{\dot{U}_i} = \frac{\dot{U}_o}{\dot{U}_{GS}} = -g_m R_L' \tag{5.3.3}$$

场效应管的跨导 g_m 较小（一般为 $1\sim10\,\mathrm{mA/V}$），所以场效应管共源极放大电路的电压放大倍数没有晶体管共发射极放大电路的高。

2）输入电阻

由图 5.3.3(b)可得输入电阻

$$r_i = R_G + (R_{G1} /\!/ R_{G2})$$

一般 $R_G \gg R_{G1} /\!/ R_{G2}$，因而

$$r_i \approx R_G \tag{5.3.4}$$

可见，在分压点和栅极之间接入电阻 R_G 的目的，在于大大提高场效应管放大电路的输入电阻。R_G 的接入对电压放大倍数并无影响；在静态时 R_G 中没有电流通过，因此也不会影响静态工作点。

3）输出电阻

放大电路的输出电阻

$$r_o = R_D \tag{5.3.5}$$

R_D 一般为几千欧到几十千欧，输出电阻较高。

例 5.3.1 图 5.3.2 所示放大电路中，已知 $U_{DD}=20\mathrm{V}, R_D=10\mathrm{k\Omega}, R_S=10\mathrm{k\Omega}, R_{G1}=200\mathrm{k\Omega}, R_{G2}=51\mathrm{k\Omega}, R_G=1\mathrm{M\Omega}$，输出端接一负载电阻 $R_L=10\mathrm{k\Omega}, g_m=1.5\mathrm{mA/V}$。试求：

（1）静态值；

（2）电压放大倍数；

（3）输入和输出电阻。

解 （1）由电路图可知静态值分别为

$$V_G = \frac{R_{G2}}{R_{G1}+R_{G2}} U_{DD} = \frac{51}{200+51} \times 20 = 4(\mathrm{V})$$

$$I_D = \frac{V_S}{R_S} = \frac{V_G}{R_S} = \frac{4}{10 \times 10^3} = 0.4(\mathrm{mA})$$

$$U_{DS} = U_{DD} - (R_D + R_S)I_D = 20 - (10+10) \times 0.4 = 12(\mathrm{V})$$

（2）电压放大倍数为

$$A_u = -g_m R_L' = -g_m \times (R_D /\!/ R_S) = -1.5 \times (10 /\!/ 10) = -7.5$$

（3）输入和输出电阻分别为

$$r_i = R_G + (R_{G1} /\!/ R_{G2}) = 1 + (0.200 /\!/ 0.051) = 1 + 0.2 = 1.2(\mathrm{M\Omega})$$

$$r_o \approx R_D = 10\mathrm{k\Omega}$$

5.4 多级放大电路

在电子设备中单级放大电路的电压放大倍数很难满足要求,通常采用两级或者两级以上的放大电路组成多级放大电路。在多级放大电路中,第一级的输出信号作为第二级输入信号,第二级的输出信号作为第三级的输入信号等,使输入信号逐级连续放大,以获得所需要的输出信号。

5.4.1 级间耦合

多级放大电路中各级之间的连接称为耦合。在低频放大电路中主要采用阻容耦合和直接耦两种方式。

1. 阻容耦合

所谓阻容耦合,就是将电容作为级间的连接元件并与电阻配合而成的一种耦合方式。图 5.4.1 所示的两级放大电路中,前、后级之间是通过耦合电容 C_2 与下级输入电阻 r_{i2} 连接的,故称为阻容耦合。耦合电容的取值较大,一般约为几微法到几十微法,对交流信号而言,相当于短路,可以顺利地通过。对直流信号而言,相当于开路,从而使放大电路各级的静态工作点彼此独立,互不影响。这就给电路的分析、设计和调试带来了很大的方便。这是阻容耦合在低频放大电路中得以广泛应用的一个显著特点。

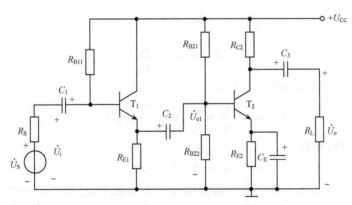

讲义:两级放
大电路分析

图 5.4.1 两级阻容耦合放大电路

2. 直接耦合

阻容耦合的不足之处在于:随着信号频率的降低,耦合电容上的容抗增大,在其上信号衰减增大,导致放大倍数下降,甚至直流信号根本无法通过。因此,对于频率很低的信号或者直流信号,通常采用直接耦合方式。所谓的直接耦合,就是将前级的输出信号直接连接到后一级的输入端,无需另外的耦合元件,如图 5.4.2 所示。直接耦合的特点是既可传递交流信号,又可传递直流信号,但各级的静态工作点彼此不独立,易引起零点漂移。

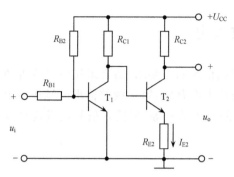

图 5.4.2 直接耦合放大电路的零点漂移

所谓的零点漂移,是指放大电路的输入信号为零($u_i = 0$)时,放大电路的输出端也会出现电压的缓慢、无规则地变动,即输出端出现一个偏离原起始点、随时间缓慢变化着的电压。当放大电路有输入信号($u_i \neq 0$)时,零点漂移就伴随着输入信号共存于放大电路中,两者都在缓慢地变动着,一真一假,互相纠缠在一起,难于分辨。如果经过逐级放大,可能会出现输出信号被零点漂移"淹没",致使放大电路丧失工作能力,严重时还可能损坏晶体管。如何减小直接耦合放大电路的零点漂移将在下节中介绍。

5.4.2 分析计算

阻容耦合多级放大电路的静态分析,由于静态工作点互不影响,彼此独立,可按单级放大电路的分析方法进行独立计算。

阻容耦合多级放大电路的动态分析,也可用微变等效电路法进行分析,可将多级放大电路分为多个单级放大电路计算。考虑到级间的相互影响,即后级放大电路的输入电阻可视为前级放大电路的负载电阻;前级的输出电阻可视为后级的信号源内阻。

图 5.4.1 所示阻容耦合放大电路的各级电压倍数为

$$A_{u1} = \frac{u_{o1}}{u_{i1}}$$

$$A_{u2} = \frac{u_{o2}}{u_{i2}} = \frac{u_{o2}}{u_{o1}}$$

两级放大电路的电压放大倍数为

$$A_u = \frac{u_o}{u_i} = \frac{u_{o1}}{u_{i1}} \cdot \frac{u_{o2}}{u_{o1}} = A_{u1} A_{u2} \tag{5.4.1}$$

推论到 n 级,则有

$$A_u = A_{u1} A_{u2} \cdots A_{un} \tag{5.4.2}$$

例 5.4.1 图 5.4.1 所示两级阻容耦合放大电路中,已知 $U_{CC} = 12V$, $R_{B11} = 200$ kΩ, $R_{E1} = 2k\Omega$, $R_S = 100\Omega$, $R_{C2} = 2k\Omega$, $R_{B21} = 20k\Omega$, $R_{B22} = 10k\Omega$, $R_{E2} = 2k\Omega$, $R_L = 6k\Omega$, $r_{be1} = 0.94k\Omega$, $r_{be2} = 0.8k\Omega$, $C_1 = C_2 = C_3 = 50\mu F$, $C_E = 100\mu F$, $\beta_1 = \beta_2 = 50$。试求:

(1) 输入电阻和输出电阻;

(2) 总电压放大倍数。

解 (1) 输入电阻和输出电阻。

由图 5.4.3 所示的微变等效电路知,两级放大电路的输入电阻即为第一级的输入电阻,即

$$r_i = r_{i1} = R_{B11} \ // \ [r_{be1} + (1+\beta_1)R'_{L1}]$$

式中,R'_{L1} 为前级放大电路的负载电阻,$R'_{L1} = R_{E1} \ // \ r_{i2}$,其中

$$r_{i2} = R_{B21} \mathbin{/\mkern-5mu/} R_{B22} \mathbin{/\mkern-5mu/} r_{be2} = 20 \mathbin{/\mkern-5mu/} 10 \mathbin{/\mkern-5mu/} 0.8 \approx 0.73(\text{k}\Omega)$$

于是

$$R'_{L1} = R_{E1} \mathbin{/\mkern-5mu/} r_{i2} = 2 \mathbin{/\mkern-5mu/} 0.73 = 0.53(\text{k}\Omega)$$

所以,输入电阻为

$$r_i = r_{i1} = R_{B11} \mathbin{/\mkern-5mu/} \left[r_{be1} + (1+50)R'_{L1} \right]$$
$$= 200 \mathbin{/\mkern-5mu/} \left[0.94 + (1+50) \times 0.53 \right] = 24.5(\text{k}\Omega)$$

两级放大电路的输出电阻即为第二级的输出电阻,即

$$r_o = r_{o2} \approx R_{C2} = 2\text{k}\Omega$$

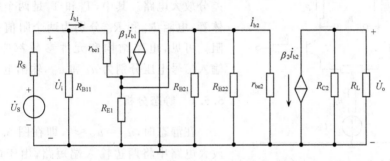

图 5.4.3　图 5.4.1 的微变等效电路

(2) 总电压放大倍数。

第一级的电压放大倍数为

$$A_{u1} = \frac{\dot{U}_{o1}}{\dot{U}_i} = \frac{(1+\beta_1)R'_{L1}}{r_{be1} + (1+\beta_1)R'_{L1}} = \frac{(1+50) \times 0.53}{0.94 + (1+50) \times 0.53} = 0.97$$

第二级的负载电阻为

$$R'_{L2} = R_{C2} \mathbin{/\mkern-5mu/} R_L = 2 \mathbin{/\mkern-5mu/} 6 = 1.5(\text{k}\Omega)$$

第二级的电压放大倍数为

$$A_{u2} = \frac{\dot{U}_o}{\dot{U}_{o1}} = -\beta_2 \frac{R'_{L2}}{r_{be2}} = -50 \times \frac{1.5}{0.8} = -93.75$$

两级总电压放大倍数

$$A_u = A_{u1} \cdot A_{u2} = (0.97) \times (-93.75) \approx -90.94$$

练习与思考

5.4.1　放大电路级间耦合有几种方式?与阻容耦合放大电路相比,直接耦合放大电路有哪些特殊问题?

5.4.2　有人在计算两级放大电路的放大倍数时用下式:

$$A_u = A_{u1} \cdot A_{u2} = \frac{\dot{U}_{o1}}{\dot{U}_i} \cdot \left(\frac{r_{i2}}{r_{i1} + r_{o1}} \cdot \frac{\dot{U}_o}{\dot{U}_{o1}} \right)$$

式中,$\dot{U}_o$ 和 $\dot{U}_i$ 分别为放大电路的输出与输入电压,$\dot{U}_{o1}$ 是考虑第二级输入电阻后第一级的输出电压,该式是否正确?为什么?

*5.5 差分放大电路

差分放大电路是由晶体管和电阻元件组成的直接耦合电压放大电路,它不仅可放大交流信号和缓慢变化的直流信号,且可有效地抑制零点漂移。因此,无论在要求较高的多级直接耦合放大电路的前置级,还是在集成运算放大器内部电路的输入级,几乎都采用差分放大电路。

讲义:差分放
大电路分析

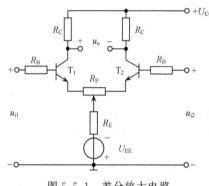

图 5.5.1 差分放大电路

图 5.5.1 是由晶体管 T_1 和 T_2 组成的典型差分放大电路。其中,T_1 和 T_2 是两个完全的晶体管;电阻 R_B 和 R_C 分别为两个阻值相等的电阻。可见,电路结构和元件参数都完全对称。输入信号电压分别为 u_{i1} 和 u_{i2},输出电压为 u_o。

5.5.1 静态分析

在静态时,$u_{i1} = u_{i2} \approx 0$,即在图 5.5.1 所示放大电路中将两边输入端短路,由于电路的对称性,两管特性及电路参数也完全对称,两管的集电极电流相等,集电极电位相等,即

$$I_{C1} = I_{C2}, \qquad V_{C1} = V_{C2}$$

故输出电压

$$u_o = V_{C1} - V_{C2} = 0$$

如果环境温度变化时,两管的集电极电流和集电极电位都产生变化,使静态工作点出现相同的漂移,且变化量相等,即

$$\Delta I_{C1} = \Delta I_{C2}, \qquad \Delta V_{C1} = \Delta V_{C2}$$

但是,这种零点漂移相互抵消,不会在输出端显示出来,故输出电压依然为零,即

$$u_o = (V_{C1} - \Delta V_{C1}) - (V_{C2} - \Delta V_{C2}) = 0$$

零点漂移被完全抑制了。对称差分放大电路对两管所产生的同向漂移(不论是什么原因引起的)都具有抑制作用,这是差分放大电路的突出优点。

静态时,设 $I_{B1} = I_{B2} = I_B$,$I_{C1} = I_{C2} = I_C$,$I_{E1} = I_{E2} = I_E$,由基极电路可列出

$$R_B I_B + U_{BE} + R_E 2 I_E = U_{EE}$$

式中,$R_B I_B + U_{BE} \ll R_E 2 I_E$,则每管的集电极电流为

$$I_C \approx I_E \approx \frac{U_{EE}}{2R_E} \tag{5.5.1}$$

由此可知发射极电位 $V_E \approx 0$。

每个管子的基极电流为

$$I_B = \frac{I_C}{\beta} \approx \frac{U_{EE}}{2\beta R_E} \tag{5.5.2}$$

每个管子的集-射极电压为

$$U_{CE} = U_{CC} - R_C I_C \approx U_{CC} - \frac{R_C U_{EE}}{2R_E} \tag{5.5.3}$$

应该注意的是:由于电路很难完全对称,静态时输出电压不一定等于零,此时可用电路中电位器 R_P 调节,故称其为静态调零电位器,一般为几十欧到几百欧;发射极电阻 R_E 的主要作用是限制每个管子的漂移范围,进一步减小零点漂移,稳定电路的静态工作点,称其为共模反馈电阻;负电源 $-U_{EE}$ 用来抵偿 R_E 上产生的直流压降,从而获得合适的静态工作点。

5.5.2　动态分析

动态时,输入电压 u_{i1} 和 u_{i2} 不等于零,以下分三种输入方式分析。

1. 差模输入

两个输入信号的大小相等,极性相反,即 $u_{i1} = -u_{i2}$,这种输入方式称为差模输入。

设 $u_{i1} > 0, u_{i2} < 0$,则 u_{i1} 使 T_1 的集电极电流增大了 ΔI_{C1},T_1 的集电极电位减小了 ΔV_{C1}(负值);而 u_{i2} 却使 T_2 的集电极电流减小了 ΔI_{C2},T_2 的集电极电位增加了 ΔV_{C2}(正值)。这样两个单管放大电路的集电极电位一高一低,呈异向变化,这就是差分放大电路名称的由来。

放大电路的输出

$$u_o = \Delta V_{C1} - \Delta V_{C2}$$

由于电路的对称性,$|\Delta V_{C1}| = |\Delta V_{C2}|$,故

$$u_o = 2\Delta V_{C1}$$

差分放大电路对差模输入信号有放大作用,输出电压为单管输出电压变化的两倍。

由于 R_E 对差模信号不起作用,其两端的电压降不变,对交变信号可视为短路;调零电位器 R_P 值很小,图中忽略了它的影响。故单管差分电路的差模信号通路和微变等效电路,如图5.5.2所示。可得单管差模电压放大倍数为

$$A_{d1} = \frac{u_{o1}}{u_{i1}} = \frac{-\beta R_C i_b}{(R_B + r_{be}) i_b} = \frac{-\beta R_C}{R_B + r_{be}} \tag{5.5.4}$$

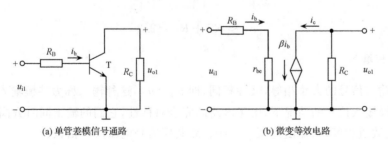

(a) 单管差模信号通路　　　　　　　(b) 微变等效电路

图 5.5.2　单管交流通路和微变等效路

同理可得

$$A_{d2} = \frac{u_{o2}}{u_{i2}} = -\frac{\beta R_C}{R_B + r_{be}} = A_{d1} \tag{5.5.5}$$

双端输出电压为

$$u_o = u_{o1} - u_{o2} = A_{d1} u_{i1} - A_{d2} u_{i2} = A_{d1}(u_{i1} - u_{i2}) = A_{d1} u_i$$

双端输入双端输出差分放大电路的差模电压放大倍数为

$$A_d = \frac{u_o}{u_i} = A_{d1} = -\beta \frac{R_C}{R_B + r_{be}} \tag{5.5.6}$$

由此可见,双端输出差分放大电路的电压放大倍数与单管放大电路的电压放大倍数相等。接成差分放大电路在放大倍数上受到一定损失,但却有效地抑制了零点漂移。

当在两管的集电极之间接入负载电阻 R_L 时,则放大倍数为

$$A_d = -\frac{\beta R_L'}{R_B + r_{be}} \tag{5.5.7}$$

式中,$R_L' = R_C /\!/ \frac{1}{2} R_L$。

因为当输入差模信号时,一管的集电极电位下降,另一管增高,R_L 的中点"零"电位(接"地"),所以每管各带一半负载电阻。

图 5.5.1 所示双端输入双端输出差分放大电路的微变等效电路,如图 5.5.3 所示。可见,电路的输入电阻 r_i 分别由两个 R_B 和 r_{be} 构成,所以输入电阻为

$$r_i = 2(R_B + r_{be}) \tag{5.5.8}$$

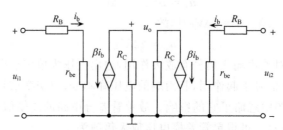

图 5.5.3 图 5.5.1 的微变等效电路

同样两个集电极电阻 R_C 也相等,如果输出电压取自两个晶体管集电极,则输出电阻

$$r_o \approx R_C + R_C = 2R_C \tag{5.5.9}$$

2. 共模输入

两个输入信号的大小相等,极性相同,即 $u_{i1} = u_{i2}$,这种输入称为共模输入。

在共模输入信号的情况下,由于电路的完全对称性,它们的输出同时升高或者同时降低,而且数值相等,则输出电压 $u_{oc} = 0$。故共模信号电压放大倍为

$$A_C = \frac{u_{oc}}{u_{ic}} = 0 \tag{5.5.10}$$

可见,放大电路对共模信号没有放大能力。

3. 任意输入

两个输入信号电压既非差模，又非共模，它们的大小和相对极性是任意的，称为任意输入。这种输入常作为比较放大用于自动控制系统。

任意输入信号可分解为一对差模信号和一对共模信号的组合。设 u_{i1} 和 u_{i2} 是两个任意的输入信号，则可分解为

$$u_{i1} = u_{c1} + u_{d1}, \qquad u_{i2} = u_{c2} + u_{d2}$$

即有

$$u_c = \frac{u_{i1} + u_{i2}}{2}, \qquad u_d = \frac{u_{i1} - u_{i2}}{2} \tag{5.5.11}$$

式中，u_c 为差模信号；u_d 为共模信号。

因此，无论差分放大电路的输入信号是何种方式，均可视为是一对共模信号和一对差模信号的组合，差分电路仅对差模信号进行放大。

对于差分放大电路而言，差模信号是有用信号，要求对其有较大的电压放大倍数；而共模信号则是零点漂移或干扰等原因产生的无用的附加信号，是需要抑制的，对其放大倍数越小越好。为全面衡量差分放大电路放大差模信号和抑制共模信号的能力，通常将差模电压放大倍数 A_d 与共模电压放大倍数 A_c 的比值作为评价性能的主要指标，称其为共模抑制比，用 K_{CMRR} 表示

$$K_{CMRR} = \left| \frac{A_d}{A_c} \right| \tag{5.5.12}$$

或用对数形式表示

$$K_{CMRR} = 20 \lg \left| \frac{A_d}{A_c} \right|$$

其单位为分贝（dB）。

共模抑制比反映了差分放大电路抑制共模干扰信号的能力，其值越大，电路抑制共模信号（零点漂移）的能力越强。对于双端输出的差分电路，如果完全对称，则 $A_c = 0$，$K_{CMRR} \to \infty$。实际上，电路完全对称是不可能的，共模抑制比不可能为无穷大，实用的差分放大电路 K_{CMRR} 约为 100dB，即 10^5。

5.5.3　输入和输出方式

差分放大电路除上述双端输入双端输出方式外，还有双端输入单端输出、单端输入双端输出和单端输入单端输出等方式，如图 5.5.4 所示。差分放大电路的连接方式实际上是根据输入端和输出端接地的不同而定的；图中恒流源 I_S 是用晶体管恒流源电路；T_1 和 T_2 的偏流由负电源 $-U_{EE}$ 提供。

差模电压放大倍数与输出方式有关，而与输入方式无关。双端输出时，其差模电压放大倍数等于每一边单管放大电路的电压放大倍数。单端输出时，差模电压放大倍数只有每一边单管放大电路的电压放大倍数的一半。但必须注意输入与输出的相位关系，即

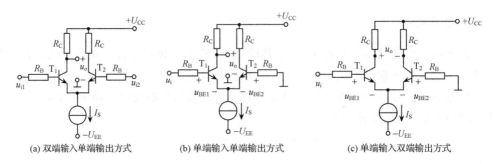

(a) 双端输入单端输出方式　　(b) 单端输入单端输出方式　　(c) 单端输入双端输出方式

图 5.5.4　差分放大电路的输入输出连接方式

$$A_d = \frac{u_{o1}}{u_i} = \frac{u_{o1}}{2u_{i1}} = -\frac{1}{2} \times \frac{\beta R_C}{R_B + r_{be}} (\text{反相输出}) \tag{5.5.13}$$

$$A_d = \frac{u_{o2}}{u_i} = \frac{u_{o2}}{2u_{i2}} = \frac{1}{2} \times \frac{\beta R_C}{R_B + r_{be}} (\text{同相输出}) \tag{5.5.14}$$

无论是单端输入还是双端输入,输入电阻均相同。双端输出时的输出电阻 $r_o = 2R_C$,单端输出时的输出电阻 $r_o = R_C$。

5.6　功率放大电路

前面介绍的放大电路一般用在多级放大电路的前级和中间级,目的在于放大电路具有足够大的输出电压。实际应用中放大电路不仅需要较大的输出电压,还需要较大输出功率能够推动扬声器发声、电动机转动、继电器闭合或断开等执行结构工作,即必须有功率放大电路。功率放大电路可向执行机构(负载)提供所需足够大的电压和电流,即足够大的输出功率。

5.6.1　要求和特点

功率放大电路与电压放大电路的共同点都是利用晶体管的能量控制作用,实现能量的转换。但两种放大电路的侧重点不同,电压放大电路的目的是将微弱信号进行不失真放大,以获得足够大电压放大倍数,属于小信号放大电路;而功率放大电路的目的是获得输出较大的信号功率,其以前级放大电路的输出信号作为输入信号,属于大信号放大电路。对功率放大电路的基本要求主要有以下几点。

1) 具有较大的输出功率

在不失真情况下的较大输出功率用最大功率表示,其指放大电路输入一正弦信号,输出波形不超过规定的非线性失真指标时,电路最大输出电压和电流有效值的乘积,即

$$P_{om} = \frac{U_{om}}{\sqrt{2}} \frac{I_{om}}{\sqrt{2}} = \frac{U_{om} I_{om}}{2} \tag{5.6.1}$$

式中,U_{om}、I_{om} 分别为负载上正弦电流电压和电流的幅值。

为了获得较大的输出功率,通常让晶体管工作在极限状态,但不能超过晶体管的极

限参数 P_{CM}、I_{CM} 和 $U_{(BR)CEO}$。

2）具有较高的效率

功率放大电路的输出功率实际上是由直流电源提供的。所谓的效率就是功率放大电路输出的最大功率 P_{om} 与直流电源供给的功率 P_E 之比，即

$$\eta = \frac{P_{om}}{P_E} \times 100\% \tag{5.6.2}$$

3）非线性失真小

由于功率放大电路输出功率大，使晶体管往往会超出线性范围，即使不出现明显的饱和、截止失真，但非线性失真却已存在。因此，减小非线性失真是功率放大电路又一个重要的问题。

4）功率放大电路特点

功率放大电路有甲类、乙类和甲乙类三种工作状态，如图 5.6.1 所示。甲类工作状态是指静态工作点 Q 设置在交流负载线的中点，如图 5.6.1(a)所示。在输入信号变化的整个周期内，晶体管都有电流通过，即晶体管始终处于导通状态，无波形失真，电源提供的功率主要以热损耗消耗在晶体管的集电极。可以证明，功率放大电路工作在甲类工作状态时，放大电路最高的理想效率也只有 50%，而实际效率还要低于这个水平。因此，实际功率放大电路很少采用甲类工作状态。

动画：功率放大
电路三种状态

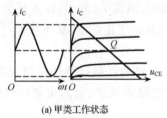

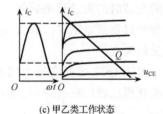

(a) 甲类工作状态　　　　　　(b) 乙类工作状态　　　　　　(c) 甲乙类工作状态

图 5.6.1　功率放大电路的工作状态

乙类工作状态是指静态工作点 Q 设置接近于输出特性曲线的截止区，如图 5.6.1(b)所示。当输入正弦信号时，晶体管只在半个周期导通，输出信号只有下半周，产生了严重的失真。当输入信号 $u_i = 0$ 时，放大电路本身的功率损耗也近似于零。因此，乙类功放状态的效率比甲类功放有了显著提高，在理想情况下最大效率的理论值为 78%。

甲乙类工作状态是指静态工作点 Q 设置比乙类工作状态略向上移，如图 5.6.1(c)所示。有半个信号周期以上晶体管处于导通状态，输出信号仍有较大失真。效率介于甲类和乙类工作状态之间。

由上述分析可见，当晶体管工作在乙类和甲乙类状态时，虽然提高了功率放大电路的效率，但集电极电流波形却产生了严重失真。为解决高效率和非线性失真之间的矛盾，实际中通常采用互补对称功率放大电路。它既可提高放大电路的效率，又可减小信号波形的失真。

讲义:功率放
大电路分析

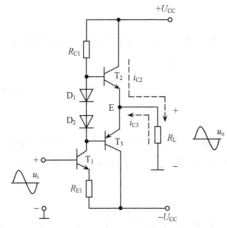

图 5.6.2　OCL 互补对称功率放大电路

5.6.2　OCL 互补对称功率放大电路

甲乙类互补对称功率放大电路的输出端不接电容的，称为 OCL（output capacitor-less）互补对称电路，如图 5.6.2 所示。晶体管 T_1 为典型的甲类电压放大电路，用作功率放大电路前的推动级。在 T_1 的集电极，也就是在功率放大级（输出级）晶体管 T_2、T_3 基极间的二极管 D_1、D_2 为 T_2、T_3 提供大于死区电压的基极正向偏压，使 T_2、T_3 在静态时处于微导通状态，即预先给每只管子以一定的电流，T_2 和 T_3 轮流导电时，交替得比较平滑，以克服交越失真。由于电路完全对称，静态时 T_2、T_3 电流相等，负载电阻 R_L 上没有电流通过，两只管子的发射极电位相等，即 $V_E = 0$。

当有输入信号 u_i 时，由于二极管的交流电阻 $r_D \ll R_{C1}$，可认为 T_2、T_3 的基极交流电位基本相等，两管轮流工作在过零点附近。T_2、T_3 的导电时间都比半个周期长，即有一定的交替时的重迭导电时间。在输入信号 u_i 的一个周期内，电流 i_{C2} 和 i_{C3} 以正反方向交替经过负载电阻 R_L，故可在 R_L 得到的电压和电流波形接近于正弦波，从而基本克服了交越失真。

由于 OCL 电路在输出端省去了隔直电容，使得放大电路的低频时特性得到改善，因此获得比较广泛的应用。但 OCL 互补对称功率放大电路需要正、负双电源（$+U_{CC}$ 和 $-U_{CC}$）供电。

5.6.3　OTL 互补对称功率放大电路

甲乙类互补对称功率放大电路的输出端不接变压器，称为 OTL（output transformer-less）互补对称功率放大电路。如图 5.6.3所示。晶体管 T_1（工作在甲类工作状态）构成推动级，电阻 R_1 和 R_2 组成分压式偏置电路。该放大电路只用一个直流电源 U_{CC}，电路工作时电容 C_L 所充电代替了 OCL 功率放大电路中的负电源，使用起来较为方便。

静态时，通过调节 T_1 的静态工作点，使得 T_2 和 T_3 的发射极电位，即 E 点的电位为 $U_{CC/2}$，输出耦合电容 C_L 两端电压也等于 $U_{CC/2}$，也使得晶体管 T_2 和 T_3 具有合适的基极电位 U_B，保证 T_2 和 T_3 工作在甲乙类工作状态。

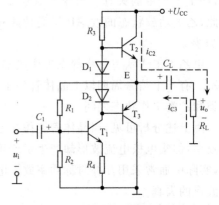

图 5.6.3　OTL 互补对称功率放大电路

动态时,在输入信号 u_i 的负半周,T_2 导通,T_1 的集电极电位在静态的基础上增大,T_3 截止,电源 U_{CC} 通过 T_2 对电容 C_L 充电,充电电流 i_{C2} 经过负载电阻 R_L,如图 5.6.3 所示,形成输出电压 u_o 的正半周波形。输入信号 u_i 的正半周时,T_1 的集电极电位在静态的基础上减小,T_2 截止,T_3 导通。电容 C_L 通过 T_3 对负载电阻 R_L 放电,放电电流 i_{C3} 经过负载电阻 R_L,形成输出电压 u_o 的负半周波形,如图 5.6.3 所示。所以,在输入信号 u_i 的整个周期内,T_2、T_3 两管交替地工作,结果在负载电阻 R_L 上就可以得到一个完整的正弦波输出电压 u_o。

可见,电容 C_L 上的直流电压相当于 T_3 的工作电源,若电容 C_L 值取得足够大,充放电的时间常数 $R_L C_L$ 远大于信号周期,可近似人为信号变化过程中,电容 C_L 两端电压不变。

本 章 小 结

(1) 放大电路的分析包括静态分析和动态分析两个方面。静态分析的目的在于确定放大电路的静态工作点,保证放大电路在放大信号的情况下不会出现失真。动态分析的目的在于确定放大电路的输入、输出电阻,以及电压放大倍数。

静态分析可采用估算法和图解法,动态分析可采用微变等效电路法和图解法。图解法可形象、直观地反映放大电路的静态与动态时的各种工作关系,但作图费时,有些参数无法反映。因此,要求重点掌握静态分析中的估算法,以及动态分析中微变等效电路法。

(2) 在电压放大电路中,共发射极放大电路是一种常用的基本电路,其他放大电路是在其基础上建立起来的。为了克服温度变化对放大电路静态工作点的影响,通常采用分压式偏置电路和直流负反馈。

(3) 射极输出器的电压放大倍数小于 1,而接近 1,但其具有电流和功率放大作用,并具有输入电阻高、输出电阻低的特点。常用作多级放大电路的输入级、输出级和中间隔离级。

(4) 场效应管放大电路与晶体管放大电路有相似之处,如果将场效应管的源极、漏极和栅极看成晶体管的发射极、集电极和基极,则两种电路在结构上基本相同,但场效应管的静态工作点是借助于栅极偏压来设置的。常用的电路有分压式偏置电路和自给偏压偏置电路。区别在于,场效应管是一种电压控制元件,而晶体管是一种电流控制元件。

(5) 多级放大电路是由单级基本放大电路级联而成,级间可以采用阻容耦合或直接耦合方式。第一级通常要求具有较高的输入电阻,以减小信号源电流,可以采用场效应管放大电路或射极输出器。而末级常采用射极输出器,目的是得到较低的输出电阻,使之与较低的负载在电阻相匹配。也可以采用功率放大电路,以便供给负载足够的功率。

(6) 差分放大电路有效地解决了直接耦合时的零点漂移问题,因而获得了广泛应用。其抑制零漂移的措施是:电路对称,双端输出时两边的漂移互相抵消;利用发射极公用电阻 R_E 对每管的零漂移进行抑制。差分放大电路放大差模信号,抑制共模信号。共模抑制比 K_{CMRR} 越大,抑制共模信号的能力越强。

(7) 功率放大电路的主要要求是获得最大不失真的输出功率和具有较高的工作效率。实际中常用的功放电路是互补对称电路。

习 题

5.1 在题图 5.1 所示(a)、(b)、(c)、(d)4 个电路中,哪几个电路可正常工作? 为什么?

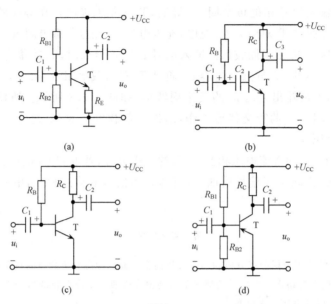

题图 5.1

5.2 在题图 5.2(a)所示的基本放大电路中,3DG6 型晶体管的输出特性曲线如题图 5.2(b)所示。设 $U_{CC}=12V$,$R_B=200k\Omega$,$R_C=2k\Omega$。试求:

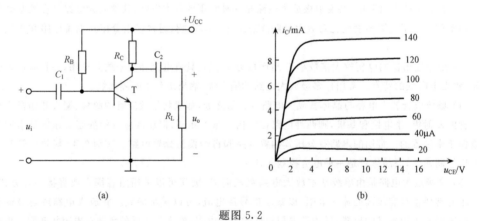

题图 5.2

(1) 静态工作点 Q_0;

(2) 若 R_C 由 2kΩ 增大到 4kΩ,工作点 Q_1 移到何处?

(3) 若 R_B 由 200kΩ 变为 150kΩ,工作点 Q_2 移到何处?

(4) 若 U_{CC} 由 12V 变为 16V,工作点 Q_3 移到何处?

5.3 题图 5.3 所示电路中,设 $R_{B1}=47k\Omega$,$R_{B2}=15k\Omega$,$R_C=3k\Omega$,$R_E=1.5k\Omega$,$R_L=2k\Omega$,$\beta=50$,$U_{CC}=12V$。要求:

(1) 计算静态工作点;

(2) 画出放大电路的微变等效电路;

(3) 计算输入电阻 r_i 和输出电阻 r_o;

(4) 计算电压放大倍数 A_u。

5.4　题图 5.4 所示射极输出器电路中,已知 $r_{be}=0.45\text{k}\Omega,\beta=50$。试求:

(1) 静态工作点;

(2) 输入电阻 r_i;

(3) 电压放大倍数 A_u。

5.5　题图 5.5 所示放大电路中,设 $\beta=50$。要求:

(1) 画出微变等效电路;

(2) 电压放大倍数 $A_{u1}=\dfrac{\dot{U}_{o1}}{\dot{U}_i}$,$A_{u2}=\dfrac{\dot{U}_{o2}}{\dot{U}_i}$;

(3) 输出电压 $\dot{U}_{o1}$ 和 $\dot{U}_{o2}$ 的相位关系如何?

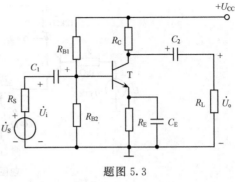

题图 5.3

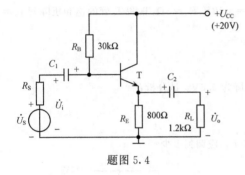

题图 5.4

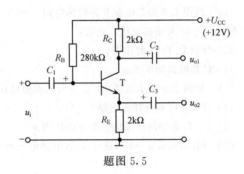

题图 5.5

5.6　题图 5.6 所示的电压放大电路,$\beta_1=\beta_2=40$,其他元件参数如图中所示。要求:

(1) 试求静态工作点;

(2) 画出微变等效电路;

(3) 计算输入电阻 r_i 和输出电阻 r_o;

(4) 计算电压放大倍数 A_u。

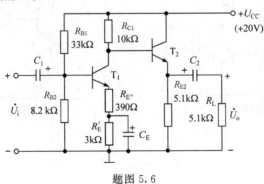

题图 5.6

5.7　题图 5.7 所示是单端输入、双端输出的差分放大电路。已知 $\beta_1=\beta_2=50$,输入电压 $U_S=10\text{mV}$ 为正弦电压有效值,其他元件参数如电路所示。试求:

(1) 静态工作点,并指出偏流的流经路径;

(2) 输出电压 U_o;

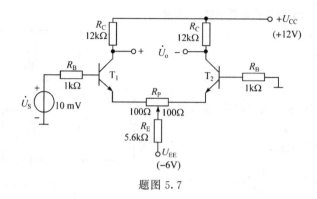

题图 5.7

（3）当输出端接有负载电阻 $R_L=12\text{k}\Omega$ 时的电压放大倍数；

（4）输入电阻 r_i 和输出电阻 r_o。

5.8 题图 5.8 为双电源互补对称电路。$\pm U_{CC}=\pm 12\text{V}$，$R_L=8\Omega$，$T_1$ 和 T_2 管的饱和压降 $U_{CES}=1\text{V}$，输入信号 u_i 为正弦电压。要求：

（1）分析 D_1 和 D_2 的作用；

（2）计算输出功率 P_{om}。

5.9 题图 5.9 所示电路中，设各管的发射结压降为 0.6V。试分析：

（1）该放大电路是什么电路？

（2）T_4、T_5 是如何连接的？起什么作用？

（3）在静态时，$U_A=0\text{V}$，这时 T_3 管的集电极电位 U_{C3} 应调到多少？

讲义：部分习题
参考答案5

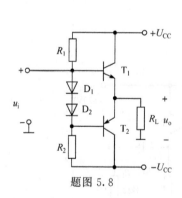

题图 5.8

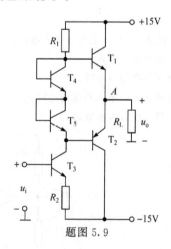

题图 5.9

第**6**章 集成运算放大器与应用

前面两章所讨论的各种电路,是由各种单个元件(如晶体三极管、二极管、电阻和电容等)连接而成的电子电路,称为分立电路。集成电路则是将各单个元件相互连接而制造在同一块半导基片上,构成具有各种特定功能的电子电路。集成电路不仅打破了分立元件和分立电路的设计方法,实现了材料、元件和电路的统一,还具有体积更小、重量更轻、功耗低、焊接点少和可靠性高等特点。

按集成度分,集成电路有小规模 (SSI)、中规模(MSI)、大规模(LSI)和超大规模(VLSI)之分。目前的超大规模集成电路,每块芯片上集有上百万个元件,而芯片的面积只有几十平方毫米。按功能分为模拟集成电路和数字集成电路。模拟集成电路有运算放大器、功率放大器、稳压电源、数模与模数转换器等。本章主要讨论集成运算放大器,其他集成器件将在以后各章分别介绍。

6.1 集成运算放大器简介

6.1.1 组成原理

集成运算放大器实质是一高增益直接耦合的多级放大电路,如图 6.1.1 所示。输入级由晶体管 T_1、T_2 和电阻 R_1、R_2、R_3 组成,采用的是双端输入、单端输出的差分放大电路;中间级由晶体管 T_3 和 R_4、R_5 组成单管电压放大电路;输出级由晶体管 T_4、T_5 和 D_1、D_2 组成甲乙类 OCL 功率放大电路。

讲义:集成运算
放大器简介

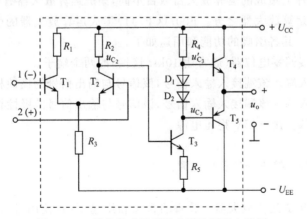

图 6.1.1 简单集成运算放大器的原理电路图

集成运算放大器的品种繁多,电路也各不相同,但其基本组成相似,通常也都由输入级、中间级和输出级三部分组成,如图 6.1.2 所示。

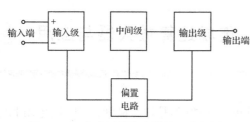

图 6.1.2　集成运算放大器的组成框图

输入级是提高集成运算放大器质量的关键部分,要求其输入电阻高,能减少零点漂移和抑制共模信号。输入级都采用差分放大电路,其具有同相和反相两个输入端,分别用"＋"和"－"表示。

中间级主要进行电压放大,要求有较高的电压放大倍数,一般由共射极放大电路组成,其可达 10^5 以上。

输出级与负载连接,要求其输出电阻低,带负载能力强,能输出足够大的电压和电流,一般由互补对称电路或射极输出器组成。

偏置电路的作用是为上述各级电路提供稳定和合适的偏置电流,保持各级的静态工作点,一般由恒流源电路组成。

在应用集成运算放大器时,主要应掌握各管脚的含义和性能参数,而其内部电路结构如何,一般是无关紧要的,故这里也就不再介绍集成运算放大器的内部电路。集成运算放大器的硅片密封在管壳之内,向外引出管脚(接线端)。管壳外形通常有双列直插式、扁平式和圆筒式三种,如图 6.1.3 所示。

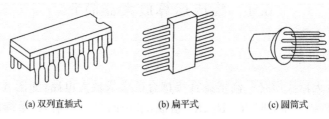

(a) 双列直插式　　　　(b) 扁平式　　　　(c) 圆筒式

图 6.1.3　集成运算放大器外形

根据每一硅片上集成的运算放大器数目不同,集成运算放大器有单运算放大器、双运算放大器和四运算放大器之分。F007(CF741)集成运算放大器的引脚排列和符号,如图 6.1.4 所示。其各引脚的功能和用途如下。

1 和 5 为外接调零电位器(通常用 $10k\Omega$ 连接)的两个端子。

2 为反相输入端。该端接入输入信号,该信号与输出信号的极性相反。

3 为同相输入端。该端接入输入信号,该信号与输出信号的极性相同。

4 为负电源端。接 $-15V$ 稳压电源。

6 为输出端。

7 为正电源端。接 $+15V$ 稳压电源。

8 为空脚。

不同型号的集成运算放大器各管脚的含义和用途不同,使用时必须了解各主要参数的意义。

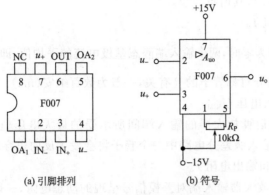

(a) 引脚排列　　　　　(b) 符号

图 6.1.4　F007 集成运算放大器

集成运算放大器的图形符号,如图 6.1.5 所示。它有两个输入端和一个输出端,反相输入端标上"一"号,同相输入端和输出端上"＋"号,它们对"地"的电压(即电位)分别用 u_-、u_+ 和 u_o 表示;"∞"表示开环电压放大倍数的理想化条件。

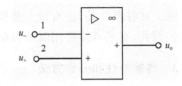

图 6.1.5　集成运算放大器图形符号

6.1.2　主要参数

集成运算放大器的参数是评价其性能好坏的主要指标,是正确选择和使用集成运算放大器的重要依据。

1) 开环电压放大倍数(差模电压放大倍数)A_{uo}

A_{uo} 是指集成运算放大器在没有外接反馈时测得的电压放大倍数。开环电压放大倍数为输入电压与差模电压之比,常用分贝(dB)表示,即

$$A_{uo} = 20\lg \left| \frac{u_o}{u_d} \right| \text{(dB)} \tag{6.1.1}$$

A_{uo} 越高,所构成的电路精度越高,其为 80～140dB,即 10^4～10^7。

2) 最大输出电压 U_{opp}

能使输出电压和输入电压失真不超过允许值时的最大输出电压,称运算放大器的最大输出电压。F007 的 U_{opp} 为 ± 12～± 13V。

3) 输入失调电压 U_{io}

当输入信号电压 $u_{i1} = u_{i2} = 0$(即把两输入端同时接地)时,理想运算放大器输出电压 $u_o = 0$。但在实际的运算放大器中晶体管的参数和电阻值不可能完全匹配,因此存在着"失调"。当输入电压为零时,输出电压 $u_o \neq 0$,如果要使 $u_o = 0$,必须在输入端加一理想电压源 U_{io},将 U_{io} 称作输入失调电压。U_{io} 一般在几毫伏级,显然它越小越好。

4) 输入失调电流 I_{io}

I_{io} 是指输入信号为零时,两个输入端静态基极电流之差,即 $I_{io} = |I_{B1} - I_{B2}|$。$I_{io}$

一般为零点零几微安级,其值越小越好。

5)输入偏置电流 I_{iB}

I_{iB} 是指输入信号为零时,两个输入端静态基极电流的平均值,即 $I_{iB} = \frac{1}{2}(I_{1B} + I_{2B})$。其大小主要与电路差分对称管子的 β 有关,一般为数百纳安(nA)。

6)最大共模输入电压 U_{ICM}

U_{ICM} 是指在集成运算放大器的输入端间所承受的最大电压值。如果超过该电压值,集成运算放大器输入级差分电路中一个管子将会发生反向击穿现象等。

7)输入电阻 r_i 和输出电阻 r_o

r_i 是指集成运算放大器输入端对差模信号呈现的动态电阻,一般为 $10^5 \sim 10^{11}\,\Omega$。如果输入级采用场效应管时,$r_i$ 则更大。r_o 是指集成运算放大器输出级的动态电阻。r_o 通常较小,一般为几十到几百欧。

除上述各参数外,还有最大差模输入电压、温度漂移、共模抑制比、转换速率等其他参数。因此,要求具体使用时可查阅有关手册,这里不再赘述。

6.1.3　传输特性和分析方法

1. 集成运算放大器电压传输特性

电压传输特性是指输出电压 u_o 与两个输入电压之差($u_+ - u_-$)的关系曲线。典型集成运算放大器的电压传输特性如图 6.1.6 所示。其有三个工作区,即一个线性区和两个饱和区。集成运算放大器可以工作在线性区,也可以工作在饱和区,但分析方法是不一样的。

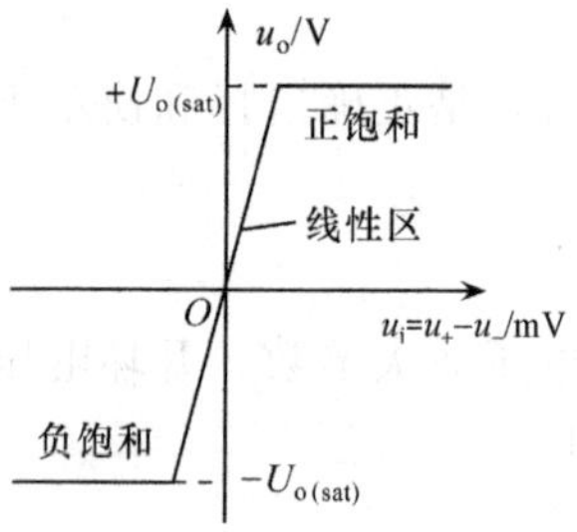

当运算放大器在线性区工作时,输出电压 u_o 与输入电压 $u_i (= u_+ - u_-)$ 为线性关系,即

$$u_o = A_{uo}u_i = A_{uo}(u_+ - u_-) \qquad (6.1.2)$$

式中,A_{uo} 为开环电压放大倍数。

图 6.1.6　运算放大器的传输特性

集成运算放大器是一个线性放大元件。由于 A_{uo} 很高,即使输入毫伏级以下的信号,也足以使输出电压饱和,其饱和值为 $+U_{o(sat)}$ 或 $-U_{o(sat)}$,达到接近正电源电压或负电源电压值;再则,由于干扰,使工作难于稳定。所以,要使运算放大器工作于线性区,通常要引入深度电压负反馈。

2. 理想运算放大器

在分析运算放大器时,通常可将它看成是一个理想运算放大器。理想化条件主要是:

开环电压放大倍数 $A_{uo} \to \infty$;

差模输入电阻 $r_{id} \to \infty$;

开环输出电阻 $r_o \to 0$;

共模抑制比 $K_{CMRR} \to \infty$ 。

由于实际集成运算放大器上述技术指标接近理想条件,因此在集成运算放大器应用电路时,用理想集成运算放大器代替实际集成运算放大器所产生的误差并不大,在工程上是允许的,这样就可使分析过程大大简化。后面对各种集成运算放大器电路都是根据它的理想化条件来分析的。

3. 分析方法

根据上述理想化条件,对于工作在线性区的集成运算放大器,可得以下分析集成运算放大器的两个重要依据。

(1) 由于电阻 $r_{id} \to \infty$,集成运算放大器就不会从外部电路吸取任何电流。故可认为两个输入端为零,即

$$i_+ = i_- = 0 \tag{6.1.3}$$

称这种现象为"虚设断路",简称"虚断",但不是真正的断路。

(2) 由于集成运算放大器的开环放大倍数 $A_{uo} \to \infty$,而输出电压 u_o 是一个有限值,故有

$$u_i = u_+ - u_- = \frac{u_o}{A_{uo}} \approx 0$$

即

$$u_+ \approx u_- \tag{6.1.4}$$

这种同相输入端和反相输入端之间没有电位差的现象称为"虚设短路",简称"虚短",但不是真正的短路。

当 $u_+ \approx u_- = 0$ 时,这种与"地"电位相等的现象,称为"虚地",同样并非真正的接地。

值得注意的是,上述两个结论只适用于集成运算放大器工作在线性区。如果工作在饱和区,式(6.1.2)不能满足,这时输出电压 u_o 只有两种可能,或等于 $+U_{o(sat)}$ 或等于 $-U_{o(sat)}$,而 u_+ 与 u_- 不一定相等。

当 $u_+ > u_-$ 时,

$$u_o = +U_{o(sat)} \tag{6.1.5}$$

当 $u_+ < u_-$ 时,

$$u_o = -U_{o(sat)} \tag{6.1.6}$$

此外,运算放大器工作在饱和区时,两个输入端的输入电流也等于零。

理想集成运算放大器的电压传输特性如图 6.1.7 所示。由于理想运算放大器的开环电压放大倍数 $A_{uo} \to \infty$,因此,其线性区为一与纵轴重合的直线。

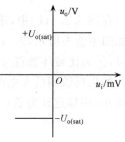

图 6.1.7　理想运算放大器的电压传输特性

练习与思考

6.1.1　运算放大器主要包括哪几个基本组成部分？

6.1.2　理想运算放大器应满足哪些条件？

6.1.3　运算放大器工作在线性区和饱和区有什么不同？

6.1.4　什么叫"虚断"和"虚短"？同相输入端是否存在"虚短"？

6.2　集成运算放大电路中的反馈

反馈在电子电路中应用相当广泛。在第 5 章中我们曾经提到，在放大电路中引入直流负反馈可以稳定静态工作点。本节将重点讨论反馈的基本概念、集成运算放大电路中反馈的类型分析、引入反馈对放大电路性能的影响等。

6.2.1　反馈基本概念

所谓反馈就是将放大电路的输出信号（电压或电流）的一部分或全部，通过一定的电路（反馈电路）送回到放大电路的输入回路。

如果放大电路无反馈作用时，输入信号从输入回路向输出回路传递，即为单向传递，亦称开环放大电路，如图 6.2.1(a)所示。如果有反馈作用时，放大电路中的信号既有从输入回路向输出回路传递，也有从输出回路向输入回路传递，即为双向传递，亦称闭环放大电路，如图 6.2.1(b)所示。

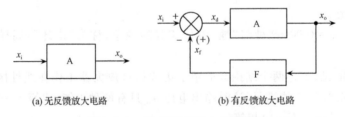

(a) 无反馈放大电路　　　　　　　　　(b) 有反馈放大电路

图 6.2.1　无、有反馈放大电路框图

在图 6.2.1(b)中，用 x 表示信号，它既可表示电压，也可表示电流，信号传递的方向如图中箭头所示，x_i、x_o 和 x_f 分别为输入信号、输出信号和反馈信号。x_d 为净输入信号，$\otimes$ 为比较环节符号，A 为基本放大电路，F 为反馈电路。

如果反馈到放大电路的输入回路，反馈信号 x_f 与输入信号 x_i 比较使得净输入信号 x_d 减小，则称这种为负反馈。负反馈时的净输入信号为

$$\dot{X}_d = \dot{X}_i - \dot{X}_f \tag{6.2.1}$$

反之，反馈信号使得净输入信号加强的反馈称为正反馈，正反馈时的净输入信号为

$$\dot{X}_d = \dot{X}_i + \dot{X}_f \tag{6.2.2}$$

讲义：放大电路
中的负反馈

放大电路和集成运算放大器作线性应用时通常采用负反馈，目的在于改善放大电路的性能（将在下面讨论）。振荡电路和集成运算放大器作非线性应用时通常采用正反馈，目的在于获得某种振荡信号。

无反馈时放大电路,如图 6.2.1(a)所示。基本放大电路的放大倍数为

$$A = \frac{\dot{X}_o}{\dot{X}_i} \tag{6.2.3}$$

通常将 A 称为开环放大倍数。

有反馈时放大电路,如图 6.2.1(b)所示。反馈信号 $\dot{X}_f$ 与输出信号 $\dot{X}_o$ 间的关系为

$$F = \frac{\dot{X}_f}{\dot{X}_o} \tag{6.2.4}$$

称为反馈系数。

如果在图 6.2.1(b)所示放大电路中引入负反馈,净输入信号为 $\dot{X}_d = \dot{X}_i - \dot{X}_f$,则放大电路的放大倍数为

$$A_f = \frac{\dot{X}_o}{\dot{X}_i} = \frac{A\dot{X}_o}{(1+FA)\dot{X}_d} = \frac{A}{1+FA} \tag{6.2.5}$$

称为闭环放大倍数。

式(6.2.5)给出了闭环放大倍数 A_f 和开环放大倍数 A 之间的关系,其中 $|1+AF|$ 为反馈前后放大倍数的变化,称为反馈深度。当反馈深度不同时放大电路引入反馈有三种情况。

(1) $|1+AF| > 1$。此时 $|A_f| < |A|$,说明引入反馈后,放大倍数下降,称这种反馈为负反馈,负反馈可以改善放大电路的动态性能指标。如果 $|1+AF| \gg 1$,则 $A_f \approx 1/F$,这种反馈称为深度负反馈。

(2) $|1+AF| < 1$。此时 $|A_f| > |A|$,说明引入反馈后,放大倍数增大,称这种反馈为正反馈,正反馈可以获得较大的放大倍数,但极易引起电路的振荡。

(3) $|1+AF| = 0$。此时 $AF = -1$,闭环放大倍数趋于无穷大,电路在没有输入信号的情况下,有稳定的输出信号,这种情况称电路产生了自激振荡。但在信号发生电路中为获得正弦波信号等,往往需要引入正反馈,使电路工作在自激振荡状态。

6.2.2　反馈类型和判断

1. 反馈的类型

在反馈放大电路中有电压串联、电压并联、电流串联和电流并联四种类型或组态,如图 6.2.2(a)、(b)、(c)和(d)所示。

2. 反馈的判断

在分析反馈放大电路时,先要找出反馈电路(或支路)分析该反馈属于正反馈还是负反馈,再判断反馈属于哪种类型。

1) 有反馈和无反馈

有无反馈主要观察是否有反馈电路将放大电路的输出回路和输入回路联系在一

动画:放大电路的四种负反馈方式

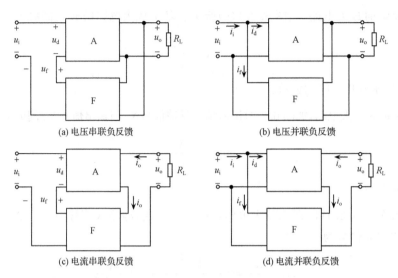

(a) 电压串联负反馈   (b) 电压并联负反馈

(c) 电流串联负反馈   (d) 电流并联负反馈

图 6.2.2   负反馈放大电路的反馈方式

起,如果有则存在反馈,否则不存在反馈。

2)正反馈和负反馈

正负反馈通常采用瞬时极性法进行判断。所谓的瞬时极性法,是指晶体管的基极(场效应管的栅极)和发射极(或场效应管的源极)瞬时极性相同,而与集电极(或场效应管漏极)瞬时极性相反,如图 6.2.3(a)所示。集成运算放大器的同相输入端与输出端瞬时极性相同,而与反相输入端与输出端瞬时极性相反,如图 6.2.3(b)所示。如果引入反馈信号,使得净输入信号增加,则为正反馈;否则为负反馈。

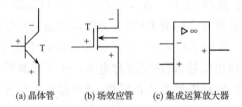

(a)晶体管   (b)场效应管   (c)集成运算放大器

图 6.2.3   晶体管、场效应管和集成运算放大器的瞬时极性

3)直流反馈和交流反馈

如果反馈电路仅反映放大电路中的直流量变化,则为直流反馈。如第 5 章讨论的偏置电路对工作点的稳定,就是利用了直流负反馈。如果反映的是放大电路中的交流量变化,则为交流反馈。交流负反馈可以改善放大电路的性能指标。通常反馈支路中串联有电容,则为交流反馈;并联有旁路电容,则为直流反馈。

4)电压反馈和电流反馈

判断是电压反馈,还是电流反馈,取决于反馈电路与放大电路输出回路的连接方式。如果反馈电路和负载处于并联状态,反馈信号正比于输出电压信号 u_o,即

$$\dot{X}_f = F \dot{X}_o = F \dot{U}_o \tag{6.2.6}$$

则为电压反馈,如图 6.2.2(a)、(b)所示。

如果反馈电路负载处于串联状态,反馈信号正比于输出电流信号 i_o,即

$$\dot{X}_f = F \dot{X}_o = F \dot{I}_o \tag{6.2.7}$$

则为电流反馈,如图 6.2.2(c)、(d)所示。

判断电压反馈还是电流反馈,也可利用假设输出短路法。即假设放大电路输出回路短接,即放大电路输出电压为零,如果反馈信号也因此为零,表明放大电路中引入的为电压反馈;如果反馈信号并不因此为零,或者说断开输出回路反馈信号消失,则表明放大电路中引入的为电流反馈。

5) 串联反馈和并联反馈

判断是串联反馈,还是并联反馈,取决于反馈电路与放大电路输入回路的连接方式。如果放大电路中的输入信号、反馈信号和净输入信号三者以串联的方式连接(或比较),则放大电路的净输入电压为

$$\dot{U}_d = \dot{U}_i - \dot{U}_f \tag{6.2.8}$$

在输入回路以电压比较形式表现,称为串联反馈,如图 6.2.2(a)、(c)所示。

如果反馈电路中的输入信号、反馈信号和净输入信号三者以并联的方式连接(或比较),则放大电路的净输入电流为

$$\dot{I}_d = \dot{I}_i - \dot{I}_f \tag{6.2.9}$$

在输入回路以电流比较形式表现,称为并联反馈,如图 6.2.2(b)、(d)所示。

值得应该注意的是:电压或电流反馈与基本放大电路的输入回路无关;串联或并联反馈与基本放大电路的输出回路无关。

综上所述,负反馈放大电路按反馈方式不同,有以下四种类型:电压串联负反馈[图6.2.2(a)]、电流串联负反馈[图6.2.2(c)]、电压并联负反馈[图6.2.2(b)]和电流并联负反馈[图6.2.2(d)]。

6.2.3　具体负反馈电路分析

根据反馈电路在基本放大电路输入与输出回路的不同连接方式,集成运算放大电路主要有四种不同的反馈类型。

1. 电压串联负反馈

在图 6.2.4 所示运算放大电路中,电阻 R_F 将运算放大电路的输出和反相输入回路连接在一起,故放大电路中有反馈。

根据瞬时极性法,假设同相输入端瞬时极性为正,记为"⊕",通过反馈电路 R_F、R_1 分压后将反馈信号 u_f 引到反相输入端,反馈信号 u_f 的瞬时极性也为"⊕",结果使得净差模电压($u_d = u_i - u_f$)减小。因此,该电路中引入的是负反馈。

根据输出短路法,假设输出电压 $u_o = 0$,反馈电压

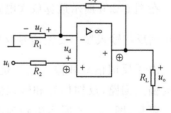

图 6.2.4　电压串联负反馈电路

$u_f = \dfrac{R_1}{R_1 + R_F} u_o = 0$。或者说 u_f 取自输出电压 u_o，并与之成正比，故电路引入的是电压反馈。

对于输入端而言，输入信号 u_i 在同相输入端，反馈电压加在反相输入端，即反馈信号与输入信号从运算放大器的不同点引入。或者说反馈信号与输入信号以电压的形式进行比较，两者串联。因此，电路引入的是串联反馈。

综上所述，图 6.2.4 所示放大电路为电压串联负反馈。

电压负反馈有稳定输出电压的作用。当输入电压 u_i 为一定值时，如果输出电压 u_o 由于电路参数或负载电阻 R_L 变化而减小，则反馈电压 u_f 也随之减小，结果使运算放大器的净输入电压 u_d 增大，结果使得 u_o 随之回到接近原来的数值。上述反馈过程可表示为

$$R_L \downarrow \rightarrow u_o \downarrow \rightarrow u_f \downarrow \rightarrow u_d (= u_i - u_f) \uparrow \qquad$$
$$u_o \uparrow \longleftarrow$$

2. 电流串联负反馈

在图 6.2.5 所示运算放大电路中，反馈电阻 R_F 将反馈信号引入到运算放大器的反相输入端，故为负反馈。

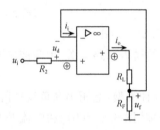

图 6.2.5   电流串联负反馈电路

反馈信号以 u_f 的形式叠加在运算放大器的反相输入端，且与输入信号 u_i 从不同点引入，故为串联反馈；断开输出回路则反馈消失，故为电流反馈。另外，由反馈信号取自电阻 R_F 上的电压降 $R_F i_o$（$i_o \gg i_i$），反馈电压 u_f 的大小正比于 i_o，反馈电压的存在依赖于负载电流 i_o，故可以判断是电流反馈。

可见，图 6.2.5 所示放大电路为电流串联负反馈。

电流负反馈有稳定输出电流的作用。如果输入电压 u_i 一定时，由于更换集成运算放大器或温度等原因使输出电流 i_o 增大，于是反馈电压 u_f 也随之增大，其结果使净输入电压 $u_d = u_i - u_f$ 减小，故输出电流 i_o 恢复到接近原来的数值。如温度增加时，稳定输出电流 i_o 的反馈过程为

$$T(℃) \uparrow \rightarrow i_o \uparrow \rightarrow u_f \uparrow \rightarrow u_d (= u_i - u_f) \downarrow \qquad$$
$$i_o \downarrow \longleftarrow$$

3. 电压并联负反馈

在图 6.2.6 所示运算放大电路中，输入信号 u_i 从反相端引入，反馈电阻 R_F 从输出端连接到反相输入端。反馈信号取自输出电压 u_o，即 $i_f \approx -\dfrac{u_o}{R_F}$，故为电压反馈。

由于反馈信号和输入信号是以电流形式进行比较，i_d 和 i_f 并联。或者说在放大电路的输入回路，反馈信号和输入信号在同一端，故为并联反馈。

可见，图 6.2.6 所示电路为电压并联负反馈。

值得注意的是,同相输入端经电阻 R_2 接地,设流过 R_2 的电流很小,可忽略不计,则 $u_+ \approx 0$。根据"虚短"的概念 $u_+ \approx u_- \approx 0$。因此,亦称反相输入端为"虚地"端。

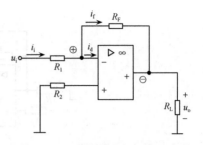

图 6.2.6 电压并联负反馈电路

4. 电流并联负反馈

在图 6.2.7 所示运算放大电路中,电阻 R_3 和 R_F 构成反馈电路。反馈信号不是直接取自输出(电压)端,且反馈信号和输入信号连接同一结点,反馈信号 $i_f = \dfrac{R_3}{R_3 + R_F} i_L$ 作用的结果使得净输入电流减小,即 $i_d = i_i - i_f$。

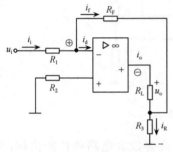

图 6.2.7 电流并联负反馈电路

可见,图 6.2.7 所示电路为电流并联负反馈。

通过对以上运算放大电路的四种基本负反馈电路的分析,可以归纳出一般情况下反馈类型判别的简单方法。

(1) 正、负反馈的判断可以采用"瞬时极性法",反馈信号使得净输入减小是负反馈;否则是正反馈。

(2) 反馈电路直接从输出端引出的是电压反馈;从负载电阻 R_L 的靠近"地"端引出的是电流反馈。

(3) 反馈信号和输入信号分别连接两个输入端上是串联反馈;连接在同一输入端上是并联反馈。

值得强调的是,由于集成运算放大器电路各点的电位均是相对参考点(⊥)的电位,即相对于"地"的电位。为方便起见,可在电路中尽可能少画符号"⊥"。

例 6.2.1 试判别图 6.2.8 所示集成运算放大电路中 R_F 的反馈类型。

解 (1) 在图 6.2.8(a)所示电路中,根据"瞬时极性法",假设 N_1 的同相输入端为"+",则其反相输入端为"−";同样 N_2 的反相输入端为"+",则 N_2 的输出端为"−",其反馈至 N_1 的反相输入端的信号为"⊖"。因为 N_1 的反相输入端原来就为"−",反馈回来的信号使得输入信号增强。可见,电阻 R_F 引入的为正反馈。由于反馈信号和输入信号 u_i 连接在不同的输入端,故为串联反馈。反馈信号取自于 N_2 的输出端,故为电压反馈。可见,R_F 引入的为电压串联正反馈。

(2) 在图 6.2.8(b)所示电路中,根据"瞬时极性法"可判断电阻 R_F 引入的为负反馈。反馈信号不是取自 N_2 的输出端,而是从 R_L 的靠"地"端取出,故为电流反馈。反馈至 N_1 的信号与输入信号连接在同一输入端(同相输入端),故为并联反馈。可见,R_F 引入的为电流并联负反馈。

例 6.2.2 试判断图 6.2.9 所示电路,在开关 S 闭合和断开时的反馈类型。

解 在分析分立元件电路时,还要注意分析是交流反馈还是直流反馈。交流负反

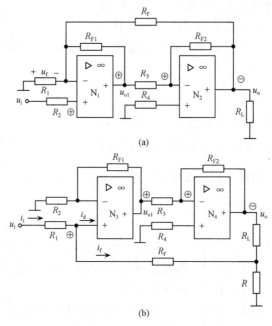

(a)

(b)

图 6.2.8   例 6.2.1 电路

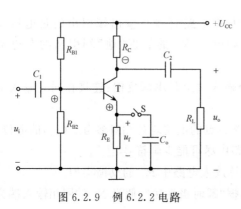

图 6.2.9   例 6.2.2 电路

馈主要是改善放大电路的性能指标,分析时必须判断其类型;而直流反馈主要稳定放大电路的静态工作点,分析时直接说明稳定静态工作点即可。

（1）开关 S 闭合时,R_E 中只有直流负反馈,作用是稳定静态工作点。

（2）开关 S 断开时,R_E 中既有直流负反馈,还有交流负反馈,交流负反馈类型分析如下。

应用"瞬时极性法",假设输入电压 u_i 增大,则反馈结果可使 u_{BE} 保持不变,即

$$u_i \uparrow \rightarrow u_{BE} \uparrow \rightarrow i_E \uparrow \rightarrow R_E i_E \uparrow$$
$$u_{BE}(=u_i - R_E i_E) \downarrow$$

故为负反馈。

反馈电压 $u_f = R_E i_E$ 与 u_i 是以串联形式作用于输入端,即

$$u_{BE} = u_i - u_f$$

故为串联反馈。

由于反馈信号 $u_f = R_E i_E$ 正比于 i_E,故为电流负反馈。

综上所述,图 6.2.9 所示电路（的交流反馈）为电流串联负反馈。

值得注意的是,对于共发射极分立元件放大电路反馈的判断方法:如果反馈电路的

反馈信号取自放大电路输出端的集电极,为电压反馈;取自发射极,为电流反馈。如果反馈电路的反馈信号引入到放大电路输入端的基极,为并联反馈;引入到发射极,为串联反馈。射极输出器是共集电极电路,采用上述方法判断,其为串联电压负反馈。

6.2.4 负反馈对放大电路性能影响

在放大电路的应用中,通常采用负反馈,目的在于使放大电路的主要性能指标得以改善。现将负反馈对放大电路性能的影响作以说明。

讲义:负反馈对放大电路性能影响

1. 降低放大倍数

由图 6.2.1 所示反馈框图可见,如果在放大电路引入负反馈后,将使得整个放大电路(包括基本放大电路与反馈电路)的放大倍数(即闭环放大倍数)为

$$A_{\mathrm{f}} = \frac{A}{1+FA} \tag{6.2.10}$$

因为 $A = \dfrac{x_{\mathrm{o}}}{x_{\mathrm{d}}}, F = \dfrac{x_{\mathrm{f}}}{x_{\mathrm{o}}}$,则有

$$AF = \frac{x_{\mathrm{f}}}{x_{\mathrm{d}}} \tag{6.2.11}$$

可见,$|A_{\mathrm{f}}| < |A|$,也就是说引入负反馈后放大电路的放大倍数降低了,为无反馈时的 $\dfrac{1}{1+FA}$ 倍。尽管负反馈引起了放大电路放大倍数的降低,却换来了放大电路其他性能的改善。

2. 提高放大倍数的稳定性

在运算放大电路中,环境温度、晶体管和其他元件参数的变化,都会引起放大倍数的变化。放大倍数的不稳定,将会严重影响放大电路的准确性和可靠性。采用负反馈的方法,可以提高放大倍数的稳定性。

放大倍数的稳定性,通常用它的相对变化量的百分数,即变化率表示。将式(6.2.10)对 A 求导数,得

$$\frac{\mathrm{d}A_{\mathrm{f}}}{\mathrm{d}A} = \frac{1}{1+FA} - \frac{FA}{(1+FA)^2} = \frac{1}{(1+FA)^2}$$

或

$$\mathrm{d}A_{\mathrm{f}} = \frac{\mathrm{d}A}{(1+FA)^2}$$

将上式两边分别除以式(6.2.10),求得

$$\frac{\mathrm{d}A_{\mathrm{f}}}{A_{\mathrm{f}}} = \frac{1}{1+FA} \cdot \frac{\mathrm{d}A}{A} \tag{6.2.12}$$

式(6.2.12)表明,在引入负反馈后,虽然放大倍数的相对变化量降低了 $\dfrac{1}{1+FA}$ 倍,但放大倍数的相对稳定性提高了 $1+FA$ 倍。

例 6.2.3 某负反馈运算放大电路,开环放大倍数 $A=1000$,$F=0.009$。试求:

(1) 负反馈放大电路的闭环放大倍数 A_f;

(2) 如果由于某种原因使 A 发生 $\pm10\%$ 的变化,则 A_f 的相对变化量 $\dfrac{\mathrm{d}A_f}{A_f}$ 为多少?

解 (1) 根据式(6.2.10),闭环放大倍数

$$A_f = \frac{A}{1+FA} = \frac{1000}{1+0.009\times1000} = \frac{1000}{10} = 100$$

(2) 由式(6.2.12)可求得

$$\frac{\mathrm{d}A_f}{A_f} = \frac{1}{1+FA} \cdot \frac{\mathrm{d}A}{A} = \frac{1}{1+0.009\times1000}\times(\pm10\%)$$

$$= \frac{1}{10}\times(\pm10\%) = \pm1\%$$

3. 改善非线性失真

如果运算放大电路的附近有强磁场或强电场存在,则运算放大电路的内部会产生感应电压。又如电源发生不规则的波动,运算放大电路内部也会相应的有波动电压。所有这些外来因素,都会在运算放大电路内部形成干扰电压。当运算放大电路输入的有用信号很微弱时,经放大后在输出端的有用信号就有可能淹没在被放大了的干扰电压之中。为了减小干扰电压,除了加屏蔽外,还可引入负反馈使运算放大电路内部的干扰电压得以衰减。

实际上,集成运算放大器并非一个完全的线性元件,因此会产生非线性失真。在集成运算放大电路中引进负反馈也可以减小非线性失真。

例如,由于某种原因(工作点选择不适合,或输入信号过大),引起放大电路输出信号失真,如图 6.2.10(a)所示。但引入负反馈后,可将输出失真信号馈送到输入端,经过放大后可使输出失真信号得到一定程度的补偿,如图 6.2.10(b)所示。其本质是,负反

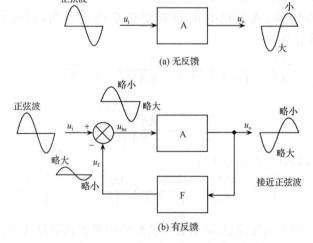

图 6.2.10   利用负反馈改善波形失真

馈是利用失真后的波形改善波形失真,但不能完全消除失真。

4. 展宽通频带

集成运算放大器的幅频特性,如图 6.2.11 所示。在低频段,由于集成运算放大器的级间采用直接耦合,其特性良好;在中频段,由于输出信号较强,则开环放大倍数 $|A|$ 较高,引入的负反馈信号也较强,故使得闭环放大倍数 $|A_f|$ 明显降低;在高频段,输出信号降低,$|A|$ 较低,反馈信号也较弱,故使得 $|A_f|$ 降低得较少。因此,引入负反馈后使得高频段的通频带得到展宽,即上限频率由 f_H 提高到 f_{Hf}。

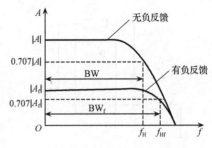

图 6.2.11　运放电路的幅频特性

可以证明,闭环通频带宽 BW_f 和开环通频带宽 BW 的关系

$$BW_f = (1+FA)BW \qquad (6.2.13)$$

5. 改变输入电阻和输出电阻

放大电路引入负反馈时,输入电阻和输出电阻都要发生变化。根据反馈方式的不同,对输入电阻和输出电阻改变的程度也不同。上述不同类型负反馈方式对放大电路输入电阻与输出电阻的影响,如表 6.2.1 所示。

表 6.2.1　不同负反馈方式时 r_i 和 r_o 的改变

负反馈方式 性能	电压并联	电压串联	电流并联	电流串联
输入电阻 r_i	减小	增大	减小	增大
输出电阻 r_o	减小	减小	增大	增大

6.3　集成运算放大器线性应用

集成运算放大器被广泛应用于自动控制、测量系统、电子计算机、通信装置和其他的电子设备,其应用可分为线性应用和非线性应用。本节主要介绍集成运算放大器组成的各种线性电路,如比例运算电路、加法和减法运算电路、积分和微分运算电路等。

6.3.1　比例运算电路

所谓比例运算电路就是指电路将输入信号按比例进行放大。

1. 反相比例运算电路

输入信号 u_i 经电阻 R_1 接在反相输入端与"地"之间,如图 6.3.1 所示。反馈电阻 R_F 引入并联电压负反馈。

讲义:比例
运算电路

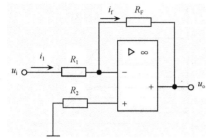

图 6.3.1   反相比例运算电路

根据"虚断"和"虚地"的概念,有 $i_1 \approx i_f, u_- \approx u_+ = 0$。故电路中电流为

$$i_1 = \frac{u_i - u_-}{R_1} = \frac{u_i}{R_1}$$

$$i_f = \frac{u_- - u_o}{R_F} = \frac{-u_o}{R_F}$$

由此得出

$$u_o = -\frac{R_F}{R_1} u_i \qquad (6.3.1)$$

闭环电压放大倍数则为

$$A_{uf} = \frac{u_o}{u_i} = -\frac{R_F}{R_1} \qquad (6.3.2)$$

由式(6.3.2)可知,电压放大倍数 A_{uf} 仅与电阻 R_1 和 R_F 的比值有关,而与集成运算放大器本身参数无关,输出信号与输入信号相位相反,故该电路称为反相比例运算电路。通过调整电阻 R_1 和 R_F 的比值,可获得不同的电压放大倍数。

图 6.3.1 所示电路中的 R_2 称为平衡电阻,$R_2 = R_1 /\!/ R_F$,其作用是保持同相输入端和反相输入端外接电阻的阻值相等,使运算放大器静态时的两个输入端电流相等,保证运算放大器工作在对称平衡状态。

当 $R_1 = R_F$ 时,则

$$A_{uf} = \frac{u_o}{u_i} = -1 \qquad (6.3.3)$$

称为反相器。

根据上节分析可知,反相比例运算电路的输出电阻很低。此外,由于 $|A_o F| \gg 1$,$A_f \approx \frac{1}{F}$,因此还是一个深度负反馈电路,电路的工作状态非常稳定,具有较强的带负载能力。

视频:比例
运算电路

2. 同相比例运算电路

输入信号 u_i 经电阻 R_2 接在同相输入端与"地"之间,如图 6.3.2 所示。反馈电阻 R_F 引入串联电压负反馈。

根据"虚断"和"虚短"的概念,有 $u_- \approx u_+ = u_i$,$i_1 \approx i_f$。故电路电流为

$$i_1 = -\frac{u_-}{R_1} = -\frac{u_i}{R_1}$$

$$i_f = \frac{u_- - u_o}{R_F} = \frac{u_i - u_o}{R_F}$$

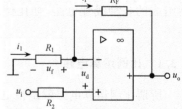

图 6.3.2   同相比例运算电路

由此得出

$$u_o = \left(1 + \frac{R_F}{R_1}\right) u_i \qquad (6.3.4)$$

闭环电压放大倍数为

$$A_{uf} = \frac{u_o}{u_i} = 1 + \frac{R_F}{R_1} \qquad (6.3.5)$$

由式(6.3.5)可知，A_{uf}仅与电阻 R_F 和 R_1 的比值有关，而与运算放大器本身的参数无关。式中 A_{uf} 为正值，这表示 u_o 与 u_i 同相，故称为同相比例运算电路。同样可以通过调整电阻 R_1 和 R_F 的比值而改变电压放大倍数。但 A_{uf} 总是大于或等于1，这点与反相比例运算不同。

当 $R_1 = \infty$ 或 $R_F = 0$ 时，则电路的放大倍数为

$$A_{uf} = \frac{u_o}{u_i} = 1 \qquad (6.3.6)$$

电路称为电压跟随器，如图 6.3.3 所示。该电路类似于晶体管放大电路中的射极跟随器。

图 6.3.3　电压跟随器电路

6.3.2　加法和减法运算电路

1. 加法运算电路

如果将多个输入信号接到集成运放的反相输入端，则构成反相加法运算电路，如

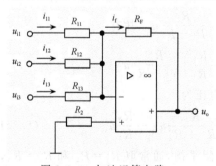

图 6.3.4　加法运算电路

图 6.3.4所示。反馈电阻 R_F 引入并联电压负反馈。

根据"虚地"的概念，即 $u_- = u_+ = 0$，则有

$$i_{11} = \frac{u_{i1} - u_-}{R_{11}} = \frac{u_{i1}}{R_{11}}$$

$$i_{12} = \frac{u_{i2} - u_-}{R_{12}} = \frac{u_{i2}}{R_{12}}$$

$$i_{13} = \frac{u_{i3} - u_-}{R_{13}} = \frac{u_{i3}}{R_{13}}$$

讲义：加法和减法运算电路

由 $i_f = i_{11} + i_{12} + i_{13} = -\frac{u_o}{R_F}$，可得

$$u_o = -\left(\frac{R_F}{R_{11}} u_{i1} + \frac{R_F}{R_{12}} u_{i2} + \frac{R_F}{R_{13}} u_{i3}\right) \qquad (6.3.7)$$

当 $R_{11} = R_{12} = R_{13} = R_1$ 时，则有

$$u_o = -\frac{R_F}{R_1}(u_{i1} + u_{i2} + u_{i3}) \qquad (6.3.8)$$

当 $R_1 = R_F$ 时，则有

$$u_o = -(u_{i1} + u_{i2} + u_{i3}) \qquad (6.3.9)$$

视频：加法和减法运算电路

电路中的平衡电阻为

$$R_2 = R_{11} \ /\!/ \ R_{12} \ /\!/ \ R_{13} \ /\!/ \ R_F$$

可见,反相加法运算电路也与运算放大器本身的参数无关,只要电阻值足够精确,就可保证加法运算的精度和稳定性。

此外,输入信号 u_i 分别从同相输入端输入的同相加法运算电路,由于电阻阻值的调整和平衡电阻的选取较为复杂,实际中一般很少使用。

2. 减法运算电路

在同相及反相两个输入端都有信号输入,即差分输入,则构成减法运算电路,如图 6.3.5 所示。反馈电阻 R_F 相对于 u_{i1} 引入并联电压负反馈,而相对于 u_{i2} 引入串联电压负反馈。

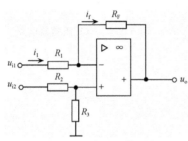

图 6.3.5 减法运算电路

减法运算电路可视为同相比例运算电路与反相比例运算电路的组合,故可用叠加原理确定其电路的输入信号 u_i 与输出信号 u_o 关系。

当 u_{i1} 单独作用时,电路为反相比例运算电路,则有

$$u_{o1} = -\frac{R_F}{R_1} u_{i1}$$

当 u_{i2} 单独作用时,电路为同相比例运算电路,由于 R_3 的分压作用,同相输入端的电位为 $u_+ = \dfrac{R_3}{R_2 + R_3} u_{i2}$,故有

$$u_{o2} = \left(1 + \frac{R_F}{R_1}\right) u_+ = \left(1 + \frac{R_F}{R_1}\right) \frac{R_3}{R_2 + R_3} u_{i2}$$

根据叠加原理,u_{i1} 和 u_{i2} 同时作用时,输出电压为

$$u_o = u_{o1} + u_{o2} = \left(1 + \frac{R_F}{R_1}\right) \frac{R_3}{R_2 + R_3} u_{i2} - \frac{R_F}{R_1} u_{i1} \qquad (6.3.10)$$

为使集成运算放大器两个输入端的外接电阻平衡,通常取 $R_1 = R_2$ 和 $R_F = R_3$,则上式为

$$u_o = \frac{R_F}{R_1}(u_{i2} - u_{i1}) \qquad (6.3.11)$$

可见,输出电压 u_o 与两个输入电压之差成正比,故该电路也成为差分输入运算电路,或差值放大电路。

如果选取电阻 $R_1 = R_2 = R_3 = R_F$,则

$$u_o = u_{i2} - u_{i1} \qquad (6.3.12)$$

输出电压 u_o 等于各输入电压之差,完成减法运算。

例 6.3.1 在图 6.3.6 所示电路,已知 $R_{11} \ /\!/ \ R_{12} \ /\!/ \ R_F = R_{13} \ /\!/ \ R_{14} \ /\!/ \ R_2$,试求输入电压 u_o 的表达式。

解 该电路为加减法运算电路。先应用基尔霍夫电流定律分别对电路反相和同相

输入端列方程

$$\begin{cases} i_{11} + i_{12} = i_F \\ i_{13} + i_{14} = \dfrac{u_+}{R_2} \end{cases}$$

即有

$$\begin{cases} \dfrac{u_{i1} - u_-}{R_{11}} + \dfrac{u_{i2} - u_-}{R_{12}} = \dfrac{u_- - u_o}{R_F} \\ \dfrac{u_{i3} - u_+}{R_{13}} + \dfrac{u_{i4} - u_+}{R_{14}} = \dfrac{u_+}{R_2} \end{cases}$$

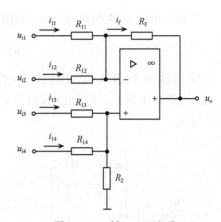

图 6.3.6　例 6.3.1 电路

对上式整理,根据已知条件,以及 $u_+ = u_-$,则
输出电压 u_o 的表达式为

$$u_o = R_F\left(-\frac{1}{R_{11}}u_{i1} - \frac{1}{R_{12}}u_{i2} + \frac{1}{R_{13}}u_{i3} + \frac{1}{R_{14}}u_{i4}\right)$$

6.3.3　积分和微分运算电路

1. 积分运算电路

在反相比例运算电路中,将反馈电阻 R_F 用电容 C_F 代替,则构成了积分运算电路,
如图 6.3.7 所示。

根据"虚短"和"虚断"概念,即 $u_- \approx 0$, $i_1 = i_f$,则有

$$i_1 = i_f = \frac{u_i}{R_1}$$

讲义:积分和微
分运算电路

$$u_o = -u_C = -\frac{1}{C_F}\int i_f \mathrm{d}t = -\frac{1}{R_1 C_F}\int u_i \mathrm{d}t \qquad (6.3.13)$$

由式(6.3.13)可知,输出信号 u_o 与输入信号 u_i 的积分成比例。 $R_1 C_F$ 称为积分时
间常数,它的数值越大,达到某一电压 u_o 值所需的时间就越长。

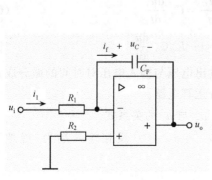

图 6.3.7　积分运算电路

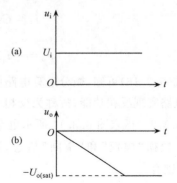

图 6.3.8　积分运算电路的阶跃响应

当输入电压 u_i 为阶跃电压时,如图 6.3.8(a)所示,则

$$u_o = -\frac{U_i}{R_1 C_F} t \qquad (6.3.14)$$

输出波形如图 6.3.8(b)所示,当积分时间足够大时,u_o 最后达到负饱和值 $-U_{o(sat)}$。此时电容 C_F 不再充电,相当于断开,负反馈不复存在,集成运算放大器工作在非线性区。

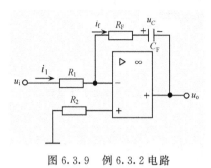

图 6.3.9 例 6.3.2 电路

例 6.3.2 试求图 6.3.9 所示电路中 u_o 与 u_i 的关系式。

解 由图 6.3.9 所示电路可列出

$$u_o - u_- = -R_F i_f - u_C$$

$$= -R_F i_f - \frac{1}{C_F}\int i_f \mathrm{d}t$$

$$i_1 = \frac{u_i - u_-}{R_1}$$

根据"虚短"和"虚断"概念,即 $u_- \approx u_+ = 0$,$i_f \approx i_1$,故

$$u_o = -\left(\frac{R_F}{R_1}u_i + \frac{1}{R_1 C_F}\int u_i \mathrm{d}t\right)$$

可见,图 6.3.9 所示电路是由反相比例运算电路和积分电路组合起来而得到的电路,故称为比例-积分调节器,简称 PI(proportional integrator)调节器。在自动控制系统中保证系统的稳定性和控制精度。

2. 微分运算电路

将反相比例运算电路中电阻 R_1 换为电容 C_1,则构成微分运算电路,如图 6.3.10 所示。

根据"虚断"和"虚短"的概念,即 $i_f = i_1$,$u_- = u_+ = 0$(反相输入端为"虚地"),故 $u_C = u_i$。则有

$$i_1 = C_1 \frac{\mathrm{d}u_C}{\mathrm{d}t} = C_1 \frac{\mathrm{d}u_i}{\mathrm{d}t} \qquad (6.3.15)$$

$$u_o = -i_f R_F = -R_F C_1 \frac{\mathrm{d}u_i}{\mathrm{d}t} \qquad (6.3.16)$$

由式(6.3.16)可知,微分运算电路的输出电压与输入电压对时间的微分成正比,负号表示电路实现反相功能,故称为反相微分运算电路。

例 6.3.3 试求图 6.3.11 所示电路中 u_o 与 u_i 的关系式。

解 根据"虚短"和"虚断"概念,即 $u_- = u_+ = 0$(反相输入端为"虚地"),$i_f = i_C + i_R$。则有

$$i_f = i_R + i_C = \frac{u_i}{R_1} + C_1 \frac{\mathrm{d}u_i}{\mathrm{d}t}$$

故

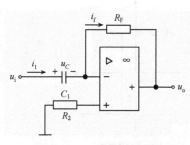
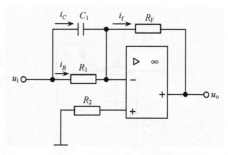

图 6.3.10　微分运算电路　　　　　　图 6.3.11　例 6.3.3 电路

$$u_{\text{o}} = -\left(\frac{R_{\text{F}}}{R_1} u_{\text{i}} + R_{\text{F}} C_{\text{F}} \frac{\mathrm{d}u_{\text{i}}}{\mathrm{d}t} \right) \tag{6.3.17}$$

可见,图 6.3.11 所示电路是由反相比例运算和微分运算电路两者组合起来的电路,所以称为比例 - 微分调节器,简称 PD(proportional differentiator)调节器。该电路应用在自动控制系统中能对调节过程起加速作用。如果将比例运算电路、积分运算电路与微分运算电路组合起来,可得到 PID(proportional integral differentiator)调节器,其在自动控制系统中作为控制器应用相当广泛。

6.4　集成运算放大器非线性应用

当集成运算放大器工作在开环或正反馈状态时,由于开环放大倍数 A 很高,很小的输入电压或干扰电压,将使输出电压 u_{o} 趋于饱和值:当输入电压 $u_+ - u_- > 0$ 时,趋于正饱和值 $+U_{\text{o(sat)}}$;当 $u_+ - u_- < 0$ 时,趋于负饱和值 $-U_{\text{o(sat)}}$。集成运算放大器的输出电压和输入电压间不再存在线性关系的工作状态,称为非线性应用。因此,集成运算放大器在非线性工作状态,不可再用"虚短"和"虚地"概念进行分析,但由于集成运算放大器的开环输入阻抗很高,故仍可用"虚断"的概念分析。

6.4.1　电压比较电路

电压比较电路的功能是将输入电压和参考电压进行比较,如图 6.4.1(a)所示。如果在同相输入端加上参考电压 U_{R},反相输入端接输入信号电压 u_{i}。由于运算放大器的开环电压放大倍数很高,输入端信号的微小差异,将使输出电压饱和。因此,运算放大器工作在饱和区,即非线性区。当 $u_{\text{i}} < U_{\text{R}}$ 时,$u_{\text{o}} = +U_{\text{o(sat)}}$;当 $u_{\text{i}} > U_{\text{R}}$ 时,$u_{\text{o}} = -U_{\text{o(sat)}}$。电压比较电路的传输特性,如图 6.4.1(b)所示。可见,在比较电路的输入端进行模拟信号大小的比较,在输出端则以高电平或低电平(数字信号"1"或"0")来反映结果。

当 $U_{\text{R}} = 0$ 时,即输入电压和零电平比较,称为过零比较电路,其电路和传输特性,如图 6.4.2 所示。

当 u_{i} 为正弦波电压时,u_{o} 为矩形波电压,因为输入信号由反相输入端加入,故极性相反,波形如图 6.4.3 所示。

讲义:电压
比较电路

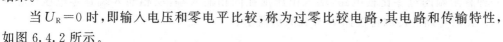

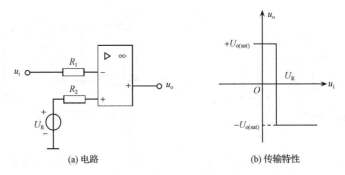

图 6.4.1　电压比较电路

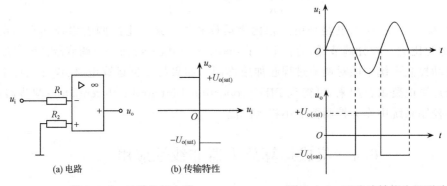

图 6.4.2　过零比较电路　　　　　图 6.4.3　正弦波转换为矩形波

有时为了将输出电压限制在某一特定值,与接在输出端的数字电路的电平配合,可在比较电路的输出端与反相输入端之间跨接一个双向稳压管 D_Z,作双向限幅用。稳压管的稳定电压为 U_Z。电路和传输特性如图 6.4.4 所示。

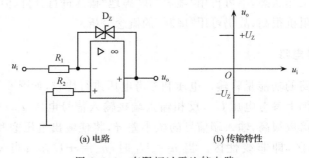

图 6.4.4　有限幅过零比较电路

输入信号 u_i 与零电平比较,输出电压 u_o 被限制在 $+U_Z$ 或 $-U_Z$。图 6.4.5(a)是另一种有限幅的过零比较电路,输入电压加在同相输入端,反相输入端是零电压($U_R=0$)。比较电路的传输特性如图 6.4.5(b)所示。

6.4.2　矩形波产生电路

集成运算放大器可用来组成各种信号产生电路,如矩形波、三角波、正弦波等。矩

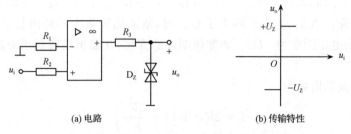

(a) 电路　　　　　　　　　(b) 传输特性

图 6.4.5　另一有限幅过零比较电路

形波信号又称方波信号,常用作数字电路的信号源。能够产生矩形波信号的电路称为
矩形波产生电路,即矩形波发生器。因为矩形波中含有丰富的谐波成分,所以矩形波发
生器也称为多谐振荡器。

图 6.4.6(a)所示是由集成运算放大器组成的多谐振荡电路,其中集成运算放大器
与 R_1、R_2、R_3 和双向稳压管 D_Z 组成双向限幅的滞回电压比较电路,输出电压的幅度
被限制在 $+U_Z$ 或 $-U_Z$,R_1、R_2 构成正反馈电路,R_2 上的反馈电压 U_+ 为基准电压,其与
输出有关。当输出为 $+U_Z$ 时,有

$$U_+ = + \frac{R_2}{R_1 + R_2} U_Z = U_{+H} \tag{6.4.1}$$

当输出为 $-U_Z$ 时,有

$$U_+ = - \frac{R_2}{R_1 + R_2} U_Z = U_{+L} \tag{6.4.2}$$

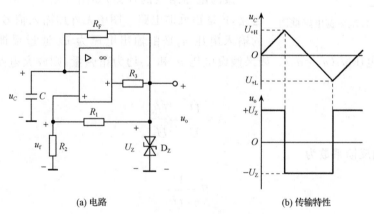

(a) 电路　　　　　　　　　(b) 传输特性

图 6.4.6　矩形波发生电路

电阻 R_F 和电容 C 组成充放电电路,电压 u_C 为输入信号 u_i。

当电路接通电源瞬间,电容电压 $u_C = 0$,集成运算放大器的输出处于正饱和值还是
负饱和值是随机的。设此时输出处于正饱和值,则 $u_o = +U_Z$,基准电压为 $+U_{+H}$。u_o
通过 R_F 给电容 C,u_C 按指数规律逐渐上升,上升速度的快慢由时间常数 $R_F C$ 决定。

当 $u_C < U_{+H}$ 时,$u_o = +U_Z$ 不变;当 $u_C > U_{+H}$(略大)时,集成运算放大器由正饱和
转换为负饱和,输出电压跃变为 $-U_Z$。

当 $u_o = -U_Z$ 时,基准电压为 U_{+L},电容 C 经过 R_F 放电,u_C 逐渐下降至 0,u_c 同样按指数规律下降。当 u_C 下降到略小于 U_{+L} 时,集成运算放大器则由负饱和迅速转换为正饱和,输出电压跃变为 $+U_Z$。如此周期性的变化,在输出端得到矩形波电压,如图 6.4.6(b)所示。

输出矩形波的周期为

$$T = 2R_FC\ln\left(1 + \frac{2R_2}{R_1}\right) \tag{6.4.3}$$

输出电压的频率为

$$f = \frac{1}{T} = \frac{1}{2R_FC\left(1 + \frac{2R_2}{R_1}\right)} \tag{6.4.4}$$

显然,改变时间常数 R_FC,则可改变输出波形的频率。

6.4.3 RC 正弦波振荡电路

1. 自激振荡条件

通常放大电路是在输入端加信号时才有信号输出。如果输入端没有输入信号,输出端仍有一定频率和幅值的信号输出,那么这个放大电路中发生了自激振荡。这种依靠自激振荡,产生一定频率和幅值的输出信号的放大电路,称为振荡电路。

视频:正弦波振荡电路

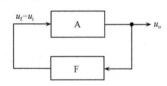

图 6.4.7　自激振荡电路框图

振荡电路组成的框图,如图 6.4.7 所示。A 是放大电路,F 是正反馈电路。图中无外加输入信号,放大电路的输入电压 u_i 是由输出电压为 u_o 通过反馈电路而获得,即反馈电压 $u_f(u_f=u_i)$。如果假设电压 u_o 和 u_f 均为正弦量,则放大电路的电压放大倍数为

$$A = \frac{\dot{U}_o}{\dot{U}_i} = \frac{\dot{U}_o}{\dot{U}_f}$$

反馈电路的反馈系数为

$$F = \frac{\dot{U}_f}{\dot{U}_o}$$

则

$$AF = 1 \tag{6.4.5}$$

式中,$A = |A| \underline{/\varphi_A}$,$F = |F| \underline{/\varphi_F}$。因此,振荡电路自激振荡应满足幅值条件和相位条件。

1) 幅值条件

$$|AF| = 1 \tag{6.4.6}$$

讲义:自激振荡电路

式(6.4.6)表明,反馈电压 u_f 的幅值应与所需的输入电压 u_i 幅值大小相等,也就是要有足够的反馈量。

2) 相位条件

$$\varphi_A + \varphi_F = 2n\pi, \quad n = 0, 1, 2, \cdots \tag{6.4.7}$$

式(6.4.7)表明,反馈电压 u_f 的相位与所需的输入电压 u_i 的相位相同,也就是必须为正反馈。

自激振荡的建立与稳定过程分析。实际振荡电路不需要先外加输入信号再接反馈电路。它最初的起振是依靠振荡电路本身的各种电压、电流的变化,如接通电源瞬间,电流的突变、噪声等引起的电扰动信号,都是振荡电路起振时的信号源。这些信号虽然微弱,但只要满足 $|AF| > 1$ 和正反馈的条件,就可以使振荡逐步建立起来,通过反馈 → 放大 → 再反馈的多次循环过程,使输出电压的幅值逐渐增大。随着输入信号的增加,晶体管进入非线性区,电流放大系数 β 降低,使基本放大电路的放大倍数降低,直到 $|AF| = 1$,振荡电路自动稳定在某一振荡幅度下工作。从 $|AF| > 1$ 到 $|AF| = 1$ 是自激振荡的建立过程。

2. RC 正弦波振荡电路

由于起振时的信号通常为非正弦信号,其中含有一系列频率的正弦量。为了得到单一频率的正弦输出电压,振荡电路中除放大电路与正反馈电路外,还必须有选频电路,目的是对所需频率的信号选出加以放大,而对其他频率加以抑制。

RC 正弦振荡电路如图 6.4.8(a)所示。放大电路是同相比例运算电路,RC 串并联电路既是正反馈电路,又是选频电路。电阻 R_F 和 R_4 组成负反馈电路,用以控制同相输入运算放大电路的闭环电压放大倍数,使之满足 $|AF| \geqslant 1$ 的起振条件和幅值条件。由于振荡电路中的 R_1C_1、R_2C_2、R_F 和 R_4 构成电桥的四个桥臂,故称为 RC 桥式振荡电路,或文氏桥式振荡电路。

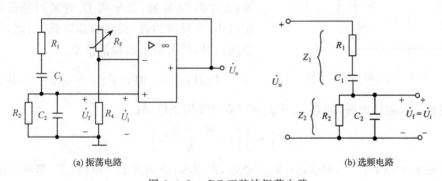

讲义:RC 正弦波振荡电路

(a) 振荡电路 　　　　　　　　(b) 选频电路

图 6.4.8　RC 正弦波振荡电路

将 RC 串并联电路单独画出,如图 6.4.8(b)所示。其输入电压为放大电路的输出电压 $\dot{U}_o$,反馈电压为 $\dot{U}_f$,则反馈系数为

$$F = \frac{\dot{U}_f}{\dot{U}_o} = \frac{\dot{U}_i}{\dot{U}_o} = \frac{Z_2}{Z_1 + Z_2} = \frac{R_2 /\!/ \dfrac{1}{j\omega C_2}}{R_1 + \dfrac{1}{j\omega C_1} + \left(R_2 /\!/ \dfrac{1}{j\omega C_2}\right)}$$

$$= \cfrac{1}{1 + \cfrac{R_1}{R_2} + \cfrac{C_2}{C_1} + \mathrm{j}\left(\omega R_1 C_2 - \cfrac{1}{\omega R_2 C_1}\right)} \tag{6.4.8}$$

一般选 $C_1 = C_2 = C$，$R_1 = R_2 = R$，令 $\omega_0 = 1/RC$，则式(6.4.8)可化简为

$$F = \cfrac{1}{3 + \mathrm{j}\left(\cfrac{\omega}{\omega_0} - \cfrac{\omega_0}{\omega}\right)}$$

当 $\omega = \omega_0$ 时，F 的幅值最大，$F = 1/3$，并且 F 的相位为零，即 $\varphi_F = 0$，$\dot{U}_0$ 与 $\dot{U}_f$ 同相，即

$$F = F_{\max} = \frac{1}{3} \tag{6.4.9}$$

$$\varphi_F = 0 \tag{6.4.10}$$

从以上分析可知，RC 串并联电路具有选频性。

例 6.4.1   图 6.4.9 所示电路中，已知 $R_1 = R_2 = 1.6\mathrm{k}\Omega$，$C_1 = C_2 = 0.1\mu\mathrm{F}$，$R_3 = 3.3\mathrm{k}\Omega$，$R_{F1} = 1\mathrm{k}\Omega$，$R_{F2} = 2\mathrm{k}\Omega$，双联电位器 R_P 的调节范围为 $0 \sim 14.4~\mathrm{k}\Omega$。试求：

(1)电路起振时，电阻 R_3 应调多大？

(2)当电位器从 0 调到 $14.4\mathrm{k}\Omega$ 时，振荡频率 f_0 的调节范围是多少？

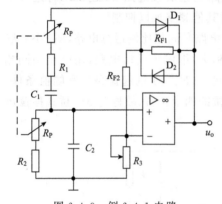

图 6.4.9   例 6.4.1 电路

解   电路为 RC 串并式正弦波振荡电路。运算放大器与 R_3、R_{F1} 和 R_{F2} 组成同相比例运算电路，在 D_1、D_2 未导通前，其放大倍数为 $A_f = 1 + \cfrac{R_{F1} + R_{F2}}{R_3}$；$R_P$、$R_1$、$R_2$ 和 C_1、C_2 组成选频电路。当振荡幅值变大时，二极管 D_1、D_2 轮流导通(正半周 D_1 导通，负半周 D_2 导通)，使反馈电阻减小，负反馈加强，振荡幅值降低；反之，当幅值增大时，故可使输出幅值稳定。

(1)当 $\omega = \omega_0$ 时，$|F| = \dfrac{1}{3}$，$\varphi_F = 0°$，放大电路为同相比例运算电路，则有 $\varphi_F + \varphi_F = 0°$ 满足反馈条件，故

$$|AF| = \frac{1}{3}\left(1 + \frac{R_{F1} + R_{F2}}{R_3}\right)$$

根据起振要求 $|AF| > 1$，即 $R_{F1} + R_{F2} > 2R_3$，所以 R_3 应调到 $1.5~\mathrm{k}\Omega$ 以下，即可起振。

(2)由于

$$f_0 = \frac{1}{2\pi(R_1 + R_P)C_1}$$

当 $R_P = 0$ 时，则

$$f_0 = \frac{1}{2\pi(R_1 + R_P)C_1} = \frac{1}{2\pi \times 1.6 \times 10^3 \times 0.1 \times 10^{-6}} \approx 995(\mathrm{Hz})$$

当 $R_P = 14.4\mathrm{k}\Omega$ 时，则

$$f_0 = \frac{1}{2\pi(R_1 + R_P)C_1} = \frac{1}{2\pi \times (1.6 + 14.4) \times 10^3 \times 0.1 \times 10^{-6}} \approx 99.5(\mathrm{Hz})$$

可见,调节 R_P 可使振荡频率在 $99.5\sim995\,\mathrm{Hz}$ 之间变化。

练习与思考

6.4.1　电压比较电路的功能是什么? 用在电压比较电路的集成运算放大器工作在什么区域?

6.4.2　试说明振荡条件、振荡的建立和振荡的稳定三个过程。

6.4.3　从 $|AF|>1$ 到 $|AF|=1$ 是自激振荡建立过程,在此过程中需减少哪个量?

6.5　运算放大器使用时应注意问题

6.5.1　选件和调零

1. 选件

集成运算放大器按其技术指标可分为通用型、高速型、高阻型、低功耗型、大功率型、高精度型等;按其内部电路可分为双极型(由晶体管组成)和单极型(由场效应管组成);按每个集成片内运算放大器的数目可分为单运放、双运放和四运放。

通常,根据具体要求选择合适型号集成运算放大器。在无特殊要求时,应尽可能选通用系列。因该系列的放大器容易得到,价格又较低廉。在有特殊要求时,则应根据要求选特殊系列的。如测量放大电路的输入信号微弱,第一级应选高输入电阻、高共模抑制比、高开环电压放大倍数和低温度漂移运算放大器。选好后根据管脚图和符号图连接外部电路,包括电源、外接偏置电路、消振电路及调零电路等。

2. 调零

集成运算放大器内部参数不可能完全对称,以致当输入信号为零时,输出不为零。为补偿输入失调量造成的不良影响,使电路输入为零时,其输出也为零,放大电路必须采取调零措施。

(1)适当加大原调零电位器阻值,使调零范围加大。但应注意,这样做会使温度指标变差,甚至会影响级间配合。

(2)辅助调零。图 6.5.1 所示是一种辅助调零电路。它利用正、负电源通过电位器 R_P 引入一个电压到运算放大器的同相输入端,调节电位器 R_P 可以补偿输入失调量对输出的影响。该调零措施的优点是:电路简单,适应性广;缺点是电源电压不稳定等因素会使输出引进附加漂移。

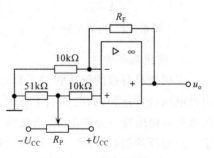

图 6.5.1　辅助调零电路

调零时应注意:不能在开环状态下调零;对于正、负电源供电的运算放大器,调零时应保持正、负电源对称;对要求不高的放大电路,可采取静态调零的方法,即将运算放大器输入端接地,然后进行调零。

6.5.2 消振和保护

1. 消振

集成运算放大器受内部晶体管极间电容和其他寄生参数的影响,很容易引起自激振荡,使电路无法正常工作。因此,在应用时要注意消除自激振荡。具体方法是外接 RC 消振电路或消振电容,目的是破坏自激振荡的条件。消振效果观察,可将输入端接地,用示波器观察输出端有无自激振荡。

2. 保护

集成运算放大器的内部电路极为复杂,即使局部受损,整个元件都将损坏。因此,必须采取适当的保护措施。

1）电源保护

为了防止正、负电源接错,可用二极管来保护,如图 6.5.2 所示。在正、负电源的引线上分别串联一个二极管 D_1、D_2 阻止电源接错时的电流倒流。

2）输入端保护

当输入端所加的差模或共模电压过高时会损坏输入级的晶体管。为此,在输入端接入反向并联的二极管 D_1、D_2,如图 6.5.3 所示,将输入电压的幅值限制在二极管的正向电压降以下。

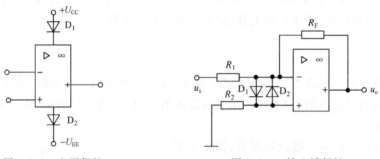

图 6.5.2　电源保护　　　　　　　图 6.5.3　输入端保护

3）输出端保护

采用两只对接的稳压管 D_{Z1}、D_{Z2} 并接在反馈电阻 R_F 两端,可对集成运算放大器输出过电压进行保护,如图 6.5.4 所示。正常工作时,输出电压 u_o 小于任一稳压管的稳压值 U_Z,稳压管不会被击穿,该支路相当于断路,对放大器正常工作无影响。当 u_o 大于一只稳压管的 U_Z 与另一只稳压管的正向压降 $U_F(0.6 \sim 0.7V)$ 之和时,一只稳压管被反向击穿,另一只稳压管正向导通,从而将输出电压限制在 $\pm(U_Z + U_F)$ 的范围内。

4）扩大输出电流

由于集成运算放大器的输出电流一般不大,如果负载要求的电流较大时,可以在输出端加一级互补对称电路,如图 6.5.5 所示。

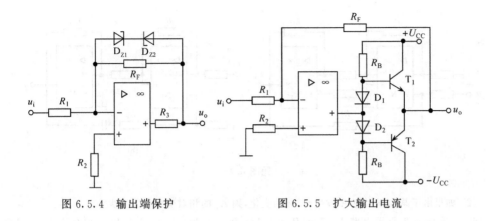

图 6.5.4　输出端保护　　　　　　图 6.5.5　扩大输出电流

本 章 小 结

（1）集成运算放大器是利用集成电路工艺制成的高放大倍数（$10^4 \sim 10^7$）的直接耦合放大器。在实际应用中通常将集成运算放大器理想化，当其工作在线性区时，有两个十分重要的概念："虚短"和"虚断"，即 $u_+ \approx u_-$，$i_+ = i_- = 0$。当其工作在非线性区时，输出有两种可能，当 $u_+ > u_-$ 时，$u_o = +U_{o(sat)}$；当 $u_+ < u_-$ 时，$u_o = -U_{o(sat)}$。这些结论是分析集成运算放大电路的依据，要求必须掌握。

（2）反馈的概念十分重要，它不仅应用在电子线路中，而且广泛地应用在各种工程技术中。集成运算放大器接上反馈电路，对其性能影响极大。判断反馈类型的方法：

正、负反馈可采用"瞬时极性法"，即假设从输入端到输出端发生一瞬时变化，再判断此变化反馈到输入端后，其作用是净输入信号增强还是削弱，前者为正反馈，后者为负反馈。

串、并联反馈从输入电路中判断。反馈信号和输入信号分别处在运算放大器两个输入端上时为串联反馈；而接在同一输入端上时为并联反馈。

电压、电流反馈从输出电路中判断。反馈信号取自输出端为电压反馈；取自输出端负载串联的电阻上为电流反馈。

应该指出，引入负反馈后，运算放大电路的性能有很多优点，这些优点都是以降低放大倍数作为代价的。

（3）集成运算放大器线性应用是本章的又一重点内容，线性应用电路通常有一定形式的负反馈，分析计算时可用"虚短"和"虚断"的关系确定电路的输出与输入关系。

（4）集成运算放大器非线性应用主要包括电压比较电路、振荡电路和波形发生电路。在分析电压比较电路时，由于集成运算放大器工作在非线性区，因此不存在"虚短"概念，但"虚断"的概念依然存在。

（5）正弦波振荡电路主要由基本放大电路、反馈电路、选频电路等部分组成。产生自激振荡的条件分别为 $AF = 1$；$\varphi_A + \varphi_F = 2n\pi (n = 0, 1, 2, \cdots)$。

习　题

6.1　在题图 6.1 所示的各电路中，判断哪些是直流反馈，哪些是交流反馈，哪些是正反馈，哪些是负反馈，哪些是串联反馈，哪些是并联反馈，哪些是电压反馈，哪些是电流反馈。

6.2　已知一个负反馈放大电路的 $A = 300$，$F = 0.01$，试求：

（1）负反馈放大电路的闭环电压放大倍数 A_f 为多少？

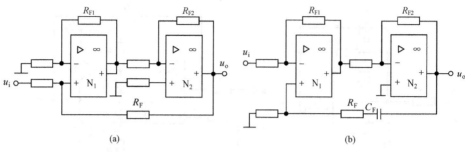

题图 6.1

（2）如果由于某种原因使 A 发生 $\pm 6\%$ 的变化，则 A_f 的相对变化量为多少？

6.3 题图 6.2 所示电路中，已知 $R_1 = 50\mathrm{k}\Omega$，$R_2 = 33\mathrm{k}\Omega$，$R_3 = 3\mathrm{k}\Omega$，$R_4 = 2\mathrm{k}\Omega$，$R_F = 100\mathrm{k}\Omega$。试求：

（1）电压放大倍数 A_f；

（2）如果 $R_3 = 0$，要求得到同样大的电压放大倍数，R_F 的阻值应增大到多少？

6.4 在题图 6.3 所示电路中，已知 $R_F = 2R_1$，$u_i = -2\mathrm{V}$，试求输出电压 u_o。

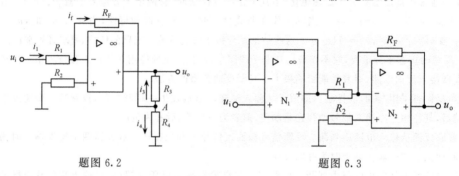

题图 6.2　　　　　　　　　　　题图 6.3

6.5 列出题图 6.4 所示电路中输出电压 u_o 的表达式。

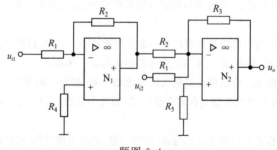

题图 6.4

6.6 试求题图 6.5 所示的电路中 u_o 与各输入电压 u_i 的运算关系式。

6.7 写出题图 6.6 中所示电路 u_o 与 U_Z 的关系式，并说明其功能。当负载电阻 R_L 改变时，输出电压 u_o 有无变化？调节 R_F 起何作用？

6.8 写出题图 6.7 所示电路的输出电流 i_o 与 U 的关系式，并说明其功能。当负载电阻 R_L 改变时，输出 i_o 有无变化？

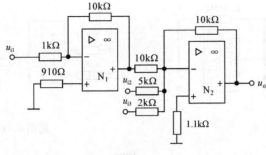

题图 6.5

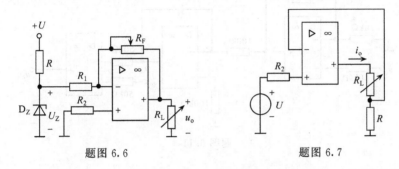

题图 6.6　　　　　　　　　　题图 6.7

6.9　题图 6.8 所示的两个电路是电压-电流变换电路，R_L 是负载电阻（一般 $R \ll R_L$）。试求负载电流 i_o 与输入电压 u_i 的关系，并说明它们各是何种类型的负反馈电路。

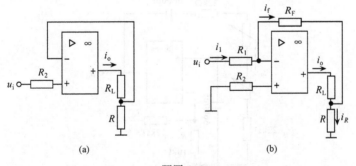

(a)　　　　　　　　　　　　(b)

题图 6.8

6.10　题图 6.9 是应用运算放大器测量电压的原理电路，共有 0.5V、1V、5V、10V、50V 五种量程，试计算电阻 $R_{11} \sim R_{15}$ 的阻值。输出端接有满量程 5V、500μA 的电压表。

6.11　题图 6.10 是监控报警装置。如需对某一参数（如温度、压力等）进行监控时，可由传感器取得监控信号 u_i，U_R 是参考电压。当 u_i 超过正常值时，报警灯亮，试说明其工作原理。二极管 D 和电阻 R_3 在此起何作用？

6.12　题图 6.11 所示电路中，集成运算放大器的最大输出电压为 $\pm 12V$，$u_1 = 0.04V$，$u_2 = -1V$，电路参数如图所示。试问经过多长时间输出电压产生跳变？

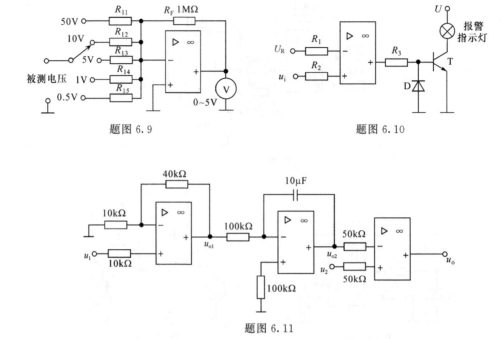

题图 6.9   题图 6.10

题图 6.11

6.13   电路如题图 6.12 所示,当同轴电位器 R_F 由 1kΩ 调到 10kΩ 时,试计算振荡频率的变化范围。

讲义:部分习题
参考答案 6

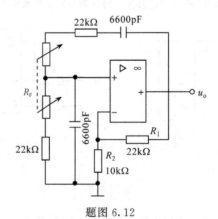

题图 6.12

第**7**章 直流稳压电源

在工农业生产和科学实验中主要采用交流电,但电子技术应用和自动控制领域则往往需要稳定的直流电源供电。而这些直流电源则广泛采用将工频交流电源经过变压、整流、滤波和稳压等环节获得,故称为半导体直流稳压电源。

半导体直流稳压电源的组成原理如图 7.0.1 所示。各部分的功能如下。

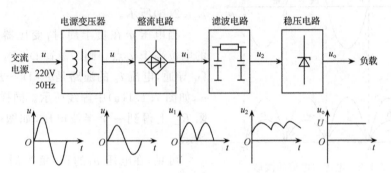

图 7.0.1 直流稳压电源组成框图

(1)电源变压器。将交流电源电压变换成整流电路所需的交流电压。

(2)整流电路。经变压器输出的交流电压被变换为单方向脉动电压。

(3)滤波电路。滤除整流输出电压中的交流成分,减小脉动程度,为负载提供比较平滑的整流电压。

(4)稳压电路。在交流电源电压变动和负载波动时,使得输出的直流电压比较平滑稳定。在对直流电源的稳定程度要求较低的电路中,稳压环节可以省略。

7.1 不可控整流电路

整流电路按输出电压可分为不可控整流电路和可控整流电路。不可控整流电路是指输出电压不可调节,整流器件为半导体二极管;可控整流电路是指输出电压可按需要进行调节,整流器件为晶闸管。

整流电路中广泛应用单相桥式整流电路,如图 7.1.1(a)所示。其中四个整流二极管 $D_1 \sim D_4$ 连接成电桥形式,故称为单相桥式整流电路。四个整流二极管也可采用简化画法,如图 7.1.1(b)所示。

设二极管为理想元件,且变压器副边电压为 $u = \sqrt{2}U\sin\omega t$。当电压 u 在正半周时,变压器副边 a 点的电位高于 b 点,二极管 D_1、D_3 承受正向压降而导通,D_2、D_4 承受反

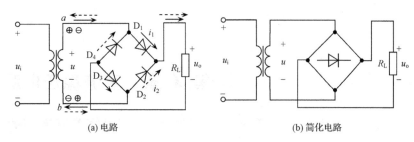

(a) 电路　　　　　　　　　　　(b) 简化电路

图 7.1.1　单相桥式整流电路

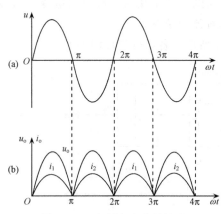

图 7.1.2　电压与电流的波形

向压降而截止。电流 i_1 的流通路径是 $a \rightarrow D_1 \rightarrow R_L \rightarrow D_3 \rightarrow b$,如图 7.1.1(a)中实线所示。负载电阻 R_L 上得到一个半波电压,如图 7.1.2(b)所示。

当电压 u 在负半周时,变压器副边 b 点的电位高于 a 点。则二极管 D_1、D_3 截止,D_2、D_4 导通,电流 i_2 的通路是 $b \rightarrow D_2 \rightarrow R_L \rightarrow D_4 \rightarrow a$,如图 7.1.1(a)中虚线所示。同样在负载电阻 R_L 上得到一个半波电压,如图 7.1.2(b)所示。

可见,在电压 u 的正、负半周,流经负载电阻 R_L 的电流方向没有改变,则负载电阻 R_L 就获得单一方向的输出电压 u_o,也称为脉动电压。

单相桥式整流电路输出电压的平均值为

$$U_o = \frac{1}{\pi}\int_0^{\pi}\sqrt{2}U\sin\omega t\, d(\omega t) = \frac{2\sqrt{2}}{\pi}U = 0.9U \qquad (7.1.1)$$

式中,U 为交流电压 u 的有效值。

负载电阻 R_L 中电流的平均值为

$$I_o = \frac{U_o}{R_L} = 0.9\frac{U}{R_L} \qquad (7.1.2)$$

在桥式整流电路中每个二极管只导通半个周期,导通角为 π,因而通过每个二极管的平均电流是负载电流平均值的一半,即

$$I_D = \frac{1}{2}I_o \qquad (7.1.3)$$

每个二极管截止时所承受的最大反向电压为

$$U_{DRM} = \sqrt{2}\,U \qquad (7.1.4)$$

在选择桥式整流电路的整流二极管时,为了工作可靠,应使二极管的最大整流电流 $I_{DM} > I_D$,二极管的反向工作峰值电压 $U_{RM} > U_{DRM}$。

为了使用方便,半导体器件生产厂家已将整流二极管封装在一起,制作成单相整流桥和三相整流桥模块。这些模块只有输入交流和输出直流接线引脚,其特点是连接线

少,可靠性高,使用方便。

7.2　滤 波 电 路

整流电路的输出是单向脉动电压,除直流分量外,还包含或大或小的交流分量。对电子仪器和自动控制设备来说,这样的整流电压不宜用作直流电源。因此,必须在整流电路的输出端加上滤波电路,主要用于改善输出电压的脉动程度,使其变得比较平滑,接近于理想的直流电压。

电容滤波电路在小功率电子设备中应用较为广泛。具有滤波电路的单相桥式整流电路,在负载电阻 R_L 两端并联一个较大的电容 C,如图 7.2.1(a)所示。

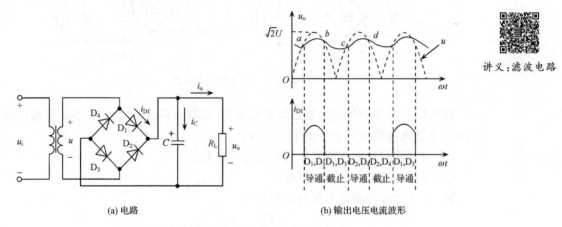

讲义:滤波电路

(a) 电路　　　　　　　　(b) 输出电压电流波形

图 7.2.1　单相桥式整流电容滤波电路及波形

在 u 的正半周且 $u > u_o$ 时,二极管 D_1、D_3 导通,电源一方面向负载 R_L 供电,一方面对电容 C 充电。此时,$i_{D1} = i_C + i_o$。当电压 u 过了最大值以后,电压 u 开始下降。只要 $u > u_o$,电源将继续对电容 C 充电,直到 $u = u_o$。电压 u 进一步下降,由于电容两端的电压不能突变,二极管 D_1、D_3 承受反向电压而截止。此时电容 C 又通过负载电阻 R_L 放电,由于放电时间常数 $\tau = R_L C$ 较大,所以负载两端的电压缓慢下降,如图 7.2.1 (b)中所示的 bc 段。

当电压 u 从负半周变化到 $|u| = u_o$ 时,即图 7.2.1(b)中的 c 点时,二极管 D_2、D_4 处于正向导通状态,电源对电容 C 重新充电,当充电到 $u \leqslant u_o$ 时,二极管 D_2、D_4 截止,电容 C 开始向负载电阻 R_L 放电,如此不断重复上述过程。

可见,电路的输出电压 u_o 的谐波分量大幅度减小了,波形也变得比较平滑了,平均值也提高了。为获得比较平滑的负载电压,通常要求

$$R_L C \geqslant (3 \sim 5) \frac{T}{2} \tag{7.2.1}$$

式中,T 为交流电压的周期。

输出电压的平均值 U_o 可按下式计算:

$$U_o = 1.2U \tag{7.2.2}$$

式中, U 为变压器副边电压的有效值。

电容滤波电路只有在 $R_\mathrm{L}C$ 数值较大时,可以有效地抑制谐波分量,但过大的电容将使整流二极管承受更大的冲击电流。因此可以根据不同的场合采用电感滤波、LC、RC、CLC 和 CRC 等滤波形式,如图 7.2.2 所示。

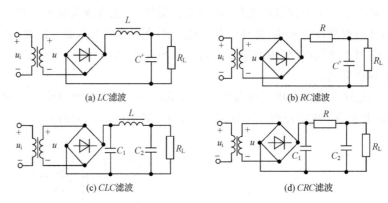

(a) LC滤波   (b) RC滤波

(c) CLC滤波   (d) CRC滤波

图 7.2.2 几种滤波电路

例 7.2.1 某单相桥式电容滤波整流电路,负载电阻 $R_\mathrm{L}=200\Omega$,要求输出电压 $U_\mathrm{o}=30\mathrm{V}$,交流电源的频率 $f=50\mathrm{Hz}$。试求:

(1) 变压器副边电压的有效值和变压器容量;

(2) 选择整流二极管和滤波电容。

解 (1) 变压器副边电压的有效值为

$$U=\frac{U_\mathrm{o}}{1.2}=\frac{30}{1.2}=25(\mathrm{V})$$

负载电流的平均值为

$$I_\mathrm{o}=\frac{1}{\pi}\int_0^\pi I_\mathrm{m}\sin\omega t\,\mathrm{d}(\omega t)=\frac{2I_\mathrm{m}}{\pi}$$

变压器副边电流的有效值为

$$I=\sqrt{\frac{1}{\pi}\int_0^\pi(I_\mathrm{m}\sin\omega t)^2\,\mathrm{d}(\omega t)}=\frac{I_\mathrm{m}}{\sqrt{2}}=\frac{\pi}{2\sqrt{2}}I_\mathrm{o}=1.11I_\mathrm{o}$$

则有

$$I=1.11I_\mathrm{o}=1.11\frac{U_\mathrm{o}}{R_\mathrm{L}}=1.11\times\frac{30}{200}=167(\mathrm{mA})$$

故变压器的容量为

$$S=UI=25\times0.167=4.175(\mathrm{V}\cdot\mathrm{A})$$

(2) 每个二极管的平均电流为

$$I_\mathrm{D}=\frac{1}{2}I_\mathrm{o}=\frac{1}{2}\times\frac{30}{200}=0.075(\mathrm{A})$$

二极管所承受的最大反向电压为

$$U_\mathrm{DRM}=\sqrt{2}\,U=\sqrt{2}\times25=35\ (\mathrm{V})$$

因此可选用 2CZ52B 的二极管 4 只,其最大整流电流为 100mA,最高反向工作电压为 50V。

根据式(7.2.1)取

$$R_{\mathrm{L}}C = 5 \times \frac{T}{2} = 5 \times \frac{1}{2f}$$

所以电容值为

$$C = \frac{5}{2R_{\mathrm{L}}f} = \frac{5}{2 \times 200 \times 50} = 250(\mu\mathrm{F})$$

因此,可以选用 $250\mu\mathrm{F}$、耐压 50V 的极性电容器。

7.3　稳　压　电　路

交流电经过变压、整流和滤波后,虽然输出电压脉动较小,但是不稳定,当交流电网电压波动或负载发生变化时,输出电压都将跟着变化。为了保证输出稳定的直流电压,就需要增加稳压电路。

7.3.1　简单稳压电路

稳压管稳压电路由稳压管 D_{Z} 和限流电阻 R 构成,如图 7.3.1 所示。限流电阻 R 的作用是使流过稳压管的电流不超过允许值,同时它与稳压管配合起稳压作用。图 7.3.1 中 U_1 是稳压电路的输入电压,U_{o} 是输出电压,由电路可知

$$U_{\mathrm{o}} = U_{\mathrm{Z}} = U_1 - RI \tag{7.3.1}$$

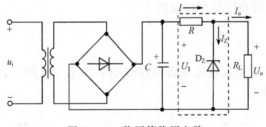

讲义:稳压电路

图 7.3.1　稳压管稳压电路

当某种原因引起 U_1 上升时,U_{o} 也随着上升,即 U_{Z} 上升。由稳压管的反向特性可知,U_{Z} 的微小增加,将使稳压管的电流 I_{Z} 大大增加,I_{Z} 的增加又使 R 上的压降($U_R = RI = R(I_{\mathrm{o}} + I_{\mathrm{Z}})$)增加,这样 U_1 的增量绝大部分降落在 R 上,从而使输出电压 U_{o} 基本维持不变。自动稳定电压过程为

$$U_1 \uparrow \to U_{\mathrm{o}}(U_{\mathrm{Z}}) \uparrow \to I_{\mathrm{Z}} \uparrow \to RI \uparrow$$
$$U_{\mathrm{o}} \downarrow \longleftarrow$$

当负载电流 I_{o} 在一定范围内变化时,同样由于稳压管电流 I_{Z} 的补偿,使 U_{o} 基本保持不变。例如,I_{o} 增大引起 RI 增大,导致 $U_{\mathrm{o}}(U_{\mathrm{Z}})$ 下降,则 I_{Z} 急剧减小,因而使输出电压 U_{o} 基本不变。

选择稳压管时,一般取

$$\begin{cases} U_Z = U_o \\ I_{ZM} = (1.5 \sim 3)I_{OM} \\ U_1 = (2 \sim 3)U_o \end{cases}$$

7.3.2 集成稳压电路

集成稳压电路是将串联型稳压电路中的各元件封装在同一硅片上,具有体积小、使用方便、工作可靠等特点,目前已得到广泛应用。其中 W78×× 和 W79×× 系列三端稳压器应用十分广泛,其外形与管脚排列如图 7.3.2 所示。

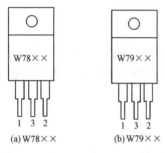

(a) W78×× (b) W79××

图 7.3.2　稳压器外形图

W78×× 系列的三引线端分别为:输入端 1、输出端 2 和公共端 3。W79×× 系列的三引线端分别为:输入端 3、输出端 2 和公共端 1。

常用的三端稳压器有 W78×× 系列(输出正电压)和 W79×× 系列(输出负电压),"××"表示输出的电压值,可为 5V、6V、8V、10V、12V、15V、18V、24V 等几个挡次,如 W7815 表示输出稳定电压为 +15V,W7915 表示输出稳定电压为 −15V。如果需要 −5V 直流电压时,则可以选择 W7905 的稳压器。W78××

和 W79×× 系列稳压器在加散热器的情况下,输出电流可达 1.5~2.2A,最高输出电压为 35V,最小输入和输出电压差为 2~3V,输出电压变化率为 0.1%~0.2%。

下面介绍几种三端稳压器应用电路。

1. 基本电路

W78×× 和 W79×× 系列稳压器的接线图如图 7.3.3 所示。W78×× 输出正电压,W79×× 输出负电压。

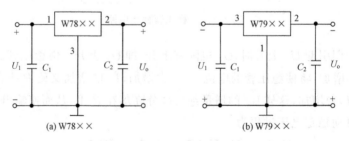

(a) W78××　　　　　　　　(b) W79××

图 7.3.3　三端稳压器接线图

2. 提高输出电压电路

当实际所需电压超过稳压器的规定值时,可以外接一些元件,以提高输出电压,如

图 7.3.4 所示。$U_{××}$ 为三端稳压器的固定输出电压，则实际输出电压为

$$U_o = U_{××} + U_Z \tag{7.3.2}$$

3. 扩大输出电流电路

当稳压电路所需输出电流大于 2A 时，可以通过外接大功率晶体管扩大输出电流，如图 7.3.5 所示。图中 I_3 为稳压器公共端电流，其值很小一般为几毫安，可以忽略不计，所以 $I_1 \approx I_2$，则有

$$I_o \approx I_2 + I_C = I_2 + \beta I_B = (1+\beta)I_2 - \beta \frac{U_{BE}}{R} \tag{7.3.3}$$

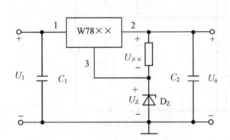
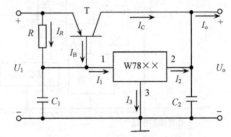

图 7.3.4 提高输出电压电路   图 7.3.5 提高输出电流电路

可见，因为 U_{BE} 很小，输出电流近似扩大了 β 倍。电路中的电阻 R 用于保证功率管只在输出电流 I_o 较大时才导通。

4. 输出电压可调式稳压电路

图 7.3.6 所示是三端集成稳压器输出电压可调式稳压电路。集成运算放大器接成了电压跟随器，其输出电压 $U_F = U_A$，则输出电压为

$$U_o = \left(1 + \frac{R_2}{R_1}\right)U_{××} \tag{7.3.4}$$

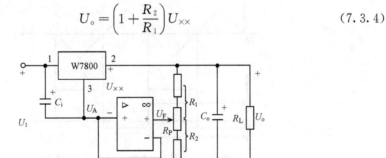

图 7.3.6 输出电压可调电路

调节 R_1 和 R_2 的比值，可在较大范围内改变输出电压的大小。

*7.3.3 开关稳压电路

上述讨论的各种稳压电路，无论是分立元件还是三端集成稳压电路，调整管都工作

在线性放大区,亦称为线性稳压电路。由于负载电流连续地流过调整管,因此调整管的损耗很大,效率很低(为 40%～60%),同时还配备笨重的散热装置。

开关稳压电路也是依靠调整管的调整作用稳定输出电压。由于其是通过控制电路使调整管处于开关状态,因此效率很高(为 80%～90%)。当然,电路结构相应也较复杂,如图 7.3.7 所示。其主要由开关调整管 T、脉宽调制(PWM)电路和 LC 滤波电路构成。

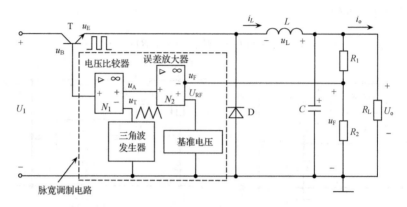

图 7.3.7　脉宽调整式开关型稳压电路原理图

在图 7.3.7 所示电路中,整流滤波电路的输出电压为 U_1,电压比较器反相输入电压 u_T 为发生器产生的固定频率的三角波信号(如图 7.3.8 所示),同相输入端为误差放大器输出电压 u_A,输出电压 u_B 用来控制调整管 T 的导通与截止,用其完成将 U_1 变为断续的矩形波电压 u_E。采样电压 u_F 加在误差放大器的反相输入端,基准电压 U_{RF} 加在误差放大器的同相输入端。开关稳压电路的工作原理如下。

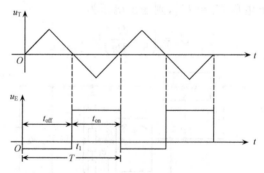

图 7.3.8　图 7.3.7 中 u_T 与 u_E 的波形

当 $u_A > u_T$ 时,u_B 为高电平,T 饱和导通,如果忽略 T 的饱和压降,则 $u_E = U_1$。输入电压 U_1 经 T 加到二极管 D 的两端。因二极管承受反向电压而截止,负载中有电流 i_o 通过,电感 L 储存能量,同时电容器 C 充电。电路输出电压略有增加。

当 $u_A < u_T$ 时,u_B 为低电平,T 由导通变为截止,滤波电感产生自感电动势(极性如图 7.3.7 所示),使二极管 D 导通,于是电感中储存的能量通过 D 向负载 R_L 释放,使负载 R_L 中继续有电流 i_o 通过,因而该二极管 D 也称为续流二极管。此时则有 $u_E =$

$-U_\text{D}$（二极管的正向压降）。

　　综上所述，虽然调整管 T 处于开关工作状态，但由于二极管 D 的续流作用和 LC 的滤波作用，输出电压是比较平稳的。开关稳压电路中各点电压的波形，如图 7.3.9 所示。图中 t_on 为调整管 T 的导通时间，t_off 为调整管 T 的截止时间，开关的转换周期为 $T=t_\text{on}+t_\text{off}$。显然，在忽略滤波电感 L 的直流压降的情况下，输出电压的平均值为

$$U_\text{o}=\frac{1}{T}\int_0^{t_1} u_\text{E}\mathrm{d}t+\frac{1}{T}\int_{t_1}^{T} u_\text{E}\mathrm{d}t$$

$$=\frac{1}{T}(-U_\text{D})t_\text{off}+\frac{1}{T}(U_1-U_\text{CES})t_\text{on}$$

$$\approx U_1\frac{t_\text{on}}{T}=qU_1 \tag{7.3.5}$$

式中，q 为脉冲波形的占空比，$q=\dfrac{t_\text{on}}{T}$，即一个周期持续脉冲时间 t_on 与周期 T 之比值。

　　由式(7.3.5)可见，对于一定的输入电压 U_1，通过调节占空比即可调节输出电压 U_o。故称这种开关型稳压电路为脉宽调制（PWM）式开关稳压电路，脉宽调制电路如图 7.3.7 中虚框部分所示。

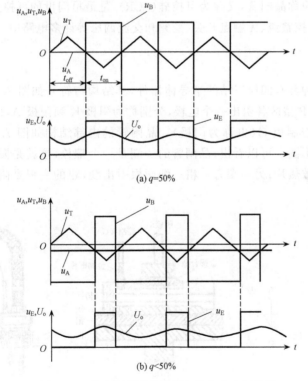

(a) $q=50\%$

(b) $q<50\%$

图 7.3.9　脉宽调制开关稳压电路各点电压波形

　　由于电路中引入了电压负反馈，使得电路具有自动稳压作用。当电路中输入电压 U_1 或负载电阻 R_L 变化时，电路可自动调整脉冲波形（u_B）的占空比 q，使输出电压保持

稳定不变。如输入电压 U_1 增加时，其稳压过程为

$$U_1 \uparrow \rightarrow U_o \uparrow \rightarrow u_F \uparrow \rightarrow u_A \downarrow \rightarrow q \downarrow$$
$$U_o \downarrow \longleftarrow$$

开关型稳压电路的最佳开关频率通常为 $10 \sim 100 \mathrm{kHz}$，频率太高，将会增加调整管 T 开关次数，从而增加 T 的管耗，降低效率。

由于开关式稳压电路具有效率高、稳压范围宽、滤波效果好等优点，因此开关电源在各种仪器设备和计算机乃至家电产品中得到了广泛的应用。

7.4　可控整流电路

由二极管实现的整流电路的输出量仅与电路形式及输入交流电压有关，输出量不可变。而由晶闸管组成的可控整流电路，可将交流电变为输出量可变的直流电，输出量受晶闸管门极信号的控制。这种电路具有弱电控制、强电输出（即用小功率输入信号控制大功率电力输出）的特点。

7.4.1　晶闸管

讲义：普通
晶闸管

普通晶闸管简称晶闸管，又称为可控硅（SCR），是最早问世的可控型电力半导体器件，广泛应用于可控整流、无触点开关、变频和交流调压等许多电路中。

1. 基本结构

晶闸管是一种具有四层三结的半导体器件，其结构与符号如图 7.4.1 所示。从最外层的 N 型区和 P 型区各引出一个电极，分别称为阴极 K 和阳极 A，由内层的 P 型区引出的电极称为控制极 G（也称为门极）。晶闸管的内部结构如图 7.4.2(a) 所示，图 7.4.2(b) 是其外形图。可以看出，晶闸管的一端是一个螺栓，这就是阳极引出端，同时可以利用它固定散热片；另一端有一粗一细两根引出线，粗的一根是阴极引线，细的一根是控制极引线。

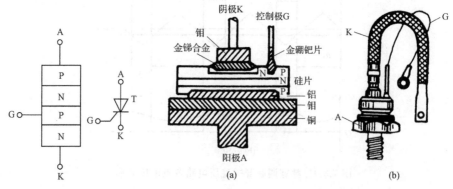

图 7.4.1　晶闸管的结构与符号　　　图 7.4.2　晶闸管的内部结构与外形

2. 工作原理

为了说明晶闸管的工作原理,可按图 7.4.3 所示的电路做一个简单的实验。

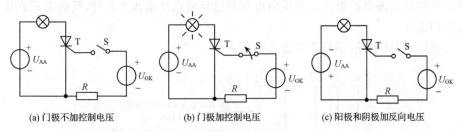

(a)门极不加控制电压　　(b)门极加控制电压　　(c)阳极和阴极加反向电压

图 7.4.3　晶闸管的导通与阻

(1) 晶闸管的阳极经灯泡接直流电源(U_{AA})的正极,阴极接 U_{AA} 的负极,此时晶闸管承受反向电压。门极电路中开关 S 断开(门极不加控制电压 U_{GK}),如图 7.4.3(a)所示。灯泡不亮,说明晶闸管不导通。

(2) 晶闸管的阳极和阴极间加正向电压,门极电路中开关 S 闭合,门极相对于阴极也加正向控制电压 U_{GK},如图 7.4.3(b)所示,灯泡亮,说明晶闸管导通。

(3) 晶闸管导通后,断开门极电路中开关 S(即去掉门极电压 U_{GK}),灯泡仍然亮,晶闸管继续导通。这说明晶闸管一旦导通,门极就失去控制作用。

(4) 晶闸管的阳极与阴极间加反向电压,如图 7.4.3(c)所示。无论门极加不加控制电压 U_{GK},灯泡不亮,晶闸管截止。

(5) 如果门极加反向电压,晶闸管阳极电路无论加正向电压还是反向电压,晶闸管都不导通。

从上述实验内容可得以下结论:

(1) 晶闸管导通的条件是阳极和阴极间加正向电压,门极也加正向电压。

(2) 晶闸管一旦导通,门极就失去控制作用,即门极只需加正向脉冲电压就可使晶闸管导通。

3. 伏安特性

晶闸管阳极与阴极间的电压 U 和阳极电流 I 之间的关系称为晶闸管的伏安特性,即 $I=f(U)$,如图 7.4.4 所示。

在正向特性(第 I 象限)时,当 $U < U_{BO}$ 时,晶闸管承受正向电压,如果控制极开路时,晶闸管中流过的电流非常小,即 $I_G=0$,该电流称为正向漏电流。则晶闸管的阳极与阴极间呈现出很高的电阻,处于阻断(截止)状态。当正向电压 U 升高到某一数值时,晶闸管由阻断状

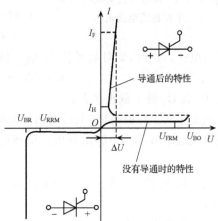

图 7.4.4　晶闸管的伏安特性曲线

态突然导通,此时所对应的电压为正向转折电压 U_{BO}。I_G 越大,U_{BO} 越低。晶闸管导通后较大电流通过,而晶闸管的管压降仅为 0.8V 左右。

在反向特性(第Ⅲ象限)时,晶闸管承受反向电压,即 $U<0$,晶闸管处于阻断状态,只有很小的反向漏电流通过。当反向电压超过反向击穿电压 U_{BR} 时,反向电流剧增,晶闸管反向击穿。

目前国产晶闸管的型号及其含义如下:

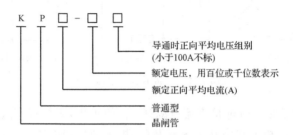

例如,KP200-18F 表示额定正向平均电流为 200A,额定电压为 1800V,正向平均管压降为 0.8~0.9V 的普通型晶闸管。

7.4.2　可控整流电路

将晶闸管作为整流器件可以组成可控整流电路,其特点在于输出电压可根据需要进行调节。较常用的是单相桥式可控整流电路,如图 7.4.5 所示。其与单相桥式整流电路相似,只是其中两个臂中的二极管被晶闸管所取代,也称为半控桥电路。

在电压 u 的正半周(a 端为正)时,晶闸管 T_1 和二极管 D_2 承受正向电压。这时如对晶闸管 T_1 引入触发信号 u_g(即在控制极与阴极间加一正向脉冲信号),则 T_1 和 D_2 导通,电流的通路为

$$a \rightarrow T_1 \rightarrow R_L \rightarrow D_2 \rightarrow b$$

这时 T_2 和 D_1 都因承受反向电压而截止。

图 7.4.5　接电阻性负载的单相半控桥式整流电路

在电压 u 的负半周时(b 端为正),T_2 和 D_1 承受正向电压。这时,如对晶闸管 T_2 引入触发信号,则 T_2 和 D_1 导通,电流的通路为

$$b \rightarrow T_2 \rightarrow R_L \rightarrow D_1 \rightarrow a$$

这时 T_1 和 D_2 处于截止状态。

电路正常工作时,处于电桥对边的晶闸管和二极管同时导通,每隔半周,轮换一次。负载得到双半波(全波)脉动电压。负载电阻上电流波形与电压波形相似,如图 7.4.6 所示。

改变控制角 α,即可改变输出电压和电流平均值的大小。α 移相范围为 $0°\sim180°$。

输出平均电压为

$$U_{\mathrm{o}} = \frac{1}{\pi}\int_{\alpha}^{\pi}\sqrt{2}U\sin\omega t\,\mathrm{d}(\omega t) = \frac{2}{\pi}U(1+\cos\alpha)$$

$$= 0.9U\frac{1+\cos\alpha}{2} \tag{7.4.1}$$

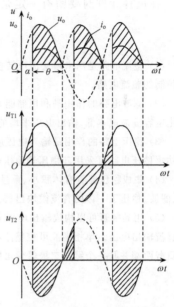

显然,其输出平均电压为单相半波可控整流的两倍。其电流平均值为

$$I_{\mathrm{o}} = \frac{U_{\mathrm{o}}}{R_{\mathrm{L}}} \tag{7.4.2}$$

流过晶闸管和二极管的电流平均值为负载电流平均值的 $1/2$。晶闸管可能承受的最大正、反向电压为交流电源电压的幅值 $\sqrt{2}\,U$,二极管承受的最大反向电压也是 $\sqrt{2}\,U$。

输入电流的有效值为

$$I = \frac{U}{R_{\mathrm{L}}}\sqrt{\frac{1}{2\pi}\sin2\alpha+\frac{\pi-\alpha}{\pi}} \tag{7.4.3}$$

晶闸管所需的触发脉冲由专门触发电路提供。触发电路有单结晶体管触发电路、晶体管触发电路和集成触发电路等。关于触发电路这里不作专门介绍,必要时可参阅相关书籍。

图 7.4.6　图 7.4.5 所示电路电压与电流波形

例 7.4.1　一个纯电阻负载,需要可调直流电压 $U_{\mathrm{o}}=0\sim60\mathrm{V}$,电流 $I_{\mathrm{o}}=0\sim10\mathrm{A}$,现选用单相半控桥式整流电路。如果采用电源变压器,求变压器副绕组的电压和电流的有效值,并计算整流元件的容量。

解　假设 $\theta=180°(\alpha=0°)$,$U_{\mathrm{o}}=60\mathrm{V}$,那么,由式(7.4.1)算出输入电压为

$$U = \frac{U_{\mathrm{o}}}{0.9} = \frac{60}{0.9} = 66.7(\mathrm{V})$$

由式(7.4.3)算出输入电流的有效值为

$$I = \frac{U}{R_{\mathrm{L}}}\sqrt{\frac{1}{2\pi}\sin2\alpha+\frac{\pi-\alpha}{\pi}} = \frac{66.7}{\frac{60}{10}} = 11.1(\mathrm{A})$$

式中,负载电阻 $R_{\mathrm{L}}=\dfrac{U_{\mathrm{o}}}{I_{\mathrm{o}}}=\dfrac{60}{10}=6(\Omega)$。

实际应用时,还要考虑电网电压的波动、晶闸管的管压降等因素。变压器副边的电压比上述计算结果应加大 10% 左右,可取 $U=75\mathrm{V}$。

晶闸管承受的最大正向、反向电压为

$$U_{\mathrm{FRM}} = U_{\mathrm{RRM}} = \sqrt{2}\,U = \sqrt{2}\times75 = 106(\mathrm{V})$$

流过晶闸管和二极管的平均电流为

$$I_{\mathrm{T}} = I_{\mathrm{D}} = \frac{1}{2}I_{\mathrm{o}} = 5\mathrm{A}$$

在选择元件时要留有一定余量,可以选择 10A、200V 的晶闸管和二极管。

本 章 小 结

（1）整流电路是用来将交流电转换为单向脉动的直流电。用二极管可以根据要求组成各种不可以控制的整流电路。

（2）滤波电路的作用是利用储能元件滤掉脉动直流电压中的交流成分使其输出电压比较平稳,采用电容滤波成本低,输出电压平均值较高,适用于负载电流较小且负载变化不大的场合。

（3）稳压电路的作用是输入电压或负载在一定范围内变化时,保证输出电压稳定,对要求不高的小功率稳压电路可采用硅稳压管稳压电路。

（4）集成稳压器具有体积小、重量轻、价格低、使用方便等优点,应用相当广泛。目前,已有集整流、滤波、稳压于一体的直流模块出售,应用时应先了解各种电路的具体特点。

（5）用晶闸管可以构成输出电压大小可调的可控整流电路。通过改变晶闸管控制角的大小来调节直流输出电压。单相半波可控整流电路接电感性负载时,输出电压会出现负值,使其平均值减小。给负载两端并联一个续流二极管便可解决上述问题。

习   题

7.1 某直流稳压电源,负载电压 $U_o=30\text{V}$,电流 $I_o=150\text{mA}$,拟采用单相桥式整流电路,带电容滤波[如图 7.2.1(a)所示]。已知交流电源的频率 $f=50\text{Hz}$。要求:

(1) 选择适当的二极管型号;

(2) 选择滤波电路的滤波电容 C。

7.2 有一个整流电路如题图 7.1 所示,试求:

(1) 负载电阻 R_{L1}、R_{L2} 上的整流电压的平均值 U_{o1}、U_{o2},并标出极性;

(2) 二极管 D_1、D_2、D_3 中流过的平均电流 I_{D1}、I_{D2} 和 I_{D3};

(3) 二极管 D_1、D_2、D_3 分别所承受的最高反向电压。

7.3 一直流稳压电源如题图 7.2 所示,已知 $U_Z=15\text{V}$。试问:

(1) 输出电压 U_o 的极性和大小如何?

(2) 负载电阻最小应为多少?

(3) 如将稳压管 D_Z 反接,后果又如何?

(4) 如 $R=0$,又将如何?

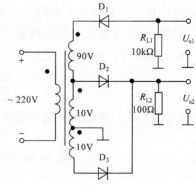

题图 7.1

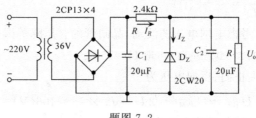

题图 7.2

7.4 在题图 7.3 所示电路中,已知 $I_W=4.5\text{mA}$。当电阻 $R=100\Omega$,$R_L=200\Omega$ 时,试求:

(1) 负载电阻电流 I_L;

（2）电路的输出电压 U_o。

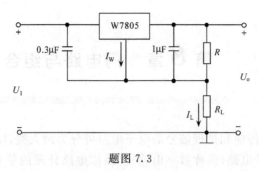

题图 7.3

7.5　利用 W7805 和运算放大器组成的输出电压可调的稳压电源如题图 7.4 所示,试计算输出电压的调节范围。

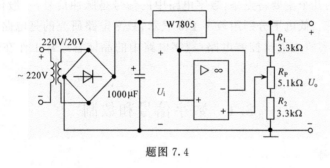

题图 7.4

7.6　某一电阻性负载,需要可调直流电压 0～60V、电流 0～30A。今采用单相半波可控整流电路,直接由 220V 电网供电。计算晶闸管的导通角、电流的有效值,并选用晶闸管。

7.7　题图 7.5 所示的是单相半波可控整流电路的两种正弦半波电流波形。图(a)的控制角为 0,图(b)的控制角为 $\pi/3$,两者的最大值都是 $I_m=30A$。试求:

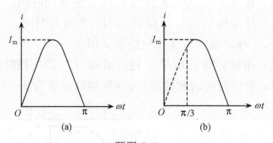

题图 7.5

（1）这两种电流的平均值和有效值分别是多少?

（2）如果电路采用额定正向电流为 10A 的晶闸管,能否满足要求?

7.8　有一单相半波可控整流电路,负载电阻 $R_L=10\Omega$,直接由 220V 电网供电,控制角 $\alpha=60°$。试计算整流电压的平均值、整流电流的平均值和电流的有效值,并选用晶闸管。

讲义:部分习题
参考答案 7

第 **8** 章 门电路与组合逻辑电路

电子技术中用于传递和处理信号的电子电路可分为两大类,即模拟电子电路(简称模拟电路)和数字电子电路(简称数字电路)。模拟电路处理的信号是大小随时间连续变化的信号(如正弦信号),简称模拟信号。数字电路处理的信号是大小随时间断续变化的信号(如方波信号),简称数字信号。

数字电路的几个主要特点是:数字电路中的信号是脉冲信号,一般仅有高电平、低电平两种状态,高、低电平分别用数字 **1、0** 表示;数字电路研究的是电路输入和输出间的逻辑关系,其实质为逻辑控制电路;数字电路中的晶体管通常工作在饱和或截止状态,即开关状态。

8.1 数字信号和数制

8.1.1 数字信号

数字信号通常以脉冲的形式出现,所谓的脉冲信号是指持续时间很短的电压或电流信号。数字电路中使用较多的是矩形波,如图 8.1.1(a)所示。实际的矩形脉冲波形如图 8.1.1(b)所示。其主要有以下几个参数。

(1)脉冲前沿 t_r:脉冲从 $0.1U_m$ 上升到 $0.9U_m$ 所需的时间。

(2)脉冲后沿 t_f:脉冲从 $0.9U_m$ 下降到 $0.1U_m$ 所需的时间。

(3)脉冲幅度 U_m:脉冲信号电压变化的最大值。

(4)脉冲宽度 t_p:由脉冲前沿 $0.5U_m$ 到后沿 $0.5U_m$ 的间隔时间。

(5)脉冲频率 f:单位时间的脉冲数,其与周期的关系为 $f=1/T$。

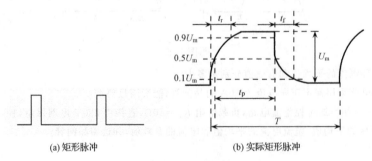

图 8.1.1 脉冲信号

数字电路中,信号的幅度只取两个极限状态(高电位或低电位),不要求区分幅度的细微差异,这样就使得信号的分辨比较容易,便于处理和储存,电路抗干扰能力强,准确性高。

同时,由于人们关心的仅仅是电位的高低,因此常常把电位叫做"电平",既电位水平,故有"高电平"和"低电平"之分。如果规定高电平为 **1**,低电平为 **0**,则称为正逻辑;如果规定高电平为 **0**,低电平为 **1**,则称为负逻辑。本书中一律采用正逻辑。

8.1.2　数制

计数体制简称为数制,其体现的是多位数码中每一位的构成方法,以及从低位到高位的进位规则。人们习惯用十进制数,而在数字系统中,使用二进制、八进制和十六进制数更加方便。

1. 十进制

十进制数是以 10 为基数的计数体制,包括 0～9 十个数码;低位和相邻高位间是"逢十进一"的计数关系。十进制数的表达式为

$$(N)_{10} = d_{n-1}10^{n-1} + d_{n-2}10^{n-2} + \cdots + d_1 10^1 + d_0 10^0 = \sum_{i=0}^{i-1} d_i 10^i \quad (8.1.1)$$

式中,d_i 为第 i 位的数码,可以取 0～9 中的任意一个数;$10^i (i = 0,1,\cdots,n-1)$ 为相应位的"权"。

如 $(5393)_{10} = 5 \times 10^3 + 3 \times 10^2 + 9 \times 10^1 + 3 \times 10^0$。其中 10^3、10^2、10^1、10^0 称为十进制数值位置的"权",也称位权。个位的权 10^0 为 1,十位的权 10^1 为 10,$\cdots$。权值从右向左逐位扩大 10 倍。反之,从左向右逐位缩小为 1/10。

2. 二进制

二进制就是以 2 为基数的计数体制,位权分别为 $2^3, 2^2, 2^1, 2^0 \cdots$,由于二进制的结构最为简单,只有 **0** 和 **1** 两个数码。因此,在数字电路中是应用最为广泛的数制。二进制的进位规律为"逢二进一"。二进制数的表达式为

$$(N)_2 = d_{n-1}2^{n-1} + d_{n-2}2^{n-2} + \cdots + d_1 2^1 + d_0 2^0 = \sum_{i=0}^{i-1} d_i 2^i \quad (8.1.2)$$

式中,d_i 为基数"2"第 i 位次幂的数码(**0** 或 **1**);$2^i (i = 0,1,\cdots,n-1)$ 为各对应位的"权"。

除了二进制数和十进制数外,常用的数制还有八进制、十六进制等,这些数制可参照式(8.1.1)或式(8.1.2)按"权"展开。几种常用数制的基数和数码如表 8.1.1 所示。几种进制的对照表如表 8.1.2 所示。

表 8.1.1　计数制

数制	基数	数码
二进制数	2	0 1
八进制数	8	0 1 2 3 4 5 6 7
十进制数	10	0 1 2 3 4 5 6 7 8 9
十六进制数	16	0 1 2 3 4 5 6 7 8 9 A B C D E F

表 8.1.2　几种常用计数制对照表

十进制数	二进制数	八进制数	十六进制数
0	0	0	0
1	1	1	1
2	10	2	2
3	11	3	3
4	100	4	4
5	101	5	5
6	110	6	6
7	111	7	7
8	1000	10	8
9	1001	11	9
10	1010	12	A
11	1011	13	B
12	1100	14	C
13	1101	15	D
14	1110	16	E
15	1111	17	F
16	10000	20	10
20	10100	24	14

数字系统及计算机采用二进制,人们却习惯用十进制,为了便于人机联系,通常采用二-十进制,简称 BCD(binary cored decimal)码,它用 4 位二进制数来表示 0～9 十个数码,它既具有二进制数的形式,又具有十进制数的特点。

4 位二进制数的组合为 $2^4 = 16$,有 16 个数,要用它表示 10 个数码,必然有 6 个是不用的数,采用不同的组合,可得到不同形式的 BCD 码,表 8.1.3 所示为几种 BCD 码,其中 8421 码最常用,它是一种加权码,从高位到低位,每位的"权"分别为 8、4、2、1。

除 8421 码外,5421 码和 2421 码也为加权码,如表 8.1.3 所示。只是每位的"权"不相同。余 3 码和余 3 格雷码为无权码,余 3 码的特点是每一位值比 8421 码多 3。格雷码的特点是每两个相邻数的二进制代码只有一位不同,因此在计数时可靠性高。

表 8.1.3　几种 BCD 码

十进制数	8421 码	5421 码	2421 码	余 3 码	余 3 格雷码
0	0000	0000	0000	0011	0010
1	0001	0001	0001	0100	0110
2	0010	0010	0010	0101	0111
3	0011	0011	0011	0110	0101
4	0100	0100	0100	0111	0100
5	0101	1000	0101	1000	1100
6	0110	1001	0110	1001	1101
7	0111	1010	0111	1010	1111
8	1000	1011	1110	1011	1110
9	1001	1100	1111	1100	1010

8.2　逻辑门电路

门电路是数字电路中最基本的逻辑元件之一,其应用极为广泛。所谓的"门"就是一种开关,只有在一定条件下,电路才允许信号通过,条件不满足,信号就无法通过。也就是当电路的输入信号满足一定的条件(原因)时,电路才会有输出(结果)。这种输入与输出间具有因果关系的数字电路称为逻辑门电路,简称门电路。门电路可由二极管、三极管等分立元件构成。

逻辑门电路的输入和输出信号都用高、低电平表示,可用 **1** 和 **0** 两种状态来区别(与数字 **1** 和 **0** 有着完全不同的含义)。本书规定用正逻辑表示高、低电平,即高电平为逻辑 **1**,低电平为逻辑 **0**。

8.2.1　基本逻辑门电路

讲义:基本逻辑门电路

基本逻辑门电路有**与门**、**或门**和**非门**。由这三种基本门电路可组合出其他多种复合门电路。

1. 与门电路

如果一个逻辑事件的所有条件均满足时,该逻辑事件才会发生,这种逻辑关系称为"**与**"逻辑。可实现"**与**"逻辑功能的电路称为**与门电路**。

二极管组成的与门电路和图形符号如图 8.2.1 所示。当输入 A、B 端均为 **1** 时,设二者电位均为 3V,电源 12V 的正端经电阻 R 向两个输入端流通电流,二极管均导通,输出端 Y 的电位略高于 3V(因二极管有零点几伏的正向压降),故输出 Y 为 **1**。当输入 A、B 不全为 **1**,有一个为 **0** 时,即电位在 0V 附近,如 A 为 **0**,因 **0** 电位比 **1** 电位低,电源 12V 正

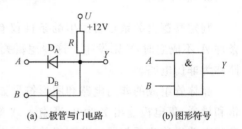

(a)二极管与门电路　　(b)图形符号

图 8.2.1　与门电路和图形符号

动画:与门电路

端将经电阻 R 向处于 **0** 态的 A 端流通电流。D_A 优先导通,使得输出 Y 的电位被钳制0V 附近,即使输出 Y 为 **0**。二极管 D_B 因承受反向电压而截止。可见,只有输入 A 与 B 全为 **1** 时,输出才为 **1**,只要输入有 **0** 时,输出则为 **0**。"**与**"逻辑关系可表示为

$$Y = A \cdot B = AB \tag{8.2.1}$$

与门的逻辑状态表如表 8.2.1 所示。**与门的逻辑功能可概括为:有 0 出 0,全 1 出 1**。

2. 或门电路

如果一个逻辑事件的所有条件中,至少有一个条件满足时,该逻辑事件就会发生,否则该逻辑事件就不会发生,这种逻辑关系称为"**或**"逻辑。可实现"**或**"逻辑功能

表 8.2.1　与门逻辑状态表

输入		输出
A	B	Y
0	**0**	**0**
0	**1**	**0**
1	**0**	**0**
1	**1**	**1**

视频:逻辑门电路

的电路称为**或门**电路。

二极管组成的**或门**电路和逻辑符号如图 8.2.2 所示。当输入 A、B 有一个为 **1**,输出就为 **1**。如只有 A 为 1(设其电位为 3V),则 A 端电位比 B 端高。电流从 A 经二极管 D_A 和电阻 R 流向电源的负端,D_A 优先导通,输出 Y 为 **1**。二极管 D_B 承受反向电压而截止。当 A、B 均为 **0** 时,两个二极管均导通,使输出 Y 为 **0**。"或"逻辑关系可表示为

$$Y = A + B \tag{8.2.2}$$

式中,"+"是"**或**"逻辑运算符号。

或门的逻辑状态表如表 8.2.2 所示。**或门**的逻辑功能可概括为:有 **1** 出 **1**,全 **0** 出 **0**。

动画:或门电路

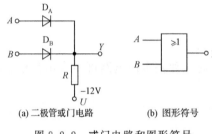

(a) 二极管或门电路　　(b) 图形符号

图 8.2.2　或门电路和图形符号

表 8.2.2　或门逻辑状态表

输入		输出
A	B	Y
0	**0**	**0**
0	**1**	**1**
1	**0**	**1**
1	**1**	**1**

3. 非门电路

判定某逻辑关系是否发生的条件仅有一个 A,当条件 A 成立时,Y 不会发生。当条件 A 不成立时,Y 则发生。这种逻辑关系称为"**非**"逻辑。可实现"**非**"逻辑功能的电路称为**非门**电路。

晶体管组成的**非门**电路和图形符号如图 8.2.3 所示。当输入 A 端为 **1** 时,晶体管饱和导通,集电极输出 Y 为 **0**;当输入 A 端为 **0** 时,晶体管截止,集电极输出 Y 为 **1**,故**非门**电路也称为反相器。**非**逻辑关系可表示为

$$Y = \overline{A} \tag{8.2.3}$$

非门的逻辑状态表如表 8.2.3 所示。

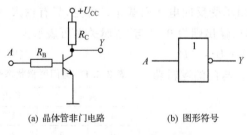

(a) 晶体管非门电路　　(b) 图形符号

图 8.2.3　非门电路和图形符号

表 8.2.3　非门逻辑状态表

输入	输出
A	Y
0	**1**
1	**0**

4. 复合门电路

实际应用中,经常把三种基本逻辑门电路组合成复合门电路,以丰富逻辑电路的功能。

(1) 将**与门**和**非门**串联起来就组成了**与非门**,如图 8.2.4 所示。其逻辑关系为

$$Y = \overline{ABC} \qquad (8.2.4)$$

与非门的逻辑功能可概括为:**全 1 出 0,有 0 出 1**。

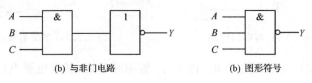

动画:与非门电路

(b) 与非门电路　　　(b) 图形符号

图 8.2.4　**与非门**和图形符号

(2) 将**或门**和**非门**串联起来,可构成**或非门**,如图 8.2.5 所示。其逻辑关系为

$$Y = \overline{A + B + C} \qquad (8.2.5)$$

或非门的逻辑功能概括为:**有 1 出 0,全 0 出 1**。

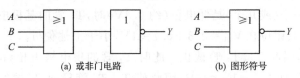

(a) 或非门电路　　　(b) 图形符号

图 8.2.5　**或非门电路**和图形符号

常用的复合门还有**与或非**、**异或门**、**同或门**等,具体实现方法将在以后几节讨论。

8.2.2　TTL 集成门电路

上面讨论的门电路都是分立元件门电路,实际应用中已被淘汰,目前广泛采用的是集成门电路,下面首先介绍 TTL 门电路。

TTL 门电路是由双极型晶体管构成的集成电路,它发展早、生产工艺成熟、品种全、产量大、价格便宜,是中小规模集成电路的主流电路产品。其核心是**与非门**。

1. TTL 与非门

典型的 TTL **与非门**电路如图 8.2.6 所示。由 5 管 5 阻共 10 个元件组成,完成的逻辑功能是"与非"运算。其逻辑关系为

讲义:TTL 与非门电路

$$Y = \overline{ABC}$$

图 8.2.6 中 T_1 称为多发射极晶体管,具有"**与**"逻辑功能。它的等效电路如图 8.2.7 所示。

当输入端均为高电平 3.6V 时,T_1 管所有发射结均反偏(因为 B_1 点电位被三个 PN 结钳位于 2.1V),集电结正偏,电源经 R_1 和 T_1 管的集电结向 T_2 管注入电流,T_2 管的发射极又向 T_5 注入电流,T_5 管也饱和导通,输出端 Y 电位等于 T_5 管的饱和电压

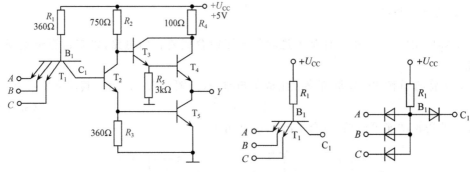

动画：TTL 与
非门电路

图 8.2.6　TTL 与非门电路　　　　图 8.2.7　多发射极晶体管

降 U_{CES5}（约 0.3V），输出低电平 **0**。由于 T_2 管饱和导通，其集电极电位为

$$V_{C2} = U_{CES2} + U_{BE5} = 0.3 + 0.7 = 1(V) = V_{B3}$$

V_{B3} 能使 T_3 管导通，并使 T_4 管基极电位为

$$V_{B4} = V_{B3} - U_{BE3} = 1 - 0.7 = 0.3(V) = V_{E3}$$

由于 V_{B4} 与 V_{E3} 相等，因此，T_4 管因零偏置而截止。

当输入端有一个（或几个）是低电位（约 0.3V）时，T_1 管的基极电位因接有低电平的发射结而导通，被钳位在 $V_{B1} = 0.3 + 0.7 = 1V$，小于上述使 T_2、T_5 饱和导通所需要的电位值（2.1V），因此 T_2、T_5 管截止。此时 T_2 管的集电极电位（即 T_3 管的基极电位）接近电源电压，即 $V_{C2} = V_{B3} \approx 5V$，因此使 T_3、T_4 管导通，Y 端的电位 $V_Y = V_{B3} - U_{BE3} - U_{BE4} \approx 5 - 0.7 - 0.7 = 3.6(V)$，输出为高电平 **1**。

综上所述，图 8.2.6 电路具有"全 **1** 出 **0**，有 **0** 出 **1**"的逻辑功能，其逻辑关系为

$$Y = \overline{ABC}$$

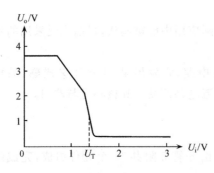

图 8.2.8　TTL 电路的电压传输特性

为便于今后应用，结合上述 TTL **与非门**电路，介绍几个反映门电路性能的主要特性参数。

1）电压传输特性

反映输入电压 U_i 和输出电压 U_o 之间的关系曲线，叫电压传输特性，如图 8.2.8 所示。测试特性时，将某一输入端电压由零逐渐增大，而将其他输入端接在电源正极保持恒定高电位。

当 $U_i < 0.7V$ 时，$U_o = 3.6V$，随着 U_i 超过 1.3V 后，U_o 急剧下降至 0.3 V，此后 U_i 增加，U_o 保持此电平值不变。输出由高电平转为低电平时，所对应的输入电压称为阈值电压或门槛电压 U_T，图 8.2.8 中 U_T 约为 1.4V。

为了保证电路工作可靠，要求输入高电平 $U_{iH} > 2V$，输入低电平 $U_{iL} < 0.8V$。

2）抗干扰能力

当输入电压受到的干扰超过一定值时，会引起输出电平转换，产生逻辑错误。电路

的抗干扰能力是指保持输出电平在规定范围内,允许输入干扰电压的最大范围,用噪声容限这一参数表示。由于输入低电平和高电平时,其抗干扰能力不同,故有低电平噪声容限和高电平噪声容限。一般低电平噪声容限为 0.3V 左右,高电平噪声容限为 1V 左右。

噪声容限电压值越大,说明抗干扰能力越强。

3) 平均传输延迟时间

平均传输延迟时间 t_{pd} 用来表示门电路的转换速度。由于晶体管的导通和截止都需要一定的时间,因此,当输入一个脉冲 U_i 时,输出 U_o 在时间上有一定延迟,如图 8.2.9 所示。从输入脉冲上升沿 50% 处到输出脉冲下降沿 50% 处的时间叫导通延迟时间 t_{pd1};从输入脉冲下降沿 50% 处到输出脉冲上升沿 50% 处的时间叫截止延迟时间 t_{pd2}。两者的平均传输延迟时间为

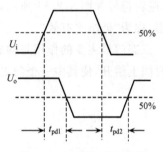

图 8.2.9　平均延迟时间

$$t_{pd} = \frac{t_{pd1} + t_{pd2}}{2}$$

t_{pd} 越小,门的开关速度越快。

4) 扇出系数

扇出系数是指一个**与非门**能带同类门的最大数目,它表示带负载能力。对于 TTL 门,扇出系数 $N_o \geqslant 8$。

* 2. 三态输出**与非门**

三态门的输出端除了出现高电平和低电平外,还可以出现第三种状态——高阻状态。图 8.2.10 所示是 TTL 三态输出**与非门**电路及其逻辑符号。它仅仅在普通 TTL **与非门**上多出了一个二极管 D,并且 A、B 是输入端,C 是控制端。

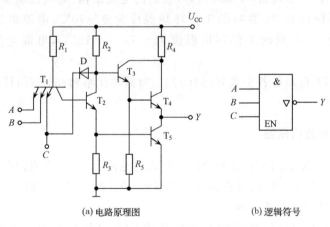

讲义:OC 和 TS
与非门电路

(a) 电路原理图　　　　　　(b) 逻辑符号

图 8.2.10　TTL 三态输出**与非门**

当控制端 C 为高电平 **1** 时,电路只受 A、B 输入信号的影响,是一个普通**与非门**,$Y = \overline{AB}$。 当 C 为低电平 **0** 时,V_{B1} 约为 1V,使 T_2、T_5 管截止,同时由于二极管 D 的存在,使 $V_{C2} \approx 1V$,使 T_4 也截止,即与 Y 端相接的两个三极管 T_4、T_5 都截止,所以输出端处于高阻状态。

改变电路结构,也可以在控制端为高电平时出现高阻状态,低电平时出现工作状态,逻辑符号如图 8.2.11 所示,图 8.2.11 中 C 表示控制信号低电平时,电路处于工作状态,称为"低电平有效"。

三态门最主要的作用是构成总线(bus)系统,如图 8.2.12 所示。它们的控制信号在时间上错开,使其中一个门工作时,其他各门处于高阻状态,避免互相影响。

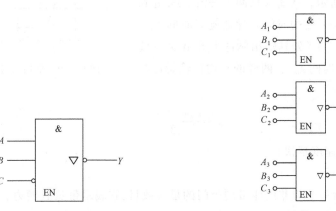

图 8.2.11　三态输出与非门　　　　图 8.2.12　三态输出与非门的应用

三态门的速度很高。在总线上可以是正逻辑,也可以是负逻辑。在计算机中被广泛应用。

3. TTL 门电路的系列介绍

TTL 电路有 54 系列和 74 系列两种,它们的电路结构、电气性能参数以及管脚排列均相同,所不同的是 74 系列的工作环境温度为 $0 \sim 70℃$,电源电压工作范围为 $(1 \pm 5\%)5V$;而 54 系列的工作环境温度为 $-55 \sim +125℃$,电源电压工作范围为 $(1 \pm 10\%)5V$。

54 系列和 74 系列有若干系列:54L/74L 为低功耗系列;54H/74H 系列为高速系列等。

8.2.3　CMOS 集成门电路

除了 TTL 集成门电路外,还有 MOS 集成门电路。MOS 集成门电路由绝缘栅场效应管(单极型晶体管)组成,具有制造工艺简单、功耗低、体积小、更易于集成化等一系列优点,但传输速度相对低一些。

MOS 数字集成电路根据所采用 MOS 管的不同,可分为 NMOS 电路、PMOS 电路和 CMOS 电路。其中 CMOS 电路是一种由 NMOS 和 PMOS 构成的互补对称逻辑电路,良好的性能使其得以广泛应用。

1. CMOS 非门电路

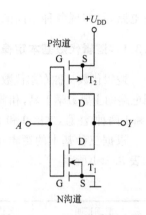

图 8.2.13　CMOS 非门电路

CMOS 非门电路又称 CMOS 反相器,如图 8.2.13 所示。其中 PMOS 管 T_2 为负载管,NMOS 管 T_1 为驱动管,两管都为增强型,一同制作在一片硅片上。两管的栅极相连,作为输入端 A,漏极也相连,引出输出端 F,T_1 管源极接地,T_2 管源极接电源 $+U_{DD}$。

当输入端 A 为 1(约为 U_{DD})T_1 导通时,T_2 管的栅-源极电压小于开启电压的绝对值,不能开启,处于截止状态。这时 T_2 管的电阻比 T_1 管高得多,电源电压便主要降在 T_2 管上,故输出 Y 为 0(约为 0 V)。

当输入端 A 为 0 时,T_1 截止,T_2 导通,电源主要降在 T_1 上,故输出 Y 为 1。

可见,电路具有"非"逻辑功能,其逻辑关系为

$$Y = \overline{A}$$

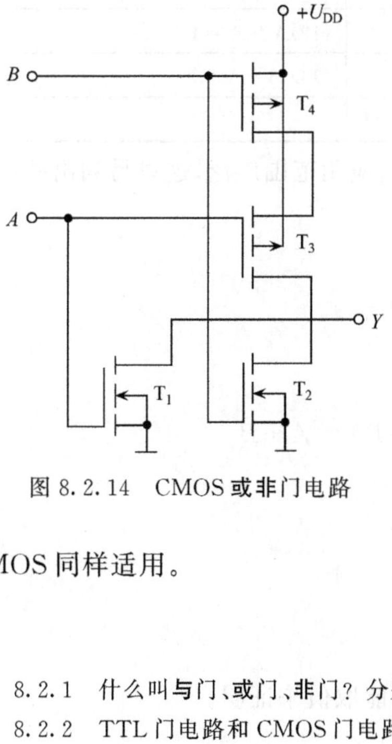

2. CMOS 或非门电路

CMOS 或非门电路中驱动管 T_1、T_2 并联,负载管 T_3、T_4 串联,负载管为 P 沟道增强型,如图 8.2.14 所示。

当 A、B 两个输入端均为 0 时,T_1、T_2 管截止,T_3、T_4 管导通,输出为 1。当 A、B 至少有一个为 1 时,驱动管至少有一个导通,电源电压主要降在负载管上,输出为 0。因此,其逻辑关系为

$$Y = \overline{A + B}$$

在逻辑功能上,TTL 和 CMOS 是相同的。当 CMOS 的电源电压 $U_{DD} = +5V$ 时,它可与低耗能 TTL 兼容。本书讨论的内容对 TTL 和 CMOS 同样适用。

图 8.2.14　CMOS 或非门电路

练习与思考

8.2.1　什么叫与门、或门、非门? 分别画出它们的逻辑符号。

8.2.2　TTL 门电路和 CMOS 门电路各有什么特点?

8.2.3　图 8.2.14 所示 CMOS 非门电路,改为 T_2 用 NMOS,T_1 用 PMOS,电路是否可行? 为什么?

8.3　组合逻辑电路分析和设计

用几种基本门电路可实现基本逻辑关系,将这些逻辑门电路组合起来,构成组合逻

辑电路,可实现各种不同的逻辑功能。

8.3.1 逻辑代数基本定律

逻辑代数又称布尔代数,是研究二值逻辑问题的主要数学工具,也是分析和设计各种逻辑电路的主要数学工具,和普通代数一样,用字母$(A,B,C,\cdots)$表示变量,但变量的取值只有 **0** 和 **1** 两种,注意,这里 **0** 和 **1** 不是指数值的大小,而是代表逻辑上对立的两个方面。

根据三种基本的逻辑运算,可以推导出一些基本公式和定律,形成一套运算规律,如表 8.3.1 所示。

表 8.3.1 逻辑代数的基本公式

范围说明	名称	逻辑与(非)	逻辑或
变量与常量的关系	**0-1** 律	$(1)\ \mathbf{1}\cdot A=A$	$(2)\ \mathbf{0}+A=A$
		$(3)\ \mathbf{0}\cdot A=0$	$(4)\ \mathbf{1}+A=1$
和普通代数相似的定律	交换律	$(5)\ AB=BA$	$(6)\ A+B=B+A$
	结合律	$(7)\ (AB)C=(AC)B$	$(8)\ (A+B)+C=(A+C)+B$
	分配律	$(9)\ A(B+C)=AB+AC$	$(10)\ A+BC=(A+B)(A+C)$
逻辑代数特殊规律	互补律	$(11)\ A\overline{A}=\mathbf{0}$	$(12)\ A+\overline{A}=\mathbf{1}$
	重叠律	$(13)\ AA=A$	$(14)\ A+A=A$
	还原律	$(15)\ A=\overline{\overline{A}}$	

吸收律和反演律是逻辑代数中特有的运算规律,应用范围广泛,这里另列出并加以证明。

吸收律

$(16)\quad A+AB=A$

$(17)\quad A(A+B)=A$

$(18)\quad A+\overline{A}B=A+B$

证明 $A+\overline{A}B=(A+\overline{A})(A+B)=\mathbf{1}\cdot(A+B)=A+B$

$(19)\quad A(\overline{A}+B)=A\cdot B$

证明 $A(\overline{A}+B)=A\cdot\overline{A}+A\cdot B=A\cdot B$

反演律(德·摩根定理)

$(20)\quad \overline{AB}=\overline{A}+\overline{B}$

$(21)\quad \overline{A+B}=\overline{A}\,\overline{B}$

这个定理的证明可以用列举逻辑变量的全部可能取值来证明。

列出逻辑状态如表 8.3.2 所示。

表 8.3.2 逻辑状态表

A	B	$\overline{A}$	$\overline{B}$	$\overline{A}\cdot\overline{B}$	$\overline{A}+\overline{B}$	$\overline{A+B}$	$\overline{A\cdot B}$
0	0	1	1	1	1	1	1
0	1	1	0	1	1	0	0
1	0	0	1	1	1	0	0
1	1	0	0	0	0	0	0

从表 8.3.2 中不但可见反演律的成立,而且提醒读者注意:$\overline{A+B}\neq\overline{A}+\overline{B}$;$\overline{AB}$ $\neq\overline{A}\ \overline{B}$。

8.3.2　逻辑函数表示方法

逻辑函数中,用字母表示输入和输出变量;字母上无反号的称为原变量,有反号的称为反变量。逻辑函数常用逻辑状态表、逻辑表达式和逻辑(电路)图三种表达方式,它们之间可以相互转换。

逻辑状态表以表格的形式表示输入、输出变量的逻辑状态(**1** 或 **0**),十分直观明了。逻辑式则用**与**、**或**、**非**等运算表示逻辑函数。

由逻辑状态表写出逻辑式的步骤如下:

(1) 取输出 $Y=1$(或 $Y=0$)列逻辑式。

(2) 对一种组合而言,输入变量之间是**与**逻辑关系。对应于 $Y=1$,如果输入变量为 **1**,则取其原变量(如 A);如果输入变量为 **0**,则取其反变量(如 $\overline{A}$)。而后取乘积项(**与项**)。

(3) 各种组合之间是**或**逻辑关系,故取以上乘积项之和。

如三人表决的逻辑状态表,如表 8.3.3 所示。当多人赞成(输入为 **1**)时,表决结果(Y)有效(输出为 **1**),逻辑式为

$$Y=\overline{A}BC+A\overline{B}C+AB\overline{C}+ABC$$

$$(8.3.1)$$

表 8.3.3　三人表决的逻辑状态表

输入			输出
A	B	C	Y
0	**0**	**0**	**0**
0	**0**	**1**	**0**
0	**1**	**0**	**0**
0	**1**	**1**	**1**
1	**0**	**0**	**0**
1	**0**	**1**	**1**
1	**1**	**0**	**1**
1	**1**	**1**	**1**

式(8.3.1)中是由 4 个**与项**完成**或**运算,且每个**与项**中都同时出现了 3 个输入变量。如果一个具有 n 个变量的逻辑函数的**与项**含全部 n 个变量,每个变量以原变量或反变量的形式出现,且仅出现一次,则这种**与项**称为最小项。

两个变量 A、B 可构成 4 个最小项,即 $\overline{A}\ \overline{B}$、$\overline{A}B$、$A\overline{B}$ 和 AB。若三变量 A、B、C 可构成 8 个最小项,即 $\overline{A}\ \overline{B}\ \overline{C}$、$\overline{A}\ \overline{B}C$、$\overline{A}B\overline{C}$、$\overline{A}BC$、$A\overline{B}\ \overline{C}$、$A\overline{B}C$、$AB\overline{C}$ 和 ABC。可见,对于 n 个变量,就有 2^n 个最小项。

为叙述和书写方便,最小项通常用符号 m_i 表示,i 为最小项的编号,是一个十进制数。确定的方法是先将最小项中的变量按顺序 A、B、C、D 排列好,然后将最小项中的原变量用 **1** 表示,反变量用 **0** 表示,此时最小项表示的二进制数对应的十进制数就是该最小项的编号。如对三变量的最小项来说,ABC 的编号是 7,用符号 m_7 表示,$\overline{A}B\overline{C}$ 的编号是 2。用符号可将式(8.3.1)表示为

$$Y=\overline{A}BC+A\overline{B}C+AB\overline{C}+ABC=m_3+m_5+m_6+m_7$$

$$Y(A,B,C)=\sum m(3,5,6,7) \qquad (8.3.2)$$

根据逻辑式可画出逻辑图,其中**与**运算用**与门**实现,**或**运算用**或门**实现。

8.3.3 逻辑函数化简

视频:逻辑函数公式法化简

与或式是比较常见的逻辑函数表达式,且较容易转化为其他形式的表达式,故这里主要介绍与或式的化简。

与或式化简的意义是通过化简使式中包含的与项(乘积项)最少,而且每一个与项中的因子也最少。这样就可以用最简单的电路实现该函数。

公式法化简的过程就是利用前述逻辑函数的运算规则和定理消去函数式中多余因子和多余项的过程。通过下面几个例题初步认识和理解化简的方法。

讲义:卡诺图表示逻辑函数

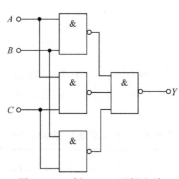

图 8.3.1 例 8.3.1 逻辑电路

例 8.3.1 试用公式法化简式(8.3.1)。

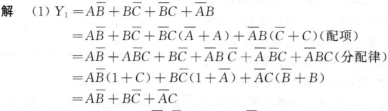

解
$$Y = \overline{A}BC + A\overline{B}C + AB\overline{C} + ABC$$
$$= \overline{A}BC + A\overline{B}C + AB(\overline{C}+C)\text{(分配律)}$$
$$= \overline{A}BC + A\overline{B}C + AB\text{(互补律)}$$
$$= (\overline{A}BC + AB) + (A\overline{B}C + AB)\text{(重叠律)}$$
$$= B(\overline{A}C + A) + A(\overline{B}C + B)\text{(分配律)}$$
$$= AB + BC + AC\text{(吸收律)}$$
$$= \overline{\overline{AB}\ \overline{BC}\ \overline{AC}}\text{(反演律)}$$

用反演律将与或式转换为与非式后,就可以用与非门画出逻辑电路,如图 8.3.1 所示。

例 8.3.2 试用公式法化简下列逻辑函数:

(1) $Y_1 = A\overline{B} + B\overline{C} + \overline{B}C + \overline{A}B$;

(2) $Y_2 = ABC + ABD + \overline{A}B\overline{C} + CD + B\overline{D}$。

视频:逻辑函数卡诺图化简(1)

解 (1) $Y_1 = A\overline{B} + B\overline{C} + \overline{B}C + \overline{A}B$
$$= A\overline{B} + B\overline{C} + \overline{B}C(\overline{A}+A) + \overline{A}B(\overline{C}+C)\text{(配项)}$$
$$= A\overline{B} + A\overline{B}C + B\overline{C} + \overline{A}\overline{B}C + \overline{A}B\overline{C} + \overline{A}BC\text{(分配律)}$$
$$= A\overline{B}(1+C) + B\overline{C}(1+\overline{A}) + \overline{A}C(\overline{B}+B)$$
$$= A\overline{B} + B\overline{C} + \overline{A}C$$

讲义:逻辑函数卡诺图化简

(2) $Y_2 = ABC + ABD + \overline{A}B\overline{C} + CD + B\overline{D}$
$$= ABC + \overline{A}B\overline{C} + CD + B(AD + \overline{D})$$
$$= ABC + \overline{A}B\overline{C} + CD + B\overline{D} + AB\text{(吸收律)}$$
$$= AB(C+1) + \overline{A}B\overline{C} + CD + B\overline{D}$$
$$= AB + \overline{A}B\overline{C} + CD + B\overline{D}$$
$$= B(A + \overline{A}\overline{C}) + CD + B\overline{D}$$
$$= AB + B\overline{C} + CD + B\overline{D}\text{(吸收律)}$$
$$= AB + B(\overline{C} + \overline{D}) + CD$$
$$= AB + B\overline{CD} + CD\text{(反演律)}$$
$$= B + CD\text{(吸收律)}$$

利用公式法化简逻辑函数,要求必须熟练掌握基本法则和定理,并且需要通过大量的练习才能应用自如。由于尚无一套完整的化简方法,因此此法有较大的局限性。另外,还有一种常用的逻辑函数卡诺图化简方法,可弥补公式法化简中的不足。限于篇幅,请读者参阅相关书籍。

视频:逻辑函数卡诺图化简(2)

8.3.4　组合逻辑电路分析

根据已知逻辑电路,列出逻辑表达式,再用逻辑运算的方法化简,明确电路的逻辑功能,称为逻辑电路的分析。

例 8.3.3　分析图 8.3.2 所示逻辑图的逻辑功能。

解　根据逻辑图可得

$$Y = \overline{\overline{A \cdot \overline{AB}} \cdot \overline{B \cdot \overline{AB}}}$$

进一步化简,可得

$$Y = A \cdot \overline{AB} + B \cdot \overline{AB}$$
$$= (A + B)(\overline{AB}) = (A + B)(\overline{A} + \overline{B})$$
$$= \overline{A}B + A\overline{B}$$

由 $Y = \overline{A}B + A\overline{B}$ 可见,只有当两个变量相异(即 $A = 0, B = 1$ 或 $A = 1, B = 0$)

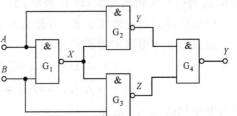

图 8.3.2　例 8.3.3 电路

讲义:卡诺图化简注意问题

时,Y 才为 **1**,这种电路称为**异或门电路**,可简写为 $Y = A \oplus B$,其中 $\oplus$ 表示"**异或**"运算。**异或门**的逻辑符号如图 8.3.3 所示。

例 8.3.4　分析图 8.3.4 所示逻辑图的逻辑功能。

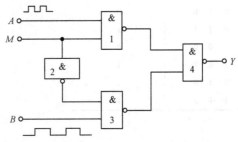

图 8.3.4　例 8.3.4 电路

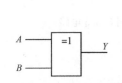

图 8.3.3　**异或门**的逻辑符号

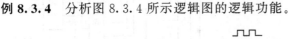

讲义:组合逻辑电路分析

视频:组合逻辑电路分析

解　由图 8.3.4 可见,当 $M = 0$ 时门 2 的输出为 **1**,因此门 3 的输出仅由输入 B 决定,为 $\overline{B}$;同时门 1 的输出恒为 **1**,因此,门 4 的输出与输入 A 无关,仅由门 3 决定(习惯上称门 3 被打开),所以输出为 $Y = B$。

同理可得,当 $M = 1$ 时,输出 $Y = A$。

可见,虽然有两个信号同时加在电路的输入端,但可通过控制 M 电平的高低,选择输出端 Y 输出的是信号 A 还是信号 B。这种电路称为选通电路。

动画:组合逻辑电路的分析

8.3.5　组合逻辑电路设计

根据给定的逻辑功能要求,设计出简化的逻辑图,称为逻辑电路的综合。一般情况

讲义:组合逻辑电路设计

下,总有多个设计方案,而要获得最佳设计,往往要经过反复、全面的考虑。

组合逻辑电路的设计步骤如下:

(1) 确定输入、输出变量,定义变量逻辑状态含义;

(2) 将实际逻辑问题抽象成逻辑状态表;

(3) 根据逻辑状态表写逻辑表达式,并化简为最简与或式;

(4) 根据表达式画出电路图。

例 8.3.5　某雷达站有三部雷达,它们运转时必须满足的条件为任何时间必须有且仅有一部雷达运行,如不满足上述条件,就输出报警信号。试设计此报警电路。

解　设三部雷达的状态为输入变量,分别用 A、B、C 表示,规定雷达运转为 **1**,停转为 **0**;报警信号为输出变量,以 Y 表示,$Y=0$ 表示正常状态,$Y=1$ 为报警状态。

视频:组合逻辑电路设计

根据题意列出逻辑状态表,如表 8.3.4 所示。

由表 8.3.4 可写出逻辑式为

$$Y=\overline{A}\,\overline{B}\,\overline{C}+\overline{A}BC+A\overline{B}C+AB\overline{C}+ABC$$
$$=\overline{A}\,\overline{B}\,\overline{C}+AB+BC+AC$$

逻辑电路如图 8.3.5 所示。

表 8.3.4　例 8.3.5 的逻辑状态表

输入			输出
A	B	C	Y
0	**0**	**0**	**1**
0	**0**	**1**	**0**
0	**1**	**0**	**0**
0	**1**	**1**	**1**
1	**0**	**0**	**0**
1	**0**	**1**	**1**
1	**1**	**0**	**1**
1	**1**	**1**	**1**

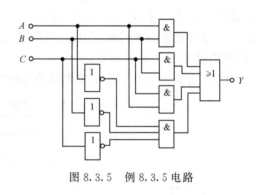

图 8.3.5　例 8.3.5 电路

动画:组合逻辑电路的综合

练习与思考

8.3.1　逻辑代数有哪些基本运算法则定理?试说明它们与普通代数式的区别。

8.3.2　能否将 $AB=AC$,$A+B=A+C$ 这两个逻辑式化简为 $B=C$?

8.3.3　画出一个用三个**与**门和一个**或**门组成的三变量表决器的逻辑图。

8.4　集成组合逻辑电路

数字集成组合逻辑电路是数字集成电路中的一个大类,常用的中、小规模组合逻辑集成电路有加法器、编码器、译码器、数据选择器、数码比较器等。

对于数字集成电路,学习时应将重点放在了解它们的逻辑符号、集成电路的功能表、特殊引出端的控制作用等方面,目的是为将来使用集成电路做准备。

8.4.1 加法器

加法器是计算机中最基本的运算单元电路,任何复杂的加法器电路中,最基本的单元都是半加器和全加器。

1. 半加器

半加器只能对一位二进制数作算术加运算,可向高位进位,但不能输入低位的进位值。按照两数相加的物理概念,可得出半加器的逻辑状态表,如表 8.4.1 所示。由表 8.4.1 可写出半加器的和 S 及向高位进位 C 的逻辑表达式,即

$$S = \overline{A} B + A \overline{B} = A \oplus B$$

$$C = AB$$

用**异或**门和**与**门构成的半加器逻辑图和逻辑符号,如图 8.4.1 所示。

表 8.4.1 半加器的逻辑状态表

A	B	S	C
0	0	0	0
0	1	1	0
1	0	1	0
1	1	0	1

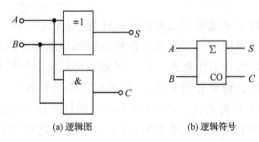

(a) 逻辑图   (b) 逻辑符号

图 8.4.1 半加器

2. 全加器

全加器是能输入低位进位值的 1 位二进制数加法运算逻辑电路。全加器的逻辑状态表如表 8.4.2 所示。A_i、B_i 为本位的加数和被加数,C_{i-1} 表示从低位输入的进位,S_i 是本位的和数,C_i 为本位输出到高位的进位。

根据表 8.4.2,可求出**与或**式为

$$S_i = \overline{A_i}\,\overline{B_i}C_{i-1} + \overline{A_i}B_i\,\overline{C_{i-1}}$$
$$+ A_i\,\overline{B_i}\,\overline{C_{i-1}} + A_iB_iC_{i-1}$$

$$C_i = A_iB_i + B_iC_{i-1} + A_iC_{i-1}$$

S_i 能化简,可做进一步的推导

$$S_i = C_{i-1}(\overline{A_i}\,\overline{B_i} + A_iB_i)$$
$$+ \overline{C}_{i-1}(\overline{A_i}B_i + A_i\overline{B_i})$$
$$= C_{i-1}\,\overline{(A_i \oplus B_i)} + \overline{C}_{i-1}(A_i \oplus B_i)$$
$$= A_i \oplus B_i \oplus C_{i-1}$$

表 8.4.2 全加器的逻辑状态表

A_i	B_i	C_{i-1}	S_i	C_i
0	0	0	0	0
0	0	1	1	0
0	1	0	1	0
0	1	1	0	1
1	0	0	1	0
1	0	1	0	1
1	1	0	0	1
1	1	1	1	1

为了利用输出 S_i，将 C_i 作适当变换

$$C_i = \overline{A_i}B_iC_{i-1} + A_i\overline{B_i}C_{i-1} + A_iB_i = (A_i \oplus B_i)C_{i-1} + A_iB_i$$

令 $S_i' = A_i \oplus B_i$，则 S_i' 是 A_i 和 B_i 的半加和，而 S_i 又是 S_i' 与 C_{i-1} 的半加和，因此，全加器可用两个半加器和一个**或**门实现，其逻辑图和逻辑符号如图 8.4.2 所示。

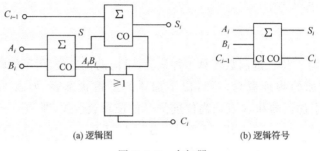

(a) 逻辑图   (b) 逻辑符号

图 8.4.2   全加器

8.4.2　编码器

数字系统采用二进制方式计数，由于每一位二进制数只有 **1**、**0** 两个数码，只能表示两个不同的信号。要表示各种不同的信息如十进制的数码、英文字母、数学符号等，在数字系统中采用将若干位二进制数码（即若干个 **1**、**0**），按一定规律编排在一起表示上述信息。假设有四个设备，显然至少必须要两位二进制来编码，即将它们用 **00**、**01**、**10**、**11** 四个代码来代表，完成这个任务的过程称为"编码"。由此可推论：对 5～8 个设备的编码需要用三位二进制数；而 n 位二进制就可对不多于 2^n 个设备编码。实现编码的电路叫编码器。

1. 二-十进制编码器

将十进制数编为 BCD 码的电路，称为二-十进制编码器。BCD 码的种类很多，最常用的是 8421BCD 码，下面分析编码的过程。

（1）确定二进制代码的位数。因为是 10 个输入，所以输出四位二进制代码。

（2）列编码表。编码表上把待编号的 10 个信号与相应的二进制代码列成表格，如对信号 A_i 编码时，A_i 为 **1**，其他信号均为 **0**，由此列出编码表，如表 8.4.3 所示。

（3）由编码表列出逻辑表达式

$$Y_3 = I_8 + I_9 = \overline{\overline{I_8}\,\overline{I_9}}$$

$$Y_2 = I_4 + I_5 + I_6 + I_7 = \overline{\overline{I_4}\,\overline{I_5}\,\overline{I_6}\,\overline{I_7}}$$

$$Y_1 = I_2 + I_3 + I_6 + I_7 = \overline{\overline{I_2}\,\overline{I_3}\,\overline{I_6}\,\overline{I_7}}$$

$$Y_0 = I_1 + I_3 + I_5 + I_7 + I_9 = \overline{\overline{I_1}\,\overline{I_3}\,\overline{I_5}\,\overline{I_7}\,\overline{I_9}}$$

（4）由逻辑式画出逻辑图，如图 8.4.3 所示。

表 8.4.3　8421 编码表

十进制数	I_9	I_8	I_7	I_6	I_5	I_4	I_3	I_2	I_1	I_0	Y_3	Y_2	Y_1	Y_0
0	0	0	0	0	0	0	0	0	0	1	0	0	0	0
1	0	0	0	0	0	0	0	0	1	0	0	0	0	1
2	0	0	0	0	0	0	0	1	0	0	0	0	1	0
3	0	0	0	0	0	0	1	0	0	0	0	0	1	1
4	0	0	0	0	0	1	0	0	0	0	0	1	0	0
5	0	0	0	0	1	0	0	0	0	0	0	1	0	1
6	0	0	0	1	0	0	0	0	0	0	0	1	1	0
7	0	0	1	0	0	0	0	0	0	0	0	1	1	1
8	0	1	0	0	0	0	0	0	0	0	1	0	0	0
9	1	0	0	0	0	0	0	0	0	0	1	0	0	1

视频：二-十进制编码器

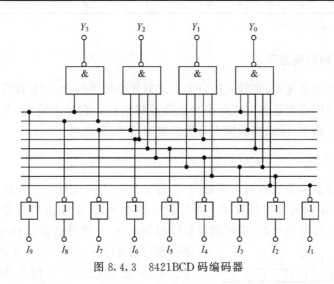

图 8.4.3　8421BCD 码编码器

*2. 优先编码器

实际应用中常常出现多个输入端上有信号的情况,如多个设备同时向主机发出中断请求,这就要求主机能自动识别这些请求信号的优先级别,按次序编码,也就是采用优先编码方式。优先编码器允许几个信号同时输入,但电路只对其中优先级别最高的输入进行编码输出。表 8.4.4 所示为数字集成十进制优先编码器 74LS147 的功能表。由表可见,74LS147 有 $\overline{I}_1 \sim \overline{I}_9$ 9 个信号输入端,对应着 1~9 九个数码。当所有输入端无输入时,对应着十进制的数码 0。这种编码器采用输入信号为 **0** 电平时编码,编码器的四个输出端 $\overline{Y}_3 \sim \overline{Y}_0$,用 8421 码的反码形式反映输入信号。所谓反码,即原定输出为 **1** 时,现在输出为 **0**。例如,当输入端 $\overline{I}_5$ 为低电平 **0** 时,编码器的 4 个输出端显示的不是与十进制 5 对应的 **0101**,而是 **0101** 的反码,即输出端 $\overline{Y}_3 = \mathbf{1}$, $\overline{Y}_2 = \mathbf{0}$, $\overline{Y}_1 = \mathbf{1}$, $\overline{Y}_0 = \mathbf{0}$。

表 8.4.4　优先编码器 74LS147 功能表

十进制数	输入(低电平)									输出(8421 反码)			
	$\overline{I}_9$	$\overline{I}_8$	$\overline{I}_7$	$\overline{I}_6$	$\overline{I}_5$	$\overline{I}_4$	$\overline{I}_3$	$\overline{I}_2$	$\overline{I}_1$	$\overline{Y}_3$	$\overline{Y}_2$	$\overline{Y}_1$	$\overline{Y}_0$
0	1	1	1	1	1	1	1	1	1	1	1	1	1
1	0	×	×	×	×	×	×	×	×	0	1	1	0
2	1	0	×	×	×	×	×	×	×	0	1	1	1
3	1	1	0	×	×	×	×	×	×	1	0	0	0
4	1	1	1	0	×	×	×	×	×	1	0	0	1
5	1	1	1	1	0	×	×	×	×	1	0	1	0
6	1	1	1	1	1	0	×	×	×	1	0	1	1
7	1	1	1	1	1	1	0	×	×	1	1	0	0
8	1	1	1	1	1	1	1	0	×	1	1	0	1
9	1	1	1	1	1	1	1	1	0	1	1	1	0

注：表中符号×表示任意值。

8.4.3　译码器和数码显示

译码是编码的逆过程,将输入的每个二进制代码赋予的含义"翻译"过来,给出相应的输出信号。译码器就是能完成译码功能的逻辑部件。它是多输入、多输出的组合逻辑电路。数字电路中,译码器的输入常为二进制或 BCD 代码。

1. 变量译码器

变量译码器也称为二进制译码器,它是将 n 位二进制代码的组合状态译成对应的 2^n 个最小项,每组输入信号只对应一个输出有效电平,其他输出均为无效电平。根据输入代码和输出信号的个数,常用的变量译码器有 3 /8 线译码器(74LS138),2 / 4 线译码器(74LS139)和 4 / 6 线译码器(74LS154)等。下面以 74LS138 为例介绍译码器及其应用。

讲义:二进制译码器

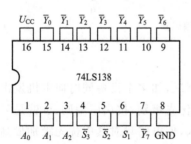

图 8.4.4　74LS138 型译码器的引脚排列

74LS138 型译码器有 3 个输入代码,8 个输出信号,其引脚排列如图 8.4.4 所示。该译码器除输入、输出端外,还有一个使能端 S_1 和两个控制端 $\overline{S}_3$、$\overline{S}_2$。S_1 高电平有效,$\overline{S}_3$ 和 $\overline{S}_2$ 低电平有效。当 $S_1=1$, $\overline{S}_3+\overline{S}_2=0$ 时,译码器处于工作状态;$S_1=0$ 或 $\overline{S}_3+\overline{S}_2=1$ 时,无论输入端 $A_2A_1A_0(A\ B\ C)$ 处于何种状态,译码器处于禁止状态。逻辑功能表如表 8.4.5 所示。

由表 8.4.5 可见,对于任意输入代码组合,输出中有且仅有一个为 0(有效电平),其他输出均为 1(无效电平),因此译码器实质上是一种可以输出全部最小项的电路。每一个输出端的函数为

$$\overline{Y}_i=\overline{m_i(G_1\overline{G}_{2A}\overline{G}_{2B})}$$

式中,m_i 为输入 A、B、C 的最小项。

表 8.4.5　74LS138 的功能表

输　入					输　出							
S_1	$\overline{S_3}+\overline{S_2}$	A_2	A_1	A_0	$\overline{Y_7}$	$\overline{Y_6}$	$\overline{Y_5}$	$\overline{Y_4}$	$\overline{Y_3}$	$\overline{Y_2}$	$\overline{Y_1}$	$\overline{Y_0}$
0	×	×	×	×	1	1	1	1	1	1	1	1
×	**1**	×	×	×	1	1	1	1	1	1	1	1
1	0	0	0	0	1	1	1	1	1	1	1	0
1	0	0	0	1	1	1	1	1	1	1	0	1
1	0	0	1	0	1	1	1	1	1	0	1	1
1	0	0	1	1	1	1	1	1	0	1	1	1
1	0	1	0	0	1	1	1	0	1	1	1	1
1	0	1	0	1	1	1	0	1	1	1	1	1
1	0	1	1	0	1	0	1	1	1	1	1	1
1	0	1	1	1	0	1	1	1	1	1	1	1

例 8.4.1　用 74LS138 实现式(8.3.1)。

解　式(8.3.1)为

$$Y=\overline{A}BC+A\overline{B}C+AB\overline{C}+ABC=\sum m(3,5,6,7)$$

根据表 8.4.5,可以得出给定逻辑式的 4 个最小项与译码器的输出间的对应关系为

$$\overline{Y_3}=\overline{\overline{A}BC},\qquad \overline{Y_5}=\overline{A\overline{B}C}$$

$$\overline{Y_6}=\overline{AB\overline{C}},\qquad \overline{Y_7}=\overline{ABC}$$

式(8.3.1)可以表示为

$$Y=\overline{A}BC+A\overline{B}C+AB\overline{C}+ABC=Y_3+Y_5+Y_6+Y_7$$

$$=\overline{\overline{Y_3+Y_5+Y_6+Y_7}}=\overline{\overline{Y_3}\,\overline{Y_5}\,\overline{Y_6}\,\overline{Y_7}}$$

因此,式(8.3.1)可以用 74LS138 和一个四输入的**与非门**实现,如图 8.4.5 所示。

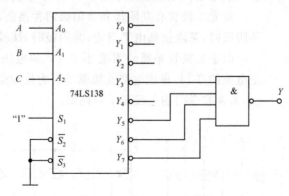

图 8.4.5　例 8.4.1 逻辑图

讲义:二-十进制显示译码器

2. 二-十进制译码器

对于一位 BCD 代码而言,共有四位二进制数。BCD 代码的译码器为 4 输入 10 输出的电路。由四位二进制数共有 $2^4 = 16$ 种组合,BCD 代码只使用十种组合,其他六种组合称为伪码。

8421BCD 译码器的状态表如表 8.4.6 所示,当出现伪码时(即出现 **1010** 至 **1111** 六种情况时),输出可全为 **0**(称拒绝伪码(拒伪)译码器);也可不全为 **0**,出现不仅一个输出端为 **1** 的情况(非拒伪译码器)。使用哪种译码器,可视具体要求而定。

表 8.4.6　8421BCD 码译码器的状态表

输　入				输　出									
A_3	A_2	A_1	A_0	Y_9	Y_8	Y_7	Y_6	Y_5	Y_4	Y_3	Y_2	Y_1	Y_0
0	0	0	0	0	0	0	0	0	0	0	0	0	1
0	0	0	1	0	0	0	0	0	0	0	0	1	0
0	0	1	0	0	0	0	0	0	0	0	1	0	0
0	0	1	1	0	0	0	0	0	0	1	0	0	0
0	1	0	0	0	0	0	0	0	1	0	0	0	0
0	1	0	1	0	0	0	0	1	0	0	0	0	0
0	1	1	0	0	0	0	1	0	0	0	0	0	0
0	1	1	1	0	0	1	0	0	0	0	0	0	0
1	0	0	0	0	1	0	0	0	0	0	0	0	0
1	0	0	1	1	0	0	0	0	0	0	0	0	0

视频:二-十进制显示译码器

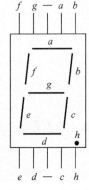

图 8.4.6　半导体数码管

3. 译码器在数字显示方面的应用

1) 半导体数码管

半导体数码管的结构如图 8.4.6 所示。它由 $a \sim g$ 七支条形发光二极管组成,h 为小数点。当 $a \sim h$ 中某一段发光二极管加有正向电压,产生一定电流后,便会发光。因此可显示多种图形。通常这种显示器用来显示 $0 \sim 9$ 十个数码。

发光二极管有共阴极和共阳极两种接法,如图 8.4.7 所示。共阴极时,某段接高电平发光;共阳极时,某段接低电平发光。

由于二极管导通只需要小于 1V 的电压,故可由能输出一定电流的 TTL 集成电路直接驱动。为使对应的 BCD 码正确显示,需要有专门的七段显示译码器。

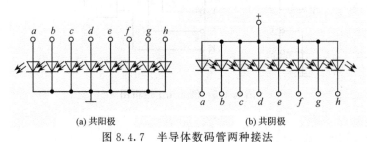

(a) 共阳极　　　　　　　　(b) 共阴极
图 8.4.7　半导体数码管两种接法

2）七段显示译码器

图 8.4.8 所示是七段显示译码器 T337 的外引线排列图。图 8.4.8 中 $\overline{I}_B$ 为熄灭输入端,当 $\overline{I}_B$ 输入为 **0** 时,输出均为 **0**,数码管熄灭。正常工作时,$\overline{I}_B$ 接高电平。

数码管共阴极接法时,七段显示译码器的状态如表 8.4.7 所示。

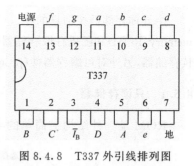

图 8.4.8　T337 外引线排列图

表 8.4.7　七段显示译码器的状态表

输 入				输 出							数码显示
A_3	A_2	A_1	A_0	a	b	c	d	e	f	g	
0	0	0	0	1	1	1	1	1	1	0	0
0	0	0	1	0	1	1	0	0	0	0	1
0	0	1	0	1	1	0	1	1	0	1	2
0	0	1	1	1	1	1	1	0	0	1	3
0	1	0	0	0	1	1	0	0	1	1	4
0	1	0	1	1	0	1	1	0	1	1	5
0	1	1	0	1	0	1	1	1	1	1	6
0	1	1	1	1	1	1	0	0	0	0	7
1	0	0	0	1	1	1	1	1	1	1	8
1	0	0	1	1	1	1	1	0	1	1	9

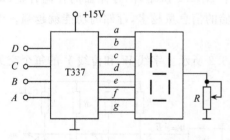

图 8.4.9　T337 和半导体数码管连接示意图

T337 和共阴极半导体数码管的连接示意图如图 8.4.9 所示。改变电阻 R 的大小可以调节数码管的工作电流和显示亮度。

译码器还可用作函数发生器,在存储电路中可用来寻找存储地址,在控制设备中可输出控制信号或作为节拍脉冲发生器等。

*8.5　半导体存储器和可编程逻辑器件

半导体存储器用来存放大量二进制信息,如存放不同程序的操作指令及各种需要计算、处理的数据。它具有集成度高、体积小、容量大、可靠性高、价格低、工作速度快、外围电路简单且易于接口、便于自动化批量生产等特点,应用广泛。

半导体存储器按信息的存入(写入)、取出(读出)操作,可分为只读存储器(read only memory,ROM)和随机存取存储器(random access memory,RAM)两大类。本书只介绍只读存储器,另外对可编程器件(programmable logic devices,PLD)也作简单介绍。

讲义:半导体存储器件分类

8.5.1 只读存储器

ROM 是一种结构最简单的半导体存储器,其存放的数据、表格、函数和运算程序

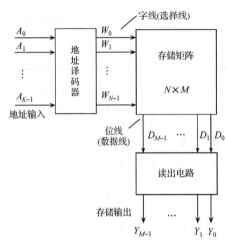

图 8.5.1 ROM 的结构框图

讲义:只读存储器(ROM)

等信息是固定不变的。存储器工作时只能读出信息,不能随时写入信息,故称为只读存储器。ROM 所存储的信息是生产厂家在制造时一次写入的,不能用常规的方法写入或更改已存入的信息。

ROM 的结构如图 8.5.1 所示,由存储矩阵、地址译码器、读出电路等组成。

存储矩阵含有大量的存储单元,每个存储单元只能存储一位二进制数码 1 或 0。地址译码器有 K 条输入线 $A_0 \sim A_{K-1}$(称为地址线);经过地址译码器对应有 $N = 2^K$ 条输出地址线,即 $W_0,W_1,\cdots,W_{N-1}$,也称为字单元的地址选择线,简称字线。它们分别对应存储矩阵的一个行;存储矩阵中存放着由

二进制组成的一组信息,称为一个字。当地址译码电路选中某一字时,该字的 M 位则同时读出,M 称为字长。输出线 $Y_0 \sim Y_{M-1}$ 称为输出信息的数据线,简称位线。存储矩阵有 N 条字线和 M 条位线,则存储矩阵是一个 $N \times M$ 阶矩阵,存储器的存储容量(即存储单元数)是 $N \times M$ 位。存储容量越大,存储的信息量越多,存储的功能就越强。因此,存储容量是存储器的一个主要技术指标。

一个 4×4 二极管 ROM 的电路图如图 8.5.2 所示。字线 W 和位线 Y 的每个交叉点(注意,不是结点)就是一个存储单元。交叉点处接有二极管相当于存储信息 1,未接二极管时相当于存储信息 0。如字线 W_0 与位线 Y 有四个交叉点,其中只有两处接有二极管。当字线 W_0 为高电平(其余字线均为低电平)时,两个二极管导通,使位线 Y_2 和 Y_0 为 1,则在接有二极管的交叉点存储 1,另外两个未接二极管的交叉点的位线的 Y_3 和 Y_1 为 0。存储单元存储 1 还是存储 0,完全取决 ROM 的存储需要,设计和制造时完全确定,不能改变,且信息存入后,即使断开

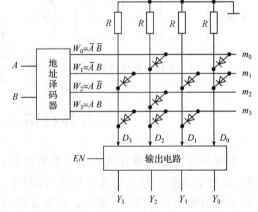

图 8.5.2 4×4 二极管 ROM 电路

电源,所存储的信息也不会消失,这种 ROM 被称为固定存储器。

图 8.5.2 所示 ROM 电路中,地址译码器输出的四个地址的逻辑式分别为

$$W_0 = \overline{A}\,\overline{B}, \qquad W_1 = \overline{A}B$$
$$W_2 = A\overline{B}, \qquad W_3 = AB$$

当输入地址代码 AB 分别为 **00**、**01**、**10**、**11** 四种组合时,字线 W_0、W_1、W_2、W_3 分别为 **1**。即四条字线中只能有一条为高电平,如表 8.5.1 所示。例如当地址代码 $A=1$,$B=0$ 时,$W_2 = A\overline{B} = 1$,字线 W_2 被选中,W_2 为高电平 **1**,其他三条字线 W_0、W_1、W_3 未被选中,均为低电平 **0**。则可分析出此时的输出数据为 $D_3D_2D_1D_0 = \mathbf{0100}$。因此,地址代码 $AB = \mathbf{10}$ 时,译码器使字线 $W_2 = \mathbf{1}$,并将存储矩阵中有对应的字单元(**0100**)调了出来,字长四位。

表 8.5.1　图 8.5.2 ROM 存储内容

地址输入		字　输　出			
A	B	D_3	D_2	D_1	D_0
0	**0**	**0**	**1**	**0**	**1**
0	**1**	**1**	**0**	**1**	**1**
1	**0**	**0**	**1**	**0**	**0**
1	**1**	**1**	**1**	**1**	**0**

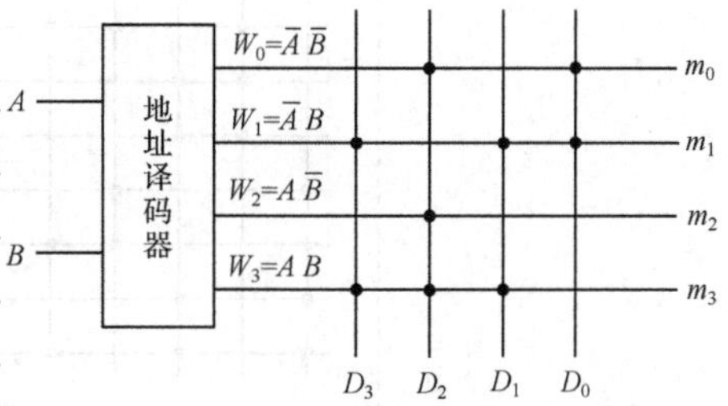

图 8.5.3　简化 ROM 存储矩阵阵列图

由此可见,在对应的存储单元中存入 **1** 还是 **0**,是由接入或不接入二极管决定的。在相应的位置接入二极管,则存入 **1**,否则存入 **0**。存储单元是存 **1** 还是存 **0**,完全取决于 ROM 的存储需要,设计和制造时已经确定,不能改变;而且信息存入后,即使断开电源也不会消失。所以,这种 ROM 也称为固定存储器。

图 8.5.2 所示 ROM 的简化存储矩阵阵列图如图 8.5.3 所示,有二极管的存储单元用一个黑点表示。

可见,ROM 地址译码器和存储矩阵间逻辑关系变得相当简捷而直观。

8.5.2　可编程只读存储器

只读存储器的存储内容是固定的,不能修改,用户使用不便。可编程只读存储器(PROM)在厂家生产时,使存储矩阵的所有存储单元全为 **1** 或 **0**,用户可根据需要自行确定存储单元的内容,将某些单元按一定的方式改写为 **0** 或 **1**(只能改写一次)。

图 8.5.4 所示是由二极管和熔断丝组成的 PROM 存储单元。存储矩阵中所有熔断丝都处于接通状态,即存储单元存 **1**。使用中需要

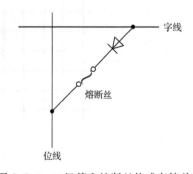

图 8.5.4　二极管和熔断丝构成存储单元

对某些单元改写为 **0** 时,则只要给这些单元通以足够大的电流,使熔断丝断开即可。由图 8.5.4 可见,PROM 的熔断丝被熔断后不能恢复,而且只能熔断一次,一旦编程完毕就不能再进行修改,所以称为一次编程型只读存储器。

PROM 常用阵列如图 8.5.5 所示。其由一个固定的**与**阵列(地址译码器)和一个可编程的**或**阵列(存储矩阵)构成。黑点"·"表示固定连接点,交叉点"×"表示用户可编程点。在画一次编程型 PROM 的阵列图时,可以将不能编程的地址译码器用方框表示,存储矩阵输出端的或门符号也不必画出来,这样就可以使 PROM 的阵列图画法更加简便。

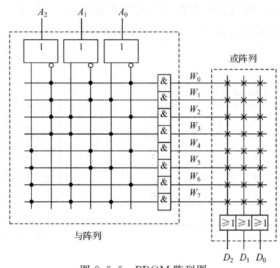

图 8.5.5 PROM 阵列图

8.5.3 可编程逻辑阵列

可编程逻辑阵列 PLA 由可编程**与**阵列(形成选通字线)和可编程**或**阵列(形成选通位线)组成,其基本结构如图 8.5.6 所示。PLA 与 PROM 的结构相似,不同之处在于地址译码器仅选择需要的最小项译出,使得译码器矩阵大幅度压缩。

讲义:可编
程逻辑器件
(PLD)

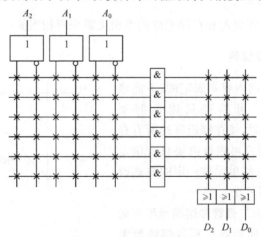

图 8.5.6 PLA 的阵列图

8.5.4　可编程阵列逻辑

可编程阵列逻辑(PAL)是 20 世纪 70 年代末在 PROM 和 PLA 基础上发展起来的,是一种低密度、一次性可编程逻辑器件。PAL 的基本门阵列结构与 PLA 基本门阵列相似,但 PAL 是一种**与**阵列可编程,而**或**阵列是固定的逻辑器件,即每个输出是若干个乘积项之和,其中乘积项包含的变量可以编程选择,PAL 的 I/O 端和乘积项的数目是在出厂时就固定好的。

讲义:通用
逻辑器件
(PAL)

图 8.5.7 所示为每个输出的乘积项是两个的 PAL 的结构图,典型的逻辑函数要求有三四个乘积项,PAL 现有产品中乘积项最多可达 8 个。

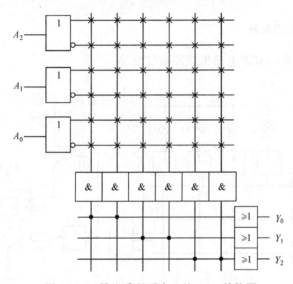

图 8.5.7　输出乘积项为 2 的 PAL 结构图

*8.6　应用举例

8.6.1　产品判别电路

有甲、乙两种物品在传送带上传递,如图 8.6.1 所示。检测器 S_1、S_2 和 S_3 监视物品在传送带上通过的情况。判别要求如下:

(1) 物品甲通过时,检测器 S_1、S_2、S_3 均导通;

(2) 物品乙通过时,检测器 S_1 截止,S_2、S_3 导通。

因此,要判别是物品甲通过传送带,还是物品乙通过传送带,只要点亮相应的指示灯即可。物品甲通过时用指示灯 L_1 表示,物品乙通过时用指示灯 L_2 表示。根据上述判别要求,只要用两个**与**门电路即可设计出产品的判别电路,如图 8.6.2 所示。

指示灯 L_1 亮时,A、B、C 端应均为低电平。

指示灯 L_2 亮时,A 应为高电平,B、C 为低电平。

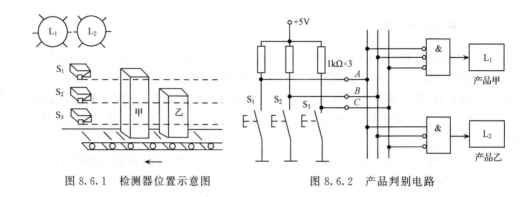

图 8.6.1 检测器位置示意图   图 8.6.2 产品判别电路

8.6.2 多路故障检测电路

图 8.6.3 所示为一多路电动机故障报警电路。

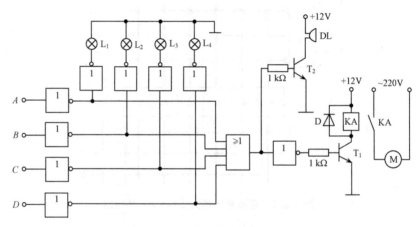

图 8.6.3 多路故障检测电路

当工作正常时,输入端 A、B、C、D 均为 **1**(表示温度、压力等参数正常),这时晶体管 T_1 导通,电动机 M 正常工作,晶体管 T_2 截止,蜂鸣器 DL 不响,且各指示灯全亮。

如果电路中某一路出现故障,例如 B 路,这时 B 的状态从 **1** 变为 **0**,晶体管 T_1 截止,电动机 M 停止工作;晶体管 T_2 导通,蜂鸣器 DL 发出警报声,指示灯 L_2 熄灭,表示 B 路发生故障。

8.6.3 公用照明延时开关电路

图 8.6.4 所示电路为一延时关灯电路。当按下按钮 SB 时,电灯亮,数分钟后,不用手关,电灯会自动熄灭。这种电路可装在卫生间、盥洗间等处,可以避免湿手关灯或忘了关灯。

当按下按钮 SB 时,C_1 被充电,a 点由低电平变为高电平,F_1 翻转,F_2 反相后输出高电平,T_1 立即导通,继电器吸合,其触点接通电灯电源,灯亮。松开 SB 后,电容 C_1

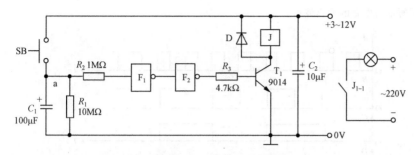

图 8.6.4　延迟关灯电路

开始通过 R_1、R_2 放电,数分钟后,C_1 两端的电压降至电源电压的一半以下,F_1 翻转,F_2 反相后输出低电平,T_1 截止,继电器释放,电灯熄灭。调整 R_2,可改变延时时间,继电器电压要与所用电源电压相同,如果要延时更长时间,可以加大电容 C_1 的容量。

本 章 小 结

(1) 数字电路是传递和处理脉冲信号(数字信号)的电路,电路中的晶体管工作在开关状态(饱和导通或截止)。

(2) 数字电路中的信息是用二进制数码 **0** 和 **1** 表示的。二进制数可以和十进制数相互转换。为了方便人机联系,用四位二进制数表示一位十进制数,称为 BCD 码。BCD 码有很多,最常用的是 8421BCD 码。

(3) 逻辑门是组成数字电路的基本单元。**与门**、**或门**、**非门**分别实现与逻辑、或逻辑、非逻辑。现在广泛应用的是集成电路复合逻辑门。本章介绍了 TTL **与非门**、**三态门**、OC 门、CMOS **非门**及**或非门**。使用集成逻辑门时,要了解它们的主要参数和基本特点。

数字电路中广泛应用集成三态门,它的输出状态除 **0**、**1** 外,尚有第三态——高阻态。

(4) 逻辑代数是分析和设计数字电路的数学工具,是变换和化简逻辑函数的依据。对于逻辑代数的基本运算法则和定理要正确理解并加以记忆。

逻辑函数可以用逻辑表达式、逻辑状态表、逻辑图和卡诺图来表示。四种方法是相通的,可以相互转换。

(5) 组合逻辑电路是由各种逻辑门组成的,它的特点是无记忆功能,即输出信号只取决于当时的输入信号。分析组合逻辑电路时,可先逐级写出输出的逻辑表达式,再化简为最简**与或**式,以便分析其逻辑功能。反之,若给定逻辑功能,要求画出电路图时,可先根据逻辑功能列出逻辑状态表,再化简,然后画出逻辑图。

(6) 半加器、全加器、编码器、译码器、七段字型显示器等都是广泛应用的组合逻辑电路,本章对它们作了分析和介绍,以便了解它们的工作原理。

(7) 半导体存储器是现代数字系统的重要组成部分,分为 ROM 和 RAM 两大类。ROM 存储的是固定数据,一般只能读出。根据数据写入的方式不同,ROM 可分成固定 ROM 和可编程 ROM。后者又可分为 PROM、EPROM 等。可编程逻辑器件 PLD 具有集成度高、可靠性高、速度快等优点,用户可自行设计该类器件的逻辑功能。

习　　题

8.1　已知输入信号 A、B、C、D 的波形如题图 8.1(a)所示,试画出题图 8.1(b)、(c)、(d)、(e)、 (f)、(g)各图所示门电路的输出波形。

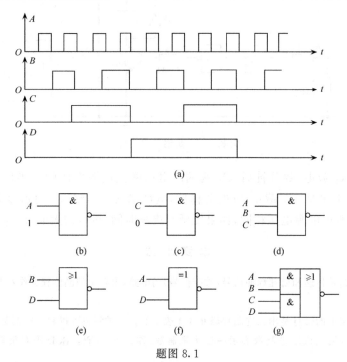

(a)

(b)　　　　　(c)　　　　　(d)

(e)　　　　　(f)　　　　　(g)

题图 8.1

8.2　题图 8.2 所示电路的逻辑功能是什么？

8.3　对下列函数指出当变量($A,B,C\cdots$)取哪些组合时,Y 的值为 **1**。

(1) $Y = AB + AC$

(2) $Y = \overline{A + B\overline{C}(A + B)}$

8.4　试用公式法化简下列各式为最简与或表达式。

(1) $Y = AB + \overline{A}BC + \overline{A}B\overline{C}$

(2) $Y = \overline{B}CA\overline{D} + \overline{A}BCD + \overline{A}BC\overline{D} + A\overline{B}CD$

(3) $Y = A + \overline{A}B + \overline{A}\,\overline{B}C + \overline{A}\,\overline{B}\,\overline{C}$

(4) $Y = \overline{A}\,\overline{B}\,\overline{D} + A\overline{B}\,\overline{C} + ABD + \overline{A}B\overline{C}D + \overline{A}BCD$

8.5　写出题图 8.3 所示两图的逻辑式。

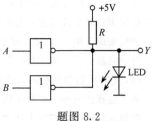

题图 8.2

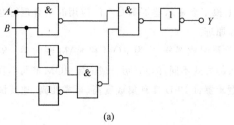
(a)

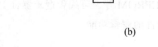
(b)

题图 8.3

8.6　用**与非门**实现以下逻辑关系,画出逻辑图。

(1) $Y = AB + \overline{A}C$

(2) $Y = A + B + \overline{C}$

(3) $Y = \overline{A}\,\overline{B} + (\overline{A} + B)\overline{C}$

(4) $Y = AB + A\overline{C} + \overline{A}B\overline{C}$

8.7 题图 8.4 是两处控制照明灯电路。单刀双投开关 A 装在一处,B 装在另一处,两处都可以开闭电灯。设 $Y=1$ 表示灯亮,$Y=0$ 表示灯灭;$A=1$ 表示开关合上,$A=0$ 表示断开,B 也如此,试写出灯亮的逻辑式。

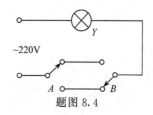

题图 8.4

8.8 逻辑图如题图 8.5 所示,试分析其逻辑功能。

8.9 写出题图 8.6 所示电路的逻辑状态表。

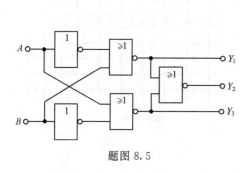

题图 8.5

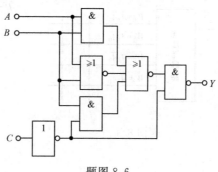

题图 8.6

8.10 用**与非门**设计如下电路,要求:

(1) 三变量非一致电路;

(2) 四变量的奇数检测电路(四变量中有奇数个 1 时电路输出为 1)。

8.11 题图 8.7 是一个密码锁控制电路。开锁条件是:拨对密码,钥匙插入锁眼将开关 S 闭合。当两个条件同时满足时,开关信号为 1,将锁打开。否则,报警信号为 1,接通警铃。试分析密码 $ABCD$ 是多少?

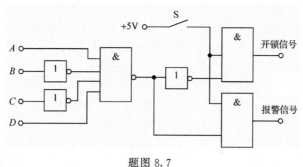

题图 8.7

8.12 有一个存储器,其地址线为 $A_0 \sim A_{11}$,输出数据位线有 8 根为 $D_0 \sim D_7$。试问存储容量多大?

8.13 已知 ROM 如题图 8.8 所示,试列表说明 ROM 存储的内容。

8.14 试用 ROM 产生一组与或逻辑函数,画出 ROM 的阵列图,并列表说明 ROM 存储的内容。逻辑函数为

$$Y_0 = AB + BC, \qquad Y_1 = A\overline{B} + \overline{A}B$$
$$Y_2 = AB + BC + CA$$

8.15 试用 PROM 产生一组逻辑函数

$$Y_0 = \overline{A}C, \qquad Y_1 = AB\overline{C}, \qquad Y_2 = A\,\overline{B}C\,\overline{D} + \overline{A}BCD + BC\,\overline{D},$$

并画出 PROM 编程阵列图。

8.16 题图 8.9 所示为已编程的 PLA 阵列图,试写出所实现的逻辑函数。

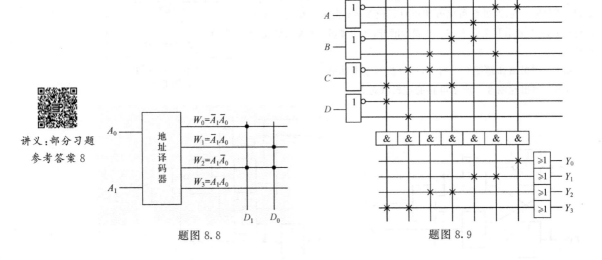

讲义:部分习题
参考答案 8

题图 8.8

题图 8.9

第 9 章 触发器与时序逻辑电路

数字逻辑电路可分为两大类:一类是第 8 章介绍的组合逻辑电路,其基本单元是门电路,特点是任何时刻电路的输出仅取决于当时的输入信号,而与电路原来状态无关;另一类是本章将要介绍的时序逻辑电路,其基本单元是触发器,特点是电路任何时刻的输出不仅与当时的输入信号有关,还与电路原来状态有关,也就是说,时序逻辑电路具有记忆功能。

本章首先讨论几种由集成**与非**门构成的双稳态触发器。其次,介绍由双稳态触发器组成的寄存器和计数器。最后,简要介绍 555 定时器以及由其构成的单稳态触发器与多谐振荡器。

9.1 双稳态触发器

触发器按其稳定工作状态的个数可分为双稳态触发器、单稳态触发器和无稳态触发器(又称多谐振荡器)等。双稳态触发器(通常简称触发器)按其逻辑功能又可分为 RS 触发器、JK 触发器和 D 触发器等。

9.1.1 RS 触发器

1. 基本 RS 触发器

基本 RS 触发器是由两个**与非**门 G_A 和 G_B 交叉连接而组成,如图 9.1.1(a)所示。其有两个输入端 $\overline{R}_D$ 和 $\overline{S}_D$,$\overline{R}_D$ 称为直接复位端或直接置 0 端,$\overline{S}_D$ 称为直接置位端或直接置 1 端。有两个互补的输出端 Q 和 $\overline{Q}$,如果 $Q=1$,$\overline{Q}=0$,称置位状态(1 态);反之,如果 $Q=0$,$\overline{Q}=1$,则称复位状态(0 态)。通常称 Q 端的逻辑值为触发器的状态。$\overline{R}_D$ 和 $\overline{S}_D$ 平时规定接高电位,即处于 1 态;当加负脉冲信号后,由 1 态变为 0 态。

可按**与非**逻辑关系分四种情况分析触发器的状态转换和逻辑关系。设 Q_n 为触发器原来的状态;Q_{n+1} 为加触发信号(正、负脉冲或时钟脉冲)后新的状态。

1) $\overline{S}_D=1$,$\overline{R}_D=0$

当 G_B 门 $\overline{R}_D$ 端加负脉冲后,$\overline{R}_D=0$,按**与非**逻辑关系,$\overline{Q}=1$;反馈到 G_A 门,故 $Q=0$;再反馈到 G_B 门,即使负脉冲消失,$\overline{R}_D=1$ 时,仍有 $\overline{Q}=1$。因此,无论触发器原状态为 0 态或 1 态,经触发后均翻转(触发器状态的变化称为翻转)为 0 态或保持 0 态。

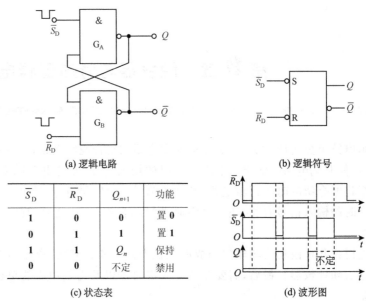

(a) 逻辑电路   (b) 逻辑符号

$\overline{S}_D$	$\overline{R}_D$	Q_{n+1}	功能
1	0	0	置 0
0	1	1	置 1
1	1	Q_n	保持
0	0	不定	禁用

(c) 状态表   (d) 波形图

图 9.1.1   基本 RS 触发器

2) $\overline{S}_D=0,\overline{R}_D=1$

当 G_A 门 $\overline{S}_D$ 端为负脉冲时,即 $\overline{S}_D=0$,则 $Q=1$,反馈到 G_B 门,其两个输入端全为 1,则 $\overline{Q}=0$。因此,在 $\overline{S}_D$ 端加负脉冲后,故 Q 端由 0 翻转为 1。如果设触发器的初始状态为 1 态,则输出保持 1 态不变。

3) $\overline{S}_D=1,\overline{R}_D=1$

当 $\overline{S}_D=\overline{R}_D=1$,则 $\overline{S}_D$ 端和 $\overline{R}_D$ 端均未加负脉冲,触发器保持原态不变。

4) $\overline{S}_D=0,\overline{R}_D=0$

当 $\overline{S}_D$ 和 $\overline{R}_D$ 都为 0,即同时加负脉冲时,则 G_A 和 G_B 门输出端都为 1,达不到 Q 和 $\overline{Q}$ 的状态相反的逻辑要求。当 $\overline{S}_D$ 和 $\overline{R}_D$ 端的负脉冲消失后,触发器将由各种偶然因素决定其最终状态。这种"竞争"状态在使用中应禁止出现,一旦使用中无法避免这种输入状态,应改用其他类型的触发器。

基本 RS 触发器的符号和逻辑状态表,分别如图 9.1.1(b)和(c)所示。设初始状态为 0 态,即 $Q=0$ 时的波形图(也称时序图),如图 9.1.1(d)所示。

以上分析表明,基本 RS 触发器有两个稳定状态,如果在直接置位端加负脉冲就可使它置位;在直接复位端加负脉冲就可使它复位。负脉冲过去后,两个输入端都处于 1 态(平时固定接高电平),此时触发器保持原状态不变,实现记忆或存储功能。但是,禁止将负脉冲同时加在直接置位端和直接复位端。

2. 钟控 RS 触发器

数字系统中有时需要用一正脉冲控制触发器的翻转,这种正脉冲也称为时钟脉冲

CP(clock pulse)。通过引导电路实现用时钟脉冲对输入端 R 和 S 的控制,故称为钟控 RS 触发器,如图 9.1.2(a)所示。$\overline{S}_D$ 和 $\overline{R}_D$ 用于预置触发器的初始状态,工作过程中处于高电平,对电路的工作(触发器状态)无影响。

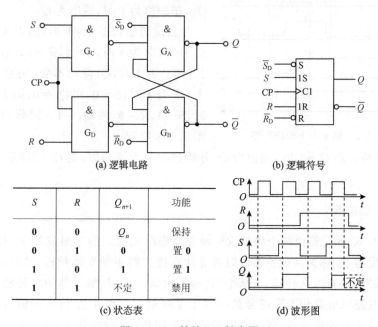

(a) 逻辑电路　　　　　　　　(b) 逻辑符号

S	R	Q_{n+1}	功能
0	0	Q_n	保持
0	1	0	置0
1	0	1	置1
1	1	不定	禁用

(c) 状态表　　　　　　　　(d) 波形图

图 9.1.2　钟控 RS 触发器

当时钟脉冲 CP=0 时,无论输入端 R 和 S 的电平如何变化,引导电路中 G_C 门和 G_D 门均被封锁,输出均为 1,触发器保持原状态不变,即 $Q_{n+1}=Q_n$。只有当时钟脉冲 CP=1 时,引导电路中的 G_C 门和 G_D 门均打开,触发器才按 R 和 S 端的输入状态来决定触发器的输出状态。时钟脉冲结束后,触发器的输出状态不变。RS 触发器的逻辑功能如下:

(1) 当 $R=0$,$S=1$ 时,$Q_{n+1}=1$,触发器置 1;

(2) 当 $R=1$,$S=0$ 时,$Q_{n+1}=0$,触发器置 0;

(3) 当 $R=0$,$S=0$ 时,$Q_{n+1}=Q_n$,触发器保持原状态不变;

(4) 当 $R=1$,$S=1$ 时,$Q_{n+1}=\overline{Q}_{n+1}=1$,触发器状态不定(禁止状态)。

钟控 RS 触发器的符号和逻辑状态,分别如图 9.1.2(b) 和(c)所示。设初始状态为 0 时触发器的波形图,如图 9.1.2(d)所示。

钟控 RS 触发器的状态转换受时钟脉冲的控制,但存在问题有:时钟脉冲不能过宽,否则出现空翻现象,即在一个时钟脉冲期间触发器翻转一次以上;不允许出现 R 和 S 同时为 1 的输入状态。因此,实际应用中普遍采用 JK 触发器和 D 触发器。

例 9.1.1　钟控 RS 触发器输入信号 CP、R、S 的波形如图 9.1.3 所示。试画出在 Q 初始值分别 0 和 1 时波形。

解　钟控 RS 触发器的工作特点是输出状态的变化受 CP 的控制。当 CP=0 时,

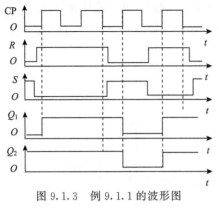

图 9.1.3 例 9.1.1 的波形图

Q 的状态保持不变;当 CP=1 时,Q 的状态由 RS 的取值组合确定。且在 RS 取值不同时,Q 的状态与 S 相同。设初始值为 0 时,输出为 Q_1,初始值为 1 时,输出为 Q_2。

当设初始状态 Q=0 时,输出为 Q_1。当在第 1 个 CP 为 1 时,S=1,R=0,则 Q_1 为 1;第 2 个 CP 为 1 时,Q_1 保持不变(仍然为 1);第 3 个 CP 为 1 时,S=0,则 Q_1 为 0;第 4 个 CP 为 1 时,S=1,R=0,则 Q_1=1。因此 Q_1 的波形如图 9.1.3 所示。

当设初始状态 Q=1 时,输出为 Q_2 分析过程与上述相似,则 Q_2 的波形如图 9.1.3 所示。

9.1.2 JK 触发器

讲义:JK、D 触发器

常用的 JK 触发器由两个钟控 RS 触发器串联而成。前级触发器 F_1 称为主触发器,后级触发器 F_2 称为从触发器。时钟脉冲直接控制主触发器翻转,又经过**非门**反相后控制从触发器翻转,这就是"主从型"名称的由来。主、从触发器的时钟脉冲信号 CP 恰好相反,其逻辑电路和逻辑符号如图 9.1.4 所示。J 和 K 是信号的输入端,且分别与 Q 和 $\bar{Q}$ 构成与逻辑关系,成为主触发器的 S 端和 R 端,即有 $S=J\bar{Q}$,$R=KQ$。从触发器的 S 和 R 端为主触发器的输出端。

视频:JK、D 触发器

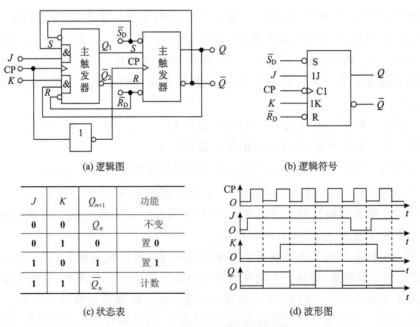

(a) 逻辑图   (b) 逻辑符号

J	K	Q_{n+1}	功能
0	0	Q_n	不变
0	1	0	置 0
1	0	1	置 1
1	1	$\bar{Q}_n$	计数

(c) 状态表   (d) 波形图

图 9.1.4 JK 触发器的逻辑电路

主从型 JK 触发器在时钟脉冲触发后,触发器的逻辑功能如下:

（1）当 $J=0,K=0$ 时,CP 脉冲下降沿到来时,$Q_{n+1}=Q_n$,保持原状态;

（2）当 $J=0,K=1$ 时,CP 脉冲下降沿到来时,$Q_{n+1}=0$,置 0 状态;

（3）当 $J=1,K=0$ 时,CP 脉冲下降沿到来时,$Q_{n+1}=0$,置 1 状态;

（4）当 $J=1,K=1$ 时,CP 脉冲下降沿到来时,$Q_{n+1}=\bar{Q}_n$,具有计数功能。

主从型 JK 触发器的符号和逻辑状态,如图 9.1.4(b)和(c)所示。JK 触发器的工作波形如图 9.1.4(d)所示。

值得注意的是,主从型 JK 触发器在 CP=1 时,主触发器需要保持 CP 上升沿作用后的状态不变;由于主从型触发器具有在 CP 从 1 下跳到 0 时触发的特点,即在时钟脉冲下降沿触发,故在 CP 输入端靠近方框处有一小圆圈"o"。

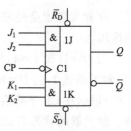

图 9.1.5　多输入端 JK 触发器符号

由于 JK 触发器逻辑功能较强,且工作可靠,因而应用十分广泛。为了扩大使用范围,JK 触发器常常做成多输入结构,如图 9.1.5 所示。各输入端之间为**与逻辑**关系,即 $J=J_1 J_2,K=K_1 K_2$。

例 9.1.2　主从型 JK 触发器输入波形如图 9.1.6 所示,设触发器初始状态为 **0** 态,试画出输出端 Q 的波形。

解　根据 JK 触发器的状态表,在 t_1 时刻(第一个时钟脉冲的下降沿),$J=1,K=0$,使触发器的状态翻转为 **1**。在 t_2 时刻,$J=K=1$,又使触发器的状态翻转为 **0**。其余类推,即可得出 Q 端的波形图,如图 9.1.6 所示。

常用的集成 JK 触发器产品为 74LS73,如图 9.1.7 所示。它把两个 JK 触发器制作在同一块芯片中,故有双 JK 触发器之称。

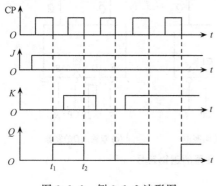

图 9.1.6　例 9.1.2 波形图

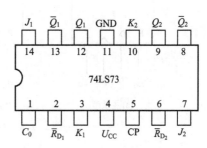

图 9.1.7　74LS73 型双 JK 触发器的引线排列

9.1.3　D 触发器

JK 触发器有 J、K 两个数据输入端。实际应用中,有时只需要一个输入端。这时可将 JK 触发器的 J 端输入信号经**非门**接到 K 端,并将 J 端改称为 D,这时就将 JK 触发器转换成了 D 触发器,如图 9.1.8(a)所示。

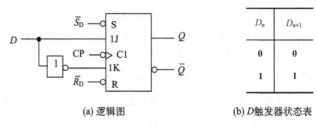

(a) 逻辑图　　　　　　　(b) D 触发器状态表

图 9.1.8　用 JK 触发器构成的 D 触发器

D 触发器也是经常使用的一种集成触发器,其逻辑功能可由 JK 触发器的工作原理推出。

当 $D=1$(即 $J=1,K=0$)时,根据 JK 触发器的逻辑功能,在 CP 脉冲下降沿作用下,JK 触发器置 **1**;当 $D=0$(即 $J=0,K=1$)时,在 CP 脉冲下降沿作用下,JK 触发器置 **0**。

可见,在 CP 下降沿作用下,触发器的输出状态完全取决于时钟脉冲作用前 D 的状态。触发器的状态表如图 9.1.8(b)所示。其中 D_n 为时钟脉冲作用前 D 端的状态。

D 触发器除了可用上述主从型触发器构成外,还可以由维持阻塞型触发器构成。本书不讨论维持阻塞型 D 触发器的逻辑结构和工作原理,只指出它与主从型触发器功能上的区别在于:在维持阻塞型触发器中,输出状态的变化发生在 CP 由 **0** 变为 **1** 的时刻,即为上升沿触发翻转,而非主从型触发器的下降沿触发。这两种类型的 D 触发器逻辑符号如图 9.1.9 所示。其中维持阻塞型的符号中 CP 端靠近方框处未加小圆圈"。",表示它为上升沿触发,以区别于主从型 D 触发器。与 JK 触发器一样,D 触发器也可以有多个输入端,其逻辑符号如图 9.1.9(c)所示。当受 CP 触发时,只有 D_1 与 D_2 同时为 **1**,才能使 $Q=1$,即 $Q_{n+1}=D_{1n}D_{2n}$。

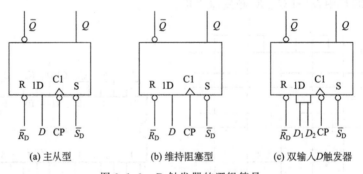

(a) 主从型　　　　　(b) 维持阻塞型　　　　(c) 双输入 D 触发器

图 9.1.9　D 触发器的逻辑符号

维持阻塞型触发器优于主从型触发器的地方在于它克服了后者在 CP=**1** 期间触发器状态随输入信号而变化的缺陷,因而使触发器的工作更加可靠,所以在集成电路产品中 D 触发器大多采用维持阻塞型,常用型号有 74LS74 双 D 触发器等。

练习与思考

9.1.1　在基本 RS 触发器中,是如何定义 **0** 状态和 **1** 状态的?

9.1.2　钟控 RS 触发器与基本 RS 触发器相比有何异同点?

9.1.3　主从型 JK 触发器有何逻辑功能？维持阻塞型 D 触发器有何特点？

9.2　寄　存　器

讲义:数码
寄存器

寄存器用来暂存参与运算的数据,具有记忆功能。它的基本组成单元是双稳态触发器。因为触发器有 **0**、**1** 两个稳定的状态,所以一个触发器可以寄存 1 位二进制数。那么,N 位二进制数的寄存器可由 N 个触发器构成。通常所寄存数据的位数和触发器的个数是相等的。寄存器分为数码寄存器和移位寄存器。两者的区别是:后者不仅有寄存数码的功能,而且有使数码移位(左移或右移)的功能。

9.2.1　数码寄存器

由 4 个维持阻塞型 D 触发器(FF$_0$~FF$_3$)组成的 4 位数码寄存器如图 9.2.1 所示。当寄存指令(正脉冲,从每位触发器的时钟脉冲端加入)到来时,就把 4 位二进制数 $d_3 d_2 d_1 d_0$ 同时存入 4 个触发器。可见,它是并行输入/并行输出的寄存器。每位触发器的直接复位端 $\overline{R}_\text{D}$ 并接在一起,以便在需要时将寄存器清 0。

视频:数码
寄存器

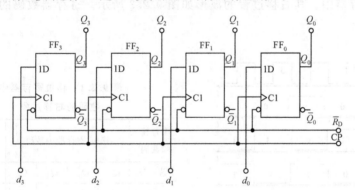

图 9.2.1　由 D 触发器构成的 4 位数码寄存器

9.2.2　移位寄存器

移位寄存器不但可以存放数据,而且在时钟脉冲的控制下,寄存器中存放的数据可以一致向右或向左移动,每输入一个移位脉冲,寄存器的全部数码移动一位。移位寄存器按移位功能可分为单向移位寄存器和双向移位寄存器两类。

1. 单向移位寄存器

讲义:移位
寄存器

单向移位寄存器是指具有右移(即数码由高位移向低位)或左移(数码由低位移向高位)功能的寄存器。由 D 触发器组成的 4 位右移移位寄存器如图 9.2.2 所示。每个触发器的输出端接到相邻右边触发器的 D 输入端。数据 A 从最左边一位触发器的 D 端依次串行输入,移位脉冲并接于各 D 触发器的 CP 端。其工作过程如下。

(1) 清 0:在 $\overline{R}_\text{D}$ 端加一负脉冲,将各触发器的输出 Q_3、Q_2、Q_1、Q_0 置 **0**。

(2) 将数码移位输入:将数码 A(如 **0101**)从低位开始依次串行从 d_3 端输入,此时

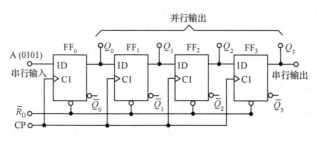

图 9.2.2　4 位右移寄存器

各位触发器的输入状态为 $D_3D_2D_1D_0 = 1000$。

在第 1 个 CP 脉冲作用下,各触发器翻转成 $Q_3Q_2Q_1Q_0 = 1000$,最低位数码 **1** 移入 FF$_3$,次低位的数码 **0** 送到 D_3,这时的输入状态为 $D_3D_2D_1D_0 = 0100$。

第 2 个 CP 脉冲作用后,各触发器的输出状态为 $Q_3Q_2Q_1Q_0 = 0100$,这时,最低位数码 **1** 移到 FF$_2$,次低位数码 **0** 移到 FF$_3$,第 3 位数码 **1** 送到 D_3 端。

依次类推,每来一个 CP 脉冲,数码就右移 1 位,经 4 个 CP 脉冲作用后,**0101** 恰好全部移入寄存器中。其右移过程的波形如图 9.2.3 所示。寄存器数码的右移过程如表 9.2.1所示。

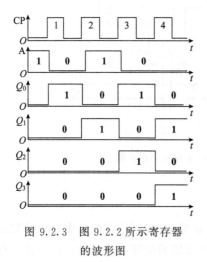

图 9.2.3　图 9.2.2 所示寄存器
的波形图

表 9.2.1　移位寄存器中
数码的右移过程

串行输入数码	移位 寄存器中数码				移位脉冲
$A = D_3$	Q_3	Q_2	Q_1	Q_0	CP
1	**0**	**0**	**0**	**0**	0
0	**1**	**0**	**0**	**0**	1
1	**0**	**1**	**0**	**0**	2
0	**1**	**0**	**1**	**0**	3
0	**0**	**1**	**0**	**1**	4

（3）输出:移位寄存器中已经串行存放的数码可以采用两种方式输出,从 4 位触发器的 $Q_3Q_2Q_1Q_0$ 端可同时将 4 位数码 **0101** 输出,称为并行数码输出;也可以从最右边的一个触发器的输出端 Q_0 串行输出,即来一个 CP 脉冲,就输出 1 位数码,4 个移位脉冲作用后,4 位数码 **0101** 从低位依次由 Q_0 端串行移出。

可见,这是一个串行输入、串行或并行输出的右移移位寄存器。

2. 集成寄存器

为了便于扩展功能和增加灵活性,使用较多的是中规模集成电路组成的移位寄存器。例如,74LS194 是由 4 个触发器 $FF_0 \sim FF_3$ 和各自的输入控制电路组成的 4 个位双向移位寄存器电路,如图 9.2.4 所示。图中 D_{IR} 为数码右移串行输入端,D_{IL} 为数码左移串行输入端,$D_0 D_1 D_2 D_3$ 为数码并行输入端,$Q_0 Q_1 Q_2 Q_3$ 为并行输出端。移位寄存器的工作状态由控制端 S_1 和 S_0 的状态确定。

寄存器工作状态控制端,$\overline{R}_D$ 为清 0 端,CP 为移位脉冲端,在上升沿时并行输入数码。74LS194 引脚排列和逻辑符号,如图 9.2.5 所示。逻辑功能如表 9.2.2 所示。

当 $S_1 = S_0 = \mathbf{0}$ 时,移位寄存器处于数据保持状态。此时不论输入端和移位脉冲 CP 输入端有何变化,移位寄存器各输出端的状态保持不变。

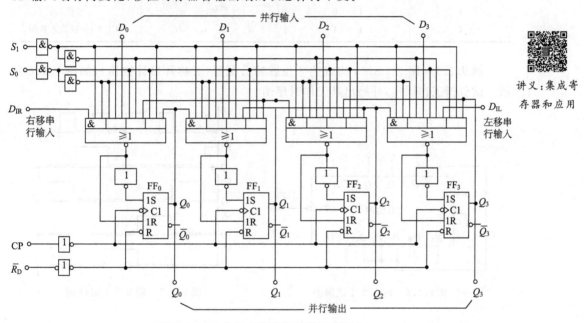

讲义:集成寄存器和应用

图 9.2.4　4 位双向移位寄存器 74LS194

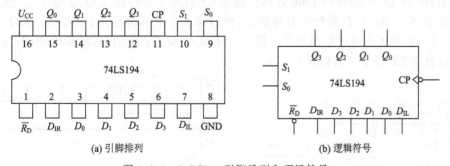

(a) 引脚排列　　(b) 逻辑符号

图 9.2.5　74LS194 引脚排列和逻辑符号

当 $S_1 = \mathbf{0}$,$S_0 = \mathbf{1}$ 时,寄存器保持右移寄存状态。当 CP 到来时,右移串行输入端 D_{IR} 的数码依次存入寄存器中,并且移位寄存器中的数码依次右移。

当 $S_1 = \mathbf{1}$,$S_0 = \mathbf{0}$ 时,寄存器处于左移寄存状态。当 CP 到来时,左移串行输入端 D_{IL} 的数码依次寄存到寄存器中,并且移位寄存器中的数码依次左移。

当 $S_1 = 1, S_0 = 1$ 时,寄存器处于并行输入寄存状态。此时串行输入端的数码不起任何作用。当来 1 个 CP 时,寄存器将并行输入端 $D_0 \sim D_3$ 的数码并行输入到并行输出端 $Q_0 \sim Q_3$。

表 9.2.2 双向移位寄存器 74LS194 功能表

$\overline{R}_D$	S_1	S_0	D_3	D_2	D_1	D_0	功能
0	×	×		×			异步清 0
1	0	0		×			保持状态
1	0	1		×			右移
1	1	0		×			左移
1	1	1	d_3	d_2	d_1	d_0	(CP↑)并行置入数据

例 9.2.1 用 74LS194 构成的 4 位脉冲分配器(又称环形计数器),如图 9.2.6 所示。试分析工作原理,并画出其工作时序图。

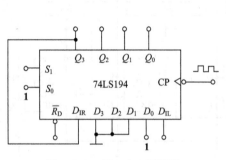

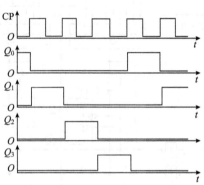

图 9.2.6 例 9.2.1 逻辑图   图 9.2.7 例 9.2.1 时序图

解 电路工作前首先在 S_1、S_0 端加预置正脉冲,使 $S_1 S_0 = 11$,寄存器处于并行输入状态,$D_0 D_1 D_2 D_3$ 的数码 **1000** 在移位脉冲 CP 作用下并行存入 $Q_0 Q_1 Q_2 Q_3$。预置脉冲过后 $S_1 S_0 = 01$,寄存器处于右移状态,然后每来 1 个移位脉冲 CP,$Q_0 Q_1 Q_2 Q_3$ 循环右移 1 位,右移工作时序如图 9.2.7 所示。从 $Q_0 Q_1 Q_2 Q_3$ 每端均可输出脉冲,但彼此相隔移位脉冲 CP 的 1 个周期时间。

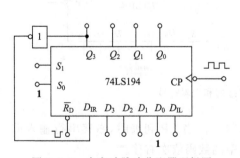

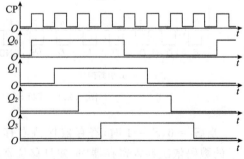

图 9.2.8 自启动脉冲分配器逻辑图   图 9.2.9 图 9.2.8 时序图

另一种自启动脉冲分配器，将 74LS194 的末级输出 Q_3 反相后，接到数码右移串行输入端 D_{IR}，则形成环形计数器，如图 9.2.8 所示。工作时先用 $\overline{R}_D$ 端清 0，在 CP 移位脉冲作用下，从 $Q_0 Q_1 Q_2 Q_3$ 可依次输出系列脉冲，工作时序如图 9.2.9 所示。

9.3　计　数　器

讲义：时序逻辑电路分类

所谓"计数"，就是累计（累加或累减）输入脉冲的个数。除了"计数"这一功能外，计数器还可用于分频、时序控制等其他方面。

计数器有多种分类方法。按照计数制来分，有二进制（模二）、十进制（模十）和任意进制（模 N）计数器等几种。按计数器功能的不同可分为加法计数器（累加）、减法计数器（累减）和可逆计数器（既可累加又可累减）；由于计数器是由若干触发器组成的，它工作时各触发器都要翻转，所以还可按其中各触发器翻转的时刻是否一致将计数器分为同步计数器和异步计数器两类。同步计数器工作时需要翻转的触发器都在同一时刻翻转，而异步计数器工作时各位触发器的翻转时刻不相同。

讲义：时序逻辑电路分析

9.3.1　异步二进制加法计数器

二进制计数器是最常用的计数器，也是构成其他进制计数器的基础，它按二进制加减运算的规律累计输入脉冲的数目。由于双稳态触发器有 **1** 和 **0** 两个状态，所以一个双稳态触发器可以表示 1 位二进制数，要表示 n 位二进制数就得用 n 个触发器。

二进制加法运算的规则是"逢二进一"，即 **0+1=1，1+1=10**。例如，欲设计一个 4 位二进制加法计数器，必须用 4 个触发器，各个触发器的状态变化如表 9.3.1 所示。

讲义：二进制计数器

表 9.3.1　二进制加法计数器的状态表

计数脉冲数	二　进　制　数				十进制数
	Q_3	Q_2	Q_1	Q_0	
0	**0**	**0**	**0**	**0**	0
1	**0**	**0**	**0**	**1**	1
2	**0**	**0**	**1**	**0**	2
3	**0**	**0**	**1**	**1**	3
4	**0**	**1**	**0**	**0**	4
5	**0**	**1**	**0**	**1**	5
6	**0**	**1**	**1**	**0**	6
7	**0**	**1**	**1**	**1**	7
8	**1**	**0**	**0**	**0**	8
9	**1**	**0**	**0**	**0**	9
10	**1**	**0**	**1**	**0**	10

续表

计数脉冲数	二　进　制　数				十进制数
	Q_3	Q_2	Q_1	Q_0	
11	**1**	**0**	**1**	**1**	11
12	**1**	**1**	**0**	**0**	12
13	**1**	**1**	**0**	**1**	13
14	**1**	**1**	**1**	**0**	14
15	**1**	**1**	**1**	**1**	15
16	**0**	**0**	**0**	**0**	0（进位）

为实现二进制加法计数所要求的"逢二进一"，应当使用计数触发器（称为 T' 触发器）来构成计数器，T' 触发器每输入一个时钟脉冲，其输出端状态就改变一次，每输入两个脉冲其状态循环一遍，正好可作为 1 位二进制计数器。因此，将 n 个 T' 触发器串联起来就能构成一个 n 位二进制加法计数器。

用 n 个 T' 触发器串联构成 n 位异步二进制计数器时，由于后级（高位）触发器的翻转晚于前级（低位）触发器的翻转，所以可以用前级触发器输出端 Q 或 $\overline{Q}$ 在翻转时电平的变化（低变高或高变低）作为后级触发器的时钟脉冲，然而该时钟脉冲究竟取自前级触发器的 Q 端还是 $\overline{Q}$ 端，则取决于异步二进制计数器的功能（是加法计数还是减法计数）及所使用的触发器的触发方式（是上升沿触发还是下降沿触发）。

因为 JK 触发器在 $J=K=1$ 时即成为 T' 触发器，具有计数功能，所以一个 4 位异步二进制加法计数器可由 4 个主从型 JK 触发器组成，如图 9.3.1 所示。后级触发器的时钟脉冲由前级触发器的 Q 端提供，Q_3 为进位位（C）。电路的工作原理如下。

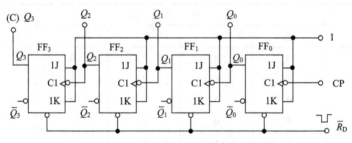

图 9.3.1　4 位异步二进制加法计数器

开始计数前，先将计数器清 0，使各触发器的 Q 端处于 **0** 态（低电平）。第一个时钟脉冲（计数脉冲）CP 到来后，最低位触发器 FF$_0$ 的 Q 端即 Q_0 由 0 变 1，Q_0 由 0 变 1 的这一正跳变（上升沿）不会使触发器 FF$_1$ 翻转。所以，第 1 个计数脉冲到来后，计数器的各触发器状态变为 $Q_3Q_2Q_1Q_0=$ **0001**，即表示计入了一个脉冲。第 2 个计数脉冲到来后，Q_0 又会翻转，Q_0 由 1 又变为 0，Q_0 由 1 变为 0 的这一负跳变（下降沿）作为主从型 JK 触发器 FF$_1$ 的时钟脉冲使得 FF$_1$ 翻转，Q_1 端由 0 变为 1，FF$_1$ 的翻转并不会引起 FF$_2$ 翻转，因为作为 FF$_2$ 时钟脉冲的 Q_1 产生的不是下降沿而是上升沿。因此，第 2

个计数脉冲到来之后,计数器的各触发器状态变为 $Q_3Q_2Q_1Q_0=0010$,表示累计输入了两个脉冲。第 3 个计数脉冲到达时,FF_0 又会翻转,Q_0 由 0 又变为 1,FF_1 不翻转,故计数器状态变为 $Q_3Q_2Q_1Q_0=0011$。随着计数脉冲的不断输入,计数器的各位触发器 Q 端状态按二进制加法计数的规律作相应变化,变化的波形如图 9.3.2 所示。

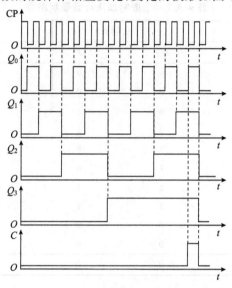

图 9.3.2　4 位二进制加法计数器的波形图

在图 9.3.1 所示计数器中各触发器的 Q 端为 1 时,代表的脉冲数是不同的。$Q_0=1$ 表示有 1 个脉冲,$Q_1=1$ 表示有 2 个脉冲,$Q_2=1$ 表示有 4 个脉冲,$Q_3=1$ 表示有 8 个脉冲。所以,4 位二进制计数器共可计入 $8+4+2+1=15$ 个脉冲($Q_3Q_2Q_1Q_0=1111$),当第 16 个计数脉冲到来后,各触发器 Q 端状态全变为 0,同时由 Q_3 端向第 5 位触发器(如果有的话)输出一个进位脉冲,由于现在只有 4 个触发器,这一进位脉冲将丢失,这称为计数器的溢出。n 位二进制加法计数器所能记录的最大十进制数为 2^n-1,当第 2^n 个计数脉冲到来时,它将产生溢出,它的各位触发器也将全部翻转成 0 态。

由以上分析可见,图 9.3.1 所示计数器中各触发器 Q 端状态变化情况均符合表 9.3.1。所以,它实现了 4 位二进制加法计数的功能。

9.3.2　同步十进制计数器

异步计数器线路连接简单,但由于计数脉冲 CP 仅加到最低位触发器的 C1 端,而不是同时加到各触发器的 C1 端,因此其工作速度较慢。如果要提高工作速度,可以采用同步计数器。同步计数器工作时,计数脉冲 CP 则同时加到各触发器 C1 端。因此,同步计数器的逻辑电路要比异步计数器复杂。

十进制计数器是在二进制计数器的基础上得出来的。十进制计数器是指用 4 位二进制数表示十进制的每 1 位数,也称为二-十进制计数器。因此,采用 8421BCD 的十进制计数器结构上与二进制计数器基本相同,每 1 位十进制计数器由 4 个触发器组成。但在十进制加法计数器中,当计数到 9 时,即 4 个触发器的状态为 1001 时,再来 1 个

CP,这 4 个触发器不能像二进制加法计数器那样翻转成 **1010**,而是翻转成 **0000**。这正是十进制加法计数器与二进制加法计数器的不同之处。十进制加法计数器的状态如表 9.3.2 所示。

表 9.3.2　十进制加法计数器状态表

CP	二进制数				十进制数
	Q_3	Q_2	Q_1	Q_0	
0	0	0	0	0	0
1	0	0	0	1	1
2	0	0	1	0	2
3	0	0	1	1	3
4	0	1	0	0	4
5	0	1	0	1	5
6	0	1	1	0	6
7	0	1	1	1	7
8	1	0	0	0	8
9	1	0	0	1	9
10	0	0	0	0	进位

对十进制加法计数器而言,为了实现上述在第 10 个 CP 到来时,计数器状态由 **1001** 变为 **0000**,而不是 **1010**,要求第 2 位触发器 FF_1 不得翻转,仍保持为 **0** 态,第 4 位触发器 FF_3 必须由 **1** 态翻转为 **0** 态。

如果同步十进制加法计数器由 4 个 JK 触发器组成,各触发器 C1 端接同一计数脉冲 CP,显然电路是同步时序电路。各触发器状态转换为:FF_0 每来 1 个 CP 翻转 1 次;当 $Q_0=1$ 且 $Q_3=0$ 时,FF_1 再来 1 个 CP 才翻转,在 $Q_0=1$,$Q_3=1$($\overline{Q_3}=0$)时,再来 1 个 CP 仍保持原状态 **0** 不翻转;当 $Q_1=Q_2=1$ 时,再来 1 个 CP 则 FF_2 翻转;在 $Q_2=Q_1=Q_0=1$ 时,再来 1 个 CP,FF_3 开始由 **0** 翻转为 **1**。而当第 10 个 CP 来到时,再由 **1** 翻转为 **0**。用逻辑函数式表示各触发器的翻转条件,称为触发器的驱动方程。根据上述分析,各触发器的驱动方程为

$$\begin{cases} J_0=K_0=1 \\ J_1=\overline{Q_3}Q_0,K_1=Q_0 \\ J_2=K_2=Q_1Q_0 \\ J_3=Q_2Q_1Q_0,K_3=Q_0 \end{cases} \tag{9.3.1}$$

由此可知,FF_0 和 FF_2 触发器 J、K 端的逻辑关系仍与 4 位二进制加法计数器相同。只有 FF_1 的 J_1 端和 FF_3 的 K_3 端的逻辑关系与 4 位二进制加法计数器不同。故由 4 个 JK 触发器构成的同步十进制加法计数器的逻辑图,如图 9.3.3 所示。

由图 9.3.3 可见,4 位同步加法计数器的输出方程为

$$C=Q_3Q_0 \tag{9.3.2}$$

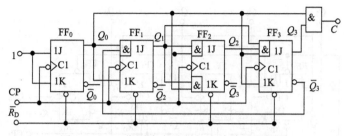

图 9.3.3　4 位同步十进制加法计数器逻辑图

计数器的工作时序如图 9.3.4 所示。

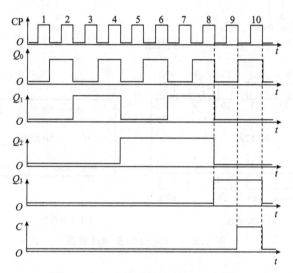

图 9.3.4　4 位同步十进制加法时序图

9.3.3　集成计数器

随着电子技术的发展,实际使用的计数器往往不是用各种触发器拼接而成,现已有许多不同类型的中规模集成计数器可供使用,如 74LS290、74LS192、74LS160 和 74LS161 等。这里仅介绍 74LS290 型集成计数器,也称异步二-五-十进制计数器。

74LS290 型集成计数器的逻辑图、引脚排列和逻辑符号,如图 9.3.5 所示。其由 4 个 JK 触发器和 2 个控制与非门组成,如图 9.3.5(a)所示。$R_{0(1)}$ 和 $R_{0(2)}$ 为清 0 输入端;$S_{9(1)}$ 和 $S_{9(2)}$ 为置 9 输入端;CP_0 和 CP_1 分别为计数脉冲输入端。

讲义:集成
计数器

74LS290 型计数器工作分二进制、五进制、十进制三种情况。

(1)从 CP_0 端输入计数脉冲,由 Q_0 输出,触发器 FF_0 构成二进制计数器。

(2)从 CP_1 端输入计数脉冲,由 Q_3、Q_2、Q_1 输出,触发器 FF_1、FF_2 和 FF_3 构成异步五进制计数器。

(3)将 Q_0 端与触发器 FF_1 的 CP_1 端连接,各位触发器的驱动方程为

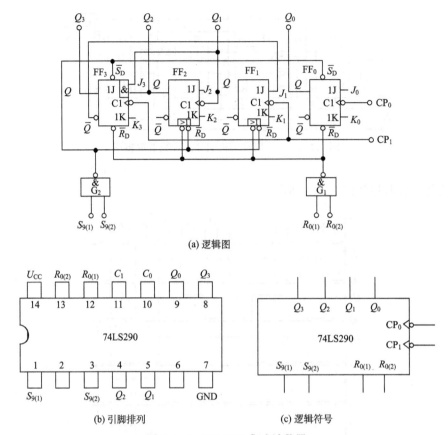

(a) 逻辑图

(b) 引脚排列   (c) 逻辑符号

图 9.3.5   74LS290 集成计数器

$$J_0 = K_0 = 1; \quad J_1 = \overline{Q}_3, \quad K_1 = 1; \quad J_2 = K_2 = 1; \quad J_3 = Q_2 Q_3, \quad K_3 = 1$$

从 CP_0 端输入计数脉冲，由 Q_3、Q_2、Q_1、Q_0 输出，可构成 8421BCD 码异步十进制计数器。

74LS290 型集成计数器逻辑功能，如表 9.3.3 所示。表中"×"表示任意状态。由表 9.3.3 可知，74LS290 型集成计数器具有以下功能。

(1)直接清 0。当 $R_{0(1)}$ 和 $R_{0(2)}$ 均为高电平，$S_{9(1)}$ 和 $S_{9(2)}$ 中至少有 1 个为低电平，则与非门 G_1 输出为低电平，使所有触发器清 0，即 $Q_3 Q_2 Q_1 Q_0 = 0000$。

表 9.3.3   74LS290 型的功能表

$R_{0(1)}$	$R_{0(2)}$	$S_{9(1)}$	$S_{9(2)}$	Q_3	Q_2	Q_1	Q_0
1	1	0	×	0	0	0	0
1	1	×	0	0	0	0	0
×	×	1	1	1	0	0	1
×	0	×	0	计数			
0	×	0	×	计数			
0	×	×	0	计数			
×	0	0	×	计数			

（2）直接置 9。当 $S_{9(1)}$ 和 $S_{9(2)}$ 均为高电平，与非门 G_2 输出低电平，触发器置 9，即 $Q_3Q_2Q_1Q_0 = 1001$。

（3）计数。当 $S_{9(1)}$，$S_{9(2)}$ 置 9 端和 $R_{0(1)}$，$R_{0(2)}$ 清 0 端分别至少有 1 个为低电平时，与非门 G_1 和 G_2 输出均为高电平，逻辑电路处于计数状态。

74LS290 型计数器的 $S_{9(1)}$，$S_{9(2)}$ 和 $R_{0(1)}$，$R_{0(2)}$ 均为异步控制端，即控制信号到达后，不需要等待计数脉冲 CP 便可直接控制操作。如果控制端为同步控制端，则控制信号到达后，还需要等待计数脉冲 CP 也到达时，方可进行相应的控制操作。

采用集成计数器芯片构成任意（N）进制计数器通常有两种方法，即置 0 法和置数法。

置 0 法（也称反馈清 0 法）是利用集成计数芯片的清 0（$\overline{R}_D$）功能，截取计数过程的某一中间状态（$N-1$）作为置 0 数码，通过适当反馈引导门（译码门）反馈至芯片的（$\overline{R}_D$）端，使计数器的输出状态清 0（归 0），从而使计数状态在 0000 与 $Q_3Q_2Q_1Q_0$（0～$N-1$）之间循环。

置数法（也称反馈置数法）原理与置 0 法相类似，不同的是置数法利用集成计数芯片预置数端（$\overline{LD}$）的置数功能，在控制信号（$\overline{LD}$）有效后（对于同步预置数功能的计数器，需在下 1 个 CP 脉冲作用后）计数器会将预置数输入端 $D_3D_2D_1D_0$ 的状态置入输出端。置数控制信号消失后，计数器将从被置入的状态开始重新计数。

两种方法区别在于：置 0 法适用于有清 0 输入端（$\overline{R}_D$）的集成计数器，而置数法适用于具有预置功能的集成计数器，使计数器状态在某最大数码和最小数码之间循环，从而组成模值 N 小于原计数芯片的 N 进制计数器。

例 9.3.1　试用 74LS290 型芯片设计六进制计数器。

解　采用置 0 法。先将 74LS290 接成 8421 码的十进制计数器，即将 CP_1 与 Q_0 端相连，外部计数脉冲 CP 接 CP_0 端。利用 $R_{0(1)} = Q_1$ 和 $R_{0(2)} = Q_2$ 清 0，使 $S_{9(1)} = S_{9(2)} = 0$。由于"6"的 8421 码为 0110，计数器从 0000 开始计数，当第 5 个计数脉冲 CP 来到后，状态变为 0101。当第 6 个计数脉冲来到后，状态为 0110，强迫计数器清 0，则状态 0110 转瞬即逝，显示不出来，立即回到 0000。经过 6 个计数脉冲循环一次的计数器，即为六进制计数器，逻辑电路如图 9.3.6 所示。

例 9.3.2　试用 74LS290 型芯片设计七进制计数器。

解　利用置 0 法，首先将 74LS290 的 Q_0 接 CP_1 端，组成十进制计数器。外部计数脉冲 CP 接 CP_0 端。由于"7"的 8421 码为 0111，从 0000 开始计数，当计数器在第 7 个计数脉冲来到后，计数器状态迅速变为 0111。要强迫计数器状态从 0111 转换为 0000，要将 $Q_2Q_1Q_0$ 反馈到 74LS290 的清 0 端 $R_{0(1)}$ 和 $R_{0(2)}$。因为清 0 端 $R_{0(1)}$ 和 $R_{0(2)}$ 有效清 0 电平为高电平，故应选用与门作为引导门，Q_2、Q_1 和 Q_0 为与门的 3 个输入端，与门的输出端连接 $R_{0(1)}$ 和 $R_{0(2)}$。当计数器出现状态 0111 时，与门输出清 0 信号，迫使计数器状态返回到 0000。七进制计数器的逻辑电路，如图 9.3.7 所示。

讲义：集成计数器应用举例

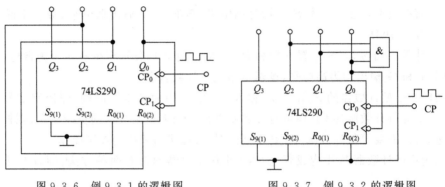

图 9.3.6 例 9.3.1 的逻辑图   图 9.3.7 例 9.3.2 的逻辑图

例 9.3.3 试用 2 片 74LS290 型连接成一个八十四进制计数器。

解 因"84"大于 10,要构成八十四进制计数器需 2 片 74LS290 型级联,电路如图 9.3.8 所示。先将 2 个 74LS290 分别连接成十进制计数器;再将个位(1)的最高位 Q_3 连接到十位(2)的 CP_0 端。

当个位(1)的 $Q_3Q_2Q_1Q_0$ 从 **1001** 变为 **0000** 时,其 Q_3 端出现 1 个下降沿,故将该端作为十位(2)的计数脉冲。另外,由于 84 的 8421 码为 **10000100**,故将十位(2)的 Q_3(即 Q_7)端连接到 2 个 74LS290 的 $R_{0(1)}$ 端,个位(1)的 Q_2 端连接到 2 个 74LS290 的 $R_{0(2)}$ 端。当 84 个 CP 下降沿之后,因 **10000100** 的出现而满足 2 个 74LS290 清 0 要求。

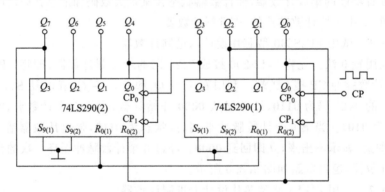

图 9.3.8 例 9.3.3 的逻辑图

9.4 555 定时器和应用

555 定时器是一种将模拟功能和逻辑功能集成在一起的中规模集成器件。以这种集成定时器为基础,外部配上少量的电阻、电容元件,可以构成定时、延时、脉冲源等各种电路,也可以构成单稳态触发器、多谐振荡器、施密特触发器等各种实用电路。本节先介绍常用的 555 定时器集成芯片原理,再介绍由 555 定时器组成的单稳态触发器和多谐振荡器。

9.4.1 555 定时器

常用的 555 定时器有 TTL(CB555) 和 CMOS 定时器(CC7555)，两者的引脚编号和功能一致。CB555 的电路原理图和符号如图 9.4.1 所示。

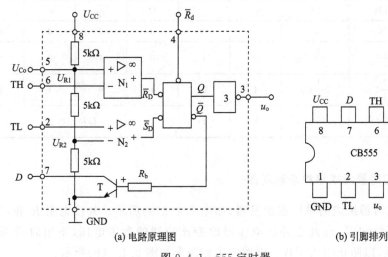

视频:555 定时器及其应用

(a) 电路原理图 (b) 引脚排列

图 9.4.1 555 定时器

CB555 定时器中含有 2 个电压比较器 N_1、N_2 和 1 个基本 RS 触发器，还有 1 个非门、1 个放电晶体管 T 和由 3 个 $5k\Omega$ 电阻构成的分压器。电压比较器 N_1 的参考电压为 $U_{R1} = \frac{2}{3}U_{CC}$，加在同相输入端;电压比较器 N_2 参考电压为 $U_{R2} = \frac{1}{3}U_{CC}$，加在反相输入端。各引脚的功能如下:

TL(2) 为低电平触发端。当 2 端输入电压高于 $\frac{1}{3}U_{CC}$ 时，N_2 的输出为 **1**;当 2 端电压低于 $\frac{1}{3}U_{CC}$ 时，N_2 的输出为 **0**，基本 RS 触发器置 **1**。

TH(6) 为高电平触发端。当 6 端输入电压低于 $\frac{2}{3}U_{CC}$ 时，N_1 的输出为 **1**;当 6 端输入电压高于 $\frac{2}{3}U_{CC}$ 时，N_1 的输出为 **0**，基本 RS 触发器置 **0**。

U_{Co}(5) 为电压控制端。在此端外加一电压可改变比较器的参考电压，不用时经 $0.01\mu F$ 的电容接地，以防止干扰信号的引入。

D(7) 为放电端。T 的状态受基本 RS 触发器的 $\bar{Q}$ 端控制:当 $\bar{Q} = $ **0** 时 T 截止;$\bar{Q} = $ **1** 时 T 导通，外接电容通过 T 放电。

$\bar{R}_D$(4) 为复位端。输入为负脉冲时，使基本 RS 触发器直接复位(置 **0**)。

GND(1) 为接地端。

u_o(3) 为输出端。通过此端可直接驱动各种负载，输出电流约为 200mA，电压低于

U_{CC}约为$1\sim3V$。

$U_{CC}(8)$为电源电压端。$U_{CC}=4.5\sim18V$。

CB555工作原理如表9.4.1所示。

表 9.4.1 CB555 定时器工作原理说明

$\overline{R}_d$	TH	TL	$\overline{R}_D$	$\overline{S}_D$	Q	$\overline{Q}$	u_o	T
0	×	×	×	×	**0**	**1**	**0**	导通
1	$>\frac{2}{3}U_{CC}$	$>\frac{1}{3}U_{CC}$	**0**	**1**	**0**	**1**	**0**	导通
1	$<\frac{2}{3}U_{CC}$	$<\frac{1}{3}U_{CC}$	**1**	**0**	**1**	**0**	**1**	截止
1	$<\frac{2}{3}U_{CC}$	$>\frac{1}{3}U_{CC}$	**1**	**1**	保持原状态			

9.4.2 555定时器组成单稳态触发器

由555定时器组成的单稳态触发器,如图9.4.2(a)所示。外接电阻R和电容C,管脚5为电压控制端,在此端外加电压可改变比较器的参考电压,不用时经旁路C_0($0.01\mu F$)接地,以防止引入干扰。电路的工作波形如图9.4.2(b)所示。

讲义:555定时器和应用

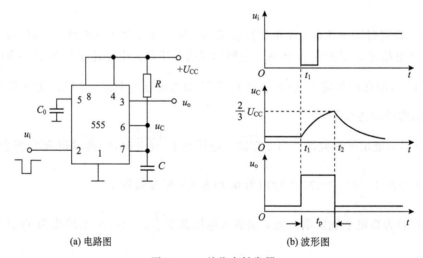

(a) 电路图　　　　　　　　(b) 波形图

图9.4.2 单稳态触发器

(1)稳定状态$(0\sim t_1)$。在t_1前无触发脉冲输入,u_i为**1**,其值为$u_i>\frac{1}{3}U_{CC}$(N_2的u_{R2}),故电压比较器N_2输出高电平($\overline{S}_D=\textbf{1}$)。若基本$RS$触发器原状态$Q=\textbf{0}$,$\overline{Q}=\textbf{1}$,则T饱和导通,$u_C\approx0.3V$,又因为管脚6、7相接(等电位),故$N_1$的输出为**0**,触发器状态保持不变。若触发器原状态为$Q=\textbf{1}$,则T截止,U_{CC}通过R对C充电,当u_C略高于$\frac{2}{3}U_{CC}$时,比较器N_1的输出$\overline{R}_D=\textbf{0}$,则触发器的状态翻转为$Q=\textbf{0}$,$\overline{Q}=\textbf{1}$。

(2)暂稳状态($t_1 \sim t_2$)。在 t_1 时刻输入触发脉冲,其幅度低于 $\frac{1}{3}U_{CC}$,N_2 输出 $\overline{S}_D =$ **0**,将触发器置 **1**,u_o 由 **0** 变为 **1**,电路转入暂稳态。T 截止,U_{CC} 又开始对 C 充电。在 t_2 时刻,当 u_C 上升到略高于 $\frac{2}{3}U_{CC}$ 时,N_1 的输出 $\overline{R}_D = \mathbf{0}$,则触发器自动翻转为 $Q = \mathbf{0}$ 的稳定状态。此后电容 C 又迅速放电,再继续重复上述过程。

暂稳态的维持时间就是电容 C 从零电位充电到 $\frac{2}{3}U_{CC}$ 所需时间。电容 C 通过电阻 R 充电的暂态方程为

$$u_C = U_{CC}(1 - e^{-\frac{t}{\tau}}) \tag{9.4.1}$$

式中,τ 为充电时间常数,$\tau = RC$。

将 $u_C = \frac{2}{3}U_{CC}$ 代入上式得输出脉冲宽度为

$$t_p = RC\ln 3 \approx 1.1RC \tag{9.4.2}$$

通常 t_p 的变化范围可从几微秒到几分钟。但必须注意,随着 t_p 宽度的增加,其精度和稳定性也将下降。

例 9.4.1　试分析图 9.4.3(a)所示脉宽调制器电路的工作原理。

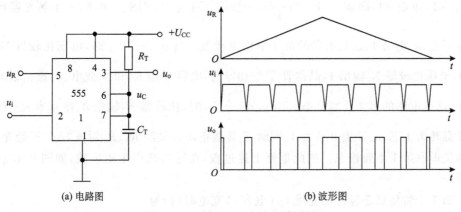

(a) 电路图　　　　　　　　(b) 波形图

图 9.4.3　例 9.4.1 电路和波形图

解　555 定时器按单稳态方式工作,给电压控制端 5 外加电压 u_R,如图 9.4.3(b)所示。使电压比较器 N_1 的参考电位不是恒定的 $\frac{2}{3}U_{CC}$,而是 1 个三角波形。在连续的负脉冲 u_i 触发下,随着 u_R 增大,电容 C_T 充电时间 t_1 增加,输出电压 u_o 的脉冲加宽。当 u_R 达到最大值时,u_o 脉冲最宽,然后随着 u_R 降低,u_o 脉冲宽度又逐渐减小。输出电压 u_o 的脉宽受基准电压 u_R 的控制,这种电路称为脉宽调制器。

9.4.3　555定时器组成多谐振荡器

555定时器组成的多谐振荡电路如图9.4.4(a)所示。其中R_1、R_2和C是外接的定时元件，TH(6端)和TL(2端)接在R_2与C之间，D(7端)接在R_1和R_2之间。

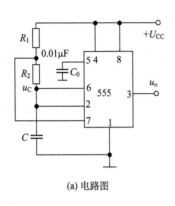

(a) 电路图

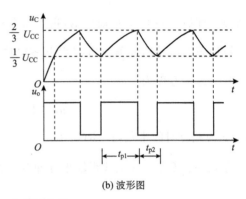

(b) 波形图

图9.4.4　多谐振荡器

当接通电源U_{CC}，电容C开始充电u_C上升，$0<u_C<\dfrac{1}{3}U_{CC}$时，基本RS触发器$\overline{S}_D=0$，$\overline{R}_D=1$，即$Q=1$，即u_o为1。当$\dfrac{1}{3}U_{CC}<u_C<\dfrac{2}{3}U_{CC}$时，则$\overline{S}_D=0$，$\overline{R}_D=1$触发器状态保持不变，$u_o$仍为1，这是电路的第1个稳定状态。当$u_C>\dfrac{2}{3}U_{CC}$时，电压比较器$N_1$输出0，电压比较器$N_2$输出1，晶体管T饱和导通，电容$C$经$R_2$和T放电，$u_C$按指数规律下降，这是电路的另1个暂稳态。当$u_C<\dfrac{1}{3}U_{CC}$时，比较器$N_2$输出0，使基本$RS$触发器又翻转为1态，$u_o$又由0变为1，同时T又截止，$U_{CC}$又经$R_1$、$R_2$对电容$C$开始充电，电路又返回第1个暂稳态。如此重复上述过程，在输出端产生矩形波，如图9.4.4(b)所示。

第1个暂稳状态脉冲的宽度t_{p1}(电容C充电时间)为

$$t_{p1}=(R_1+R_2)C\ln 2=0.7(R_1+R_2)C \tag{9.4.3}$$

第2个暂稳状态脉冲的宽度t_{p2}(电容C放电时间)为

$$t_{p2}=R_2 C\ln 2=0.7R_2 C \tag{9.4.4}$$

振荡周期为

$$T=t_{p1}+t_{p2}\approx 0.7(R_1+2R_2)C \tag{9.4.5}$$

频率为

$$f=\frac{1}{T}=\frac{1.43}{(R_1+2R_2)C} \tag{9.4.6}$$

输出波形的占空比为

$$D = \frac{t_{\text{p1}}}{t_{\text{p1}} + t_{\text{p2}}} = \frac{R_1 + R_2}{R_1 + 2R_2} \tag{9.4.7}$$

例 9.4.2　试分析图 9.4.5 所示"叮咚"门铃电路的工作原理。

解　电路是由 555 定时器组成的多谐振荡器,其工作原理是:当 S 断开时,电容 C_1 未被充电,4 端处于低电平、555 定时器复 **0**,扬声器不发声;当按下 S(闭合)时,电流通过二极管 D_1 给 C_1 快速充电,如果 4 端达到高电平 **1** 时,555 定时器开始振荡,振荡的充电时间常数为 $(R_3 + R_4)C_2$,放电时间常数为 R_4C_2,扬声器发出"叮叮"的声音。松开 S (断开)时,电容 C_1 经 R_1 缓慢放电,4 端处于高电平 **1**,555 定时器仍维持振荡状态,但充电电路串入 R_2 使振荡频率维持,扬声器发出"咚咚"声音,直到 C_1 放电到低电平,555 定时器停止振荡。

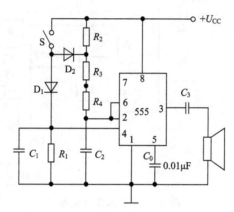

图 9.4.5　例 9.4.2 电路图

*9.5　应 用 举 例

9.5.1　4 人抢答电路

在各种竞赛活动中经常用到抢答电路,如一个 4 人抢答电路如图 9.5.1 所示。其由 1 片集成触发器 74LS175 型、1 片 4 输入**与非门** 74LS20 型、3 片 2 输入**与非门** 74LS00 型和 555 多谐振荡器产生时钟脉冲(CP)的触发电路等构成。74LS175 型内部含有 4 个独立 D 触发器,引脚排列如图 9.5.2 所示。

在抢答电路中 S_1、S_2、S_3、S_4 为 4 路抢操作按钮。当任何一个抢答者将其中某一按钮按下时,则与其对应的发光二极管(LED)将被点亮,表示此抢答者抢答成功;当某抢答者抢答成功后,随后其他抢答者按下抢答开关均无效。指示灯仍保持第 1 个开关按下时所对应的状态不变。开关 S_0 为主持人控制的复位操作按钮,当按下 S_0 时抢答器电路清 0,松开时则允许抢答。

开始抢答前,主持人将电路清 0($\overline{R}_D = \mathbf{0}$)之后,74LS175 型的输出端 $Q_1 Q_2 Q_3 Q_4 = \mathbf{0000}$,LED 不亮,$\overline{Q}_1\,\overline{Q}_2\,\overline{Q}_3\,\overline{Q}_4 = \mathbf{1111}$,$G_1$ 门输出为低电平,蜂鸣器不发出声音。G_4 门

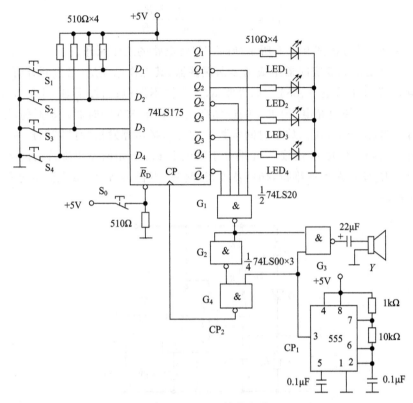

图 9.5.1　4 人抢答电路

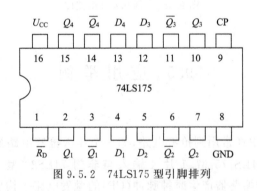

图 9.5.2　74LS175 型引脚排列

(也称为封锁门)输入端为高电平,G_4 门使得触发器获得时钟脉冲 CP,电路处于允许抢答状态。

开始抢答。例如,S_1 被按下时,D_1 输入端变为高电平,在 CP_2(CP)的作用下,Q_1 变为高电平,LED_1 被点亮;同时 $\overline{Q}_1\,\overline{Q}_2\,\overline{Q}_3\,\overline{Q}_4 = \mathbf{0111}$,使得 G_1 门输出为高电平,蜂鸣器发出声音,则抢答者抢答成功。

9.5.2　搅拌机故障报警电路

由与非门和 JK 触发器组成的搅拌机叶片折断报警电路,如图 9.5.3 所示。当叶片出现折断时,电路发出报警鸣叫,同时立即停止搅拌机运转。

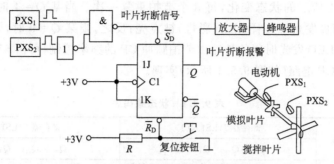

图 9.5.3　搅拌机叶片故障报警电路图

接近开关 PXS_1 对模拟叶片进行监测,而 PXS_2 对搅拌机叶片进行监测。在搅拌机正常工作时,同为高电平 **1** 或低电平 **0** 状态。如果叶片出现折断故障,PXS_1 处于 **1** 状态时,PXS_2 则处于 **0** 状态,即将 PXS_1 与 PXS_2 不同状态作为折断信号。当有折断状态时,与非门电路输出为 **0**,而 JK 触发器的 Q 端呈现预置状态。信号经过功率放大电路,使报警电路发出叶片折断的报警鸣叫声。一旦排除故障后,若按下复位开关,触发器复位,报警器停止鸣叫。为了防止干扰信号的窜入,将 JK 触发器的 J、K 和 CP 端连接在一起,接高电平 **1**。

9.5.3　8 路彩灯控制电路

彩灯控制器由编码器、驱动器和显示器(彩灯)组成,8 路彩灯控制器的电路如图 9.5.4 所示。编码器根据彩灯显示花型节拍送出 8 位状态编码信号,通过驱动器使彩灯按规律亮灭。例如,8 路彩灯花形规定为由中间向两边对称逐次点亮,全亮后仍由中间向两边对称地逐次熄灭,其状态编码如表 9.5.1 所示。编码器用两片双向移位寄存器 74LS194 型实现,均接为自启动脉冲分配器(扭环形计数器),其中片(1)为右移方式(D_{IR}),片(2)为左移方式(D_{IL})。

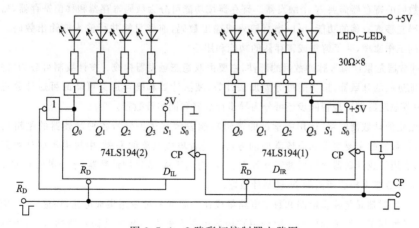

图 9.5.4　8 路彩灯控制器电路图

工作时首先用清 0 脉冲使寄存器全部清 0;其次,在节拍脉冲 CP 的控制下,各 Q 状态按表 9.5.1 所示的状态变化,每 8 个节拍重复一次。当某 $Q=1$ 时,经驱动器反向,对应的共阳极发光二极管 LED(彩灯)被点亮;反之,当某 $Q=0$ 时,则相应的 LED 被熄灭。每个 LED 发光时间的长短由节拍脉冲 CP 的频率控制,可由 555 多谐振荡器组成时钟脉冲 CP 电路(如图 9.5.1 所示)实现。

表 9.5.1 状态编码表

CP	寄存器 74LS194(1)				寄存器 74LS194(2)			
	Q_3	Q_2	Q_1	Q_0	Q_3	Q_2	Q_1	Q_0
0	0	0	0	0	0	0	0	0
1	0	0	0	1	1	0	0	0
2	0	0	1	1	1	1	0	0
3	0	1	1	1	1	1	1	0
4	1	1	1	1	1	1	1	1
5	1	1	1	0	0	1	1	1
6	1	1	0	0	0	0	1	1
7	1	0	0	0	0	0	0	1
8	0	0	0	0	0	0	0	0

本 章 小 结

(1) 触发器是时序逻辑电路的基本单元,按其稳态可分为双稳态触发器、单稳态触发器和无稳态触发器(即多谐振荡器)。其中双稳态触发器应用最多。

双稳态触发器具有两个稳定工作状态,在触发脉冲作用下可以从一个稳态翻转到另一个稳态,它还具有记忆(或称存储)功能。双稳态触发器按其逻辑功能可分为 RS 触发器、JK 触发器、D 触发器等。应主要掌握各种触发器的逻辑符号及其逻辑功能,能根据其功能和输入波形画出其输出波形,还要注意它们的翻转时刻是在时钟脉冲的上升沿还是下降沿。

(2) 寄存器是暂存数码的数字部件,主要由具有记忆功能的双稳态触发器构成。一个可存放 N 位二进制数码的寄存器需要 N 个触发器。寄存器按功能可分为数码寄存器和移位寄存器,后者具有将所存数码左移或右移的功能,可以串行输入或输出数码,前者只能并行输入或输出数码。要会分析寄存器的工作原理,并了解集成寄存器的功能和用法。

(3) 计数器是累计输入脉冲数目的部件,主要由双稳态触发器构成。按计数制可分为二进制、十进制和其他进制的计数器,按功能可分为加法计数、减法计数和既可加又可减的可逆计数三种计数器,按其中各触发器翻转是否同步还可分为异步计数器和同步计数器。

根据给定的计数器电路,运用所学过的逻辑功能表示方法去分析各种计数器的逻辑功能和特点,是学习计数器的主要要求和应该掌握的方法。随着集成电路的发展,中规模集成计数器得到了广泛应用,利用集成计数器使用反馈置 0 等方法,可构成任意 N 进制计数器,十分灵活和方便。要学会选用集成计数器来构成所需的 N 进制计数器。

(4) 555 定时器是将模拟电路和数字电路集成在一起的一种专用集成电路,用途广泛,应掌握其外部功能,了解其工作原理和应用。学会用它构成单稳态触发器和多谐振荡器的方法,理解其电路原理。

习　题

9.1　当基本 RS 触发器的 $\overline{R}_D$ 和 $\overline{S}_D$ 端加上题图 9.1 所示波形时,试画出 Q 端的输出波形。设初始状态为 **0** 和 **1** 两种情况。

9.2　当钟控 RS 触发器的 CP、S 和 R 端加上题图 9.2 所示波形时,试画出 Q 端的输出波形。设初始状态为 **0** 和 **1** 两种情况。

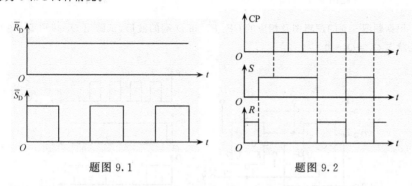

题图 9.1　　　　　　　　　　题图 9.2

9.3　维持阻塞型 D 触发器和主从型 D 触发器相比有什么优点?

9.4　试用四个维持阻塞型 D 触发器组成一个四位右移移位寄存器。设原存数为 **1101**,待输入数为 **1001**,试说明移位寄存器的工作原理。

9.5　试用四个 D 触发器(上升沿触发)组成一个 4 位二进制异步加法计数器。

9.6　已知时钟脉冲 CP 端的波形如题图 9.2 所示,试分别画出题图 9.3 中各触发器输出端 Q 的波形。设它们的初始状态均为 **0**。

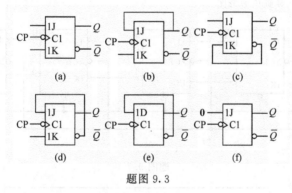

题图 9.3

9.7　初始状态为 **0** 的 D 触发器,当其 D 端和 CP 端加上如题图 9.4 所示的波形时,试分别画出主从型 D 触发器和维持阻塞型 D 触发器 Q 端的输出波形。

9.8　在题图 9.5 所示的逻辑图中,时钟脉冲 CP 的波形如题图 9.4 所示,试画出 Q_1 和 Q_2 端的波形。

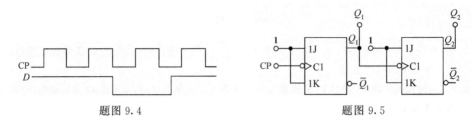

题图 9.4 题图 9.5

9.9 根据题图 9.6 的逻辑图及相应的 CP、$\overline{R}_D$ 和 D 端的波形,试画出 Q_1 端和 Q_2 端的输出波形,设初始状态 $Q_1 = Q_2 = 0$。

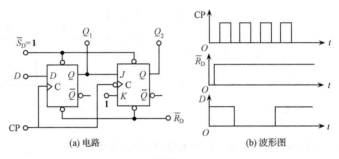

(a) 电路 (b) 波形图

题图 9.6

9.10 由 JK 触发器组成的移位寄存器如题图 9.7 所示,试列出输入数码 **1001** 的状态表,并画出各触发器输出端 Q 的波形图,设各触发器的初态为 **0**。

9.11 设题图 9.8 所示电路中各触发器的初态 $Q_0Q_1Q_2Q_3 = 0001$,已知 CP 脉冲,试列出各触发器输出端 Q 的状态表,并画出波形图。

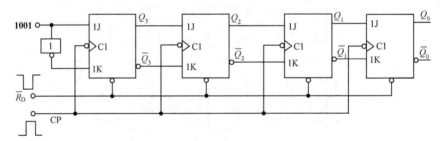

题图 9.7

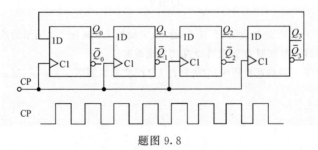

题图 9.8

9.12 试列出题图 9.9 所示计数器的状态表,从而说明它是一个几进制计数器。

9.13 题图 9.10 所示是一个简易触摸开关电路,当手摸金属片时,555 定时器的 2 端得到一个负脉冲,发光二极管亮,经过一定时间,发光二极管熄灭。试说明其工作原理,并问发光二极管能亮多长时间(输出端电路稍加改变也可接门铃、短时用照明灯、厨房排烟风扇等)?

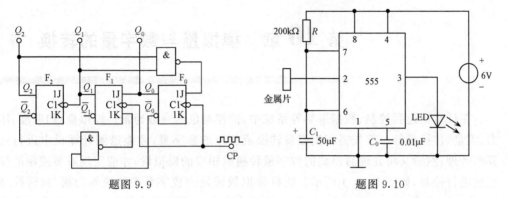

题图 9.9   题图 9.10

9.14 题图 9.11 所示是一个防盗报警电路,a、b 两端被一细铜丝接通,此铜丝置于认为盗窃者必经之处。当盗窃者闯入室内将铜丝碰断后,扬声器即发出报警声(扬声器电压为 1.2V,通过电流为 40mA)。要求:

(1)指出 555 定时器组成的是何种电路。

(2)说明本报警电路的工作原理。

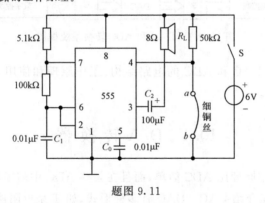

题图 9.11

第 **10** 章　模拟量与数字量的转换

在计算机过程控制、数据采集等系统中，被控对象的参数通常是模拟量，如温度、压力、流量、位移量等。首先需将模拟量转换成相应的数字量，才能送到计算机中进行运算和处理；然后又将处理后得到的数字量转换成相应的模拟量，才能实现对被控制的模拟量进行控制，如图 10.0.1 所示。能将模拟量转换为数字量的装置称为模/数转换器（analog/digital converter，ADC），简称 A/D 转换器。能将数字量转换为模拟量的装置称为数/模转换器（digital/analog converter，DAC），简称 D/A 转换器。

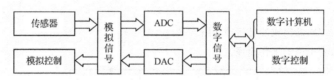

图 10.0.1　DAC 和 ADC 转换系统框图

本章将主要介绍 DAC 和 ADC 的电路结构、工作原理和使用方法，简单介绍几种类型的数据采集系统。

10.1　D/A 转 换 器

由于 DAC 的工作原理比 ADC 简单，而且在某些 ADC 中需要用到 DAC 作为内部的反馈部件，所以首先介绍 DAC。DAC 有多种形式，如 T 型电阻网络 DAC、倒 T 型电阻网络 DAC、权电阻 DAC 和权电流 DAC 等。本节主要介绍用得较多的 T 型和倒 T 型电阻网络 DAC。

10.1.1　T 型电阻网络 DAC

下面以 4 位 $R\text{-}2R$ T 型电阻网络 DAC 的电路为例说明 DAC 的组成和工作原理。

$R\text{-}2R$ T 型电阻网络 DAC 由模拟开关、$R\text{-}2R$ 电阻网络、运算放大器、基准电压等部分组成，电路如图 10.1.1 所示。图 10.1.1 中 U_R 是基准电压；集成运算放大器接成反向比例运算电路；S_3、S_2、S_1、S_0 是各位的电子模拟开关。d_3、d_2、d_1、d_0 是输入的数字量，即数码寄存器存放的 4 位二进制数，各位数码分别控制电子开关 S_3、S_2、S_1、S_0，当某二进制数码为 $d_i=1$ 时，开关接到 U_R 电源上，为 0 时接"地"。

T 型电阻网络的输出电压利用戴维南定理和叠加原理进行计算，即分别算出每个电子开关单独接基准时的输出电压，然后利用叠加原理求得总的输出电压。

讲义：T 型电
阻网络 DAC

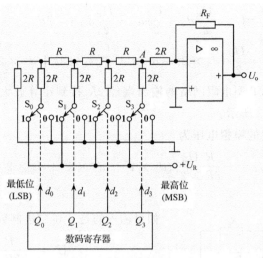

图 10.1.1　T 型电阻网络 DAC

只当 $d_0=1$ 时，即 $d_3d_2d_1d_0=\mathbf{0001}$，其电路如图 10.1.2(a)所示。应用戴维南定理，将 $00'$ 左边部分等效电压为 $\dfrac{U_R}{2}$ 的电源与电阻 R 串联。然后，分别在 $11'$、$22'$、$33'$ 处计算它们左边部分的等效电路，其等效电源的电压依次被除以 2，即 $\dfrac{U_R}{4}$、$\dfrac{U_R}{8}$、$\dfrac{U_R}{16}$，而等效电源的内阻均为 R。由此可得出最后的等效电路，如图 10.1.2(b)所示。可见，只当 $d_0=1$ 时的网络开路电压，即为等效电源电压 $\dfrac{U_R}{2^4}\times d_0$。同理，再分别对 $d_1=\mathbf{1}$，$d_2=\mathbf{1}$，$d_3=\mathbf{1}$，其余为 $\mathbf{0}$ 时重复上述计算过程，得出的网络开路电压各为 $\dfrac{U_R}{2^3}d_1$、$\dfrac{U_R}{2^2}d_2$、$\dfrac{U_R}{2^1}d_3$。

应用叠加原理将这四个电压分量叠加，得出 T 型电阻网络开路时的输出电压 U_A，即等效电源电压 U_E 为

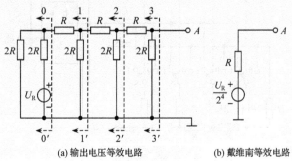

(a) 输出电压等效电路　　　　　(b) 戴维南等效电路

图 10.1.2　计算 T 型电阻网络的输出电压

$$U_A = U_E = \frac{U_R}{2^1}d_3 + \frac{U_R}{2^2}d_2 + \frac{U_R}{2^3}d_1 + \frac{U_R}{2^4}d_0$$

$$= \frac{U_R}{2^4}(d_3 \times 2^3 + d_2 \times 2^2 + d_1 \times 2^1 + d_0 \times 2^0) \tag{10.1.1}$$

在图 10.1.1 中,T 型电阻网络的输出端经 $2R$ 接到运算放大器的反相输入端,其等效电路如图 10.1.3 所示。

运算放大器输出的模拟电压为

$$U_o = -\frac{R_F}{3R}U_E = -\frac{R_F U_R}{3R \times 2^4}(d_3 \times 2^3 + d_2 \times 2^2 + d_1 \times 2^1 + d_0 \times 2^0) \tag{10.1.2}$$

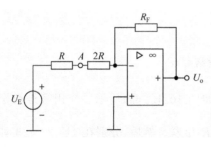

图 10.1.3　T 型电阻网络与运算放大器连接的等效电路

如果输入的是 n 位二进制数,则

$$U_o = -\frac{R_F U_R}{3R \times 2^n}(d_{n-1} \times 2^{n-1} + d_{n-2} \times 2^{n-2} + \cdots + d_0 \times 2^0) \tag{10.1.3}$$

式中,$\dfrac{R_F U_R}{3R \times 2^n}$ 为常数量,由电路本身决定。

可见,每位二进制数码在输出端产生的电压与该位的权成正比。因而输出电压 U_o 正比于输入的数字量,可以实现数字量到模拟量的转换。

10.1.2　倒 T 型电阻网络 DAC

为了进一步提高电路的转换速度,通常采用倒 T 型电阻网络 DAC,如图 10.1.4 所示。电子模拟开关也由输入数字量控制,当二进制数码为 1 时,开关接到运算放大器的反向输入端,与电阻网络的位置对调,把电子开关 S_K 接在集成运算放大器的输入端,为 0 时接"地"。

讲义:倒 T 型
电阻网络
DAC

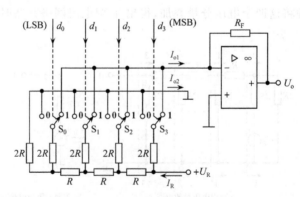

图 10.1.4　倒 T 型电阻网络 DAC

如果输入的是 n 位二进制数,则通过计算输出电压为

$$U_o = -\frac{R_F U_R}{R \times 2^n}(d_{n-1} \times 2^{n-1} + d_{n-2} \times 2^{n-2} + \cdots + d_0 \times 2^0) \quad (10.1.4)$$

当取 $R_F = R$ 时,则输出电压为

$$U_o = -\frac{U_R}{2^n}(d_{n-1} \times 2^{n-1} + d_{n-2} \times 2^{n-2} + \cdots + d_0 \times 2^0) \quad (10.1.5)$$

10.1.3 集成电路 DAC

随着集成电路技术的发展,DAC 集成电路芯片种类很多。按输入的二进制数可分为 8 位、10 位、12 位和 16 位等。例如 10 位转换器 DA7520,采用倒 T 型电阻网络,其模拟开关为 CMOS 型,集成运算放大器外接。DA7520 的外引线排列及连接电路如图 10.1.5 所示。

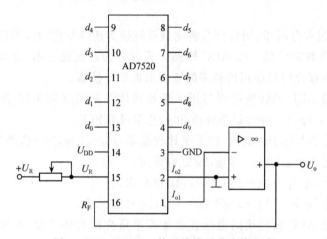

图 10.1.5 DA7520 外引线排列及连接电路

表 10.1.1 **DA7520 输入数字量与输出模拟量关系**

输入数字量										输出模拟量
d_9	d_8	d_7	d_6	d_5	d_4	d_3	d_2	d_1	d_0	U_o
0	0	0	0	0	0	0	0	0	0	0
0	0	0	0	0	0	0	0	0	1	$-\frac{1}{1024}U_R$
$\vdots$									$\vdots$	$\vdots$
0	1	1	1	1	1	1	1	1	1	$-\frac{511}{1024}U_R$
1	0	0	0	0	0	0	0	0	0	$-\frac{512}{1024}U_R$
1	0	0	0	0	0	0	0	0	1	$-\frac{513}{1024}U_R$
$\vdots$									$\vdots$	$\vdots$
1	1	1	1	1	1	1	1	1	0	$-\frac{1022}{1024}U_R$
1	1	1	1	1	1	1	1	1	1	$-\frac{1023}{1024}U_R$

DA7520 的 16 个引脚功能如下：

1 为模拟电流 I_{o1} 的输出端,连接外接运算放大器的反相输入端;

2 为模拟电流 I_{o2} 的输出端,一般接"地";

3 为接"地"端;

4～13 为 10 位数字量的输入端;

14 为 CMOS 模拟开关的 $+U_{DD}$ 电源接线端;

15 为参考电源接线端,U_R 可为正值或负值;

16 为芯片内电阻 R 的引出端,即运算放大器的反馈电阻 R_F,另一端与 I_{o1} 连接。

DA7520 输入数字量与输出模拟量的关系如表 10.1.1 所示,其中 $2^n = 2^{10} = 1024$。

10.2 A/D 转 换 器

ADC 转换过程分两步:用传感器将物理量转换为连续变化的模拟信号;由 ADC 将模拟信号转换为数字信号。按 ADC 转换方式可分为逐次逼近型、并联比较型和双积分型三种。下面仅介绍目前用得较多的逐次逼近型转换器。

逐次逼近型 ADC 的转换过程与用天平称物体重量的过程相似,假设砝码重量依次有:16g、8g、4g、2g、1g,并假设物体重 30g,称重过程如下:

(1) 先在天平上加 16g 砝码,经天平比较结果,16g<30g,16g 砝码保留;

(2) 再加上 8g,8g+16g<30g,8g 砝码保留;

(3) 再加上 4g,8g+4g+16g<30g,4g 砝码保留;

(4) 再加上 2g,8g+4g+16g+2g=30g,2g 称重完成。

逐次逼近型 ADC 被转换的电压相当于天平所称的物体重量,而所转换的数字量相当于在天平上逐次添加砝码所保留下来的砝码重量。

逐次逼近型 ADC 主要由顺序脉冲发生器、逐次逼近寄存器、DAC 和电压比较器等几部分组成,原理框图如图 10.2.1 所示。

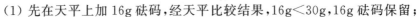
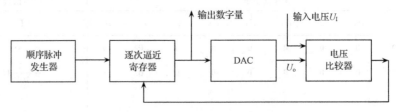

图 10.2.1 逐次逼近 ADC 原理框图

结合图 10.2.2 所示的具体电路图来说明逐次逼近的过程。电路由逐次逼近寄存器、顺序脉冲发生器、DAC、电压比较器、控制逻辑门和读出与门组成。

1) 逐次逼近寄存器

它由 4 个 RS 触发器 FF_3、FF_2、FF_1、FF_0 组成,其输出是 4 位二进制数 $d_3 d_2 d_1 d_0$。

2) 顺序脉冲发生器

输出的是 Q_4、Q_3、Q_2、Q_1、Q_0 5 个在时间上有一定先后顺序的顺序脉冲,依次右移

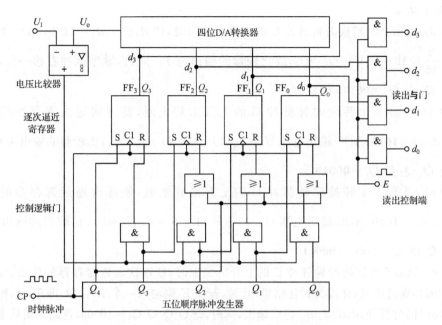

视频：逐次
逼近型 ADC
工作原理

图 10.2.2　四位逐次逼近型 ADC 原理电路

位，Q_4 端接 FF$_3$ 的 S 端及 3 个**或**门的输入端，Q_3、Q_2、Q_1、Q_0 分别按 4 个控制**与**门的输入端，其中 Q_3、Q_2、Q_1 还分别接 FF$_2$、FF$_1$、FF$_0$ 的 S 端。

3）DAC

它的输入来自逐次逼近寄存器，输出电压 U_o 是正值，送到电压比较器的同相输入端。

4）电压比较器

用来比较输入电压 U_I（加在反相输入端）与 U_o 的大小以确定输出端电位的高低，若 $U_I < U_o$，则输出为 **1**，若 $U_I \geqslant U_o$ 则输出为 **0**，输出端接到 4 个控制**与**门的输入端。

5）控制逻辑门

4 个**与**门和 3 个**或**门用来控制逐次逼近寄存器的输出。

6）读出**与**门

当读出控制端 $E = 0$ 时，**与**门封闭，当 $E = 1$ 时，4 个**与**门打开，输出 $d_3 d_2 d_1 d_0$ 即为转换器的二进制数。

现分析输入模拟电压 $U_I = 5.52\text{V}$，ADC 参考电压 $U_R = +8\text{V}$ 的转化过程。

（1）转换开始前，将 FF$_3$、FF$_2$、FF$_1$、FF$_0$ 清 0，并使顺序脉冲为 $Q_4 Q_3 Q_2 Q_1 Q_0 = $ **10000** 的状态。

（2）当第 1 个转换时钟脉冲 C 的上升沿到来时，使逐次逼近寄存器的输出 $d_3 d_2 d_1 d_0 = $ **1000**，加在 ADC 上，此时 ADC 的输出电压为

$$U_o = \frac{U_R}{2^4}(d_3 \times 2^3 + d_2 \times 2^2 + d_1 \times 2^2 + d_0 \times 2^0) = \frac{8}{16} \times 8 = 4(\text{V})$$

因 $U_o < U_I$，故比较器的输出为 **0**。同时，顺序脉冲右移一位，变为 $Q_4 Q_3 Q_2 Q_1 Q_0 = $

01000 的状态。

（3）当第 2 个转换时钟脉冲 C 的上升沿到来时，使 $d_3d_2d_1d_0=1100$，ADC 的输出 $U_o=\dfrac{8}{16}\times 12=6(\text{V})$，$U_o>U_I$，故比较器的输出为 1。同时，顺序脉冲右移一位，变为 $Q_4Q_3Q_2Q_1Q_0=00100$ 的状态。

（4）当第 3 个转换时钟脉冲 C 的上升沿到来时，使逐次逼近寄存器的输出 $d_3d_2d_1d_0=1010$，ADC 输出电压 $U_o=\dfrac{8}{16}\times 10=5(\text{V})$，$U_o<U_I$，比较器的输出为 0。同时，$Q_4Q_3Q_2Q_1Q_0=00010$。

（5）当第 4 个转换时钟脉冲 C 的上升沿到来时，使逐次逼近寄存器的输出 $d_3d_2d_1d_0=1010$，ADC 输出电压 $U_A=\dfrac{8}{16}\times 11=5.5\text{V}$，$U_o\approx U_I$，比较器的输出为 0。同时，$Q_4Q_3Q_2Q_1Q_0=00001$。

（6）当第 5 个转换时钟脉冲 C 的上升沿到来时，使逐次逼近寄存器的输出 $d_3d_2d_1d_0=1011$，保持不变，此即为转化结果，此时，若在 E 端输入一个 E 脉冲，即 $E=1$，则 4 个读出与门同时打开，$d_3d_2d_1d_0$ 得以输出，同时，$Q_4Q_3Q_2Q_1Q_0=10000$，返回原始状态。

这样就完成了一次转换，转换过程如表 10.2.1 和图 10.2.3 所示。

表 10.2.1　四位逐次逼近型 ADC 的转换过程

逼近次数	$d_3d_2d_1d_0$	U_o/V	比较结果	该位数码"1"是否保留或除去
1	1000	4	$U_o<U_I$	保留
2	1100	6	$U_o>U_I$	除去
3	1010	5	$U_o<U_I$	保留
4	1011	5.5	$U_o\approx U_I$	保留

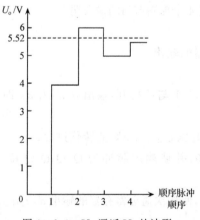

图 10.2.3　U_o 逼近 U_I 的波形

*10.3　数据采集系统

数据采集系统是将电测的模拟信号自动地进行采集并变换为数字量，再送到计算机中进行处理、传输、显示、存储或打印。数据采集系统具有广泛的应用前景，如工厂为对生产过程进行自动控制，必须实时电测出各种参数。因此，在工业、农业、国防和日常生活等各个领域，为了实现过程控制、状态监测、故障诊断等任务，数据采集系统应用相当广泛。

数据采集系统一般由传感器、多路开关、采样/保持电路（sample/hold circuits，S/H 电路）、A/D 转换器和计算机等组成，如图 10.3.1 所示。

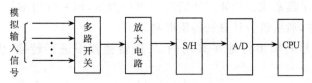

图 10.3.1　数据采集系统框图

设计数据采集系统应考虑的主要因素有被测信号对系统结构形式、变化速率和通道数、电测精度、分辨率和速度等。此外还要考虑性能价格比等。下面简要介绍三种常见的数据采集系统结构形式。

10.3.1　多通道共享 S/H 和 A/D 系统

多通道共享 S/H 和 A/D 系统采用分时转换工作方式,各路被测参数共用一个 S/H 和 A/D,如图 10.3.2 所示。在某一时刻,多路开关只选择其中某一路输出,经 S/H 后进行 A/D 转换,转换后输出数字信号。当 S/H 电路的输出已充分逼近输入信号时,在控制指令的作用下,S/H 电路由采样进入保持状态,A/D 转换电路开始转换,转换结束后输出数字信号。在转换期间,多路开关可以将下一路接通到 S/H 电路的输入端。系统重复上述操作,实现对多通道模拟信号的数据采集。

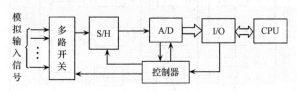

图 10.3.2　多通道共享 S/H 和 A/D 系统

这种结构形式简单,所用芯片数目少,采样方式可按顺序或随机进行,适用于信号变化速率不高的场合。

10.3.2　多通道共享 A/D 系统

多通道共享 A/D 系统虽然也是分时转换系统,各路信号共用一个 A/D 转换器,但每一路通道都有一个 S/H,可以在同一指令控制下对各路信号同时采样,获得各路信号在同一时刻的瞬时值。系统结构如图 10.3.3 所示。模拟开关分时将各路 S/H 接到 A/D 上进行转换。这些同步采样的数据可描述各路信号的相位关系,故也称该结构为

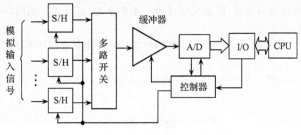

图 10.3.3　多通道共享 A/D 系统

多通道同步数据采集系统。例如三相瞬时功率的测量,该系统可对同一时刻的三相电压、电流进行采样,然后进行计算获得瞬时功率。

由于各路信号必须串行地在共用的 A/D 转换器中进行转换,因此该系统速度较慢。

10.3.3 多通道 A/D 系统

每个通道都有各自独立的 S/H 电路和 A/D 转换器,各个通道的信号可以独立进行采样和 A/D 转换,如图 10.3.4 所示。转换的数据可经接口电路送入计算机,数据采集速度快。此外,如果系统中的被测信号较为分散,模拟信号经过较长距离传输后再采样,系统将会受到干扰。这种结构形式可在每个被测信号源附近接入 S/H 电路和 A/D 转换器,就近采样保持和模数转换。转换的数字信号也可以经过光电转换成光信号再传输,从而使传感器和数据处理中心在电气上完全隔离,避免接地电位差引起的共模干扰。

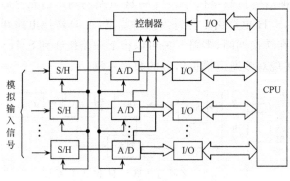

图 10.3.4 多通道 A/D 系统

这种结构形式适应于高速系统、分散系统,以及多通道并行数据采集系统。但系统所用硬件多、成本高。

本 章 小 结

(1) DAC 是将数字量转换成模拟量的部件。本章介绍了 T 型电阻网络 DAC,其原理是利用线性网络来分配数字量各位的权,使输出短路电流与数字量成正比,然后利用运算放大器将电流转换成电压,从而把数字量转换为模拟电压。

(2) ADC 是把模拟量转换为数字量。本章介绍了逐次逼近型 ADC,其基本原理是将输入模拟量采样后,与量化基准电压进行比较,即量化后成为一组数字量,最后进行编码,得到与输入模拟电压成正比的输出数字量。

(3) 目前大量使用集成 DAC 和 ADC,选择集成芯片时应注意查阅技术手册,以了解其技术性能和使用方法。

(4) 简要介绍了多通道共享 S/H 和 A/D 系统和多通道 A/D 系统。数据采集系统结构形式的具体选择应综合考虑。

习 题

10.1 图 10.1.1 所示的 T 型 D/A 转换器中,若 $U_R = +10V$,$R = 10R_F$。试求当 $d_3 d_2 d_1 d_0 =$ **1010**

讲义：部分习题
参考答案 10

时,输出电压 U_o 为多少伏?

　　10.2　倒 T 型电阻网络 D/A 转换器,如图 10.1.4 所示,已知 $U_R = 10V, R = 10k\Omega$ 时,试求:

　　(1) 当输入数字信号 $d_3 d_2 d_1 d_0 = 1111$ 时,各电子开关中的电流分别是多少?

　　(2) 输出电压 U_o 是多少?

　　10.3　串联型和反馈型 S/H 电路主要区别在什么地方? 分别适用于什么场合?

　　10.4　数据采集系统有哪几种结构形式? 主要有何区别?

第 **11** 章 变压器与电动机

在工程实践中继电器、变压器和电机等被广泛使用,这些电气设备不仅涉及电路问题,而且还涉及磁路问题。本章首先介绍磁路的基本概念和定律;其次,重点介绍变压器和三相异步电动机的结构、工作原理和应用;最后,简要介绍单相异步电动机、直流电动机和几种控制电动机的原理和应用。

11.1 磁 路

目前广泛使用的继电器、变压器和电动机等电气设备大都是以磁场为媒介,以电磁感应为理论基础实现能量转换。因此,这些电气设备都需要有保证磁通集中通过的路径,即磁路。常见几种电气设备的磁路如图 11.1.1 所示。磁路的磁通由励磁线圈中的励磁电流产生,如图 11.1.1(a)、(b)所示,也可由永久磁铁产生,如图 11.1.1(c)所示。磁路中可有空气隙,如图 11.1.1(b)、(c)所示。磁路中也可没有空气隙,如图 11.1.1(a)所示。

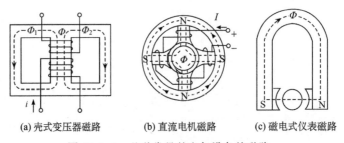

(a) 壳式变压器磁路　　　(b) 直流电机磁路　　　(c) 磁电式仪表磁路

图 11.1.1　几种常见的电气设备的磁路

在继电器、变压器和电机的磁路中,常有一定的空气隙,即磁路大部分由高导磁性的铁磁材料构成,小部分由空气或其他非磁性材料构成。空气隙虽然不大,但它对磁路工作情况总是有一定的影响。

11.1.1 磁性材料的磁性能

根据自然界物质导磁性能的不同,物质可分为两大类。一类是非磁性材料,如铝、纸、空气和木材等,这类材料导磁性能较差,相对磁导率 $\mu_r \approx 1$。另一类是磁性材料或铁磁材料,如铁、镍、钴和铁氧体等,这类材料的导磁性好,相对磁导率 $\mu_r \gg 1$,常用来做成电磁设备中的铁心。磁性材料具有下列磁性能。

1）高导磁性

在物理学中已知,铁磁材料在外加磁场的作用下会被磁化。磁性材料内部存在着许多小区域,称为磁畴。磁畴排列呈现杂乱无章状态,内磁场相互抵消,对外不显磁性。如果在外加磁场的作用下,内部磁畴转到与外加磁场相同的方向,显示出磁性,材料内部形成一个附加磁场。随着外磁场的增强（或者励磁电流的增大）,附加磁场与外加磁场叠加,从而形成一个与外加磁场同方向的较强磁化磁场,使磁性材料内的磁感应强度增强,这就是磁性材料的磁化现象。可见,磁性材料能在外加磁场作用下磁化,使得磁场大幅度增强,因此具有很高的磁导率。

2）磁饱和性

磁性材料所产生的磁化磁场不会随着外加磁场的增强无限地增强。在直流励磁时,磁性材料磁感应强度 B 和外加磁场强度 H 的关系 $B = f(H)$,称为磁化特性曲线,如图 11.1.2 所示。非线性的磁化曲线大致可分为三段:在 Oa 段,磁感应强度 B 随着磁场强度 H 的增大而几乎是线性增大;在 ab 段,B 的增大变缓;在 b 点以后,随着 H 的增大,B 变化几乎很小,这种现象称为磁饱和。

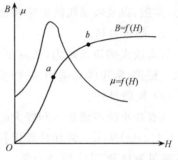

图 11.1.2　磁性材料的磁化曲线

讲义:磁性材料和性能

由于铁磁材料的 B 和 H 为非线性关系,故由 $B = \mu H$ 可知,磁导率 μ 不是常数,其数值将随磁场强度 H 的变化而变化,即 $\mu = f(H)$ 曲线,如图 11.1.2 所示。当铁磁性材料饱和时,其磁导率 μ 变小,导磁性能变差。

3）磁滞性

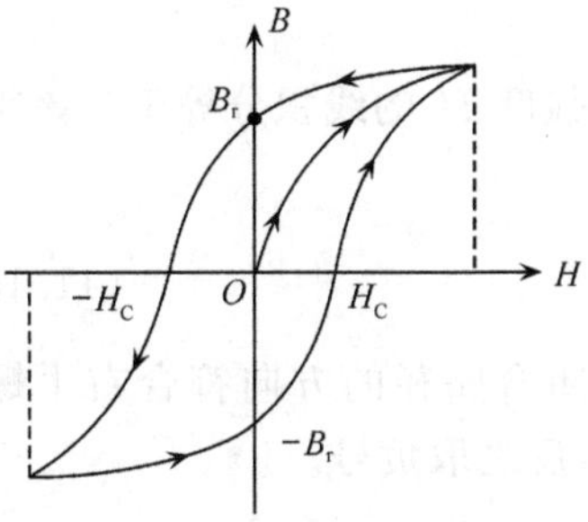

在交流励磁电流作用时,则铁磁材料将受到交变磁化,磁感应强度 B 随磁场强度 H 的变化关系如图 11.1.3 所示。可见,当 H 减小时,B 也随之减小,但当 $H = 0$ 时,B 却并不为零,即磁感应强度 B 的变化滞后于磁场强度 H 的变化,铁磁材料的这种特性称为磁滞性。图 11.1.4 所示的磁化曲线称为磁滞回线。

图 11.1.3　铁磁材料的磁滞回线

当励磁电流减小到零时,铁心中的磁场强度 $H = 0$,但铁心的磁性并未完全消失,其磁感应强度 $B = B_r$ 称为剩磁感应强度,简称为剩磁。若要去掉剩磁,则需在反方向使铁心磁化,这就得改变励磁电流的方向。使 $B = 0$ 的反向磁场强度为 H_c,称为矫顽磁力。

根据铁磁性物质的磁性能,铁磁材料分为三种类型。

（1）软磁材料。

具有较小矫顽磁力,磁滞回线形状较窄,但磁化曲线较陡,即磁导率较高,如图 11.1.4(a) 所示。这种材料适合作变压器、电机和各种电器的铁心。常用的有铸铁、硅钢、坡莫合金、铁氧体等。铁氧体在电子技术中的应用也很广泛,例如可作计算机的

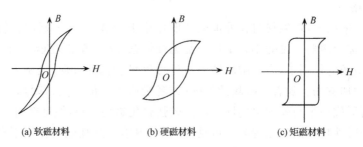

(a) 软磁材料　　　　(b) 硬磁材料　　　　(c) 矩磁材料

图 11.1.4　不同类型的磁滞回线

磁心、磁鼓,以及收录机的磁带和磁头等。

(2) 硬磁材料。

具有较大的矫顽磁力,磁滞回线形状较宽,如图 11.1.4 (b)所示。一般适用于制造永久磁铁,常用的有碳钢、钴钢及铁镍铝钴合金等。

(3) 矩磁材料。

具有较小的矫顽磁力和较大的剩磁,磁滞回线形状近似于矩形,稳定性也良好,如图 11.1.4 (c)所示。常在计算机和控制系统中用作记忆元件、开关元件和逻辑元件等,如镁锰铁氧体及 1J51 镍合金等。

11.1.2　磁路分析方法

磁路的分析计算与电路的相似之处在于其依赖于磁路基本定律。磁路基本定律主要有安培环路定律和磁路欧姆定律。

1. 安培环路定律

安培环路定律是指在磁路中,沿任一闭合路径磁场强度 H 的线积分等于与该闭合路径交链的电流的代数和,即

$$\oint H \, \mathrm{d}l = \sum I \tag{11.1.1}$$

式中,电流的方向与闭合路径的方向符合右手螺旋定则时,电流取正号,反之取负号。

2. 磁路欧姆定律

磁路欧姆定律是用来确定磁路磁通 Φ ,磁通势 F 和磁阻 R_m 之间的关系。以图 11.1.5 所示的环形铁心磁路为例,由于线圈为密绕,铁心中心上各点磁场强度大小相等,其方向与 $\mathrm{d}l$ 一致。根据安培环路定律,则磁场强度 H 沿铁心中心线的闭合线积分

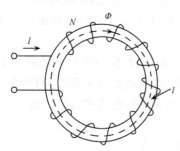

图 11.1.5　环形螺管线圈

等于电流的代数和,即

$$\oint H \, \mathrm{d}l = Hl = NI \tag{11.1.2}$$

则可得

$$NI = Hl = \frac{B}{\mu}l = \frac{\Phi}{\mu S}l$$

或

$$\Phi = \frac{NI}{\frac{l}{\mu S}} = \frac{F}{R_m} \qquad (11.1.3)$$

式中,l 为磁路的平均长度(环形铁心的中心线长度);N 为线圈的匝数;I 为励磁电流;S 为磁路的截面积;$F = NI$ 为磁通势,产生磁通的根源,单位为 A;$R_m = \frac{l}{\mu S}$ 为磁阻,表示磁路对磁通具有阻碍作用。

因式(11.1.3)与电路的欧姆定律相似,故称为磁路的欧姆定律,其对分析磁路与电路间的相互关系、运行特性等具有重要的作用。

3. 交流铁心线圈电路

当铁心线圈中通入交变的励磁电流时,称为交流铁心线圈电路,也称为交流磁路,如图 11.1.6 所示。交流铁心线圈电路中的磁通也是交变的,交变磁通将会在线圈和铁心中产生感应电动势。因此,在分析中要考虑电路问题,还要考虑磁路问题。

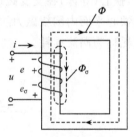

讲义:交流铁
心线圈电路

图 11.1.6　交流铁心
线圈电路

设在铁心线圈通入交流电压 u,则交流电流 i(或磁通势 Ni)产生主磁通 Φ 和漏磁通 Φ_σ,两磁通在线圈中产生主磁电动势 e 和漏磁电动势 e_σ。则电磁关系为

$$u \to i(Ni) \nearrow^{\displaystyle \Phi \to e = -N\frac{d\Phi}{dt}}_{\displaystyle \Phi_\sigma \to e_\sigma = -N\frac{d\Phi}{dt} = -L_\sigma\frac{di}{dt}}$$

设线圈电阻为 R,感应电动势 e 和 e_σ 与磁通的参考方向之间符合右手螺旋关系,如图 11.1.6 所示。由基尔霍夫电压定律可得铁心线圈中的电压、电流与电动势之间的关系为

$$u = Ri - e - e_\sigma \qquad (11.1.4)$$

在图 11.1.6 所示电路中的 u、i、e、e_σ 和 Φ 取关联参考方向,则式(11.1.4)可用相量表示为

$$\dot{U} = R\dot{I} - \dot{E} - \dot{E}_\sigma \qquad (11.1.5)$$

设主磁通 $\Phi = \Phi_m \sin\omega t$,则

$$e = -N\frac{d\Phi}{dt} = -N\frac{d(\Phi_m \sin\omega t)}{dt} = -\omega N\Phi_m \cos\omega t$$

$$= 2\pi f N\Phi_m \sin(\omega t - 90°) = E_m \sin(\omega t - 90°) \qquad (11.1.6)$$

式中,$E_m = 2\pi f N\Phi_m$ 是主磁电动势的最大值,则有效值为

$$E = \frac{E_{\mathrm{m}}}{\sqrt{2}} = \frac{2\pi f N \Phi_{\mathrm{m}}}{\sqrt{2}} = 4.44 f N \Phi_{\mathrm{m}} \tag{11.1.7}$$

通常,励磁线圈电阻 R 和漏磁感抗上的压降很小,其与主磁电动势比较,可忽略不计,则

$$U \approx E = 4.44 f N \Phi_{\mathrm{m}} = 4.44 f N B_{\mathrm{m}} S \tag{11.1.8}$$

式中, Φ_{m} 的单位为韦[伯](Wb); f 的单位为赫[兹](Hz); U 的单位为伏[特](V)。

铁心线圈在正弦交流电压的作用下,式(11.1.8)给出了电压有效值与铁心中磁通最大值的关系。当线圈匝数 N、外加电压 U 和频率 f 一定时,铁心中的磁通最大值保持基本不变。这个结论对于分析交流电机、电器及变压器的工作原理是十分重要的。

在交流铁心线圈电路中,除了线圈电阻 R 上的功率损耗 RI^2(即铜损 ΔP_{Cu})外,还有处于交变磁通下铁心的功率损耗(即铁损 ΔP_{Fe}),铁损是由磁滞和涡流产生的损耗。

由磁滞所产生的铁损称为磁滞损耗 ΔP_{h}。磁滞损耗要引起铁心发热,为了减小磁滞损耗,应选用磁滞回线狭小(磁滞损耗较小)的软磁材料(如硅钢)制作变压器和电机的铁心。

由涡流产生的铁损称为损耗 ΔP_{e}。在图11.1.7所示的铁心中,当线圈中接有交流时,铁心(导体)在交变磁通作用下产生感应电动势和感应电流,感应电流在垂直于磁通的铁心平面内围绕磁力线呈旋涡状,故称为涡流(i')。涡流在铁心电阻上产生的功率损耗称为涡流损耗。

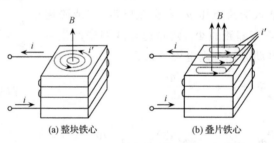

(a) 整块铁心　　　　　(b) 叠片铁心

图 11.1.7　铁心中的涡流

整块的铁心电阻一般较小,其中涡流很大,涡流损耗也很大,涡流损耗引起铁心严重发热。因此,为了减小涡流,交流电工设备的铁心大多采用硅钢片叠成,它不仅磁导率较高,且电阻率较大,可使铁心的电阻增大,从而使涡流减小,同时硅钢片的两面涂有绝缘漆,使各片之间互相绝缘,从而把涡流限制在许多狭长的截面之中流动,如图11.1.7(b)所示。

依据上述分析可见,交流铁心线圈电路的功率损耗为

$$\Delta P = \Delta P_{\mathrm{Cu}} + \Delta P_{\mathrm{Fe}} = RI^2 + \Delta P_{\mathrm{h}} + \Delta P_{\mathrm{e}} \tag{11.1.9}$$

式中, R 为线圈电阻。

铜损和铁损都要消耗电能,并转化为热能使铁心发热。因此,大容量的交流电工设备(如发电机、电力变压器等)要采取相应的冷却措施,如风冷、油冷、水冷等。在运行中要监测铁心温度,以防过热。

11.2 变 压 器

变压器是一种利用电磁感应传递电能和信号的电气设备,具有电压变换、电流变换和阻抗变换的功能,在电力系统和电子技术中有着极其广泛的应用。

变压器的种类繁多,外形和体积也有很大的差异,但它们的结构基本相同,主要由铁心和绕组两部分组成。按电源的相数可分为单相变压器、三相变压器和多相变压器,按铁心与绕组的结构可分为心式变压器和壳式变压器,如图 11.2.1 所示。

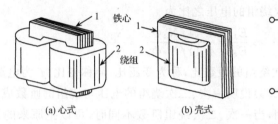

讲义:变压器分类、作用和原理

(a) 心式 (b) 壳式 (c) 符号

图 11.2.1 变压器的基本结构和符号

变压器铁心采用导磁性能良好的 $0.35 \sim 0.5$mm 厚的硅钢片交错叠装而成。变压器绕组是构成其电路的主要部分,其中与电源相连的绕组称为一次绕组(也称初级绕组或原绕组);与负载相连的绕组称为二次绕组(也称次级绕组或副绕组)。原绕组和副绕组由一个或几个线圈组成,使用时可根据需要连接成不同的组态。

11.2.1 变压器工作原理

尽管变压器的类型不同,但变压器原理是相同的。本节以单相变压器为例介绍其工作原理,如图 11.2.2 所示。一次、二次绕组的匝数分别用 N_1 和 N_2 表示。

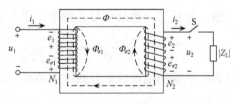

讲义:电压、电流和阻抗变换

图 11.2.2 变压器的原理图

1. 空载运行和电压变换

当变压器一次绕组接通交流电压 u_1 时,如果二次绕组开路(开关 S 断开),这种运行状态称为变压器空载状态。空载时一次绕组通过的电流 $i_1 = i_{10}$,i_{10} 称为变压器空载时的励磁电流。二次绕组开路中无电流通过($i_2 = 0$),二次绕组的端电压 $u_2 = u_{20}$,u_{20} 称为空载电压。变压器空载时,一次绕组中的磁通势 $N_1 i_{10}$ 在铁心中产生的主磁通 Φ(通过闭合铁心)和漏磁通 $\Phi_{\sigma 1}$(通过铁心和空气隙闭合)。主磁通 Φ 在一次绕组和二次绕组中分别感应出电动势 e_1、e_2,漏磁通 $\Phi_{\sigma 1}$ 在一次绕组感应励磁电动势 $e_{\sigma 2}$。设一次绕组中的等效电阻为 R_1,当 e_1、e_2 与 Φ 的参考方向之间符合右螺旋法则时,根据电磁感应原理,变压器一次绕组回路的电压平衡方程为

$$u_1 + e_1 + e_{\sigma 1} = R_1 i_{10} \tag{11.2.1}$$

变压器二次绕组的电压平衡方程为

$$e_2 + e_{\sigma2} = R_2 i_2 + u_{20} \qquad (11.2.2)$$

由于一次绕组电阻 R_1 和感抗 X_1（或漏磁通 $\Phi_{\sigma1}$）较小；且二次绕组电流 $i_2 = 0$，感抗 X_2（或漏磁通 $\Phi_{\sigma2}$）较小。上述影响可以忽略不计，则有

$$u_1 \approx -e_1$$
$$u_{20} \approx e_2$$

由此可得

$$U_1 \approx E_1 = 4.44 f N_1 \Phi_{\mathrm{m}} \qquad (11.2.3)$$
$$U_{20} = E_2 = 4.44 f N_2 \Phi_{\mathrm{m}} \qquad (11.2.4)$$

由此可见，变压器一次、二次绕组的电压之比为

$$\frac{U_1}{U_{20}} \approx \frac{E_1}{E_2} = \frac{4.44 f N_1 \Phi_{\mathrm{m}}}{4.44 f N_2 \Phi_{\mathrm{m}}} = \frac{N_1}{N_2} = K \qquad (11.2.5)$$

式中，K 为变压器一次、二次绕组的匝数比，称为变压比，简称变比；f 为电源频率。

变压器空载时，式(11.2.5)说明一次、二次绕组的电压与绕组的匝数成正比。这也说明通过变压器的耦合作用，当一次、二次绕组匝数不同时，可以把原来的某一数值电压 U_1 变换成同频率的另一数值的电压 U_{20}，这就是变压器的电压变换作用。

如果 $N_1 > N_2$，则 $U_1 > U_{20}$，$K > 1$，变压器起降压作用，则称为降压变压器；反之，如果 $N_1 < N_2$，则 $U_1 < U_{20}$，$K < 1$，则称为升压变压器。

例 11.2.1 需一台小型单相变压器，额定容量 $S_{\mathrm{N}} = U_{\mathrm{N}} I_{\mathrm{N}} = 100\mathrm{V \cdot A}$，电源电压 $U_1 = 220\mathrm{V}$，频率 $f = 50\mathrm{Hz}$，铁心中的最大主磁通 $\Phi_{\mathrm{m}} = 11.72 \times 10^{-4}\mathrm{Wb}$。试求：

(1) 空载电压 $U_{20} = 12\mathrm{V}$ 时，一次、二次绕组各为多少匝？

(2) 空载电压 $U_{20} = 24\mathrm{V}$ 时，一次、二次绕组又各为多少匝？

解 变压器一次绕组的匝数取决于电源电压的大小，由 $E_1 = 4.44 f N_1 \Phi_{\mathrm{m}}$ 可得

$$N_1 = \frac{E_1}{4.44 f \Phi_{\mathrm{m}}} \approx \frac{U_1}{4.44 f \Phi_{\mathrm{m}}} = \frac{220}{4.44 \times 50 \times 11.72 \times 10^{-4}} = 846$$

变压器二次绕组电压应满足负载的需要，其空载电压取决于电源电压和变比 K，即

$$N_2 = \frac{N_1}{K}$$

$$K = \frac{U_1}{U_{20}}$$

(1) 当二次绕组空载电压 $U_{20} = 12\mathrm{V}$ 时，变压器二次绕组匝数为

$$K = \frac{U_1}{U_2} = \frac{220}{12} = 18.35$$

$$N_2 = \frac{N_1}{K} = \frac{846}{18.35} = 46$$

(2) 当二次绕组空载电压 $U_{20} = 24\mathrm{V}$ 时，变压器二次绕组匝数则为

$$K' = \frac{U_1}{U_{20}} = \frac{220}{24} = 9.2$$

$$N_2 = \frac{N_1}{K'} = \frac{846}{9.2} = 92$$

2. 负载运行和电流变换

在图 11.2.2 中闭合开关 S,二次绕组与负载 $|Z_L|$ 接通,主磁通在一次绕组和二次绕组中分别产生感应电动势 e_1 和 e_2,在 e_2 的作用下,二次绕组中将产生电流 i_2,其参考方向与 e_2 一致。此时变压器向负载输送电能,这就是变压器的负载运行状态。因为有了负载,一次绕组中的电流由 i_0 变为 i_1,电流 i_1、i_2 增大后,一次、二次绕组本身的内部压降也要比空载时增大,二次绕组电压 U_2 比 E_2 低一些。但一般变压器内部压降小于额定电压的 10%,因此变压器有无负载时对电压影响不大,可认为负载运行时变压器一次、二次绕组的电压比基本上等于一次、二次绕组匝数之比。

变压器负载运行时,由于 i_2 形成的磁通势 $N_2 i_2$ 对磁路也产生影响,故这时铁心中的主磁通 Φ_m 是由 $N_1 i_1$ 和 $N_2 i_2$ 共同产生的。由式 $U \approx E \approx 4.44 f N \Phi_m$ 知,当电源电压 U_1 和频率 f 一定时,不论负载的大小,主磁通 Φ_m 基本保持不变,即变压器有载时产生主磁通的磁通势,等于空载时产生主磁通的磁通势 $N_1 i_{10}$,可表示为 $N_1 i_1 + N_2 i_2$,故有

$$N_1 i_1 + N_2 i_2 \approx N_1 i_{10}$$

用相量表示为

$$N_1 \dot{I}_1 + N_2 \dot{I}_2 \approx N_1 \dot{I}_{10} \tag{11.2.6}$$

该式称为磁通势平衡方程,标志能量传递的物理概念。

式(11.2.6)也可表示为

$$\dot{I}_1 \approx \dot{I}_{10} + \left(-\frac{N_2}{N_1}\dot{I}_2\right) = \dot{I}_{10} + \left(-\frac{1}{K}\dot{I}_2\right) \tag{11.2.7}$$

可见,当变压器负载运行时,一次绕组电流 $\dot{I}_1$ 由两部分组成:一部分是用于产生主磁通的励磁分量 $\dot{I}_{10}$;另一部分是用于抵消二次绕组电流对主磁通影响的负载分量 $\dot{I}_2$,以保持主磁通 Φ_m 基本不变。励磁电流 $\dot{I}_{10}$ 的数值很小,一般仅为额定电流 I_{1N} 的 2%~10%。因此,$N_1 I_{10}$ 与 $N_1 I_1$ 相比可以忽略,则式(11.2.7)可写为

$$N_1 \dot{I}_1 \approx -N_2 \dot{I}_2 \tag{11.2.8}$$

式(11.2.8)中的负号说明变压器二次绕组的磁通势在相位上与一次绕组的磁通势相反,即二次绕组磁通势 $N_2 \dot{I}_2$ 对一次绕组的磁通势 $N_1 \dot{I}_1$ 有去磁作用。而一次、二次绕组的电流有效值之比为

$$\frac{I_1}{I_2} \approx \frac{N_2}{N_1} = \frac{1}{K} \tag{11.2.9}$$

式(11.2.9)表明一次、二次绕组的电流有效值之比近似等于一次、二次绕组匝数比的倒数。变压器在改变电压的同时也改变了电流,也就是说变压器具有电流变换作用。

3. 阻抗变换

变压器除了有电压变换和电流变换的作用外,还有阻抗变换的作用。在电子技术

中为了使负载获得最大功率,常用变压器来改变阻抗,实现阻抗变换,如图 11.2.3 所示。

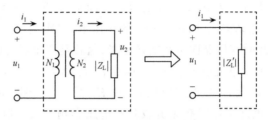

图 11.2.3   变压器阻抗变换

变压器一次绕组接电源 U_1,二次绕组接负载阻抗 $|Z_L|$,对于电源来说,图 11.2.3 中虚线框内的电路可用另一阻抗 $|Z'_L|$ 等效代替。所谓等效,是指输入电路的电压、电流和功率不变。即直接接在电源上的阻抗 $|Z'_L|$ 和变压器二次绕组负载阻抗 $|Z_L|$ 是等效的。因为

$$|Z_L| = \frac{U_2}{I_2}$$

所以

$$|Z'_L| = \frac{U_1}{I_1} = \frac{\left(\dfrac{N_1}{N_2}\right)U_2}{\left(\dfrac{N_2}{N_1}\right)I_2} = \left(\frac{N_1}{N_2}\right)^2 |Z_L| = K^2|Z_L| \qquad (11.2.10)$$

式(11.2.10)表明,在变比为 K 的变压器二次绕组接阻抗为 $|Z_L|$ 的负载,相当于在电源上直接接一个阻抗 $|Z'_L| = K^2|Z_L|$。也可以说变压器把负载阻抗 $|Z_L|$ 换为 $|Z'_L|$。通过选择合适的变比 K,可以把实际负载阻抗变换为所需的数值,这就是变压器的阻抗变换作用。

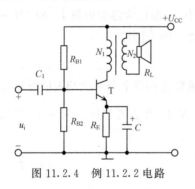

图 11.2.4   例 11.2.2 电路

例 11.2.2   根据设计要求,图 11.2.4 所示为晶体管电路集电极(即变压器一次绕组处),负载电阻最佳值 $R_C = 360\,\Omega$,而变压器二次绕组接负载(扬声器)$R_L = 8\,\Omega$,$|Z'_L| = R_C$。试求变压器最合理的匝数比应为多少?

解   只有当负载电阻等效到一次绕组的数值时,即 $|Z'_L|$ 等于晶体管所要求的最佳负载电阻 R_C 时,方可实现阻抗变换,使输出功率最大,因为 $|Z'_L| = K^2|Z_L| = R_C$,所以

$$K = \frac{N_1}{N_2} = \sqrt{\frac{R_C}{R_L}} = \sqrt{\frac{360}{8}} = 6.71$$

变压器的阻抗变换作用在电子电路(如功率放大器)中得到广泛的应用,常需要把负载的阻抗变换为所要求的数值,以获得放大器输出端的最大输出功率,这叫做阻抗匹配。

11.2.2　变压器特性和额定参数

1. 外特性

前面已对变压器一次、二次绕组电路进行了分析,如果不忽略一次、二次绕组中的漏磁通的影响,则一次、二次绕组电路的电压方程分别为

$$\begin{cases} \dot{U}_1 = R_1 \dot{I}_1 + jX_{\sigma 1} \dot{I}_1 + (-\dot{E}_1) \\ \dot{U}_2 = -R_2 \dot{I}_2 - jX_{\sigma 2} \dot{I}_2 + \dot{E}_2 \end{cases} \tag{11.2.11}$$

可见,当变压器负载增加时,一次、二次绕组中的电流以及它们的内部阻抗压降都要增加,因而使二次绕组的端电压 U_2 降低,如图 11.2.5 所示。

电阻性负载($\cos\varphi_2 = 1$)和电感性负载($\cos\varphi_2 < 1$)的外特性是下降的,端电压 U_2 随负载电流 I_2 的增大而降低。如果端电压 U_2 下降过大,会严重影响负载的正常工作。

变压器从空载到满载($I_2 = I_{2N}$)时,二次绕组电压 U_2 的变化量与空载电压 U_{20} 的比值称为变压器的电压变化率,即

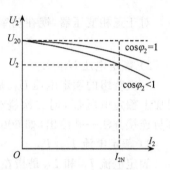

图 11.2.5　变压器的外特性曲线

讲义:变压器外特性和效率

$$\Delta U\% = \frac{U_{20} - U_2}{U_{20}} \times 100\% \tag{11.2.12}$$

电压变化率是衡量变压器供电质量的一个重要指标。通常由于变压器电阻和漏磁电抗很小,电压变化率约为 5%,而电力变压器的电压变化率为 2%～3%。

2. 损耗与效率

变压器与交流铁心线圈一样,其功率损耗包括铁损 ΔP_{Fe} 和绕组铜损 ΔP_{Cu} 两部分。其中铁损为磁滞损耗 ΔP_h 和涡流损耗 ΔP_e 之和,即

$$\Delta P_{Fe} = \Delta P_h + \Delta P_e \tag{11.2.13}$$

铜损为变压器一次、二次绕组电流通过绕组时,在两个绕组电阻上产生的损耗之和,即

$$\Delta P_{Cu} = R_1 I^2 + R_2 I^2 \tag{11.2.14}$$

因此,变压器的铜损随着负载的变化而变化。

变压器的效率是其输出功率 P_2 与输入功率 P_1 的比值,即

$$\eta = \frac{P_2}{P_1} \times 100\% = \frac{P_2}{P_2 + \Delta P_{Cu} + \Delta P_{Fe}} \times 100\% \tag{11.2.15}$$

式中,P_2 为负载功率($P_2 = U_2 I_2 \cos\varphi_2$);$P_1$ 为电源输入功率($P_1 = U_1 I_1 \cos\varphi_2 = P_2 + \Delta P_{Cu} + \Delta P_{Fe}$)。

变压器的功率损耗很小,所以其效率通常都很高,小功率变压器的效率约为 85%;

大型电力变压器的效率约为98%。

3. 额定参数

变压器的额定参数是指在额定运行状态下的各额定值,即变压器的铭牌数据。

1)额定容量 S_N

额定容量 S_N 是指变压器二次绕组额定电压和额定电流的乘积,即二次绕组的视在功率

$$S_N = U_{2N}I_{2N} \approx U_{1N}\frac{N_2}{N_1}I_{1N}\frac{N_1}{N_2} = U_{1N}I_{1N} \tag{11.2.16}$$

对于三相变压器,视在功率为

$$S_N = \sqrt{3}\,U_{2N}I_{2N} \approx \sqrt{3}\,U_{1N}I_{1N} \tag{11.2.17}$$

2)额定电压 U_{1N}/U_{2N}

一次绕组的额定电压 U_{1N} 是指变压器一次绕组的应加电压;U_{2N} 是指变压器一次绕组加上额定电压 U_{1N} 时二次绕组的空载电压。在三相变压器中额定电压是指线电压,其与连接方法一并给出,如 $6000V/400V$、Y/Y_0。

3)额定电流 I_{1N}/I_{2N}

额定电流 I_{1N} 和 I_{2N} 是指在规定条件下,根据绝缘材料容许的温升所规定的最大允许工作电流。在额定情况下的负载称为额定负载。三相变压器的额定电流是指线电流。

4)额定温升

变压器额定温升是指在额定状态下运行时,指定部位允许超出标准环境温度的值。我国规定变压器内部的环境温度不超过 40℃。

例 11.2.3 一台单相电力变压器的额定容量为 $180kV \cdot A$,额定电压 $6000V/230V$,变压器满载时铜损为 $2.1kW$,铁损为 $0.6kW$。在满载情况下向功率因数为 0.85 的负载供电时,二次绕组的端电压为 $220V$。试求:

(1)变压器的效率;

(2)一次绕组的功率因数;

(3)该变压器是否允许接入 $140kW$,功率因数为 0.75 的负载?

解 (1)二次绕组的额定电流为

$$I_{2N} = \frac{S_N}{U_{2N}} = \frac{180 \times 10^3}{230} = 782.61(A)$$

满载情况下变压器向功率因数为 0.85 的负载提供的有功功率为

$$P_2 = U_2 I_{2N}\cos\varphi_2 = 220 \times 782.61 \times 0.85 = 146.35(kW)$$

所以,变压器的效率为

$$\eta = \frac{P_2}{P_2 + \Delta P_{Cu} + \Delta P_{Fe}} \times 100\%$$

$$= \frac{146.35}{146.35 + 0.6 + 2.1} \times 100\% = 98.19\%$$

（2）满载时的视在功率为

$$S_1 = S_N = 180 \text{kV} \cdot \text{A}$$

一次绕组的输入功率为

$$P_1 = P_2 + \Delta P_{Cu} + \Delta P_{Fe} = 146.35 + 0.6 + 2.1 = 149.05 \text{(kW)}$$

所以，一次绕组的功率因数为

$$\cos\varphi_1 = \frac{P_1}{S_1} = \frac{149.05}{180} = 0.828$$

（3）当接入 140kW，功率因数为 0.75 的负载时，二次绕组电流为

$$I_2 = \frac{P_2}{U_2 \cos\varphi_2} = \frac{140 \times 10^3}{220 \times 0.75} = 848.48 \text{(A)}$$

可见，$I_2 > I_{2N}$。所以，不允许接入此负载。

需要注意：

（1）容量为 180kV·A 的变压器，功率因数为 0.85 时，可提供功率为 146kW，当功率因数为 0.75 时，提供的功率仅约 130kW。可见，提高负载的功率因数，对变压器的充分利用有直接影响。

（2）因为变压器为感性器件，所以一次绕组的功率因数比负载的功率因数低。

11.2.3　特殊变压器

1. 自耦变压器

前面介绍的变压器，一次、二次绕组相互绝缘，分绕在同一铁心上，称为双绕组变压器。自耦变压器是一次、二次绕组共用同一绕组，即二次绕组是一次绕组的一部分，故称为自耦变压器，如图 11.2.6 所示。因此，自耦变压器的一次、二次绕组既有磁的联系，又有电路的直接联系。

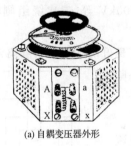
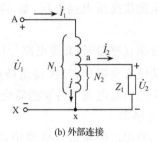

(a) 自耦变压器外形　　　　　　　　(b) 外部连接

图 11.2.6　自耦变压器

自耦变压器一次、二次绕组之间的电压关系和普通两绕组变压器一样。若忽略阻抗压降，则

$$\frac{U_1}{U_2} \approx \frac{E_1}{E_2} = \frac{N_1}{N_2} = K \tag{11.2.18}$$

一次、二次绕组电流之比近似等于两绕组匝数的反比，即

$$\frac{I_1}{I_2} \approx \frac{N_2}{N_1} = \frac{1}{K} \tag{11.2.19}$$

如果变比接近于 1 时，则 I_1 和 I_2 数值相差不大，电流很小，因而这部分绕组可用截面较小的铜线绕制，以节约用铜量。图 11.2.6(a)所示是一种常用的可调式自耦变压器。由式(11.2.18)可知，当一次绕组电压 U_1 与匝数 N_1 一定时，通过调节手柄滑动触头的位置，即可改变 N_2，从而改变二次绕组侧输出电压 U_2 的大小。

自耦变压器的变比一般不宜选得太大（$K \leqslant 2.5$），因为其一次、二次绕组之间有直接的电路联系，高压侧的故障（如接地、过电压等）将会波及低压侧，造成使用上的不安全。使用自耦调压器时，务必分清高压侧和低压侧，以免把较高的电源电压加在低压侧的绕组上而烧坏调压器。接通电源之前，应先转动它的手柄，将滑动触头调到零位，即 A、X 两端的电压 $U_2 = 0\text{V}$。接通电源之后，应缓慢转动手柄，把输出电压调到所需的数值。用毕后应再把滑动触头调到零位，以备下次或他人安全使用。

讲义：电压互感器和电流互感器

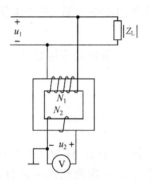

图 11.2.7　电压互感器原理图

2. 仪用互感器

仪用互感器是一种测量用的特殊变压器，其与仪表配合可对高电压、大电流进行测量。仪用互感器有电压互感器和电流互感器两种类型。

1）电压互感器

测量高压线路的电压时，如果用电压表直接测量，不仅对工作人员很不安全，而且要求仪表的绝缘等级也非常高。采用电压互感器既可使高电压与低电压隔离，保证操作人员和仪表的安全，又可扩大仪表量程。电压互感器一次绕组匝数较多，二次绕组匝数较少，如图 11.2.7 所示。

一次绕组侧接高压电网电压，如 6kV、330kV、500kV 等，二次绕组侧输出电压均为 100V。

在使用电压互感器时，高压电路与仪表间应具有良好的绝缘材料隔离开，铁心与二次绕组的一端应安全接地；二次绕组端严禁短路，否则将会出现很大的短路电流而将互感器烧毁。

2）电流互感器

电流互感器用来测量低压电路中的大电流。电流互感器一次绕组匝数很少，串联在负载电路中；二次绕组匝数较多，通过电流表短接，电路连接如图 11.2.8 所示。

电流互感器一次绕组侧电流为 10～25000A，二次绕组侧电流均为 5A。电流互感器在运行中不允许二次

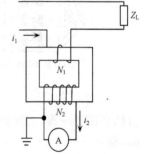

图 11.2.8　电流互感器原理图

绕组开路,因为其一次绕组是与负载串联,电流 I_1 的大小,决定于负载的大小而不是决定于二次绕组电流 I_2,这一点与普通的变压器截然不同。当二次绕组开路时,铁心中由于没有 I_2 的去磁作用,主磁通将急剧增加,使铁心过热而烧毁绕组,同时将在二次绕组侧感应出高电压,危及人身和设备的安全。

练习与思考

11.2.1　有一台电压为 220V/110V 的变压器,其原、副绕组匝数分别为 $N_1 = 2000$ 和 $N_2 = 1000$。若为了节省铜线,把匝数分别减为 $N_1 = 20$ 和 $N_2 = 10$,是否可以正常工作?为什么?

11.2.2　如果额定电压为 220V,额定频率为 400Hz 的变压器接到电压 220V,额定频率为 50Hz 的电源上,会出现什么现象?为什么?

11.2.3　为什么自耦调压器即使在二次绕组侧电压仅有几伏的情况下,也可能触电?

11.3　三相异步电动机

实现机械能与电能相互转换的旋转机械称为电机。将机械能转换为电能的电机称为发电机,将电能转换为机械能的电机称为电动机。

电动机按使用的电源种类的不同,通常可分为交流电动机和直流电动机两大类,交流电动机又可分为异步电动机和同步电动机。异步电动机分为三相电动机和单相电动机。本节主要介绍三相异步电动机的基本结构、工作原理和使用方法。最后,简要介绍单相异步电动机的原理和应用。

11.3.1　结构和原理

1. 三相异步电动机结构

三相异步电动机由定子和转子两部分组成,如图 11.3.1 所示。定子是三相异步电动机的固定不动部分,转子是三相异步电动机的旋转部分。

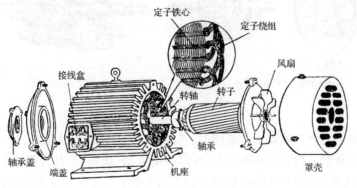

讲义:交流电
动机结构

图 11.3.1　三相鼠笼式异步电动机的结构

三相异步电动机的定子由定子铁心、定子绕组和机座等组成。机座通常用铸铁制成,定子铁心由彼此绝缘的硅钢片(0.35~0.5mm)叠成圆桶形,固定在机座内。三相定子绕组对称嵌放在铁心槽内。定子三相绕组的三个首端为 U、V、W,三个对应的末端为 u、v、w,分别将它们引到电动机的接线盒的接线柱上。根据需要可将三相绕组连接成星(Y)形和三角(△)形,如图 11.3.2 所示。

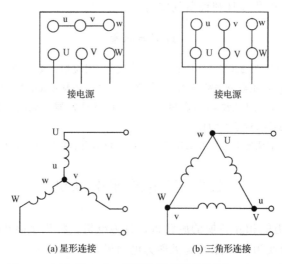

图 11.3.2　定子绕组的两种接法

三相异步电动机的转子由转子铁心、转子绕组和转轴等组成。转子铁心也是电动机磁路的一部分,通常由 0.35～0.5mm 硅钢片叠压而成。按转子绕组结构型式的不同,异步电动机可分为鼠笼式和绕线式两种。鼠笼式转子是在转子铁心的槽内放置铜条,其两端用端环连接,如果抽掉转子铁心,转子绕组形似鼠笼,故称为鼠笼式转子绕组,如图 11.3.3(a)所示。

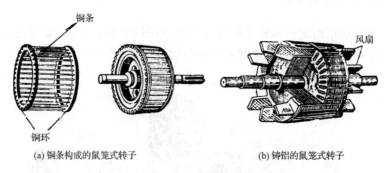

图 11.3.3　鼠笼式转子

绕线式转子的绕组和定子绕组相似,三相绕组的一端连接成星形,另一端的三根端线分别连接到转轴上的三个铜滑环上,通过一组电刷(碳刷)与外界静止的启动变阻器(即三相可变电阻)形成滑动的接触,如图 11.3.4 所示。这样就可达到改善电动机运行特性的目的。

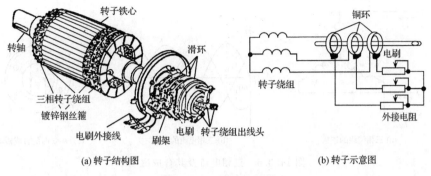

(a) 转子结构图   (b) 转子示意图

图 11.3.4 绕线式转子

2. 转动原理

为便于理解三相异步电动机的转动原理,假设用一对旋转着的永久磁铁产生旋转磁场,如图 11.3.5 所示。设两极磁场以 n_1 转速(即旋转磁场转速或同步转速)顺时针方向旋转,闭合的转子绕组受到磁场的切割,则在转子绕组中产生感应电动势,并在转子绕组中形成感应电流,感应电流的方向如图 11.3.5 中所示。感应电流从该端流出(离开纸面),用 ⊙ 表示;感应电流从该端流入(进入纸面),用 ⊗ 表示。感应电流与旋转磁场相互作用产生电磁力 F,其方向用左手定则确定。电磁力 F 作用在转子上形成电磁转矩,使转子以转速 n 转动,而且 n 与 n_1 是同一方向,但 $n < n_1$,这就是"异步"的由来;异

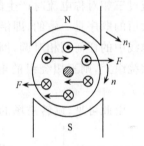

讲义:三相异步电动机转动原理

图 11.3.5 电动机转动原理

步电动机的定子与转子间仅有磁耦合而无电的直接联系,能量依靠电磁感应而传递,也称异步电动机为感应电动机。

3. 旋转磁场

三相异步电动机的转动原理是基于电磁感应理论。设将三相对称绕组(Uu、Vv 和 Ww 在空间互差 120°)连接成星形,如图 11.3.6(a)所示。在三相对称绕组中接入三相对称正弦交流电流(相位上互差 120°),即

$$i_U = I_m \sin\omega t$$
$$i_V = I_m \sin(\omega t - 120°)$$
$$i_W = I_m \sin(\omega t + 120°)$$

三相对称电流的波形如图 11.3.6(b)所示。分析三相电流变化一个周期内产生的合成磁场时,设电流在正半周时为正,在负半周时为负;且电流从绕组始端流入为正,从绕组的末端流入为负。

当 $\omega t = 0°$ 时,如图 11.3.6(a)所示。U 相电流为零,W 相电流为正值,由 Ww 相绕组的始端 W 流入,末端 w 流出。V 相电流为负值,由 Vv 相绕组的末端 v 流入,

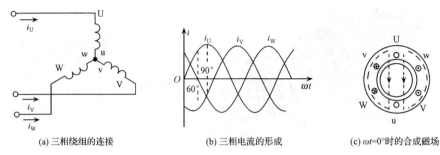

(a) 三相绕组的连接　　　　(b) 三相电流的形成　　　　(c) $\omega t=0°$时的合成磁场

图 11.3.6　三相电流及其合成磁场

始端 v 流出。三相电流的合成磁场如图 11.3.6(c)所示。合成磁场为两极,定子内圆的上边为 N 极,下边为 S 极,即磁极对数 $p=1$,故为两极电动机。

　　以 $\omega t=0°$ 为计时起点,依次分析 $\omega t=90°,180°,270°,\cdots$ 时,各相应时刻的三相电流在三相绕组产生的合成磁场,如图 11.3.7 所示。由图 11.3.7 可知,三相对称绕组流过三相对称电流时产生的合成磁场是一个旋转磁场,其旋转方向与三相电流出现最大值的顺序是一致的,即沿着定子三相绕组 U、V、W 的方向旋转。显然,如果将三相电源线中的任何两相对调,例如将 V 相电源线接至 W 相绕组上,而 W 相电源线接至 V 相绕组上,则三相绕组的电流相序变了,因而旋转磁场的转向就反了,电动机也就反转了。

　　由此可见,旋转磁场的旋转方向与三相电流的相序一致。

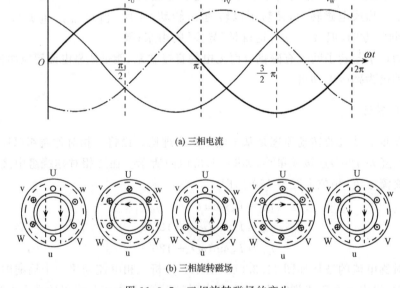

(a) 三相电流

(b) 三相旋转磁场

图 11.3.7　三相旋转磁场的产生

4. 旋转磁场转速

由图 11.3.7 可知,在两极($p=1$)的情况下,当电流经过一个周期,旋转磁场在空

间转过一周(360°),则旋转磁场的转速为

$$n_1 = \frac{60f_1}{1} \text{ (r/min)}$$

三相异步电动机旋转磁场的转速与定子绕组在槽内的安置位置,以及定子绕组的连接方式有关。如果将每相绕组均改为两个线圈串联,如图 11.3.8(a)所示。各相绕组由原来在空间互差 120°而缩小为 60°,则通入三相电流所产生的合成磁场为四极,即磁极对数 $p=2$。则旋转磁场的转速为

$$n_1 = \frac{60f_1}{2}$$

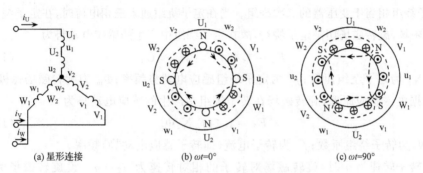

(a) 星形连接   (b) $\omega t = 0°$ (c) $\omega t = 90°$

图 11.3.8 四极(两对磁极)旋转磁场

同理,如果旋转磁场具有 p 对磁极,则电动机旋转磁场的转速为

$$n_1 = \frac{60f_1}{p} \tag{11.3.1}$$

式中,f_1 为定子电流的频率;p 为磁极对数。

我国交流电流频率 $f_1 = 50\text{Hz}$ 时,三相异步电动机的同步转速 n_1 与磁极对数 p 的关系,如表 11.3.1 所示。

表 11.3.1 n_1 与 p 的关系($f_1 = 50\text{Hz}$)

磁极对数 p	1	2	3	4	5
同步转速 $n_1/(\text{r/min})$	3000	1500	1000	750	600

5. 转差率 s

异步电动机转子旋转磁场的转速与定子旋转磁场的转速是同步的,但转子转速总是异于旋转磁场的同步转速,这也是异步电动机的由来。

转子转速 n 相对于旋转磁场同步转速 n_1 相差的程度称为转差率 s,即

$$s = \frac{n_1 - n}{n_1} \tag{11.3.2}$$

或转子转速为

$$n = (1-s)n_1 \tag{11.3.3}$$

转差率 s 是分析异步电动机运行情况的一个重要参数。转子转速越接近磁场的

转速,转差率越小。由于三相异步电动机的额定转速与同步转速相近,所以转差率很小。通常异步电动机在额定负载时转差率约为 $1\%\sim9\%$。当 $n=0$ 时(电动机起始瞬间),$s=1$,此时转差率最大。三相异步电动机正常运行时 s 在 0 与 1 之间,即 $0<s\leqslant1$。

11.3.2 电磁转矩和机械特性

1. 等效电路参数

讲义:三相异步电动机电路分析

三相异步电动机的电磁关系分析与变压器相似,其定子绕组相当于变压器的一次绕组,转子绕组相当于变压器的二次绕组。当在定子绕组通入三相电流时,在定子绕组中产生旋转磁场,旋转磁场切割定子绕组,故在定子绕组中产生的感应电动势为

$$E_1=4.44f_1N_1\Phi_\mathrm{m}\approx U_1 \tag{11.3.4}$$

式中,N_1 为定子绕组匝数;f_1 为定子绕组感应电动势频率;Φ_m 为旋转磁场每极磁通。

依据电磁感应原理,旋转磁场在转子绕组中产生的感应电动势为

$$E_2=4.44f_2N_2\Phi_\mathrm{m} \tag{11.3.5}$$

式中,N_2 为转子绕组匝数;f_2 为转子电流(即转子感应电动势)频率。

当转子转速为 n 时,旋转磁场对转子的相对转速为 n_1-n。设旋转磁场为 p 对极,则转子电流的频率为

$$f_2=\frac{p(n_1-n)}{60}=\frac{n_1-n}{n_1}\times\frac{p\,n_1}{60}=sf_1 \tag{11.3.6}$$

转子绕组每相等效感抗为

$$X_2=2\pi f_2L_2=2\pi sf_1L_2 \tag{11.3.7}$$

式中,L_2 为转子绕组电感。

当 $n=0$,$s=1$ 时,即转子静止不动时转子绕组中感应电动势 E_{20}(最大)为

$$E_{20}=4.44f_1N_2\Phi_\mathrm{m}$$

转子静止时,转子绕组的等效电抗 X_{20}(最大)为

$$X_{20}=2\pi f_1L_2 \tag{11.3.8}$$

则有

$$E_2=4.44f_1N_2\Phi_\mathrm{m}=sE_{20} \tag{11.3.9}$$

$$X_2=2\pi sf_1L_2=sX_{20} \tag{11.3.10}$$

于是,可得转子每相电路的电流和转子电路的功率因数分别为

$$I_2=\frac{E_2}{\sqrt{R_2^2+X_2^2}}=\frac{sE_{20}}{\sqrt{R_2^2+(sX_{20})^2}} \tag{11.3.11}$$

$$\cos\varphi_2=\frac{R_2}{\sqrt{R_2^2+X_2^2}}=\frac{R_2}{\sqrt{R_2^2+(sX_{20})^2}} \tag{11.3.12}$$

转子电路每相电流 I_2、转子电路功率因数 $\cos\varphi_2$ 与转差率 s 的变化曲线如图

11.3.9 所示。可见,当 s 增大时,I_2 也增大,$\cos\varphi_2$ 减小。

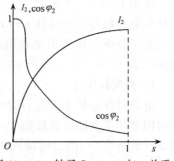

图 11.3.9　转子 I_2、$\cos\varphi_2$ 与 s 关系

2. 电磁转矩

三相异步电动机的电磁转矩是由旋转磁场和转子电流相互作用产生的。可以证明,电磁转矩为

$$T = C_T \Phi_m I_2 \cos\varphi_2 \qquad (11.3.13)$$

式中,C_T 为与电动机结构有关的常数;I_2 为转子电路每相电流的有效值;$\cos\varphi_2$ 为转子电路的功率因数。

将式(11.3.11)和式(11.3.12)代入式(11.3.13)中,可得

$$T = C_T \Phi_m E_{20} \frac{sR_2}{R_2^2 + (sX_{20})^2} \qquad (11.3.14)$$

又因为

$$\Phi_m = \frac{E_1}{4.44 f_1 N_1} \approx \frac{U_1}{4.44 f_1 N_1}$$

$$I_2 = \frac{sE_{20}}{\sqrt{R_2^2 + X_2^2}} = \frac{s(4.44 f_1 N_2 \Phi_m)}{\sqrt{R_2^2 + (sX_{20})^2}}$$

所以

$$T = C U_1^2 \frac{sR_2}{R_2^2 + (sX_{20})^2} \qquad (11.3.15)$$

讲义:三相异步电动机电磁转矩和机械特性

式中,C 为常数;U_1 为定子绕组的相电压。

可见,转矩 T 受转子电阻 R_2 的影响,还与定子每相电压 U_1 的平方成正比,当电源电压变化时,对转矩有很大的影响。

3. 机械特性

当电源电压 U_1 和频率 f_1 一定,而且电动机参数不变时,三相异步电动机转矩 T 与转差率 s 的关系 $T = f(s)$ 称为转矩特性,曲线如图 11.3.10 所示。

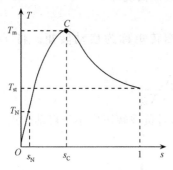

图 11.3.10　三相异步电动机
$T = f(s)$ 曲线

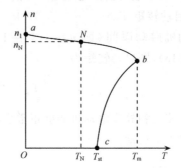

图 11.3.11　三相异步电动机
$n = f(T)$ 曲线

将图 11.3.10 所示的 $T=f(s)$ 曲线顺时针转过 90°，再将横坐标下移，即可得到三相异步电动机的机械特性 $n=f(T)$ 曲线，如图 11.3.11 所示。

为了分析三相异步电动机的运行特性，有必要对机械特性上的三个转矩做一些讨论。

1）额定转矩 T_N

电动机额定状态下运行时的输出转矩称为额定转矩。正常运行时电动机的转矩 T 与阻转矩 T_C（即负载转矩 T_2 与损耗转矩 T_0 之和）相平衡，由于 T_0 很小，可以忽略，则 $T=T_2+T_0\approx T_2$。电动机轴上输出转矩为

$$T\approx T_2=\frac{P_2}{\Omega}=\frac{P_2}{\frac{2\pi n}{60}} \tag{11.3.16}$$

式中，Ω 为机械角速度。

电动机的额定转矩为

$$T_N=\frac{P_{2N}}{\frac{2\pi n_N}{60}}=9550\times\frac{P_{2N}}{n_N}\ (\text{N}\cdot\text{m}) \tag{11.3.17}$$

式中，P_{2N} 为电动机额定输出功率（kW）；n_N 为电动机额定转速（r/min）。

2）最大转矩 T_m

电动机电磁转矩的最大值称为最大转矩。在式（11.3.15）中对 s 求导，并令 $\frac{\mathrm{d}T}{\mathrm{d}s}=0$，临界转差率 $s_C=\frac{R_2}{X_{20}}$，故最大转矩为

$$T_m=\frac{CU_1^2}{2X_{20}} \tag{11.3.18}$$

最大转矩 T_m 与额定转矩 T_N 的比值称为电动机的过载系数 λ，即

$$\lambda=\frac{T_m}{T_N} \tag{11.3.19}$$

三相异步电动机的过载系数为 1.8~2.8。

三相异步电动机在运行时，额定转矩 T_N 不能接近最大转矩 T_m，否则电动机会因过载而停车，严重时会因电流增大，导致电动机过热而烧坏。

3）启动转矩 T_{st}

电动机启动瞬间（即 $n=0$，$s=1$）的电磁转矩称为启动转矩。将 $s=1$ 代入式（11.3.15），则启动转矩为

$$T_{st}=CU_1^2\frac{R_2}{R_2^2+X_{20}^2} \tag{11.3.20}$$

为了使三相异步电动机能够正常启动，启动时负载转矩应小于启动转矩，否则电动机将不能正常启动。

11.3.3　使用

三相异步电动机的应用非常广泛。要正确合理地使用电动机，必须了解电动机的

铭牌数据，以及所规定的使用条件和方法。

1. 铭牌和技术数据

以某 Y 系列三相异步电动机为例，说明铭牌和主要技术数据的意义，如图 11.3.12 所示。

三相交流异步电动机		
型号：Y132S-2	功率：7.5kW	频率：50Hz
电压：380V	电流：15A	接法：△
转速：2900 r/min	绝缘等级：B	工作方式：连续
功率因数：0.88		
年　月　编号		×××电机厂

图 11.3.12　某 Y 系列三相异步电动机铭牌

1）型号

型号是表示电机类型、规格等的代号。它由汉语拼音大写字母、国际通用符号及数字组成。如

Y132S-2

其中，Y 为三相异步电动机；132 为机座中心高(mm)；M 为机座长度代号(S 为短机座，M 为中机座，L 为长机座)；2 为磁极数。

2）额定电压 U_{1N}

额定电压是电动机额定运行时定子绕组的线电压。额定功率 3kW 以上的中小型三相异步电动机，额定电压为 380V，其绕组为△连接。额定功率 3kW 以下的电动机，额定电压为 380V/220V，绕组为 Y/△连接，其中电源电压为 380V 时，绕组应为 Y 连接；电源电压为 220V 时，绕组应为△连接。

3）额定电流 I_{1N}

额定电流是电动机额定运行时定子绕组的线电流。也就是电动机长期运行时所允许的定子电流。若定子绕组有两种连接方式，铭牌上会标出两种额定电流。如 380V/220V，Y/△，电流为 6.48A/11.2A。

4）功率因数 $\cos\varphi_N$

功率因数是电动机额定运行时定子电路的功率因数。φ_N 是指定子绕组的额定相电压与额定相电流之间的相位差。三相异步电动机额定负载时功率因数约为 0.7～0.9，而在轻载和空载时功率因数约为 0.2～0.3，故三相异步电动机不宜在轻载或空载下运行。

5）额定功率 P_{2N}

电动机额定运行时，电动机轴上输出的机械功率称为额定功率。电动机额定功率 P_{2N} 与输入功率 P_{1N} 之比为电动机额定运行时的效率，即

$$\eta_N = \frac{P_{2N}}{P_{1N}} = \frac{P_{2N}}{\sqrt{3}U_{1N}I_{1N}\cos\varphi_N} \times 100\% \qquad (11.3.21)$$

常用三相鼠笼式电动机额定运行时的效率约为 0.72～0.94。电动机的负载越轻，效率越低，故不宜长时间轻载。

2. 三相异步电动机启动

电动机接通电源后，转速由 $n=0$ 上升到稳定运行状态称为启动过程。在启动瞬间，由于 $n=0$，$s=1$，旋转磁场与转子间的相对转速很大，转子中的感应电动势和感应电流也很大，此时的定子电流称为启动电流 I_{st}。如果电动机与电源直接接通启动时，启动电流 I_{st} 为额定电流 I_N 的5～7倍。在启动瞬间，过大的启动电流会造成线路上电压降低，从而影响线路上其他负载的正常工作。因此，在电动机启动时应根据具体规定，采取相应的启动措施，以减小启动电流。

1) 直接启动

将电动机通过开关直接接到额定电压的电源上称为直接启动。直接启动要根据电力管理部门的相关规定：频繁启动的电动机容量小于变压器容量的 20% 时可直接启动；不频繁启动的电动机容量小于变压器容量的 30% 时可以直接启动。如果没有独立的变压器(与照明共用)，电动机直接启动时所产生的电压降不应超过 5%。对于20～30kW 以下的三相异步电动机，一般均可采用直接启动。

2) 降压启动

对于大容量的鼠笼式电动机，不允许直接启动，就要采用降压启动了。常用的降压启动有以下几种方式。

(1) Y-△换接启动。Y-△换接启动就是将正常运行时定子绕组为△连接的异步电动机，在启动时连接成 Y 形，当电动机转速上升到一定数值后再改接为△，如图 11.3.13 所示。电动机正常启动时，定子绕组接成 Y 形(QS_2 合向下)，使每相绕组电压降到正常电压的 $1/\sqrt{3}$。当电动机的转速升高到一定转速时，切换到△接法(QS_2 合向上)，电动机正常运行。可以证明，电动机 Y-△换接启动时的启动电流是直接启动电流的 1/3。Y-△降压启动时的启动转矩也减小到直接启动时的 1/3。因此，这种启动方法适用于轻载启动情况。

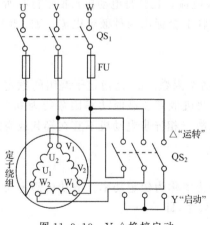

图 11.3.13   Y-△换接启动

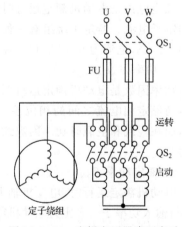

图 11.3.14   自耦变压器降压启动

（2）自耦降压启动。自耦降压启动是采用自耦变压器降压启动，如图 11.3.14 所示。自耦变压器低压侧的"抽头比"通常为 55％、64％、73％，以便满足不同启动转矩的要求。启动时先合上 QS_1，再将 QS_2 合向"启动"一侧，降压启动。待转速较高时，QS_2 合向"运转"一侧，脱离自耦变压器，电动机就在额定电压下正常运行。如果自耦变压器一次绕组侧电流是二次绕组侧电流的 $\dfrac{1}{K}$（变比 K），而降压启动时电动机电流（即变压器二次绕组侧电流）是全压启动时的 $\dfrac{1}{K}$，故电网供给电动机的启动电流（即变压器一次绕组侧电流）是直接启动时的 $\dfrac{1}{K^2}$，而启动转矩也是直接启动时的 $\dfrac{1}{K^2}$。

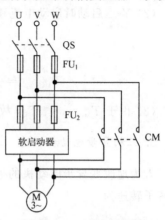

图 11.3.15　软启动电路

自耦降压启动的优点是启动电压可根据需要选择，适用于功率较大或者不宜使用 Y-△ 换接启动的场合。

（3）软启动。软启动是伴随电子技术发展而出现的一种新技术，启动时通过软启动器（一种晶闸管调压装置）使电压从某一较低值逐渐上升到额定值，启动后再用旁路接触器 CM（一种电磁开关）使电动机投入正常运行，如图 11.3.15 所示。图 11.3.15 中 FU_1 为普通熔断器，FU_2 为保护软启动器的快速熔断器。

软启动器具有节能和保护功能，可以将电动机电压调节至与实际负载相适应，使功率因数和效率提高；软启动器内部的电子保护器也可以防止电动机因过载而发热。目前，软启动器已在水泵、压缩机、传送带等设备中得到了广泛的应用，并逐渐在取代其他降压启动。

（4）串电阻启动。绕线式异步电动机可采用在转子电路中串入启动电阻的启动方法。该方法既可以限制定子电流，又可以适当提高启动转矩。启动结束后切除外串电阻，电动机的效率不受影响。

例 11.3.1　有一需调速的场合，使用了一台 Y200L-4 型异步电动机，其技术数据如表 11.3.2 所示。试求：

表 11.3.2　**Y200L-4 型异步电动机技术数据**

型号	P_N/kW	满载时				T_{st}/T_N	I_{st}/I_N	T_m/T_N
		I_N/A	n_N/(r/min)	η_N/%	$\cos\varphi_N$			
Y200L-4	30	56.8	1470	92.2	0.87	2.0	7.0	2.2

同步转速 1500r/min，额定电压 380V，额定频率 50Hz，△接法

（1）额定转矩 T_N、最大转矩 T_m 和启动转矩 T_{st}；

（2）采用 Y-△ 换接启动，启动电流和启动转矩各为多少？

（3）当负载转矩 $T_L = 140N \cdot m$ 时，能否采用 Y-△ 换接启动？

解 (1) $T_N = 9550 \dfrac{P_N}{n_N} = 9550 \times \dfrac{30}{1470} = 194.9(\text{N} \cdot \text{m})$

$T_m = 2.2 T_N = 2.2 \times 194.9 = 428.8(\text{N} \cdot \text{m})$

$T_{st} = 2 T_N = 2 \times 194.9 = 398.8(\text{N} \cdot \text{m})$

(2) Y-△启动时启动电流和启动转矩均为直接启动的 1/3，即

$$I_{st(Y-\triangle)} = \frac{1}{3} \times (7 \times 56.8) = 132.5(\text{A})$$

$$T_{st(Y-\triangle)} = \frac{1}{3} \times (2.0 \times 194.9) = 130(\text{N} \cdot \text{m})$$

(3) 由于 $T_{st(Y-\triangle)} < T_L$，故不能启动。

3. 三相异步电动机调速

人为地改变异步电动机的机械特性，从而使转速改变，称为调速。三相异步电动机的转子转速为

$$n = (1-s)n_1 = (1-s)\frac{60 f_1}{p} \tag{11.3.22}$$

可知三相异步电动机的调速有三种方案，即改变电源频率 f_1、极对数 p 和转差率 s。

1) 变频调速

变频调速是通过改变电动机的电源频率 f_1，以改变电动机的同步转速 n_1 而实现调速。目前主要采用的变频调速装置如图 11.3.16 所示。整流器先将频率为 50 Hz 的三相交流电变换为直流电，再由逆变器变换为频率为 f_1 和电压有效值为 U_1 的可调三相交流电，供给三相鼠笼式异步电动机。这种调速方法不仅可以实现无级调速，调速范围大，而且调速平滑，并具有较硬的机械特性。

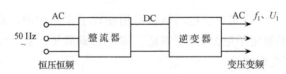

图 11.3.16 变频调速装置

目前普遍采用下列两种变频调速方式。

(1)恒转矩负载调速。当三相异步电动机从额定转速向下调整时，为了保持主磁通 Φ_m 恒定不变，由 $\Phi_m \approx \dfrac{U_1}{4.44 f_1 N_1}$ 可知，应保持 $\dfrac{U_1}{f_1} = C$（常数），也就是电压 U_1 和频率 f_1 要同时同比例调节。再根据 $T = C \Phi_m I_2 \cos\varphi_2$ 可知，当 Φ_m 不变时，电磁转矩 T 近似不变，而电动机的转速 n_1 将随着 f_1 的调节而改变，这就是所谓的恒转矩调速。机床的车刀进给大多采用这种调速方式。

(2)恒功率负载调速。当三相异步电动机从额定转速向上调整时，定子绕组电流的频率将大于额定值，由于定子绕组电压 U_1 受额定电压 U_{1N} 的限制，只能保持在 $U_1 = U_{1N}$。这时，磁通 Φ_m 和电磁转矩 T 都将减小。转速增大，转矩减小，使得电动机的功率

近似不变,这就是所谓的恒功率调速。机床的主轴大多采用这种调速方式。

2）变极调速

由式(11.3.22)可知,改变极对数 p 则可达到调速的目的,改变定子绕组极对数调速的原理如图 11.3.17 所示。为了更清楚起见,只画了 A 相绕组并将其分为两半,如果两个线圈 $U_1 U_2$ 和 $U_1' U_2'$ 串联时,可得 $p=2$;如果两个线圈 $U_1 U_2$ 和 $U_1' U_2'$ 并联时,可得 $p=1$。可见,极对数减小一半,则旋转磁场转速 n_1 提高一倍。这种调速是有级调速,采用变极调速的三相异步电动机也称双速电动机,在镗床、磨床和铣床等上应用较多。

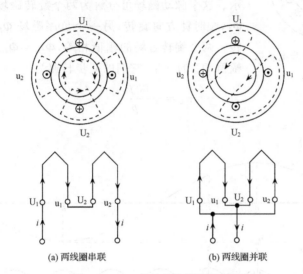

(a) 两线圈串联　　　(b) 两线圈并联

图 11.3.17　变极对数调速原理图

3）变转差率调速

对于绕线式电动机可在转子外接电阻进行调速,改变外接电阻的大小可对电动机进行平滑调速。但对于鼠笼式三相异步电动机,即使电压改变 10%,转速也变化不大。如果进一步改变电压,则最大转矩及最大输出功率将大幅度改变,所以此法不适用。

练习与思考

11.3.1　三相异步电动机在正常运行时,如果电源电压下降,电动机的定子电流 I_1 和转速 n 如何变化?

11.3.2　三相异步电动机在特性曲线的 ab 段(如图 11.3.11 所示)稳定运行的情况下,当负载转矩增大时,电动机的转矩为什么也随着增大?当负载转矩增大到电动机的最大转矩时,电动机将会出现什么情况?

11.3.3　当三相异步电动机在某一恒转矩负载下稳定运行时,如果电源电压降低,电动机的转矩、电流及转速是否变化?如何变化?

11.3.4　三相异步电动机在空载和满载时的启动电流是否相同?启动转矩又如何?

11.4 单相异步电动机

单相异步电动机是用单相交流电源供电的,它广泛用于工业和人民生活各个方面。例如电动工具、医疗器械、电动工具等领域。

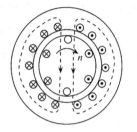

图 11.4.1 单相异步电动机

单相异步电动机的定子为单相绕组,转子为鼠笼式绕组,如图 11.4.1 所示。当接通单相交流电时,将在定子绕组中产生一个按正弦变化的脉动磁场 Φ,如图 11.4.2 所示。这个脉动磁场可分解为两个旋转磁场:一个正序磁场 Φ_1,顺时针方向旋转;另一个负序磁场 Φ_2,逆时针方向旋转。两个旋转磁场的幅值相等,$\Phi_{1m}=\Phi_{2m}$,均为脉动磁场幅值 Φ_m 的一半,它们的同步转速为

$$n_1 = \pm \frac{60 f_1}{p} \tag{11.4.1}$$

讲义:单相异步电动机原理和应用

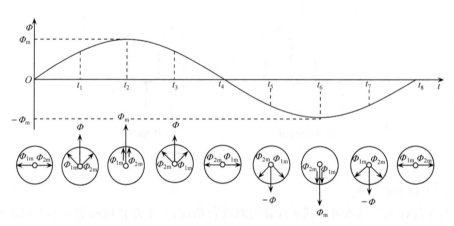

图 11.4.2 脉动磁场分解为两个旋转磁场

显然,两个旋转磁场在转子上分别产生正序转矩 T_+ 和负序转矩 T_-,如图 11.4.3 所示。当转子处于静止时,$s_+=s_-=1$,两个转矩等值反向,使合成转矩 $T=0$,电动机不能启动。如果用外力向某一方向(例如向正序转矩 T_+ 增大的方向)拨动转子,因 $T=T_+-T_->0$,此时电动机将沿着正序旋转磁场的方向转动起来,直到合成转矩 T 与负载转矩 T_L 相平衡的稳定运行状态。反之,电动机将沿着另一方向旋转。

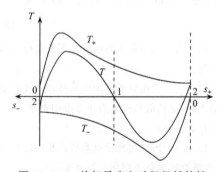

图 11.4.3 单相异步电动机机械特性

由上述可知,单相异步电动机的主要问题在于解决启动转矩,即自启动问题。目

前,常用的自启动方式有以下两种。

1. 电容分相式

电容分相式单相异步电动机是在定子嵌放两组绕组,工作绕组 Uu,启动绕组 Vv 和电容 C 串联,Uu 和 V_v 在空间互差 90°,如图 11.4.4 所示。

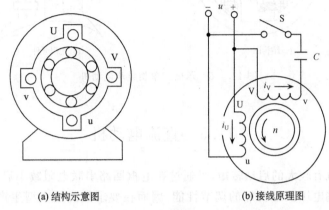

(a) 结构示意图　　　　　　(b) 接线原理图

图 11.4.4　电容分相式单相异步电动机

当选择合适的电容后,可使两绕组中的电流 i_A、i_B 在相位上近似互差 90°,即将单相交流电变为两相交流电,这就是所谓的分相原理。两相电流分别为

$$i_U = I_m \sin\omega t$$
$$i_V = I_m \sin(\omega t + 90°)$$

两相交流电流产生的两个脉动磁场可合成一个旋转磁场,在该旋转磁场的作用下,转子产生电磁转矩,单相异步电动机启动和旋转。启动绕组 Vv 中串有离心开关 S,S 装在转轴上。电动机静止时,离心开关因受静止压力而闭合。当电动机转速升高到一定数值时,开关 S 因离心力的作用而脱开,将启动绕组、电容 C 与电源断开,只有工作绕组在工作,电动机将在脉动磁场的作用下运行。

2. 罩极式

罩极式单相异步电动机的定子通常做成凸极式,其特点是在凸极面 1/3 处开有小槽,嵌有短路铜环,罩住部分磁极,故称为罩极式单相异步电动机,如图 11.4.5 所示。定子绕组通过交流电产生的交变磁通在极面上被分为主磁通 Φ_1 和罩极磁通 Φ_2 两部分。根据楞次定律,穿过短路铜环的罩极磁通 Φ_2 在短路铜环中产生感应电动势和感应电流,由于感应电流对磁通的变化有阻碍作用,使得 Φ_2 在相位上滞后于磁通 Φ_1,同时 Φ_2 和 Φ_1 位置也相隔一定角度。这种两个在时间上有一定相位差,在空间相隔一定角度的脉动磁场,也可以合成一个有一定旋转功能的磁场,称为移动磁场,能使电动机的转子获得自启动转矩,按主磁通的方向旋转。

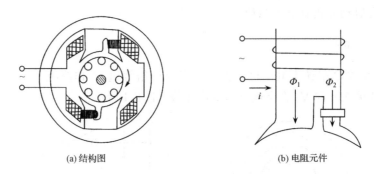

(a)结构图　　　　　　　　　　　　　　(b)电阻元件

图 11.4.5　罩极式单相异步电动机

*11.5　直流电动机

　　直流电动机有较大的启动转矩,可通过在电枢回路串联电阻减小启动电流。采用调节电枢回路端电压获得良好的调节性能,因而在要求较高的大型生产机械、电力机车、起重机械、轧钢机等领域广泛应用。

　　直流电动机和交流电动机一样,由定子和转子两部分组成,如图 11.5.1 所示。定子主要由机座、主磁极、换向极电刷装置和出线盒等部件构成。转子主要由电枢(包括电枢铁心和电枢绕组)、换向器和风扇等部件构成。

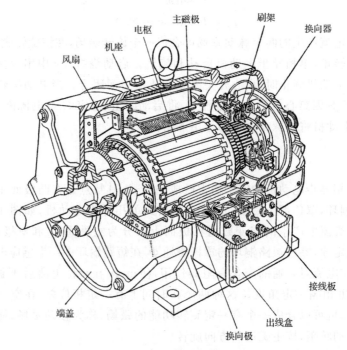

图 11.5.1　直流电机结构图

直流电动机的工作原理示意图如图 11.5.2 所示。在不动的磁极 N、S 间放置电枢线圈,线圈两端分别连接在两个换向片上,换向片上压着电刷 A、B。在电刷 A 与 B 间外加一个直流电压,A 接电源正极,B 接负极,则电枢线圈中有电流流过。当线圈处于初始位置时,如图 11.5.2(a)所示。有效边 ab 在 N 极下,电流方向为 $a{\to}b$;有效边 cd 在 S 极上,电流方向为 $c{\to}d$。由左手定则可知,两个有效边所受的电磁力方向相反,故形成电磁转矩,驱使线圈逆时针方向旋转。当线圈转过 180° 位置时,如图 11.5.2(b)所示,cd 边处于 N 极下,ab 边处于 S 极上,由于换向器的作用,使两有效边中电流 i 的方向与原来相反,变为 $d{\to}c,b{\to}a$,这就使得每极面下的有效边中电流的方向保持不变,故每极面下的有效边受力方向不变。

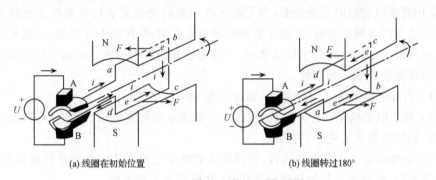

(a) 线圈在初始位置 (b) 线圈转过180°

图 11.5.2 直流电动机的原理图

讲义:直流电动机工作原理

每根导体中的电流 i 与从电刷流入或流出的电流 I_a 成正比。故直流电机的电磁转矩为

$$T = C_T \Phi I_a \tag{11.5.1}$$

式中,C_T 为与电机结构有关的常数;I_a 为电枢电流。

当电枢在磁场中转动(转速为 n)时,线圈中初始的感应电动势为

$$E_a = C_E \Phi n \tag{11.5.2}$$

式中,C_E 为与电机结构有关的常数;Φ 为每极磁通;n 为电机转速。

直流电动机按励磁绕组与电枢绕组的连接方式,可分为并励、他励、串励和复励四种,其中并励电动机和他励电动机应用较为普遍,如图 11.5.3 所示。它们仅有连接上的不同,特性则相同。直流电动机运行($I_a \gg I_f$)时电流与电压的关系为

$$I_a = \frac{U - E}{R_a} \tag{11.5.3}$$

由式(11.5.2)和式(11.5.3)可得直流电动机的转速为

$$n = \frac{U - R_a I_a}{C_T \Phi} \tag{11.5.4}$$

直流电动机的启动瞬间 $n=0,E=0$,电枢电流很大。要限制启动电流,可以在电枢回路串联启动电阻,待电动机启动后可将启动电阻切除。

直流电动机的反转可以通过改变电枢电流或者励磁电流的方向实现。

直流电动机的调速可以通过改变式(11.5.4)中的磁通(即调节励磁电阻 R_f 以改

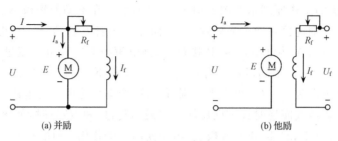

图 11.5.3   直流电动机励磁方式

变励磁电流 I_f)实现,或者改变他励电动机的电枢电压 U 实现。

使用直流电动机时应该注意:为了能在较小的启动电流下启动并产生出较大的电磁转矩,启动时必须满励磁,也就是将励磁调节电阻 R_f 调到最小电阻值,以便使磁通 Φ 最大,必须确保励磁电路处于接通状态,千万不能开路。否则由于磁路中仅有很小的剩磁,因而可能会导致下列事故。

(1)引起电枢电流 I_a 急剧增大,致使电枢绕组被烧坏。

(2)如果电动机正在正常带载运行,断开励磁电路将使电动机迅速停转,电动势急剧下降,同样会出现上述(1)的后果。

(3)如果电动机正在空载运行,急剧增大的电枢电流会造成电动机转速猛升(即所谓的"飞车"),导致电动机的机械结构损坏,甚至危及人身安全。

*11.6   控制电动机

控制电动机是一类具有特殊性能的小功率电动机,主要作为执行、检测和计算装置等。例如,飞机自动驾驶仪、火炮和雷达自动定位、机床加工过程自动控制、炉温的自动调节等。控制电动机的类型很多,本节仅介绍常用交流伺服电动机和步进电动机。

11.6.1   交流伺服电动机

交流伺服电动机实际上是两相异步电动机。它的定子上装有两个绕组,一个是励磁绕组,另一个是控制绕组,两个绕组在空间相隔 90°。

讲义:交流伺
服电动机

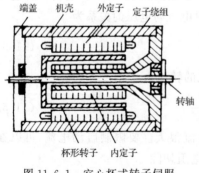

图 11.6.1   空心杯式转子伺服
电动机结构图

交流伺服电动机转子有鼠笼式和空心杯式两种。前者和三相鼠笼式电动机转子结构相似,只是为了增大转子电阻,采用电阻率高的导电材料(如青铜)制成。为了使伺服电动机反应迅速灵敏,必须设法减小转子的转动惯量,所以鼠笼式转子做得比较细长。空心杯式转子伺服电动机的结构如图 11.6.1 所示。图 11.6.1 中外定子的结构和普通异步电动机的定子结构相同,在定子槽中嵌放着两相绕组。空心杯式转子是用铝合金制成的空心薄壁圆筒,壁厚通常仅有 0.2~0.3mm,所以其转动惯量非常小。空心杯式转子通过内、外定子间的气隙装在转轴上,动作快速灵敏。为了减小磁路的磁阻,空心杯式转子内放置着固定的内定子,它也是用硅钢片叠成的。

交流伺服电动机的接线原理如图 11.6.2 所示。励磁绕组与电容 C 串联后接到交流电源上(电压 $\dot{U}$ 为定值),控制绕组接于交流放大器的输出端,控制电压(信号电压)即为放大器的输出电压 $\dot{U}_2$。励磁绕组串联电容的目的是为了分相而产生两相旋转磁场。适当选择电容 C 的数值,可以使励磁电压 $\dot{U}_1$ 与电源电压 $\dot{U}$ 间有 90°或接近于 90°的相位差。而

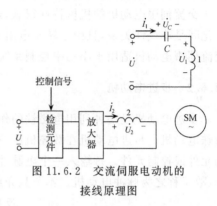

图 11.6.2　交流伺服电动机的接线原理图

控制电压 $\dot{U}_2$ 与电源电压 $\dot{U}$ 也有关,两者频率相同,相位相同或者相反。因此,$\dot{U}_2$ 与 $\dot{U}_1$ 频率也相同,相位差基本上也是 90°。

当控制绕组所加电压为零、励磁绕组加额定电压时,由于定子内仅有励磁绕组产生的脉动磁场,电动机处于单相状态,所以转子静止不动。若在控制绕组施加与励磁电压 $\dot{U}_1$ 相位差为 90°的控制电压 $\dot{U}_2$,则控制绕组的电流 $\dot{I}_2$ 与励磁绕组中电流 $\dot{I}_1$ 的相位差也是 90°,于是定子内便会产生两相旋转磁场,转子便会沿着该旋转磁场的转向转动。在负载恒定不变的情况下,电动机转速将随着控制电压 $\dot{U}_2$ 的大小而变化。当控制电压的相位反相时,旋转磁场的转向将改变,使电动机反转。

交流伺服电动机转速可由控制电压 $\dot{U}_2$ 控制,在负载转矩不变的情况下,控制电压 $\dot{U}_2$ 为额定电压 $\dot{U}_{2N}$ 时,电动机转速最高,随着 $\dot{U}_2$ 的减小,转速下降。交流伺服电动机的机械特性如图 11.6.3 所示。当控制电压 $\dot{U}_2=0$ 时,电动机处于单相运行状态。由于

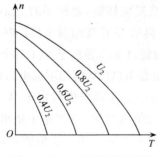

图 11.6.3　不同控制电压的 $n=f(T)$ 曲线

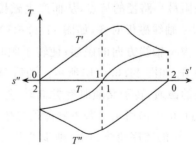

图 11.6.4　单相运行时的 $T=f(s)$ 曲线

电动机转子电阻 R_2 设计得较大,使临界转差率 $s_m \geq 1$,$s'' > 1$,故电动机的 $T\text{-}s$ 曲线如图 11.6.4 所示。其曲线中的 T'、T'' 分别为等效的正反向旋转磁场所产生的正反转矩,曲线 T 为 T'、T'' 的合成转矩。可见,交流伺服电动机在单相运行时,合成转矩 T 却与转子转向相反,起制动作用,一旦失去控制电压,将立即停转。

交流伺服电动机的机械特性很软,运行平稳,噪声小。但电动机的控制电压与转速变化间是非线性关系,且由于转子电阻 R_2 大,故损耗大,效率低,体积和重量大。所以,交流伺服电动机适用于小功率控制系统。

11.6.2　步进电动机

步进电动机是一种利用电磁铁的作用原理将电脉冲信号转换成线位移或角位移的特殊电动机。步进电动机在数控机床、自动记录仪表、绘图机等数字控制装置中作为驱动元件或控制元件。每输入一个电脉冲信号,步进电动机就转动一定的角度或前进一步,故又称之为脉冲电动机。本节只介绍反应式步进电动机。

讲义:步进电动机

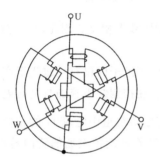

图 11.6.5　反应式步进电动机简化结构图

反应式步进电动机的简化结构图如图 11.6.5 所示。电动机定子与转子均由硅钢片叠成,定子装有沿圆周均匀分布的六个磁极,磁极上均有控制(励磁)绕组。两个磁极组成一相,绕组接法如图 11.6.5 所示。转子上没有绕组,假定转子具有四个均匀分部的齿。控制转子转动的方式有许多种,按步进电动机的通电顺序的不同,反应式步进电动机有单三拍、双三拍和六拍方式的区别。所谓一拍,是指步进电动机从一相通电换接到另一相通电。下面简要介绍单三拍、双三拍和六拍的工作方式原理。

1. 单三拍

单三拍控制方式是每次只给三相励磁绕组中的一相绕组通电,其工作原理如图 11.6.6 所示。当只给 U 相绕组通电时,产生 U-u 轴线方向的磁通。由于磁通具有力图通过磁阻最小路径的特点,从而产生磁拉力,形成反应转矩,使转子的 1、3 两个齿与定子的 U-u 轴线磁极对齐,如图 11.6.6(a)所示。再给 V 相绕组通电(U、W 两相不通电),产生 V-v 轴线方向的磁通;使转子顺时针方向转过 30°,使转子 2、4 两个齿与定子的 V-v 对齐,如图 11.6.6(b)所示。随后 W 相绕组通电(U、V 两相不通电),产生 W-w 轴线方向的磁通,转子又顺时针方向转过 30°,使转子 1、3 两个齿与定子 W-w 磁极对齐,如图 11.6.6(c)所示。若电脉冲信号依次按顺序输入进来,三相定子绕组按 U→V→W→U→…的顺序轮流通电,则步进电动机按顺时针方向一步一步地转动,齿距角为 30°。通电换接三次,使定子磁场旋转一周,而转子只转过一个齿距角(转子有四个齿时,齿距角为 90°)。若将通电顺序改为 U→W→V→U→…的顺序,则步进电动机转子便逆时针方向转动。这种通电方式称为单三拍工作方式。

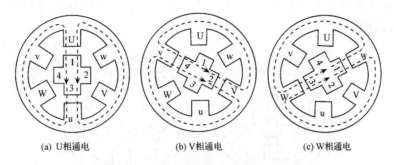

(a) U相通电　　　　(b) V相通电　　　　(c) W相通电

图 11.6.6　单三拍通电方式时转子位置

2. 双三拍

如果每次同时有两相绕组通电,即按照 U、V→V、W→W、U→U、V→…顺序通电,这种通电方式称为三相双三拍,如图 11.6.7 所示。

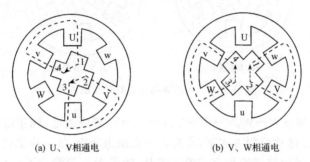

(a) U、V相通电　　　　　　　(b) V、W相通电

图 11.6.7　双三拍通电方式时转子位置

当 U、V 两相绕组同时通电时,定子磁极 U-u 对转子齿 1、3 产生了反应转矩,而定子磁极 V-v 对转子齿 2、4 也产生了反应转矩。因此,转子就转到这两个反应转矩的平衡位置,如图 11.6.7(a)所示。接着 V、W 两相绕组通电,定子磁极 V-v 对转子齿 2、4 有反应转矩作用,而定子磁极 W-w 对转子齿 1、3 也有反应转矩作用。因此,转子再顺时针方向转 30°,齿距角为 30°,如图 11.6.7(b)所示。随后,W、U 两相绕组同时通电,转子顺时针方向转动 30°,则步进电动机转子顺时针方向转动,这种通电方式称为双三拍工作方式。

若通电顺序改为 U、W→W、V→V、U→U、W→…,则步进电动机便逆时针方向转动。由于每次都是两相绕组通电,在转换过程中始终有一相绕组保持通电,所以工作比较平稳。

3. 六拍

六拍方式是上述两种的混合方式,如图 11.6.8 所示。在图 11.6.8 中若按U→U、V→V→V、W→W→W、U→U→…顺序通电,则转子顺时针方向一步一步地转动,通电换接六次完成磁场旋转 360°,使转子前进一个齿距角,齿距角为 15°,则步进电动机转子顺时针方向转动。由于定子三相绕组需经六次换接才能完成一个循环,故称为六拍。

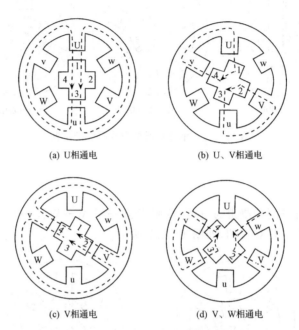

(a) U相通电   (b) U、V相通电

(c) V相通电   (d) V、W相通电

图 11.6.8   六拍通电方式时转子的位置

若按 U→U、W→W、W→V→V、U→U→…顺序通电,则步进电动机的转子逆时针方向转动。在这种控制方式下,始终有一相绕组通电,故工作也比较平稳。

由上述可知,采用单三拍和双三拍方式时,转子走三步前进了一个齿距角,每走一步前进了三分之一齿距角;采用六拍方式时,转子走六步前进了一个齿距角,每走一步前进了六分之一齿距角。故齿距角 θ 为

$$\theta = \frac{360°}{Z_r m} \tag{11.6.1}$$

式中,Z_r 为转子齿数;m 为运行拍数。

如单三拍方式时,$Z_r = 4, m = 6$,则齿距角为 15°。如果齿距角 θ 的单位为度,脉冲频率 f 的单位为 Hz,则步进电动机每分钟的转速 n 为

$$n = \frac{\theta f}{360°} \times 60 = \frac{60 f}{Z_r m} \ (\text{r/min})$$

$$\tag{11.6.2}$$

可见,步进电动机的转速与脉冲频率成正比。

在实际应用中,为了保证自动控制系统所需要的精度,要求步进电动机的齿距角很小,通常为 3° 或 1.5°。为此将转子做成许多齿(共有 40 个齿,齿距角为 360°/40 = 9°),并在定子每个磁极上也做几个小齿(有 5 个)。

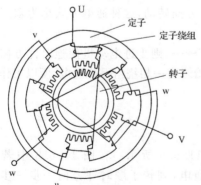

图 11.6.9   三相反应式步进电动机结构图

为了让转子齿与定子齿对齐,两者的齿宽和齿距必须相等。因此,三相反应式步进电动机的结构图如图 11.6.9 所示。

综上所述,步进电动机具有结构简单,维护方便,无积累误差,精确度高,停车准确等性能。因此,步进电动机被广泛应用于数字控制系统中,如数控机床、自动记录仪表、检测仪表和数模变换装置等。

*11.7 超声波电动机

超声波电动机是一种将超声频率范围内的往复机械振动通过机械转换而产生直线运动或旋转运动的装置。它是利用压电陶瓷的逆压电效应,由超声振动驱动的一种新型电动机,也是电机学、机械学、电子学、压电学和超精密加工等学科交叉进展的新产物。

超声波电动机的结构由相对加压的定子(弹性体)与转子(移动体)两部分组成。电动机定子是可以将输入的电能转换为机械振动的压电陶瓷及与其黏合在一起的弹性体构成;转子是由装有摩擦材料的金属移动体所构成。由于所利用的振动类型和波形差异,超声波电动机按运动方式可分为行波型、驻波型和复合型。行波型超声波电动机又可分为直线型和旋转型。行波旋转型超声波电动机的结构如图 11.7.1 所示。

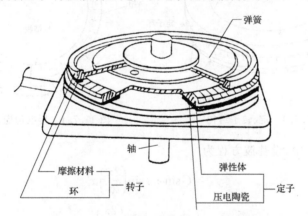

图 11.7.1 行波旋转型超声波电动机结构图

超声波电动机的工作原理实质上是将位于超声频域(20kHz 以上)的机械振动转换为移动体单方向的直线或旋转运动。这里仅以行波旋转超声波电动机为例,说明其工作原理。

行波超声波电动机的工作原理如图 11.7.2 所示。图 11.7.2 中作行波振动的物体表面上的质点都作椭圆运动。这种处于行波振动状态物体表面接触的物体被波峰托起,该物体在质点摩擦力的作用下,向着与行波前进方向相反的方向运动。定子由两片压电陶瓷紧压在一起,并黏结在弹性体上构成,如图 11.7.3 所示。电极在空间差 $\frac{1}{4}\lambda$ 波长,每片压电陶瓷上施加相位互差 90° 的交流电压,产生两组驻波,如图 11.7.4 所示。

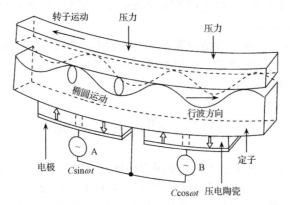

图 11.7.2　行波超声波电动机工作原理

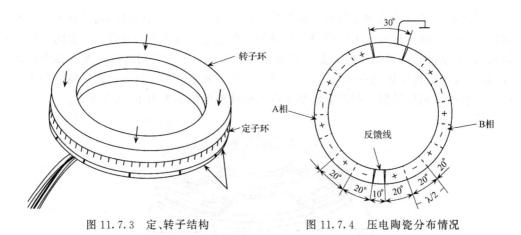

图 11.7.3　定、转子结构　　　　　图 11.7.4　压电陶瓷分布情况

在图 11.7.4 中,设驻波方程为

$$y_A = C\sin\omega_0 t\sin\left(\frac{2\pi}{\lambda}\right)x \tag{11.7.1}$$

$$y_B = C\cos\omega_0 t\cos\left(\frac{2\pi}{\lambda}\right)x \tag{11.7.2}$$

式中,λ 为行波的振动波长;C 为振动的纵向振幅;ω_0 为角速度。

两组驻波合成,得到弹性体的行波方程为

$$y = y_A + y_B = C\sin\left[\left(\frac{2\pi}{\lambda}\right)x - \omega_0 t\right] \tag{11.7.3}$$

在式(11.7.3)中,行波沿着定子弹性体圆周进行,行进过程中表面质点作椭圆运动。弹性体表面任意一点的椭圆方程为

$$\left(\frac{a}{C}\right)^2 + \left[\frac{b}{\pi C(H/\lambda)}\right]^2 = 1 \tag{11.7.4}$$

式中,a 为纵向位移量;b 为横向位移量;H 为(定子)弹性体厚度。

可见,定子弹性体表面上任意一点 P 是按椭圆轨迹运动。横向位移的速度 v 为

$$v = \frac{\mathrm{d}b}{\mathrm{d}t} = -\pi\omega_0 C \frac{H}{\lambda} \sin\left(\frac{2\pi}{\lambda}x - \omega_0\right)t \qquad (11.7.5)$$

速度与弹性体接触的弯曲行波到顶点时 v 最大,当移动体的滑动为零时,切向速度 v_0 为

$$v_0 = -\pi\omega_0 C \frac{H}{\lambda} \qquad (11.7.6)$$

式中,负号表示移动体向行波相反的方向移动。

超声波电动机与传统的电磁式电动机比较具有许多优点:超声波电动机没有绕组和磁路,不依靠电磁相互作用传递能量,因此不受磁场的影响;结构简单、尺寸小、重量轻,其功率密度为电磁式电动机的数十倍;低速大转矩,无需减速装置;无噪声污染;响应速度快。

超声波电动机是理想的现代微型电动机,它不仅可用于工业设备、仪器仪表、计算机外部设备、办公自动化、家庭自动化,而且也可大量用于汽车、机器人、航空宇航和军事设备上。因此,超声波电动机也被誉为"21 世纪的绿色驱动器"。

本 章 小 结

(1) 根据铁心线圈的不同分为直流和交流铁心线圈。直流铁心线圈电路中,电流 I 恒定,磁通 Φ 也恒定,$I = \frac{U}{R}$;交流铁心线圈电路中,交变的励磁电流 i 产生交变的磁通,其与端电压关系为 $U \approx E = 4.44 fN\Phi_m$,电源频率 f 和线圈匝数 N 一定时,磁通由电源电压决定。

(2) 变压器是根据磁耦合和电磁感应原理制造的,其具有电压变换、电流变换和阻抗变换的作用,即 $\frac{U_1}{U_2} \approx \frac{N_1}{N_2} = K$,$\frac{I_1}{I_2} \approx \frac{N_2}{N_1} = \frac{1}{K}$,$|Z_L'| = \left(\frac{N_1}{N_2}\right)^2 |Z_L| = K^2 |Z_L|$。

单相变压器的额定容量与输出功率分别为 $S_N = U_N I_N$,$P = U_2 I_2 \cos\varphi_2$。效率为 $\eta = \frac{P_2}{P_1} \times 100\% = \frac{P_2}{P_2 + \Delta P_{Cu} + \Delta P_{Fe}} \times 100\%$。

(3) 异步电动机定子三相对称绕组中通入三相对称电流,便产生旋转磁场,其转向取决于三相电流的相序。旋转磁场的转速也称同步转速,为 $n_1 = \frac{60 f_1}{p}$。转子转速 n 略小于同步转速 n_1,它们之间的关系为 $n = (1-s)n_1$。

(4) 三相异步电动机的转矩是个很重要的物理量,其计算式为 $T = C_T \Phi m I_2 \cos\varphi_2$ 或 $T = \frac{Cs R_2 U_1^2}{R_2^2 + (s X_{20})^2}$,将此函数关系画成图像,便得到 $T = f(s)$ 曲线,或 $n = f(T)$ 曲线,称为三相异步电动机的机械特性。在电动机的机械特性曲线与负载特性曲线有交点的情况下,在交点附近,若转速增大时,有 $T < T_L$,而转速减小时,有 $T < T_L$,则该点能稳定运行。否则,就不能稳定运行。这是判断异步电动机能否稳定运行的条件。

(5) 鼠笼式三相异步电动机的启动性能较差,即启动电流大(约为额定电流的 5.5~7 倍),启动转矩较小。对于 △ 运行的鼠笼式电动机,可采用 Y-△ 换接启动或自耦变压器降压启动。电动机降压启动不仅减小了启动电流,同时减小了启动转矩,故启动时电动机应空载或轻载。

(6) 三相异步电动机转速 $n - n_1(1-s) = \frac{60 f_1}{p}(1-s)$,负载转矩不变的情况下,鼠笼式三相异

步电动机可采用变频或变极对数方法调速。

(7) 单相异步电动机的定子绕组是单相绕组,接在单相交流电源上,电动机中产生脉动磁场,所以它的鼠笼式转子不能自行启动。为获得启动转矩,可在电动机定子上装启动绕组,串联电容(电容式启动),或采用罩极式结构(罩极式启动)。

(8) 直流电动机按励磁方式分为他励、并励、串励和复励四种。特别要注意,直流电动机在启动或工作时,励磁电路一定要可靠接通,不能断开。并励与他励直流电动机的调速依据为 $n = \dfrac{U - R_a I_a}{C_T \Phi}$,在电枢电流保持不变时,减小磁通 Φ 可使转速 n 上升;或降低电枢电压 U 可使 n 下降。

(9) 交流伺服电动机的转动原理与单相异步电动机电容分相式启动的情况相似。励磁绕组串电容是为了使励磁电流 $\dot{I}_1$ 在相位上超前于控制绕组电流 $\dot{I}_2$ 近 90°。定子上的两个绕组在空间相差 90°,于是产生两相旋转磁场,在旋转磁场的作用下,笼型转子便转动。电动机的转速和转向受控制电压 $\dot{U}_2$ 的控制。但当 $\dot{U}_2 = 0$(即控制信号消失)时,伺服电动机能立即停转。

(10) 步进电动机是一种数字式执行元件,可将输入的电脉冲信号转换成相应的角位移或线位移。每给一个脉冲信号,电动机就转过一个角度或前进一步。每相绕组是通过脉冲分配器按一定规律轮流通电,每次都是一相通电的为单拍,如单三拍;每次都是两相通电的为双拍,如双三拍;还有一种是混合通电的,如六拍。要注意的是绕组分别由直流供电,并不是由三相供电。

步进电动机一步的转角称为齿距角,即 $\theta = \dfrac{360°}{Z_r m}$。设 $Z_r = 40$ 时,单三拍或双三拍运行的齿距角 3°;六拍运行时的齿距角则为 1.5°。由于脉冲分配的不同,一台步进电动机可有两个齿距角,如 3°/1.5°、1.5°/0.75°等。

习　题

11.1　将一铁心线圈接在直流电源,测得线圈的电阻 $R = 1.5\Omega$;再将其接在交流电源,测得电压 $U = 100V$,电流 $I = 4A$,功率 $P = 200W$。试求:

(1)铁心线圈的铜损 ΔP_{Cu} 和铁损 ΔP_{Fe};

(2)铁心线圈的功率因数 $\cos\varphi$。

11.2　如题图 11.1 所示,已知信号源的磁通势 $U_S = 12V$,内阻 $R_0 = 1k\Omega$,负载电阻 $R_L = 8\Omega$,变压器的变比 $K = 10$,求负载上的电压 U_2。

11.3　题图 11.2 所示是一台电源变压器,电源为 220V,一次绕组匝数为 550,它有两个二次绕组,一个电压为 36V,负载功率为 36W;另一个电压为 12V,负载功率为 24W。不计空载电流,试求:

(1) 两二次绕组的匝数;

(2) 一次绕组的电流;

(3) 变压器的容量至少应为多少?

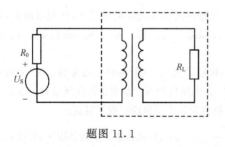

题图 11.1

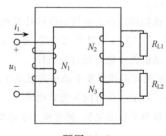

题图 11.2

11.4　一台单相变压器容量为 10kV·A，电压为 6600V/220V。试求：

(1) 一次、二次绕组的额定电流；

(2) 若负载为 220V、100W 的灯泡，满载时能接多少个灯泡？

(3) 若负载为 220V、100W、$\cos\varphi = 0.8$ 的小型电动机，满载时能接多少台？

11.5　一台单相变压器，额定容量为 50kV·A，额定电压为 6000V/230V。当该变压器向 $R = 0.824\Omega$、$X_L = 0.618\Omega$ 的负载供电时正好满载。试求：

(1) 变压器一次、二次绕组的额定电流；

(2) 变压器的电压变化率。

11.6　如题图 11.3 所示，将 $R_L = 8\Omega$ 的扬声器接在输出变压器的副绕组。已知 $N_1 = 300$，$N_2 = 100$，信号源磁通势 $U_s = 6V$，内阻 $R_0 = 100\Omega$。试求：

(1) 信号源输出功率；

(2) 当信号源输出最大功率时，变压器的变比 K 和输出的最大功率。

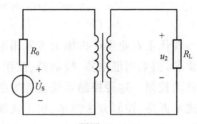

题图 11.3

11.7　一台 Y225M-4 型三相异步电动机，额定数据如题表 11.1 所示。试求：

题表 11.1

功率	转速	电压	效率	功率因数	I_{st}/I_N	T_{st}/T_N	T_m/T_N
45kW	1480 r/min	380V	92.3%	0.88	7.0	1.9	2.2

(1) 额定电流；

(2) 额定转差率 s_N；

(3) 额定转矩 T_N、最大转矩 T_{max} 和启动转矩 T_{st}；

(4) 如果负载转矩为 510.2 N·m，在电源电压 $U = U_N$ 和 $U = 0.9U_N$ 两种情况下能否启动？

11.8　一台三相异步电动机，极对数 $p = 2$，额定功率为 30 kW，额定电压为 380V，$T_{st}/T_N = 1.2$，$I_{st}/I_N = 7$，三角形接法。在额定负载下运行时，其转差率为 0.02，效率为 90%，线电流为 57.5 A。试求：

(1) 转子旋转磁场相对于转子的转速；

(2) 额定转矩；

(3) 额定运行时的功率因数；

(4) 用 Y-△ 换接启动时的启动电流和启动转矩。

11.9　一台 Y112M-4 型三相异步电动机，其技术数据如下：$P_N = 4kW$，$U_N = 380V$，$I_N = 8.8A$，$n_N = 1440r/min$，$\eta_N = 84.2\%$，$\cos\varphi_N = 0.82$，$T_{st}/T_N = 2.2$，$I_{st}/I_N = 7$，$T_m/T_N = 2.2$，$f = 50Hz$，△接法。试求：

(1) T_N，T_{st}，T_m，I_{st}；

(2) 额定负载时电动机的输入功率 P_{1N}；

(3) 若采用 Y-△ 换接启动，其启动转矩 $T_{st(Y-\triangle)}$ 是多大？

11.10　已知一台他励电动机的额定数据如下：$n = 1500r/min$，$U = U_f = 110V$，$P_2 = 2.2kW$，$\eta = 0.8$，$R_f = 82.7\Omega$，$R_a = 0.4\Omega$。试求：

(1) 电枢电流；

(2) 励磁电流；

(3) 励磁功率；

(4) 输出转矩；

(5) 反电动势。

讲义：部分习题
参考答案 11

第 **12** 章 电气自动控制技术

现代工农业生产机械大多采用电动机拖动,为了满足生产机械工艺和过程自动化的要求,而采用继电器、接触器、按钮等电器实现对电动机的启动、停车、正反转和调速等自动控制。这种控制系统也称为继电接触器控制系统,其是一种有触点断续控制,具有成本低廉、控制方法简单、抗干扰能力强等特点。随着电子技术和计算机技术的发展研制出了一种新的工业控制器,即可编程序控制器(programmable logic controler,PLC)。PLC 以微型计算机为核心,采用软件编程的方法替代继电器硬件的连接,其是一种无触点连续控制,具有可靠性高、编程简单、功能完善、组合灵活等独特优点,已被广泛应用各种自动控制领域。本章主要介绍继电器接触器控制和 PLC 控制技术。

12.1 常用控制电器

低压电器通常是指工作在交流电压 1200V 及以下电压中的电器设备,对电能的产生、输送、分配、应用起着开关、控制、保护与调节作用。常用低压电器可分为低压配电电器和低压控制电器两类。刀开关、空气开关、熔断器等是低压配电电器。接触器、各种继电器、启动器等为低压控制电器。

12.1.1 低压开关

1. 刀开关

刀开关是一种结构简单的手动电器,又称闸刀开关。通常用来不频繁地接通或分断容量不大的三相异步电动机、低压供电线路,或作为用电设备与电源分离的隔离开关。刀开关的结构如图 12.1.1(a)所示,由手柄、刀刃(触刀)、静插座和绝缘底板等组成。

根据触刀个数(又称刀开关的极数)的不同,刀开关分为单极、双极和三极等几种。双极和三极的刀开关应用得最多,其电路图符号如图 12.1.1(b)所示。

刀开关内部装有保险丝,当刀开关所控制的电路发生短路故障时,保险丝能够迅速熔断,切断故障电路,保护电路中其他电器设备。刀开关的技术数据主要有两个,即额定电压和额

讲义:低压开关

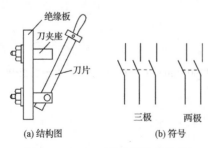

(a)结构图   (b)符号

图 12.1.1 刀开关的结构及符号

定电流。两极式刀开关额定电压为 220V，三极式产品额定电压为 380V。额定电流一般分为 10A、15A、30A 和 60A 四级。

刀开关主要作为隔离开关用，合闸时先合上闸刀开关，再合上控制负载的其他电路设备；断电时次序相反，不得用它切断负载。

2. 按钮

按钮用于远距离操作接触器、继电器，或用于控制电路发布指令及电气联锁。按钮的结构和符号如图 12.1.2 所示。

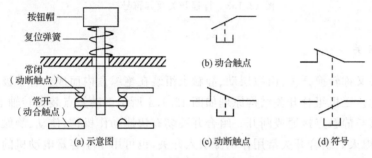

图 12.1.2　按钮的结构示意图及符号

图 12.1.2(b)所示是常开触点符号，常开触点是这样一组触点：当外力作用按钮时，这对触点接通；外力消失后，按钮在弹簧作用下，这对触点自动恢复到断开状态。常开触点又称动合触点。

图 12.1.2(c)所示是常闭触点符号，常闭触点的工作情况与常开触点相反，外力作用时，这对触点断开；外力消失后，这对触点自动恢复到闭合状态。常闭触点又称动断触点。

图 12.1.2(d)所示是一个常开触点和一个常闭触点通过机械机构联合动作的按钮符号，这两个按钮间的虚线表示它们之间是通过机械方式联动的。这种按钮组称为复合按钮。

3. 行程开关

行程开关主要用于将机械位移变成电信号，以实现对机械运动的电气控制。行程开关广泛地使用在各类机床、起重机械等设备上，作为电路自动切换、限位保护、行程控制等方面。某些行程开关的结构与按钮相似，如图 12.1.3(a)所示。

行程开关分为快速动作、不快速动作和微动三种。图 12.1.3(a)所示的行程开关是不快速动作的开关，这种行程开关触点的通、断速度与机械运动部件推动推杆的速度有关，当运动部件移动速度较慢时，触点打开与闭合的速度缓慢，触点断开时产生的电弧维持时间长，容易损坏。当运动部件移动速度小于 0.4m/min 时应当使用快速动作的行程开关。微动行程开关特点是体积小、推杆行程短、触点能够快速接通与断开。

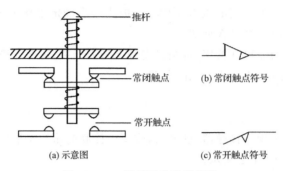

图 12.1.3   行程开关及其符号

4. 组合开关

组合开关又称转换开关,由数层动、静触点组装在绝缘盒内而成。有单极、二极、三极和多极结构。三极组合开关结构原理如图 12.1.4 所示。动触点装在转轴上,用手柄旋转触点使其与静触点接通或断开。组合开关装有快速动作机构,使动、静触点迅速分开,电弧快速熄灭。组合开关常用作电源引入开关,也可用于小容量电动机的不频繁启动控制和局部照明电路中。

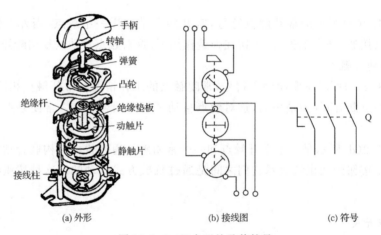

图 12.1.4   组合开关及其符号

12.1.2   熔断器

熔断器又称保险丝,是一种简便而又有效的短路保护电器。熔断器中的熔片或熔丝由电阻率较高的易熔合金制成。线路在正常工作时,熔断器中熔片熔丝不应熔断,一旦电路发生短路或严重过载时,熔片或熔丝应立即熔断。熔断器的结构和符号如图 12.1.5 所示。

熔体额定电流值的选择与负载有关。

在照明、电热设备中,熔丝的额定电流 I_{RN} 应等于或大于电路的额定电流 I_N,即

$$I_{RN} \geqslant I_N \tag{12.1.1}$$

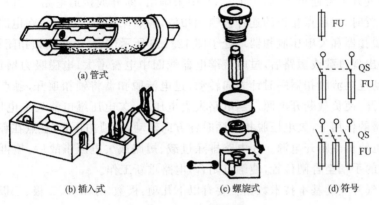

讲义:接触器、
继电器和熔
断器

图 12.1.5　熔断器

一台电动机熔丝的额定电流 I_{RN} 应为

$$I_{RN} \geqslant I_{st}/(1.5 \sim 2.5) \tag{12.1.2}$$

式中, I_{st} 为电动机的启动电流。

如果电动机启动频繁,则熔丝的额定电流 I_{RN} 应为电动机额定电流 I_N 的
3.5~4倍。

几台电动机共用的总熔丝,其额定电流应为

$$I_{RN} \geqslant \frac{I_{stm} + \sum I_N}{2.5} \tag{12.1.3}$$

式中, I_{stm} 为容量最大电动机的启动电流; $\sum I_N$ 为其他电动机的额定电流总和。

12.1.3　自动空气断路器

自动空气断路器又称自动空气开关或断路器,目前广泛应用在各种低压电器中。
自动空气开关适用于交流 50Hz、380V 和直流 440V 以下低压配电网络中,作为电路的
过载、失压及短路保护时使用。在正常供电情况下也可作为不频繁接通和切断电路用。

自动空气开关由触点系统、灭弧室、操作机构及脱扣装置等几部分组成,如
图 12.1.6所示。

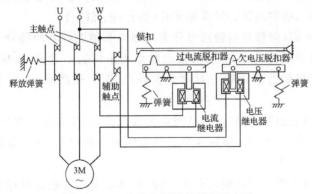

图 12.1.6　自动空气开关原理示意图

自动空气开关可通过手柄(图12.1.6中未画出)断开或接通电路。当开关的手柄扳到合闸位置时,与触点相连的连杆被锁扣扣住,触点保持闭合状态。在电路正常工作时,过电流脱扣器和欠电压脱扣器均处于图12.1.6所示位置,不影响锁扣闭锁。

当电路出现过载或短路后,过电流继电器线圈中电流增大,电磁吸力增加,使其衔铁下移,带动过电流脱扣器顺时针方向转动,过电流脱扣器将锁扣顶开,触点在释放弹簧作用下断开,使负载断开电源。当电路失去电压后,欠电压继电器失去电压,电磁力消失,在弹簧的作用下,欠电压脱扣器顺时针方向转动,将锁扣顶开,触点在释放弹簧作用下断开,也使负载断开电源。在电路排除过载、短路或欠电压事故后,须再次扳动自动空气开关的手柄至合闸位置,使触点闭合,电路重新工作。

自动空气开关的基本技术数据主要有以下几项:极数(分单极、二极、三极三种),额定电压和额定电流等。自动空气开关有DZ系列,H系列等诸多品种,具体情况可查阅有关手册。

12.1.4 交流接触器

交流接触器是用来接通和断开电动机或其他电气设备的主电路,其主要由电磁铁和触点两部分组成,如图12.1.7所示。

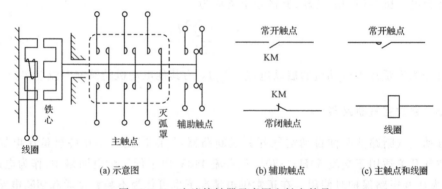

(a) 示意图   (b) 辅助触点   (c) 主触点和线圈

图12.1.7 交流接触器示意图和触点符号

接触器主要由铁心、线圈、触点和灭弧罩部分组成。它利用电磁铁的吸引力而动作。当线圈通电后,吸引动铁心运动使常开(动合)触点闭合。

根据用途的不同,接触器的触点可分为主触点和辅助触点两部分。主触点用来切换大电流,通常接于电动机的主电路;辅助触点用来切换小电流,通常接于控制电路。如CJ10系列交流接触器通常有三对动合主触点、四个辅助触点(两个动合和两个动断)。

接触器的触点在通断电路时,触点间会出现电弧,电弧不但会损坏触点,而且还使电路切断的时间延长。为了能够迅速熄灭触点间出现的电弧,接触器的主触点外面装有灭弧装置。

选用接触器时应当注意其额定电流、线圈的额定电压和触点数量等。常用的国产交流接触器有 CJ10、CJ12、CJ120 等系列。CJ10 系列的主触点额定电流有 5A、10A、20A、40A、75A、120A 等,线圈的额定电压为 220V 或 380V。

12.1.5　热继电器

热继电器是一种保护电器,热继电器利用电流的热效应原理而动作,原理如图 12.1.8(a)所示。电阻丝(阻值不大)绕制在由热膨胀系数不同的两种金属材料碾压在一起而成的双金属片上,并与主电路连接,称为热继电器的发热元件。通过发热元件的电流是电动机的定子电流。电流使发热元件产生热量,给双金属片加温,双金属片受热膨胀而产生变形,由于下面的金属热膨胀系数较上面的大,因此双金属片的自由端将上翘。若发热元件通过的电流为电动机额定电流,双金属片变形不大,自由端上翘不会超出扣板。若电动机过载,定子电流超过了额定电流,发热元件产生的热量增多,双金属片变形增大,经过一定时间之后,双金属片的自由端上翘超出扣板,扣板在拉簧的作用下转动,通过连板将常闭(动断)触点打开。若将这对常闭(动断)触点与控制电动机的接触器线圈串联,其断开后控制电路断电,使电动机与电源断开,电动机受到保护。故障排除后,通过复位按钮复位,以便重新工作。

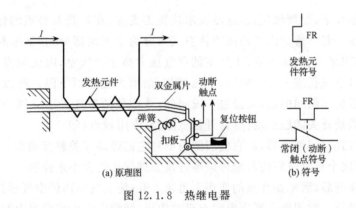

图 12.1.8　热继电器

常用的热继电器有 JR0、JR15、JR16 等系列。热继电器的主要技术数据为整定电流,即发热元件中通过的电流超过此值的 20% 时,热继电器应在 20min 内动作。当通过电流为整定电流的 1.5 倍时,热继电器应在 2min 内动作。由于热惯性,热继电器不能作短路保护,且当电动机启动或短时过载时,热继电器不会动作,以保证电动机正常运转。

12.1.6　时间继电器

时间继电器是根据所整定的时间进行动作的继电器。按其工作原理可分为电磁式、电动式、电子式和空气阻尼式等。空气阻尼式时间继电器原理图如图 12.1.9(a)所示。

空气阻尼式时间继电器是利用空气阻尼的原理工作的。当线圈通电后,将衔铁连

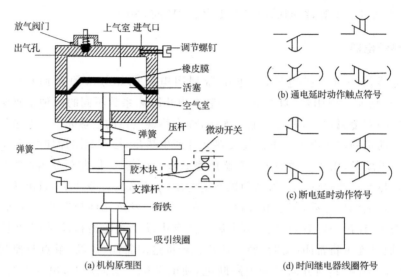

图 12.1.9 空气式时间继电器

同支撑杆一起吸下,弹簧被拉长,这时胶木块失去支撑,在弹簧及自重的作用下带动着活塞及橡皮膜一起下落。由于橡皮膜将空气室分为上下两部分,在活塞和橡皮膜下降时,上气室体积增大,气压下降,下气室的空气压力高于上气室,因此阻碍活塞下降,必须等待空气自进气孔进入上气室后,气压增加,活塞才能逐渐下降。所以,时间继电器在它的电磁机构线圈通电后,要经过一段时间,才能使活塞逐渐下降到一定位置,然后通过压杆使微动开关的触点动作(常开触点闭合,常闭触点打开)。

对于空气式时间继电器,从它的线圈通电到它的微动开关触点动作,这中间有一段时间间隔,而这个延时时间的长短可以通过调节进气孔的大小来控制。

当线圈断电后,活塞在弹簧的作用下迅速上升,使上气室内的空气通过放气阀门和出气孔迅速排放。时间继电器通电时有延时作用,即继电器的线圈通电时,它的常闭触点延时打开,常开触点延时闭合。线圈断电后常闭触点瞬间闭合,常开触点瞬时打开。时间继电器的延时动作的触点符号如图 12.1.9(b)所示。改变时间继电器的电磁机构的结构也可以制成线圈断电时触点延时动作。断电延时触点符号如图 12.1.9(c)所示。

12.2 三相异步电动机基本控制电路

生产机械的运动部件的动作是比较复杂的,因此作为控制运动部件动作的电气线路也比较复杂,但这些复杂的控制电路都是由一些基本的控制电路组成。

12.2.1　直接启停和点动控制

1. 直接启停控制

三相异步电动机的直接启停控制电路如图 12.2.1 所示。当按下启动按钮 SB₂ 后，接触器 KM 的线圈通电，电磁铁衔铁吸合，衔铁运动时通过机械机构使接触器 KM 所有的常开触点闭合、常闭触点断开。常开主触点的闭合将电动机接入电源，电动机直接启动。与按钮 SB₂ 并联的辅助常开触点在接触器线圈通电后闭合，将启动按钮 SB₂ 短接，这对常开触点闭合后，可以保证在操作人员松开按钮 SB₂ 后，接触器的线圈不会断电，这种利用接触器本身的常开触点使自身线圈维持通电的作用称为自锁。这对辅助触点称为自锁触点。

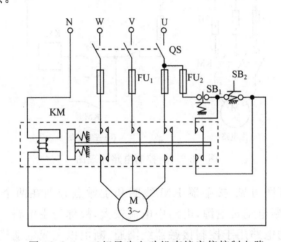

图 12.2.1　三相异步电动机直接启停控制电路

需要停机时，按下按钮 SB₁，接触器线圈断电，接触器的衔铁在复位弹簧作用下复位，所有常开触点打开，常闭触点闭合，电动机断电停机。

上述过程的动作次序可简述如下：

按下 SB₂ ⟶ KM 线圈得电 ⟶ { KM 主触点闭合 ⟶ 电动机运转　KM 辅助触点闭合 ⟶ 自锁

按下 SB₁ ⟶ KM 线圈失电 ⟶ { KM 主触点断开 ⟶ 电动机停转　KM 辅助触点断开 ⟶ 取消自锁

图 12.2.1 所示控制电路中，开关 QS 起隔离作用，当开关 QS 断开时电路与电源隔离，便于线路检修。熔断器 FU₁、FU₂ 起短路保护作用。

图 12.2.1 所示控制电路中，接触器除用于通、断电动机运转外还具有欠压和失压保护作用，即电路在运行过程中，如果电源电压过低或突然断电，接触器的衔铁将释放恢复原位，常开触点分开，电动机停止运转；若供电恢复正常后，电动机不会自行启动，可避免因电动机突然自行启动而造成事故。如要启动电动机必须再次按 SB₂ 按钮。

2. 控制线路原理图

在图 12.2.1 中各电器均按照实际位置画出,但当电路中电器数量增多,线路复杂时,绘图将变得很困难且不易阅读。为了读图和理解电路控制作用,通常将这种近于实体的电路图加以简化,用控制线路原理图来说明电路的控制原理。

控制电路的原理图是将控制电路中使用的电器用它们的符号表示,并将各电器的有关部分依据所属的不同电路分开画出,如图 12.2.2 所示电路为图 12.2.1 所示电路的原理电路图。

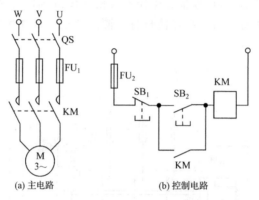

(a) 主电路   (b) 控制电路

图 12.2.2 控制电路原理图

由控制电路原理图可见,接触器 KM 线圈和主触点分别在两个不同电路中,接触器的主触点用来通、断电动机电源,电路中电流较大,故称为主电路。由接触器线圈、辅助触点和按钮组合的电路用于控制接触器线圈通、断电以完成电动机的启动和停机,这部分电路电流一般较小,故称为控制电路。

为防止电动机长期过载运转而损坏,在继电器接触器控制电路中,用热继电器作为电动机的过载保护电器。三相异步电动机用按钮、接触器直接启动、停车,用热继电器作过载保护的原理电路图,如图 12.2.3 所示。

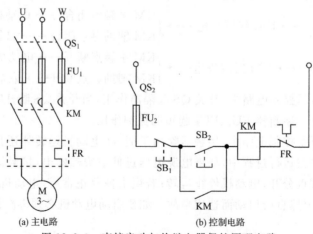

(a) 主电路   (b) 控制电路

图 12.2.3 直接启动与热继电器保护原理电路

　　热继电器 FR 的发热元件串入电动机定子电路中(即在主电路内),热继电器 FR 的常闭(动断)触点与接触器的吸引线圈串联。当电动机过载(如机械负载过大或单相运转),电流增大超过额定值后,经过一定时间,热继电器动作,其常闭触点分开,接触器 KM 的吸引线圈断电,接触器主触点断开,电动机与电源断开,电动机得到保护。排除故障后,将热继电器复位,可以重新启动。

3. 点动控制

　　继电接触控制电路中还经常用到点动控制电路。生产机械有时要求作短暂的运转,而运转时间长短又要视需要而定,这时常采用点动控制。用继电器组成的点动控制电路,就是用不带自锁的按钮去控制接触器线圈通电,如图 12.2.4 所示。

图 12.2.4　点动控制

　　当按下按钮 SB 时,接触器 KM 线圈通电,电动机运转;松开按钮 SB 时,接触器线圈断电,电动机停转。

　　一般的电气控制线路,要求既有点动控制功能又有连续运转控制功能。为了使点动与连续运转控制所发出的信号能够区分开,在有这样两种操作共存的控制电路中加

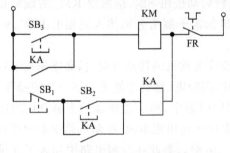

图 12.2.5　点动与连续控制

入一个中间继电器(结构和交流接触器基本相同,没有主触点与辅助触点之分),使两种操作之间有联锁关系,以保证按下点动按钮时执行点动控制的操作,按下连续运转的按钮时执行连续运转控制。具有点动与连续运转控制的电路如图 12.2.5 所示。

　　按钮 SB₃ 用于点动控制,按下 SB₃ 后接触器 KM 线圈通电,松开 SB₃,KM 断电。按钮 SB₂ 为连续运转操作按钮,按下 SB₂,中间

继电器 KA 线圈通电,KA 的常开触点一个接通 KM 的线圈,另一个用于自锁,松开 SB₂ 后继电器 KA 可继续通电。只有按下停机按钮 SB₁ 后电路才断电。

12.2.2　正反转和行程控制

1. 正反转控制

　　三相异步电动机需要反转时,只需将电动机定子绕组接到电源的三根连线中的任意两根对调就可以实现。用接触器实现异步电动机的正反转控制需要两个接触器。一个控制电动机正转,另一个控制电动机反转。三相异步电动机正、反转控制电路可在图 12.2.1 所示控制电路的基础上再增加一条控制电动机反转的控制电路,如图 12.2.6 所示。

讲义:三相异步电动机正反转控制系统

　　接触器 KM₁ 控制电动机正转,KM₂ 控制反转,在按下开机按钮 SB₂ 时,接触器 KM₁ 吸引线圈通电,使 KM₁ 的常开主触点闭合,电动机定子绕组分别接入三相电源 U、V、W,电动机正转;要电动机反转时必须先按停机按钮 SB₁,使通电的正转接触器

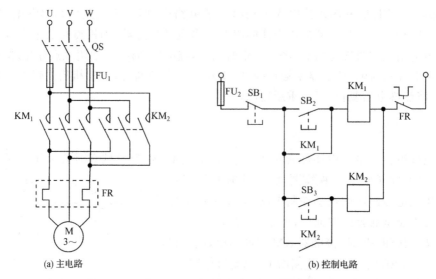

(a) 主电路   (b) 控制电路

图 12.2.6   三相异步电动机正、反转控制

KM_1 线圈断电，松开停机按钮 SB_1 后再按下反转启动按钮 SB_3，接触器 KM_2 的线圈接通电路，使 KM_2 的常开主触点闭合，这时电动机的定子绕组分别接入三相电源 W、V、U，其中两相对换，电动机转动方向改变。

图 12.2.6 所示的正反转控制电路在需要改变电动机的转动方向时，必须先按下停机按钮 SB_1，使正在通电运转的接触器 KM_1 的线圈断电，然后才能进行下一步的操作。如果操作时忘了这个次序使两个接触器的线圈同时通电，两个接触器的主触点同时闭合，将会发生电源短路的事故。为了避免由于误操作而出现事故，控制电路中必须要有防范措施，使接触器 KM_1 和 KM_2 不能同时接入电源。为此在控制电路中加入了联锁控制，同时应用了复合按钮，这样不仅增强了操作的安全性，还使操作步骤简化。具有联锁控制和复合按钮操作的三相异步电动机正反转控制原理电路图如图 12.2.7 所示。

当接触器 KM_1 通电后，串联在接触器 KM_2 线圈电路中的 KM_1 辅助常闭触点打开，因此接触器 KM_1 通电时，接触器 KM_2 的线圈不可能通电；同样当接触器 KM_2 的线圈通电后，串联在接触器 KM_1 线圈电路中的 KM_2 辅助常闭触点打开，因此接触器 KM_2 通电时，接触器 KM_1 也不可能通电，这就避免了两个接触器同时通电的可能。这样的接线方式称为电气联锁（或互锁）。

电路中使用复合按钮进行机械联锁控制。复合按钮包括一对常开触点和一对常闭触点。每一个复合按钮的常闭触点与接触器线圈串联，而常开触点与另一控制电路的自锁触点并联，按下复合按钮时总是常闭触点先分开，常开触点再闭合。当接触器 KM_1 通电时电动机正转，那么按下复合按钮 SB_3 时，SB_3 的常闭触点先将 KM_1 线圈断电，接着常开触点闭合使接触器 KM_2 线圈接通电路，接触器 KM_2 主触点闭合，电动机反转。

由于同时采用机械联锁和电气联锁，使用更安全，操作更方便。

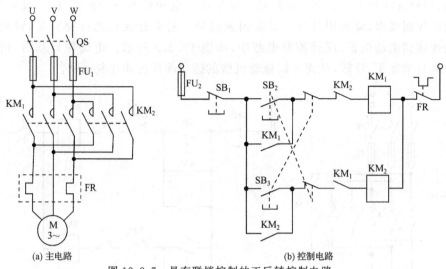

(a) 主电路　　　　　　　　　(b) 控制电路

图 12.2.7　具有联锁控制的正反转控制电路

2. 行程控制

根据生产机械运动部件的位置或行程进行的控制称为行程控制。行程控制可以分为限位控制及往复运动控制,这两种控制使用的电器元件是行程开关。

讲义:三相异步电动机行程自动控制系统

1) 限位控制

限位控制就是当生产机械运动部件到位后,通过行程开关将机械位移变为电信号,通过控制电路使运动部件停止运转。

应用行程开关做限位控制的电路如图 12.2.8 所示。

当生产机械运动到位后,将行程开关 ST 的常闭触点打开,接触器 KM 线圈断电,于是主电路断电,电动机停止运转。

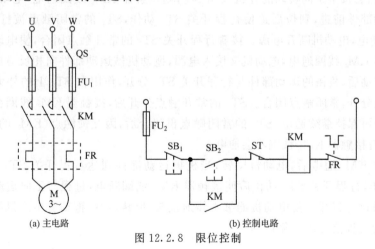

(a) 主电路　　　　　　　　　(b) 控制电路

图 12.2.8　限位控制

2) 往复运动控制

生产机械的某个运动部件,如机床的工作台,需要在一定的行程范围内往复循环运动,以便连续加工。这就要求拖动运动部件的电动机能自动地实现正、反转控制。为达到控制要求,应使用具有一对常闭触点和一对常开触点的行程开关,将此行程开关连接到电动机正、反转控制电路中,如图 12.2.9 所示。电路在启动后,可以使电动机自动地正、反转,从而可以拖动机械的运动部件自动往复运动。

动画:三相异步电动机行程自动控制系统

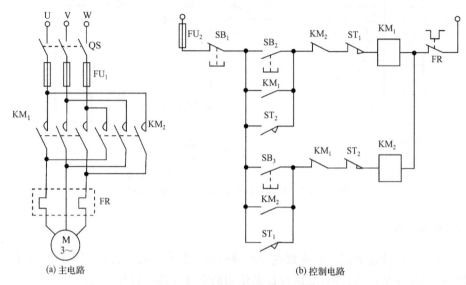

| (a) 主电路 | (b) 控制电路 |

图 12.2.9　自动往复行程控制

为实现电动机自动正、反转控制,使用了两个行程开关。行程开关 ST_1 的常闭触点与控制电动机正转的接触器 KM_1 线圈串联,ST_1 的常开触点与控制电动机反转的开机按钮 SB_3 并联。行程开关 ST_2 的常闭触点与控制电动机反转的接触器 KM_2 线圈串联,ST_2 的常开触点与控制电动机正转的开机按钮 SB_2 并联。

开始时,若按下正向转动的开机按钮 SB_2,则接触器 KM_1 线圈通电,电动机正转,拖动机械运动部件前进,到位后迫使行程开关 ST_1 动作,ST_1 的常闭触点被打开,接触器 KM_1 线圈断电,电动机断开电源。接着行程开关 ST_1 的常开触点闭合,使电动机反向运动的接触器 KM_2 线圈通电,电动机又接入电源,拖动机械运动部件向相反方向运动。电动机反向转动后,机械的运动部件与行程开关 ST_1 分开,作用在 ST_1 上的外力消失,ST_1 的常开触点分开,常闭触点闭合。ST_1 的常开触点分开后,接触器 KM_2 线圈在它的自锁触点作用下可保持继续通电,ST_1 的常闭触点再闭合后,因互锁触点(KM_2 的常闭触点)被打开,所有接触器 KM_1 线圈不会通电。

接触器 KM_2 通电后,电动机反转,当机械运动部件到达行程开关 ST_2 的位置后,使 ST_2 动作,行程开关 ST_2 动作后使接触器 KM_2 线圈断电,过程与正向运动到位后相似。这样通过行程开关使电动机能够不停地正转、反转运行,拖动着生产机械的运动部件在规定的行程范围内往复运动。

12.2.3　时间和顺序控制

生产过程中,若要求一个动作完成后,间隔一定的时间再开始下一个动作,就要用时间继电器进行时间控制。

1．时间控制

对于△形运转的三相异步电动机,为了降低启动电压,启动时可将定子绕组连接成 Y 形,启动一段时间后再将电动机改接为△形,这种启动称为 Y-△启动。通常采用时间继电器实现 Y-△自动启动,如图 12.2.10 所示。

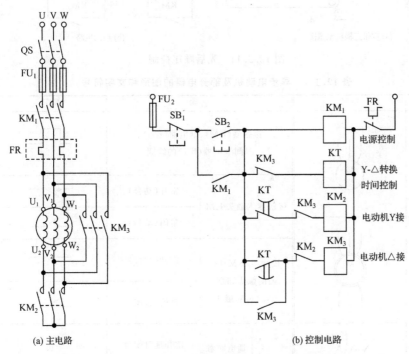

动画:三相异步电动机时限自动控制系统

图 12.2.10　三相异步电动机 Y-△启动控制

电路工作原理如下:按下按钮 SB_2,接触器 KM_1、KM_2 和时间继电器 KT 的线圈通电,电动机 Y 形启动。时间继电器得电后,经预定延时时间,时间继电器延时常闭触点打开,使接触器 KM_2 断电,而延时常开触点闭合,使接触器 KM_3 通电,电动机通电,电动机由 Y 接法自动改变为△接法。为防止接触器 KM_1 和 KM_2 同时得电,控制电路中接入互锁作用的触点。

电动机△接法后,进入正常运转,这时通过接触器 KM_3 的辅助常闭触点经时间继电器 KT 和接触器 KM_2 断电,以减少电能损耗。

2．顺序控制

某些设备工作时,要求其运动部件或系统须按一定的顺序运转,如两台三相异步电动机的启动有先后次序要求,即只有电动机 M_1 启动后才允许 M_2 启动,先后顺序控制电路如图 12.2.11 所示。

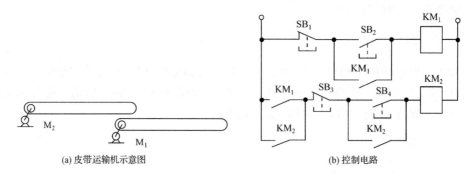

(a) 皮带运输机示意图　　　　　　　　　(b) 控制电路

图 12.2.11　先后顺序控制

表 12.2.1　异步电动机及部分电器的图形和文字符号

名称	符号	名称		符号
三相笼型异步电动机	M 3~	接触器(KM)、继电器(KA)、时间继电器(KT)的线圈		
		接触器主触头 KM	常开(动合)	
			常闭(动断)	
三相绕线型异步电动机	M 3~	接触器(KM)的辅助触头和继电器(KA)触头	常开(动合)	
			动断(常闭)	
三极开关 Q（隔离开关 QS）		时间继电器的触头 KT	通电时触头延时动作	常开延时闭合
				常闭延时断开
熔断器 FU			断电时触头延时动作	常开延时断开
				常闭延时闭合
指示灯 L	⊗	行程开关 ST	常开(动合)	
			常闭(动断)	
按钮 SB	常开（动合）	热继电器 FR	常闭触头	
	常闭（动断）		发热元件	

实现 M_1 先启动,M_2 才允许启动的控制电路如图 12.2.11(b)所示。这个电路中,只有 KM_1 通电后电动机 M_1 启动,KM_2 才能通电,电动机 M_2 才能启动。停机时则不受此限制。

通过以上几个控制电路的示例,可以对继电器接触器控制电路的应用有一定的了解。为了便于查询控制电路原理图中电器的图形符号和文字符号的含义,现将国家标准 GB4728—85《电气图用图形符号》和 GB5094—85《电气技术中的项目代号》中,异步电动机和部分电器的图形符号和文字符号列于表 12.2.1 中,供读者参考。

12.3　可编程序控制器

继电接触器控制系统作为一种传统的控制方式,长期在工业控制领域中得到广泛应用。但由于继电接触器控制系统的机械触点多,连线复杂,可靠性低,功耗高,当生产工艺流程改变时需要重新设计和改装控制系统,通用性和灵活性也较差,因而很难适应现代日益发展的、复杂多变的生产过程多变的控制要求。而 PLC 将继电接触器控制的优点与计算机技术相结合,采用"软件编程"代替继电接触器控制的"硬件连接"。当控制系统功能需要改变时,主要通过修改相应的控制程序、少量的外部接线。

PLC 功能的不断完善,其不仅具有逻辑控制功能,还具有数据运算、模拟量处理、互联网通信等强大的功能,已成为机械、冶金、轻工、化工、电力、汽车等控制领域首选的控制器件。PLC 的应用程度已成为衡量一个国家工业自动化先进水平的重要标志。

讲义:PLC
结构和工
作原理

12.3.1　组成和原理

1. 组成

可编程序控制器实质上是以中央处理器为核心的工业控制专用计算机。它的组成框图如图 12.3.1 所示。可编程序控制器硬件系统由主机、输入/输出接口、外部设备接口、I/O 扩展接口、编程器、电源等主要部分组成。可编程序控制器控制过程主要是外部的各种开关信号或模拟信号作为输入量,从输入接口输入到主机,经 CPU 处理后的信号以输出变量形式由输出接口送出,去驱动所控制的输出设备。

1)输入/输出接口

输入/输出接口是与被控设备连接起来的部件,输入接口接收现场设备的控制信号,如操作按钮、行程开关、传感器信号等,并将这些信号转换成 CPU 能够接收和处理的数字信号。输出接口接收经 CPU 处理过的数字信号,并把它转换成输出设备能接收的电压或电流信号,以驱动电磁阀、指示灯、换能器等被控设备。

2)主机

主机包括中央处理器——CPU 及系统程序存储器和用户程序数据存储器。CPU 主要用来处理和运行用户程序,监控输入/输出接口部件的状态,做出逻辑判断和进行数据处理,完成用户指令规定的各种操作,并将 CPU 处理的结果送到输出端,响应外部设备的请求,指示 PLC 的现行工作状态,进行各种内部诊断和必要的应急处理。

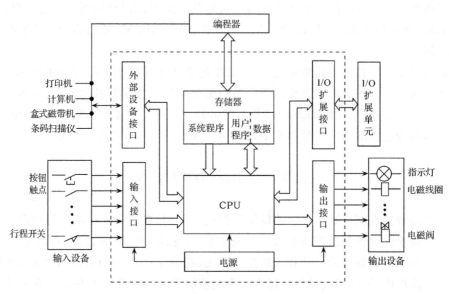

图 12.3.1　可编程序控制器的组成框图

系统程序存储器主要存储系统管理和监控程序,及对用户程序作编译处理的程序。系统程序由制造厂家固化,用户不能更改。

用户程序数据存储器主要存放用户根据生产过程和工艺要求编制的程序,以及各种暂存数据和中间结果。用户程序可由编程器输入和更改。

3)电源

电源部件用来将外部供电电源转换成为 CPU、存储器、I/O 接口等内部电子电路所需的直流电源,保证 PLC 正常工作。

4)编程器

编程器是 PLC 最重要的外部设备,用户可以用编程器输入、检查、修改、调试用户程序,也可以用它在线监视 PLC 的工作环境。

5)输入/输出(I/O)扩展接口

I/O 扩展接口用于将扩展单元与基本单元连接在一起,以扩展 PLC 外部输入输出端子数。

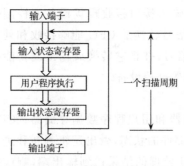

图 12.3.2　PLC 的工作方式

6)外部设备接口

外部设备接口可将编程器、打印机、计算机等外部设备与 PLC 主机相连,以完成相应的操作。

2. 工作原理

PLC 的工作原理实质上与微型计算机的原理相同,采用循环扫描的工作方式,如图 12.3.2 所示。主要可分为输入采样、程序执行、输出刷新三个阶段。

1）输入采样阶段

PLC 对各个输入端进行顺序扫描,将现场开关状态及速度、温度、压力等模拟信号的 A/D 转换数据送入状态寄存器中,即采样输入。随即关闭输入端口,进入程序执行阶段。当 PLC 进入程序执行阶段时,即使输入状态发生变化,输入状态寄存器内容也不会发生变化,要等到下一个扫描周期的输入采样阶段,才可被扫描输入到状态寄存器中。

2）程序执行阶段

PLC 在程序执行阶段,按用户程序指令存放的先后顺序,逐条扫描执行每条指令,所需的执行条件可从输入状态寄存器和当前输出状态寄存器中读入,经相应的运算和处理后,其结果再写入输出状态寄存器中。所以,输出状态寄存器中所有的内容会随着程序执行的结果而改变。

3）输出刷新阶段

PLC 将所有指令执行完毕,输出状态寄存器的通断状态在输出刷新阶段送至输出锁存器中,并通过一定方式(继电器、晶体管或晶闸管)输出,驱动相应的输出设备工作。

PLC 经过这三个阶段的工作过程,完成一个扫描周期。扫描周期的长短视用户程序的指令条数及执行一条指令所需的时间而定,一般在几毫秒到几十毫秒之间。

3. PLC 主要技术性能

目前在国内使用的 PLC 产品种类很多有,在本章中,着重介绍日本欧姆龙公司 C 系列中的 CPM1A（40 点输入输出)型 PLC。

1）CPM1A 型 PLC 的性能规格

CPM1A 型 PLC 的主要性能规格如表 12.3.1 所示。

表 12.3.1　CPM1A 型 PLC 主要性能规格

项目		40 点输入输出型	
输入/输出控制方式		循环扫描方式和即时刷新方式并用	
编程语言		梯形图方式	
指令长度		1 步/1 指令、1~5 字/1 指令	
指令种类	基本指令	14 种	
	应用指令	77 种　135 个	
处理速度	基本指令	$0.72 \sim 16.2\mu s$	
	应用指令	MOV 指令＝$16.3\mu s$	
程序容量		2048 字	
最大 I/O 点数	仅本体	40 点	
	扩展时	60 点、80 点、100 点	
输入继电器		00000~00915	不作为输入/输出继电器使用的
输出继电器		01000~01915	通道可作为内部辅助继电器用

续表

项目		40 点输入输出型
内部辅助继电器		512 点：20000～23115(200～231CH)
特殊辅助继电器		384 点：23200～25515(232～255CH)
保持继电器		320 点：HR0000～1915(HR00～19CH)
定时器/计数器		128 点：TIM/CNT000～127
数据内存	可以读/写	1024 字(DM0000～1023)
	只读	512 字(DM6144～6655)
停电保持功能		保持继电器(HR)、辅助记忆继电器(AR)、计数器(CNT)、数据内存(DM)的内容保持
自诊断功能		CPU 异常(WDT)、内存检查、I/O 总线检查
程序检查		无 END 指令、程序异常(运转时一直检查)

2) CPM1A 型 PLC 的通道分配

CPM1A 型 PLC 给每个输入、输出(I/O)通道或每个继电器分配给一个地址号，以便 PLC 能够识别。每个输入、输出(I/O)通道由 16 个点组成(00～15)，用五位十进制数来识别一个 I/O 点。前三位表示通道号，后两位表示该通道中的某一个 I/O 点。如 01002 表示 010 通道的 02 触点，即 010 通道的第 3 个触点。CPM1A 型 PLC 的常用通道地址分配如表 12.3.2 所示。

表 12.3.2 常用继电器通道地址分配

名称	点数	通道号	继电器地址	功能
输入继电器	160 点(10 字)	000～009CH	00000～00915	继电器号与外部输入输出端子相对应(没有使用的输入通道可用作内部继电器号使用)
输出继电器	160 点(10 字)	010～019CH	01000～01915	
内部辅助继电器	512 点(32 字)	200～231CH	20000～23115	在程序内可以自由使用的继电器
特殊辅助继电器	384 点(24 字)	232～255CH	23200～25515	分配有特定功能的继电器
暂存继电器(TR)	8 点	TR0～7		回路的分支点上，暂时记忆 ON/OFF 的继电器
保持继电器(HR)	320 点(20 字)	HR00～19CH	HR0000～HR1915	在程序内可以自由使用，且断电时也能保持断电前 ON/OFF 状态的继电器
定时器/计数器	128 点	TIM/CNT 000～127		定时器、计数器，它们的编程号合用

3) CPM1A 型 PLC 输入/输出点数与地址分配

CPM1A 型 PLC 的输入、输出点数(端子数)和地址分配如表 12.3.3 所示。

表 12.3.3　点数和地址分配

点（端子）数	地址	
输入点数 24 点	00000～00011	00100～00111
输出点数 16 点	01000～01007	01100～01107

12.3.2　程序设计方法

PLC 控制系统是通过执行程序来实现控制功能的。即用户应根据生产工艺、流程要求编写用户程序，再将用户程序写入用户存储器，经过调试无误后 PLC 即可进入运行工作方式。

PLC 的程序语言主要有梯形图语言、指令语句表语言、计算机高级语言等。中小型 PLC 大多使用梯形图语言和指令语句表语言。

讲义：PLC
编程方法
和原则

1. 梯形图

梯形图是一种从继电器接触器控制电路图演变而来的图形语言。梯形图是借助类似于继电器、接触器的常开触点、常闭触点、线圈以及串联与并联等的术语和符号，如表 12.3.4 所示。虽然两者的图形符号比较相似，但元件构造有着本质的区别。

表 12.3.4　控制和梯形图符号

元件名称	继电器接触器图	梯形图
常开触点		
常闭触点		
线　圈		

梯形图中继电器、定时器、计数器等均不是物理意义的继电器等。习惯上称为"软器件"；梯形图只是 PLC 形象化的编程方法，其左端的母线并不接任何电源，故在梯形图中不存在真实的电流；梯形图中不能出现输入继电器的线圈等。例如，三相异步电动机正反转控制电路与对应的梯形图如图 12.3.3 所示。

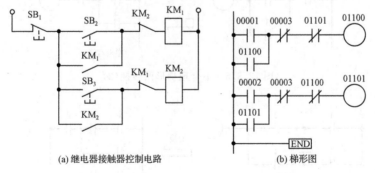

(a) 继电器接触器控制电路　　　　　　(b) 梯形图

图 12.3.3　三相异步电动机正反转控制电路

从图 12.3.3 控制电路可见，继电器接触器控制是将各个独立的器件及触点按固定接线方式实现控制要求的，而 PLC 是将控制要求以程序形式写入寄存器，这些程序就相对于继电器接触器控制的各个器件、触点和线圈。当需要改变控制要求时，只需修改程序和少量外部接线,因此使用起来非常灵活方便。

PLC 在梯形图编程时应遵循以下规则:

(1) PLC 编程元件触点的使用次数无限制。

(2) PLC 梯形图的每一逻辑行都是从左母线开始,终止于线圈。线圈右边不能有触点,线圈也不能直接连在左母线上。

(3) 在一个程序中,不允许同一编号的线圈使用两次,以免引起误操作。不同编号的线圈可并联输出,如表 12.3.5 所示。

表 12.3.5　线圈并联输出指令程序

地址	助记符	操作数
00000	LD	00002
00001	OR	01101
00002	AND NOT	00003
00003	OUT	01101
00004	OUT	01102
00005	END	

(4) 编制梯形图时,应尽量做到"上重下轻、左重右轻",使其符合"从左到右,自上到下"的程序执行顺序,并易于编写指令程序表。如图 12.3.4 和图 12.3.5 所示的是不合理梯形图的转换。

(5) 在梯形图中应避免将触点画在垂直线上,这种桥式梯形图无法用指令语句编程,应将其作适当的变换后才能编程,例如图 12.3.6 所示。

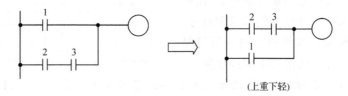

图 12.3.4　不合理梯形图转换(1)

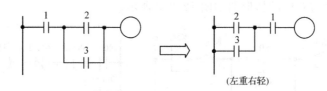

图 12.3.5　不合理梯形图转换(2)

讲义:CPM1A
指令和编程

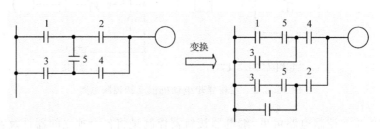

图 12.3.6　桥式电路

（6）程序结束行用"END"表示。

2. 指令语句表语言

PLC 的指令语句表和计算机汇编语言相似,是用 PLC 指令助记符按控制要求组成语句表的一种编程方式。梯形图和语句表可相互转换。三相异步电动机正反转控制梯形图[图 12.3.3(b)]的 CPM1A 型 PLC 指令语句表如表 12.3.6 所示。

表 12.3.6　正反转指令程序

地址	助记符	操作数
00000	LD	00001
00001	OR	01100
00002	AND NOT	00003
00003	AND NOT	01101
00004	OUT	01100
00005	LD	00002
00006	OR	01101
00007	AND NOT	00003
00008	AND NOT	01100
00009	OUT	01101
00010	END	

可见,每条语句由地址、指令助记符和操作数组成。指令助记符是各条指令功能的英文名称简写。操作数是 PLC 内部继电器编号或立即数。本书以 OMRON 公司的 CPM1A 型 PLC 为基本机型讲述 PLC 的编程方法。

CPM1A 型 PLC 共有 91 种指令,其中基本指令 14 条,应用指令 135 条。这里主要介绍常用的基本指令,如表 12.3.7 所示。

表 12.3.7　CPM1A 基本指令

指令助记符	梯形图符号	操作数	功能
LD	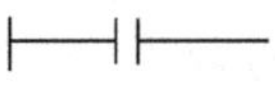 ⊢┤├⊣	五位数字 (器件号)	以常开触点起始的逻辑 行或逻辑块指令

续表

指令助记符	梯形图符号	操作数	功能
LD NOT	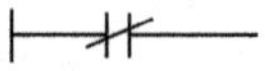	五位数字 （器件号）	以常闭触点起始的逻辑 行或逻辑块指令
AND	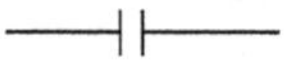	五位数字 （器件号）	串联常开触点指令（逻辑与）
AND NOT		五位数字 （器件号）	串联常闭触点指令（逻辑与非）
OR	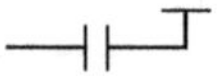	五位数字 （器件号）	并联常开触点指令（逻辑或）
OR NOT		五位数字 （器件号）	并联常闭触点指令（逻辑或非）
AND LD	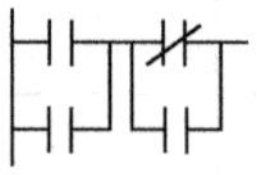		两个模块串联指令
OR LD	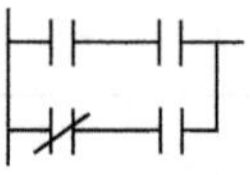		两个模块并联指令
OUT	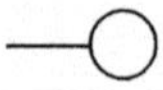	五位数字 （器件号）	输出驱动指令
TIM	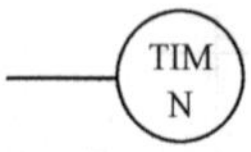 TIM N N 为定时器号	三位数字 （定时器号） 四位数字 （定时设定值）	定时器指令
CNT	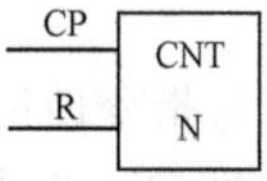 CP CNT R N N 为计数器号	三位数字 （计数器号） 四位数字 （计数设定值）	计数器指令当计数器 CP 端每来一个脉冲信号时， 计数器数值减一，减至零时 产生输出信号，R 为复位端
END	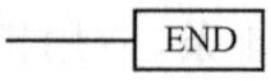 END		程序结束指令

PLC 的编程具体步骤有如下几点：

（1）必须熟悉系统的控制要求、使用的设备与生产工艺流程。依此确定各控制设备间的关系与控制动作的顺序。

（2）了解系统的输入、输出关系。确定送入 PLC 的动作或变化信号，哪些设备接收 PLC 的输出信号，依此确定系统使用 PLC 的 I/O 点数。

（3）按工艺流程的动作顺序画出相应的梯形图。

（4）将梯形图译成指令助记符程序表。用编程器或计算机将程序送入 PLC 的寄存器中。

（5）对所编程序进行检查、修改，直至达到系统的控制要求。

例 12.3.1 某控制电路的梯形图如图 12.3.7 所示,试写出指令程序。

解 程序如表 12.3.8 所示。

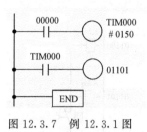

图 12.3.7 例 12.3.1 图

表 12.3.8 例 12.3.1 的指令程序

地址	指令	操作数
00000	LD	00000
00001	TIM	000
		#0150
00002	LD	TIM000
00003	OUT	01101
00004	END	

例 12.3.2 某控制电路的梯形图如图 12.3.8 所示,要求写出该控制电路的指令程序。

解 程序如表 12.3.9 所示。

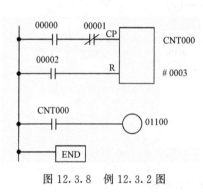

图 12.3.8 例 12.3.2 图

表 12.3.9 例 12.3.2 的指令程序

地址	指令	操作数
00000	LD	00000
00001	AND NOT	00001
00002	LD	00002
00003	CNT	000
		#0003
00004	LD	CNT000
00005	OUT	01100
00006	END	

12.4 可编程序控制器应用举例

12.4.1 三相异步电动机正反转控制

用 PLC 实现三相异步电动机的正反转控制,主电路如图 12.4.1(a)所示。设 SB_1 和 SB_2 分别为正、反转启动按钮,SB_3 为停车按钮,KM_1 和 KM_2 分别为正、反转接触器。

根据控制要求,设计出 PLC 外部 I/O 接线图和梯形图,如图 12.4.1(b)和图 12.4.1(c)所示。

在图 12.4.1(b)所示接线图中,I/O 口分配情况为:按钮 SB_1、SB_2、SB_3 分别接输入口 00000、00001、00002;正、反转接触器线圈分别接输出口 01100、01101。

在图 12.4.1(c)所示梯形图中,采用两个起、停电路分别控制电动机的正、反转。按下正转按钮 SB_1,00000 接通,01100 线圈得电并自保持,并使 KM_1 线圈得电,电动机

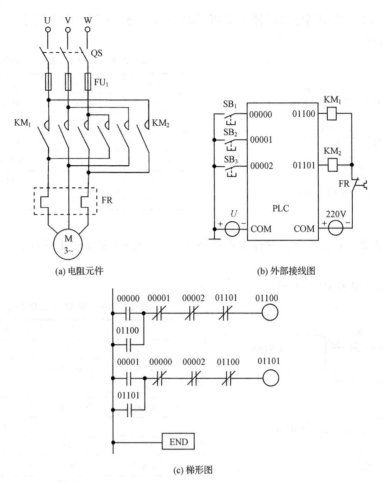

(a) 电阻元件   (b) 外部接线图

(c) 梯形图

图 12.4.1 三相异步电动机正反转控制

正转运转。当按下停车按钮 SB_3 时,其常闭触点断开,使 01100 线圈失电,电动机停止运转。梯形图中将 01100 和 01101 的常闭触点分别与对方的线圈串联,可以保证它们不会同时得电,达到"互锁"的目的。按下反转按钮 SB_2,电动机将开始反转运转。

将梯形图译为指令助记符程序,如表 12.4.1 所示。

表 12.4.1 正反转控制指令程序

地址	指令	操作数	地址	指令	操作数
00000	LD	00000	00007	OR	01101
00001	OR	01100	00008	AND NOT	00000
00002	AND NOT	00001	00009	AND NOT	00002
00003	AND NOT	00002	00010	AND NOT	01100
00004	AND NOT	01101	00011	OUT	01101
00005	OUT	01100	00012	END	
00006	LD	00001			

例 12.4.1　在三相异步电动机正反转控制电路[如图 12.4.1(a)所示]中,如果将控制要求修改为:用 SB$_1$、SB$_2$ 作为启动按钮,SB$_3$ 作为停车按钮,分别接在 PLC 输入口 00000、00001 和 00002;正反转接触器分别接输出口 01100 和 01101。当按下 SB$_1$ 或 SB$_2$ 时电动机运转;经过 5s 后,自动换接为反转;再运转 5s 后又换接为正转。如此往复循环。当按下 SB$_3$ 时,电动机停止运转。要求:

(1) 设计出 PLC 控制梯形图;

(2) 编写指令语句表程序。

解　(1) 根据控制要求设计的梯形图如图 12.4.2 所示。

(2) 根据梯形图译制的指令助记符程序如表 12.4.2 所示。

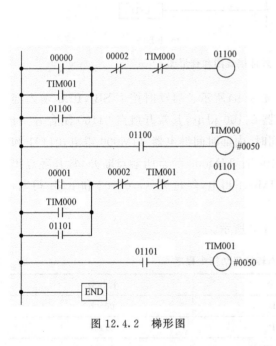

图 12.4.2　梯形图

表 12.4.2　正反转控制指令程序

地址	指令	操作数
00000	LD	00000
00001	OR	TIM001
00002	OR	01100
00003	AND NOT	00002
00004	AND NOT	TIM000
00005	OUT	01100
00006	LD	01100
00007	TIM	000
		#0050
00008	LD	00001
00009	OR	TIM000
00010	OR	01101
00011	AND NOT	00002
00012	AND NOT	TIM001
00013	OUT	01101
00014	LD	01101
00015	TIM	001
		#0050
00016	END	

12.4.2　三相异步电动机 Y-△启动控制

用 PLC 实现三相异步电动机的 Y-△启动控制。要求 Y 形启动 10s 后,并延时 2s,电动机开始△形运转。三相异步电动机 Y-△启动继电器接触器控制电路如图 12.2.10 所示。

分析控制要求:启动时接触器 KM$_1$、KM$_2$ 得电,电动机 Y 形启动;经过 10s 后 KM$_2$ 失电,再经过 2s 后 KM$_3$ 得电,电动机△形运转。其中 2s 的延时是为避免 KM$_2$、KM$_3$ 换接时造成电源短接。

根据控制要求,三相异步电动机 PLC 的外部 I/O 分配情况为:按钮 SB$_1$、SB$_2$ 和 FR 分别接输入口 00000、00001 和 00002,接触器 KM$_1$、KM$_2$、KM$_3$ 分别接输出口

01100、01101 和 01102，如图 12.4.3(a)所示。

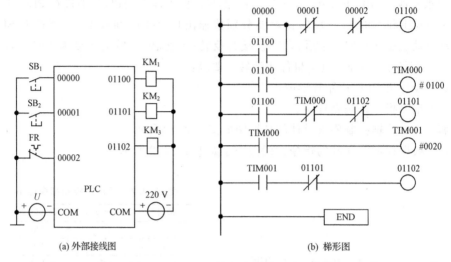

(a) 外部接线图　　　　(b) 梯形图

图 12.4.3　PLC 外部接线图和梯形图

依据控制要求设计的梯形图如图 12.4.3(b)所示。启动时按下 SB_2，PLC 输入继电器 00000 常开触点闭合，内部输出继电器 01100 得电，其常开触点 01100 闭合并"自锁"，接触器 KM_1 得电，做好启动准备。同时，内部时间继电器 TIM000 得电，01101 和 KM_2 也得电，电动机 Y 形启动。运转至 10s 时 TIM000 的常闭触点断开，常开触点闭合，使 01101 和 KM_2 失电，时间继电器 TIM001 得电，经过 2s 后，01102 和 KM_3 得电，电动机被转换为△形运转。

PLC 控制的指令助记符程序如表 12.4.3 所示。

表 12.4.3　Y-△转换启动指令程序

地址	指令	操作数
00000	LD	00000
00001	OR	01100
00002	AND NOT	00001
00003	AND NOT	00002
00004	OUT	01100
00005	LD	01100
00006	TIM	000
		＃0100
00007	LD	01100
00008	AND NOT	TIM000
00009	AND NOT	01102
00010	OUT	01101

续表

地址	指令	操作数
00011	LD	TIM000
00012	TIM	001
		♯ 0020
00013	LD	TIM001
00014	AND NOT	01101
00015	OUT	01102
00016	END	

本 章 小 结

（1）常用低压电器分手动电器和自动电器两大类。手动电器是由工作人员手动操作的，例如刀开关、按钮、组合开关等；自动电器是按照指令、信号或某个物理量的变化而自动动作的，例如各种继电器、接触器、行程开关等。

（2）所谓的继电器接触器控制，就是将手动电器和自动电器元件按一定的要求组合起来，对电动机或某些工艺过程进行控制。控制电路由主电路和控制电路两部分组成。

（3）继电器接触器控制的基本电路有点动、自锁、互锁和联锁控制电路。保护环节主要包括短路保护、过载保护和失压保护等。行程控制用来控制工作过程中工件或设备的位置和行程。时间控制用来控制工作过程时间间隔的长短。

（4）PLC 是在继电器接触器控制的基础上开发出的一种新型工业控制器。PLC 采用循环扫描方式进行工作，可分为输入采样、程序执行、输出刷新三个阶段，并进行周期性循环。

（5）PLC 的编程方式常使用梯形图和指令语句表。梯形图是一种图形语言，沿用了继电器接触器控制系统的触点、线圈、串联、并联等术语和图形符号，形象直观、编程方便。用户程序在用梯形图编程后，须将相应的梯形图转换为助记符形式的指令表程序。

习　题

12.1　试画出三相鼠笼式电动机既能连续工作，又能点动工作的继电器接触器控制线路。要求有短路、零压及过载保护。试画出控制线路并选用电器元件。

12.2　题图 12.1 所示电路要实现电动机正反转控制。要求：

（1）指出该电路（即主电路和控制电路）有几处错误，分析错误将造成什么后果；

（2）改正电路中错误的连接。

12.3　某机床主轴和润滑油泵分别由两台三相异步电动机驱动。要求按以下条件设计控制电路：

（1）主轴必须在油泵开动后，才能开动；

（2）主轴要求能用电器实现正反转，并能单独停车；

（3）有短路、零压及过载保护。

12.4　设计两台三相异步电动机（M_1 和 M_2）联锁控制电路。要求：

（1）电动机 M_1 先启动后，M_2 才能启动；

（2）M_2 停车后，M_1 才能停车。

12.5　设计两台三相异步电动机联锁控制电路。要求：

（1）M_1 先启动，经过一定延时后 M_2 能自行启动；

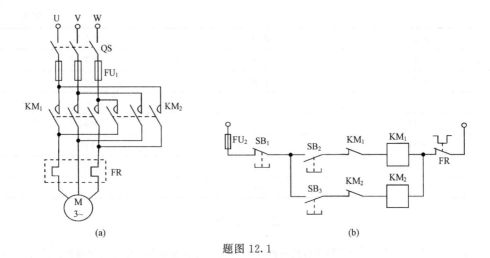

题图 12.1

（2）M_2 启动后，M_1 立即停车。

12.6 写出题图 12.2 所示梯形图的指令助记符程序。

12.7 题图 12.3 所示梯形图可否直接编程？画出改进后的等效梯形图。

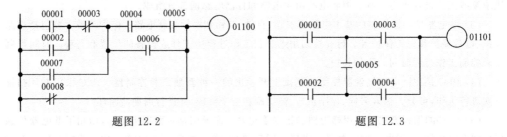

题图 12.2   题图 12.3

12.8 试画出题图 12.4 所示梯形图的控制时序图。

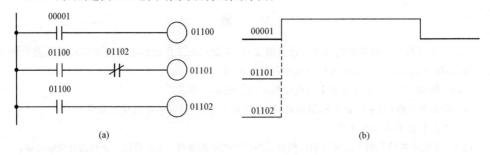

题图 12.4

12.9 试写出题图 12.5 所示梯形图的程序，并计算需多长时间输出线圈才可以接通？

12.10 画出题表 12.1 所示指令助记符程序的梯形图。

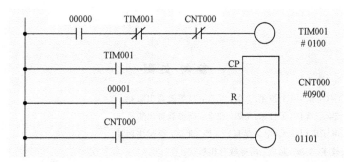

题图 12.5

题表 12.1　指令助记符程序

地　址	助　记　符	操　作　数
00000	LD	00000
00001	AND	00001
00002	LD	00002
00003	AND NOT	00003
00004	OR LD	
00005	LD	00004
00006	AND	00005
00007	LD	00006
00008	AND	00007
00009	OR LD	
00010	AND LD	
00011	LD	20000
00012	AND	20001
00013	OR LD	
00014	AND	20002
00015	OUT	01100
00016	END	

　　12.11　用 PLC 实现三相鼠笼式异步电动机正反转 1 次各运转 20s 的控制过程,画出主电路、外部接线图、梯形图,并编程实现。

　　12.12　试用 PLC 实现下述控制功能的梯形图。要求:

(1) 电动机 M_1 先启动后,M_2 才能启动;

(2) M_2 能够点动。

　　12.13　试用 PLC 实现下述控制功能的梯形图。要求:

(1) 电动机 M_1 先启动后,M_2 才能启动;

(2) M_2 启动后,M_1 立即停车。

　　12.14　试用 PLC 实现下述控制功能的梯形图。要求:

(1) 电动机 M_1 先启动,经过 10s 延时后,M_2 自行启动;

(2) 当 M_2 启动 5s 后,M_1 停车。

讲义:部分习题
参考答案 12

参 考 文 献

秦曾煌，2009. 电工学(上册)电工技术. 7 版. 北京：高等教育出版社.

秦曾煌，2009. 电工学(下册)电子技术. 7 版. 北京：高等教育出版社.

史仪凯，2015. 电工电子应用技术(电工学Ⅲ). 3 版. 北京：科学出版社.

史仪凯，2021. 电工技术. 4 版. 北京：高等教育出版社.

史仪凯，2021. 电子技术. 4 版. 北京：高等教育出版社.

童诗白，华成英，2015. 模拟电子技术基础. 5 版. 北京：高等教育出版社.

王毓银，2018. 数字电路逻辑设计. 3 版. 北京：高等教育出版社.

阎石，2016. 数字电子技术基础. 6 版. 北京：高等教育出版社.

AGARWAL A，LANG J H，2005. Foundations of analog and digital electronic circuits. San Francisco：Morgan Kaufmann Publishers Inc.

HAMBLEY A R. 2012. Electrical engineering：principles and applications. 6th ed. London：Pearson Education.

HOROWITZ P，HILL W，1989. The art of electronics. 2nd ed. Cambridge：Cambridge University Press.

HUGHES E，HILEY J，BROWN K，et al.，2012. Hughes electrical & electronic technology. 11th ed. London：Pearson Education.

RIZZONI G，2009. Fundamentals of electrical engineering. New York：McGraw-Hill Higher Education.

随着信息社会的发展,作为准确、快速地进行信息交换、传输和处理的通信技术更是日新月异。通信技术在国家的政治、经济、军事和社会生活中的作用越来越突出,已成为影响国民经济发展和社会进步的重要因素。

下面简要介绍现代通信系统以及现代三大通信技术,即光纤通信技术、卫星通信技术和移动通信技术。

通信系统简介

光纤通信技术

卫星通信技术

移动通信技术

附录 **B** 安全用电

随着科学技术的迅速发展,电气设备和用电量在工农业生产及其他领域中应用日益广泛。尤其是 20 世纪 80 年代以来,电能的普及和使用不仅丰富了人们的物质文化生活需求,而且促进了社会主义两个文明建设和生产力的快速发展。但电气不安全事故也频繁发生,每年因触电事故、设备事故和电气火灾造成的人身伤亡、财产毁坏和国民经济的损失也是触目惊心的。因此,对于工程技术人员来讲,不但要获得电工技术的基本理论、基本知识和基本技能,而且要学习基本的安全用电知识,并从思想上给予足够的重视,以防止和杜绝电气事故的发生,避免不必要的人身伤亡和国家财产损失。

下面主要分析人身触电事故的发生和危害,以及防止触电的保护措施,并简单介绍安全用电和触电紧急抢救的有关常识。

触电事故

触电急救和防护措施

保护接地和保护接零

电气防火和防爆

节约用电

附录 C 电工电子 EDA 仿真技术

　　电子设计自动化(Electronic Design Automation,EDA)是以计算机为工作平台,融合电子技术、计算机技术、信息处理技术、智能化技术等成果而研制的计算机设计软件系统。采用 EDA 技术不仅可使设计人员在计算机上实现电工电子电路的功能,进行印刷电路板的设计和实验仿真分析等,而且可在不建立电路数学模型的情况下对电路中各个元件存在的物理现象进行分析。因此,被誉为"计算机里的电子实验室"。电子电路设计与仿真软件主要包括 SPICE/PSPICE、EWB(Electronics WorkBench)、Systemview、MMICAD 等,这些软件功能强大,且各具特色。Multisim 是加拿大 Interactive Imag Technologies 公司 1989 年推出的 EWB 的升级版。该软件在继承 EWB 各种功能基础上,扩充了器件库中器件的数量,增强了电路的仿真分析功能,增加了若干个与实际元件相对应的现实性仿真元件模型,使得电路仿真的结果更加精确可靠。

　　下面简要介绍 Multisim 10 软件的基础知识、元件库、基本操作,以及电路的仿真,重点通过电子电路实例分析研究该软件在电路仿真中的应用。

主窗口和工具库

仿真电路的创建

电路仿真分析举例